环境空气自动监测基础理论考核试题集

中　国　环　境　监　测　总　站
《环境空气自动监测基础理论考核试题集》编写组　编

中国环境出版集团・北京

图书在版编目（CIP）数据

环境空气自动监测基础理论考核试题集/中国环境监测总站《环境空气自动监测基础理论考核试题集》编写组编.
—北京：中国环境出版集团，2018.12（2019.5 重印）
ISBN 978-7-5111-3824-8

Ⅰ.①环…　Ⅱ.①中…　Ⅲ.①环境空气质量—空气污染监测—自动化监测系统—习题集　Ⅳ.①X831-44

中国版本图书馆 CIP 数据核字（2018）第 208748 号

出 版 人　武德凯
责任编辑　赵惠芬
责任校对　任　丽
封面设计　彭　杉

出版发行　中国环境出版集团
（100062　北京市东城区广渠门内大街 16 号）
网　　址：http://www.cesp.com.cn
电子邮箱：bjgl@cesp.com.cn
联系电话：010-67112765（编辑管理部）
发行热线：010-67125803，010-67113405（传真）
印　　刷　北京盛通印刷股份有限公司
经　　销　各地新华书店
版　　次　2018 年 12 月第 1 版
印　　次　2019 年 5 月第 2 次印刷
开　　本　787×1092　1/16
印　　张　32.5
字　　数　690 千字
定　　价　120.00 元

《环境空气自动监测基础理论考核试题集》

编委会成员

主　编：柏仇勇

副主编：刘廷良　冯　丹　吕怡兵

编　委：郭继勇　宋文波　郑乃源　张劲松　周国强　秦　玮　邹　强
李　彦　吴红敏　刘　闽　郑皓皓　付　强　米方卓　滕　曼
杨　婧　师耀龙　吴晓凤　柴文轩　姚雅伟　杜　丽　王晓斐

参加编写人员

第一章　环境空气质量自动监测系统

主要编写人：宋文波　郑乃源　滕　曼　冯　丹　吴晓凤　王晓斐　周　凯
审　稿　人：郭继勇　吴迓名

第二章　环境空气颗粒物（PM_{10}和$PM_{2.5}$）连续自动监测

主要编写人：张劲松　冯　丹　吕怡兵　滕　曼　付　强　柴文轩
审　稿　人：郭继勇　邹　强

第三章　环境空气气态污染物（SO_2、NO_2、O_3、CO）连续自动监测

主要编写人：周国强　杨　婧　师耀龙　付　强　郑皓皓
审　稿　人：郭继勇　潘本锋

第四章　臭氧标准溯源、传递及比对

主要编写人：师耀龙　邹　强　吴晓凤　杨　婧　滕　曼　齐炜红
审　稿　人：郭继勇　袁　桒

第五章　环境空气质量颗粒物手工监测及比对

主要编写人：米方卓　李　彦　秦　玮　吴红敏　吴晓凤　吕怡兵
审　稿　人：刘　闽　杜　丽

第六章　环境空气质量标准、评价及指数

主要编写人：刘　闽　柴文轩　吴晓凤　刘廷良　杨　婧
审　稿　人：郑皓皓　郑乃源

前　言

近年来，环境空气质量自动监测技术发展迅速，相应的监测方法、仪器设备日趋成熟，已成为我国环境空气质量监测采用的主要技术。目前，我国构建了由城市空气、区域空气、背景空气、酸雨、沙尘、温室气体等组成的国家环境空气质量监测网，各地也基本建设了地方环境空气质量监测网。为保障各类监测网内产生的数据真实、可靠，自动站设备运行维护工作水平就显得尤为重要。尤其是国家城市空气质量监测网，其监测数据用于评价各城市空气质量并用于考核，运维技术水平、运维质量备受各级政府和人民群众的关注。

为提高环境空气自动监测运维人员专业理论水平，规范环境空气自动监测日常运维工作，进一步提高环境空气自动监测数据质量，我站组织全国环境监测系统内具有丰富经验的专家共同编写本书。本书立足于当前环境空气自动监测运维技术考核需要，对环境空气自动监测基础理论、各类监测方法以及运维工作的技术要求进行梳理，并对臭氧标准溯源、传递比对体系，环境空气质量颗粒物手工监测及比对，环境空气质量评价等应知应会的知识进行了提炼。本书可作为环境空气自动监测运维技术人员的基础学习资料和考核复习材料。

本书编写工作由中国环境监测总站组织，感谢来自北京市环境保护监测中心、天津市环境监测中心、江苏省环境监测中心、安徽省环境监测中心站、广东省环境监测中心、河北省环境应急与重污染天气预警中心、山东省环境信息与监控中心、苏州市环境监测中心、沈阳市环境监测中心站等单位本领域专家的大力支持。由于空气自动监测技术处于快速发展过程中，限于编者水平和成稿时间，书中难免有疏漏和不足之处，恳请广大读者批评指正。

编　者

2018 年 6 月于北京

目 录

第一章　环境空气质量自动监测系统

第一节　通用知识

一、选择题

1．环境空气质量自动监测系统主要是由监测子站、中心计算机室、质量保证实验室和_____组成。（　　）

A．通信传输站　　　　　　　B．系统支持实验室

C．数据分析实验室　　　　　D．远程监控实验室

答案：B

2．以下不符合环境空气质量自动监测系统正常工作条件的是________。（　　）

A．环境温度 35～55℃　　　　B．环境温度 15～35℃

C．相对湿度≤85%　　　　　D．大气压 80～106kPa

答案：A

3．环境空气质量自动监测系统中通常连接气态污染物监测仪器和采样总管的管路材质为________。（　　）

A．玻璃　　　　　　　　　　B．聚四氟乙烯

C．橡胶管　　　　　　　　　D．氯乙烯管

答案：B

4．$PM_{2.5}$是指环境空气中空气动力学当量直径小于等于 2.5 μm 的颗粒物，也称_____。（　　）

A．可吸入颗粒物　　　　　　B．细颗粒物

C．可吸入细小颗粒物　　　　D．颗粒物

答案：B

5．总悬浮颗粒物是指环境空气中空气动力学当量直径小于等于________的颗粒物。（　　）

A．50 μm　　　　　　　　　B．100 μm

C．150 μm　　D．200 μm

答案：B

6．PM_{10}是指环境空气中空气动力学当量直径小于等于 10 μm 的颗粒物，也称_____。（　　）

A．可吸入颗粒物　　B．细颗粒物

C．可吸入细小颗粒物　　D．颗粒物

答案：A

7．气态污染物点式连续自动监测子站由采样装置、校准设备、分析仪器数据采集和____5 个部分组成。（　　）

A．站房　　B．质控体系

C．数据分析　　D．传输设备

答案：D

8．新建监测站房房顶应为平面结构，坡度不大于 10°，房顶安装防护栏，防护栏高度不低于________，并预留采样总管安装孔。站房室内使用面积应不小于________，监测站房应做到专室专用。（　　）

A．1 m，12 m^2　　B．1.2 m，15 m^2

C．1 m，15 m^2　　D．1.2 m，12 m^2

答案：B

9．监测站房应配备通往房顶的 Z 字形梯或旋梯，房顶承重要求大于等于________。（　　）

A．100 kg/m^2　　B．150 kg/m^2

C．200 kg/m^2　　D．250 kg/m^2

答案：D

10．监测站房室内地面到天花板高度应不小于_________，且距房顶平台高度不大于________。（　　）

A．2 m，5 m　　B．2.5 m，5 m

C．2 m，6 m　　D．2.5 m，6 m

答案：B

11．监测站房应有防水、防潮、隔热、保温措施，一般站房内地面应离地表（或建筑房顶）有________以上的距离。（　　）

A．10 cm　　B．15 cm

C．20 cm　　D．25 cm

答案：D

12．环境空气自动监测系统安装后试运行至少运行________。（　　）

A．30 d　　B．7 d

C．10 d　　D．60 d

答案：D

13．环境空气自动监测系统试运行结束后，计算监测系统数据获取率，应大于等于________。（　　）

A．90%　　B．80%

C．70%　　D．60%

答案：A

14．环境空气自动监测系统中气态污染物采样总管内径范围为________。（　　）

A．0.5～1.5 cm　　B．15～25 cm

C．1.5～15 cm　　D．20～30 cm

答案：C

15．具有将不同粒径粒子分离功能的装置是________。（　　）

A．采样管　　B．真空泵

C．流量计　　D．切割器

答案：D

16．自动监测仪器与采样支管间安装的滤膜孔径应不大于________。（　　）

A．5 mm　　B．1 cm

C．0.5 cm　　D．5 μm

答案：D

17．采样气体在总管内的滞留时间应小于________。（　　）

A．10s　　B．15s

C．20s　　D．25s

答案：C

18．零点漂移是指在未进行维修、保养或调节的前提下，仪器按规定的时间运行后，仪器的读数与零输入之间的________。（　　）

A．平均值　　B．偏差

C．相加　　D．最大值

答案：B

19．监测系统一般要求连续运行________后，进行调试检测。（　　）

A．72 h　　B．168 h

C．240 h　　D．24 h

答案：B

20．自动监测颗粒物仪器采样口距离地面的高度应为________。（　　）

A．50 m 以上　　B．30～50 m

C．3～15 m　　D．3 m 以下

答案：C

21．采样口一面靠近建筑物时，周围要保证最小捕捉空间为________。（　　）

A．30°　　B．60°

C．90°　　D．180°

答案：D

22．空气动力学当量直径是指单位密度的球体，在静止空气中做低雷诺数运动时，达到实际粒子相同的________时的直径。（　　）

A．最终沉降速度　　B．最终线速度

C．起始沉降速度　　D．起始线速度

答案：A

23．环境空气气态污染物开放光程连续监测系统中，SO_2、NO_2 分析结果受光源强度的影响为________。（　　）

A．±1% F.S.　　B．±2% F.S.

C．±5% F.S.　　D．±10% F.S.

答案：B

24．环境空气气态污染物开放光程连续监测系统中，SO_2、NO_2、O_3 校准结果受校准池长度的影响为________。（　　）

A．±1%　　B．±2%

C．±5%　　D．±10%

答案：B

25．环境空气气态污染物（SO_2、NO_2、O_3、CO）点式连续自动监测系统零气发生器性能指标中，零气中 O_3 浓度应________。（　　）

A．＜0.5 ppb　　B．≤0.5 ppb

C．＜1 ppb　　D．≤1 ppb

答案：A

26．环境空气气态污染物（SO_2、NO_2、O_3、CO）点式连续自动监测系统零气发生器性能指标中，零气中 CO 浓度应________。（　　）

A．＜10 ppb　　B．≤10 ppb

C．＜20 ppb　　D．≤20 ppb

答案：C

27．环境空气气态污染物（SO_2、NO_2、O_3、CO）点式连续自动监测系统零气发生器性能

指标中，零气中 NO 浓度应________，NO_2 浓度应________。（ ）

A．<0.5 ppb，<0.5 ppb　　B．≤0.5 ppb，≤0.5 ppb

C．<1 ppb，<1 ppb　　D．≤1 ppb，≤1 ppb

答案：A

28．环境空气气态污染物开放光程连续监测系统运用________原理来完成系统校准工作。（ ）

A．等效浓度　　B．等效质量

C．开放光路　　D．非分散红外吸收法

答案：A

29．环境空气气态污染物开放光程连续监测系统处于校准状态下，光从光源发射端到接收端的光程________实际测量时的光程。（ ）

A．远大于　　B．远小于

C．等于　　D．以上都不是

答案：B

30．环境空气气态污染物（SO_2、NO_2、O_3、CO）点式连续自动监测系统多气体动态校准仪流量线性误差不大于________；臭氧发生浓度误差不大于________。（ ）

A．1%，2%　　B．1%，5%

C．2%，5%　　D．5%，2%

答案：A

31．环境空气气态污染物（SO_2、NO_2、O_3、CO）点式连续自动监测系统中，用于监测现场的工作标准臭氧发生器或光度计至少每________个月用传递标准进行一次标准传递。（ ）

A．3　　B．6

C．9　　D．12

答案：A

32．环境空气气态污染物（SO_2、NO_2、O_3、CO）点式连续自动监测系统多气体动态校准仪对标准气的稀释比率范围至少需达到________。（ ）

A．1∶10～1∶100　　B．1∶100～1∶1 000

C．1∶10～1∶1 000　　D．1∶100～1∶10 000

答案：B

33．环境空气气态污染物（SO_2、NO_2、O_3、CO）点式连续自动监测系统中，多气体动态校准仪流量控制线性误差应在±________以内。（ ）

A．1%　　B．2%

C．3%　　D．4%

答案：A

34．环境空气气态污染物（SO_2、NO_2、O_3、CO）点式连续自动监测系统中，多气体动态校准仪配制标准气体时，以下稀释比不正确的是________。（　　）

A．1/5　　B．1/200

C．1/300　　D．1/800

答案：A

35．以下不属于环境空气气态污染物（SO_2、NO_2、O_3、CO）点式连续自动监测系统零气发生器组成的是________。（　　）

A．气水分离器　　B．压力调节阀

C．流量调节阀　　D．活性炭吸附剂

答案：C

36．环境空气气态污染物（SO_2、NO_2、O_3、CO）点式连续自动监测系统零气源中的活性炭主要作用是吸附环境空气中的污染物，但活性炭不能吸附或吸附效率低的物质是________。（　　）

A．O_3、NO_2　　B．NO、CO

C．O_3、SO_2　　D．NO_2、SO_2

答案：B

37．在标准气盲样测试中，应进行 3 次标准气盲样真实浓度值测试，计算 3 次标准气盲样真实浓度值测试结果算术平均值。如果任何一次标准气盲样真实浓度值测试结果与平均值之间的相对偏差＞________，应重新进行测试。（　　）

A．1.0%　　B．1.5%

C．2.0%　　D．2.5%

答案：B

38．环境空气气态污染物（SO_2、NO_2、O_3、CO）连续自动监测系统日常标准传递和量值溯源工作不包括以下哪项________。（　　）

A．臭氧标准传递　　B．钢瓶气标准传递

C．精密度审核　　D．标准流量计检定

答案：C

39．对于具备自动校准功能的环境空气气态污染物（SO_2、NO_2、O_3、CO）连续自动监测系统，应对臭氧分析仪________进行一次零点检查和校准，至少________进行一次跨度检查。（　　）

A．每天，每周　　B．每周，每周

C．每周，每两周　　　　　　　　D．每两周，每两周

答案：A

40．环境空气连续自动监测系统支持实验室用于对系统仪器设备的维修保养，使用面积一般不少于________。(　　)

A．10 m^2　　　　　　　　B．15 m^2

C．20 m^2　　　　　　　　D．30 m^2

答案：D

41．环境空气连续自动监测系统质量保证实验室用于对系统仪器设备的标定、校准和审核，使用面积一般不少于________。(　　)

A．10 m^2　　　　　　　　B．15 m^2

C．20 m^2　　　　　　　　D．25 m^2

答案：D

42．使用皂膜流量计对环境空气连续自动监测系统进行流量计校准时，皂膜上升速度不宜超过________，且气流必须稳定。(　　)

A．2 cm/s　　　　　　　　B．4 cm/s

C．6 cm/s　　　　　　　　D．8 cm/s

答案：B

43．环境空气气态污染物（SO_2、NO_2、O_3、CO）连续自动监测系统中，对标准传递用分析天平、流量计、气压表、压力计、真空表、温度计、精密电阻箱和万用表至少________送国家有关部门进行计量检定和量值传递 1 次。(　　)

A．每两年　　　　　　　　B．每月

C．每半年　　　　　　　　D．每年

答案：D

44．环境空气气态污染物（SO_2、NO_2、O_3、CO）连续自动监测系统中，对标准传递用标准气象传感器至少________送至国家有关部门进行质量检验和标准传递 1 次。(　　)

A．每三年　　　　　　　　B．每两年

C．每年　　　　　　　　D．每半年

答案：B

45．环境空气气态污染物（SO_2、NO_2、O_3、CO）连续自动监测系统监测仪器采样流量须至少________进行 1 次检查，当流量误差超过误差控制限时，应及时对监测仪器进行流量校准。(　　)

A．每周　　　　　　　　B．每月

C．每半年　　　　　　　　D．每年

答案：B

46．下列内容中不属于环境空气连续自动监测系统质量保证实验室主要任务的是________。（ ）

A．对系统所用监测设备进行标定、校准和审核

B．对检修后的仪器设备进行校准和主要技术指标的运行考核

C．对系统有关监测质量控制措施的制定和落实

D．对监测子站的监测仪器进行远程诊断和校准

答案：D

47．下列内容中不属于环境空气连续自动监测系统支持实验室主要任务的是________。（ ）

A．对检修后的仪器设备进行校准和主要技术指标的运行考核

B．对仪器设备的备品备件进行管理

C．根据仪器设备的运行要求，对系统仪器设备进行日常保养、维护

D．对发生故障的仪器设备进行检修、更换

答案：A

48．使用皂膜流量计对环境空气连续自动监测系统仪器设备进行体积流量检测时，为减少操作误差和测量误差，一般规定皂膜通过玻璃管不同体积刻度所需的最短时间应大于________，3 次测定结果的误差应在________范围内。（ ）

A．20 s，±1%　　B．30 s，±1%

C．30 s，±1.5%　　D．20 s，±1.5%

答案：B

49．环境空气气态污染物（SO_2、NO_2、O_3、CO）连续自动监测系统中，对完成预防性检修的仪器，应进行________连续的仪器运行考核，在确认仪器工作正常后，仪器方可投入使用。（ ）

A．24 h　　B．48 h

C．72 h　　D．168 h

答案：A

50．对环境空气气态污染物（SO_2、NO_2、O_3、CO）连续自动监测系统运行中的监测仪器至少每________进行 1 次多点校准。（ ）

A．3 个月　　B．6 个月

C．9 个月　　D．12 个月

答案：B

51．环境空气气态污染物（SO_2、NO_2、O_3、CO）连续自动监测系统 SO_2、NO_2、O_3 分析

仪器零点噪声为________。(　　)

A. ≤1 ppb　　B. ≤0.5 ppb

C. ≤2 ppb　　D. ≤5 ppb

答案：A

52. 环境空气气态污染物（SO_2、NO_2、O_3、CO）连续自动监测系统 CO 分析仪零点噪声为________。(　　)

A. ≤1ppm　　B. ≤0.5ppm

C. ≤0.25ppm　　D. ≤5ppm

答案：C

53. 环境空气气态污染物（SO_2、NO_2、O_3、CO）连续自动监测系统 SO_2、NO_2、O_3 分析仪器最低检出限为________。(　　)

A. ≤1 ppb　　B. ≤0.5 ppb

C. ≤2 ppb　　D. ≤5 ppb

答案：C

54. 环境空气气态污染物（SO_2、NO_2、O_3、CO）连续自动监测系统 CO 分析仪器最低检出限为________。(　　)

A. ≤1 ppm　　B. ≤0.5ppm

C. ≤0.25 ppm　　D. ≤5 ppm

答案：B

55. 环境空气气态污染物（SO_2、NO_2、O_3、CO）连续自动监测系统 SO_2、NO_2、O_3 分析仪器 80% F.S.噪声为________。(　　)

A. ≤1 ppb　　B. ≤0.5 ppb

C. ≤2 ppb　　D. ≤5 ppb

答案：D

56. 环境空气气态污染物（SO_2、NO_2、O_3、CO）连续自动监测系统 CO 分析仪器 80% F.S.噪声为________。(　　)

A. ≤1 ppm　　B. ≤0.5 ppm

C. ≤0.25 ppm　　D. ≤5 ppm

答案：A

57. 环境空气气态污染物（SO_2、NO_2、O_3、CO）连续自动监测系统 SO_2、NO_2、CO 分析仪器示值误差为________。(　　)

A. ±1% F.S.　　B. ±2% F.S.

C. ±3% F.S.　　D. ±4% F.S.

答案：B

58．环境空气气态污染物（SO_2、NO_2、O_3、CO）连续自动监测系统 O_3 分析仪器示值误差为________。（　　）

A．±1% F.S.　　B．±2% F.S.

C．±3% F.S.　　D．±4% F.S.

答案：D

59．环境空气气态污染物（SO_2、NO_2、O_3、CO）连续自动监测系统 SO_2、NO_2、O_3 分析仪器 20% F.S.精密度为________。（　　）

A．≤3 ppb　　B．≤5 ppb

C．≤8 ppb　　D．≤10 ppb

答案：B

60．环境空气气态污染物（SO_2、NO_2、O_3、CO）连续自动监测系统 SO_2、NO_2、O_3 分析仪器 80% F.S.精密度为________。（　　）

A．≤3 ppb　　B．≤5 ppb

C．≤8 ppb　　D．≤10 ppb

答案：D

61．环境空气气态污染物（SO_2、NO_2、O_3、CO）连续自动监测系统 CO 分析仪器 20% F.S.精密度为________。（　　）

A．≤1 ppm　　B．≤0.5 ppm

C．≤0.25 ppm　　D．≤5 ppm

答案：B

62．环境空气气态污染物（SO_2、NO_2、O_3、CO）连续自动监测系统 CO 分析仪器 80% F.S.精密度为________。（　　）

A．≤1 ppm　　B．≤0.5 ppm

C．≤0.25 ppm　　D．≤5 ppm

答案：B

63．环境空气气态污染物（SO_2、NO_2、O_3、CO）连续自动监测系统 SO_2、NO_2、O_3 分析仪器 24 h 零点漂移为________。（　　）

A．±2 ppb　　B．±5 ppb

C．±8 ppb　　D．±10 ppb

答案：B

64．环境空气气态污染物（SO_2、NO_2、O_3、CO）连续自动监测系统 CO 分析仪器 24 h 零点漂移为________。（　　）

A．±0.22 ppm　　B．±0.55 ppm
C．±1 ppm　　D．±2 ppm

答案：C

65．环境空气气态污染物（SO_2、NO_2、O_3、CO）连续自动监测系统 SO_2、NO_2、O_3 分析仪器 24 h 20% F.S.漂移为________。（　　）

A．±2 ppb　　B．±5 ppb
C．±8 ppb　　D．±10 ppb

答案：B

66．环境空气气态污染物（SO_2、NO_2、O_3、CO）连续自动监测系统 SO_2、NO_2、O_3 分析仪器 24 h 80% F.S.漂移为________。（　　）

A．±2 ppb　　B．±5 ppb
C．±8 ppb　　D．±10 ppb

答案：D

67．环境空气气态污染物（SO_2、NO_2、O_3、CO）连续自动监测系统 CO 分析仪器 24 h 20% F.S.漂移为________。（　　）

A．±0.22 ppm　　B．±0.55 ppm
C．±1 ppm　　D．±2 ppm

答案：C

68．环境空气气态污染物（SO_2、NO_2、O_3、CO）连续自动监测系统 CO 分析仪器 24 h 80% F.S.漂移为________。（　　）

A．±0.22 ppm　　B．±0.55 ppm
C．±1 ppm　　D．±2 ppm

答案：C

69．环境空气气态污染物（SO_2、NO_2、O_3、CO）连续自动监测系统 SO_2、NO_2、O_3 分析仪器响应时间（上升时间/下降时间）为________。（　　）

A．≤2 min　　B．≤5 min
C．≤7 min　　D．≤10 min

答案：B

70．环境空气气态污染物（SO_2、NO_2、O_3、CO）连续自动监测系统 CO 分析仪器响应时间（上升时间/下降时间）为________。（　　）

A．≤2 min　　B．≤4 min
C．≤6 min　　D．≤8 min

答案：B

71．环境空气气态污染物（SO_2、NO_2、O_3、CO）连续自动监测系统各分析仪器流量稳定性在________范围内。（　　）

A．±5%　　B．±10%

C．±15%　　D．±20%

答案：B

72．环境空气气态污染物（SO_2、NO_2、O_3、CO）连续自动监测系统 NO_x 分析仪器中 NO_2-NO 转化器的转换效率为________。（　　）

A．≥94%　　B．≥96%

C．≥98%　　D．≥100%

答案：B

73．环境空气气态污染物（SO_2、NO_2、O_3、CO）连续自动监测系统 SO_2、NO_2、O_3 分析仪器长期（≥7 d）零点漂移为________。（　　）

A．±5 ppb　　B．±10 ppb

C．±15 ppb　　D．±20 ppb

答案：B

74．环境空气气态污染物（SO_2、NO_2、O_3、CO）连续自动监测系统 CO 分析仪器长期（≥7 d）零点漂移为________。（　　）

A．±0.5 ppm　　B．±1 ppm

C．±1.5 ppm　　D．±2 ppm

答案：D

75．环境空气气态污染物（SO_2、NO_2、O_3、CO）连续自动监测系统 SO_2、NO_2、O_3 分析仪器长期（≥7 d）量程漂移为________。（　　）

A．±5 ppb　　B．±10 ppb

C．±15 ppb　　D．±20 ppb

答案：D

76．环境空气气态污染物（SO_2、NO_2、O_3、CO）连续自动监测系统 CO 分析仪器长期（≥7 d）量程漂移为________。（　　）

A．±0.5 ppm　　B．±1 ppm

C．±1.5 ppm　　D．±2 ppm

答案：D

77．环境空气气态污染物（SO_2、NO_2、O_3、CO）连续自动监测系统在量程噪声测试时，监测系统运行稳定后，将________标准气体通入分析仪器，每 2 min 记录该时间段数据的平均值，获得至少________个数据。计算所取得数据的标准偏差。（　　）

A．80%，20　　B．90%，20

C．80%，25　　D．90%，25

答案：C

78．环境空气气态污染物（SO_2、NO_2、O_3、CO）连续自动监测系统现场数据比对验收抽样检查中，随机抽取试运行期间________的监测数据，比对上位机接收到的数据和现场机存储的数据，数据传输正确率应大于等于________。（　　）

A．7 d，90%　　B．5 d，90%

C．7 d，95%　　D．5 d，95%

答案：C

79．环境空气气态污染物（SO_2、NO_2、O_3、CO）连续自动监测系统试运行结束时，系统数据获取率应大于等于________。（　　）

A．80%　　B．85%

C．90%　　D．95%

答案：C

80．环境空气气态污染物（SO_2、NO_2、O_3、CO）连续自动监测系统联网验收时，通信稳定性要求现场机在线率为________以上。（　　）

A．80%　　B．85%

C．90%　　D．95%

答案：C

81．环境空气气态污染物（SO_2、NO_2、O_3、CO）连续自动监测系统联网验收时，正常情况下掉线后，应在________之内重新上线。（　　）

A．1 min　　B．3 min

C．5 min　　D．8 min

答案：C

82．环境空气气态污染物（SO_2、NO_2、O_3、CO）连续自动监测系统联网验收时，要求单台数据采集传输仪每日掉线次数在________以内。（　　）

A．1 次　　B．3 次

C．5 次　　D．8 次

答案：C

83．环境空气气态污染物（SO_2、NO_2、O_3、CO）连续自动监测系统联网验收时，要求报文传输稳定性在________以上，当出现报文错误或丢失时，启动纠错逻辑。（　　）

A．96%　　B．97%

C．98%　　D．99%

答案：D

84．环境空气气态污染物（SO_2、NO_2、O_3、CO）点式连续自动监测系统各分析仪器采样口和校准口浓度偏差应在________以内。（　　）

A．±1%　　B．±3%

C．±5%　　D．±10%

答案：A

85．环境空气气态污染物（SO_2、NO_2、O_3、CO）连续自动监测系统进行零点噪声测试时，至少记录________个数据来计算标准偏差。（　　）

A．6　　B．16

C．20　　D．25

答案：D

86．环境空气气态污染物（SO_2、NO_2、O_3、CO）连续自动监测系统臭氧分析仪每隔 6 个月进行 1 次多点校准，各质量浓度点的线性误差应在________以内。（　　）

A．±10%　　B．±8%

C．±6%　　D．±5%

答案：D

87．环境空气气态污染物（SO_2、NO_2、O_3、CO）点式连续自动监测系统 SO_2 分析仪器示值误差须在________以内；O_3 分析仪器示值误差须在________以内。（　　）

A．±2% F.S.，±4% F.S.　　B．±1% F.S.，±2% F.S.

C．±2% F.S.，±2% F.S.　　D．±1% F.S.，±4% F.S.

答案：A

88．环境空气气态污染物（SO_2、NO_2、O_3、CO）点式连续自动监测系统采样支管与各分析仪连接处的颗粒物过滤膜，一般情况下至少每________更换 1 次滤膜，空气较清洁地区可视滤膜实际污染情况进行更换，但滤膜使用时间最长不超过________个月。（　　）

A．周，1　　B．周，3

C．月，1　　D．月，3

答案：A

89．环境空气气态污染物（SO_2、NO_2、O_3、CO）连续自动监测系统各子站空调机的过滤网至少________清洗 1 次。（　　）

A．每周　　B．每月

C．每半年　　D．每年

答案：B

90．环境空气气态污染物（SO_2、NO_2、O_3、CO）连续自动监测系统各子站应定期进行巡检，巡检频次应至少达到________。（　　）

A．每周 1 次　　B．每旬 1 次

C．每月 1 次　　D．每季 1 次

答案：A

91．环境空气气态污染物（SO_2、NO_2、O_3、CO）连续自动监测系统各子站分析仪采样支管（从采样总管到监测仪器采样口之间的气路管线）至少________清洗 1 次。（　　）

A．每周　　B．周月

C．每半年　　D．每年

答案：C

92．环境空气气态污染物（SO_2、NO_2、O_3、CO）连续自动监测系统各子站应根据环境空气中颗粒物浓度和采样体积定期更换采样滤膜，滤膜最长使用时间不得超过 14 d，当发现在 5～15 min 内臭氧含量递减________时，应立即更换滤膜。（　　）

A．1%～5%　　B．5%～10%

C．7%～11%　　D．10%～15%

答案：B

二、填空题

1．环境空气气态污染物（SO_2、NO_2、O_3、CO）点式连续监测系统中，校准设备应具备____________功能。

答案：自动校准

2．环境空气气态污染物（SO_2、NO_2、O_3、CO）点式连续监测系统中，校准设备主要由____________、____________、O_3 校准仪、标准钢瓶气等组成。

答案：零气发生器　动态校准仪

3．环境空气气态污染物开放光程连续监测系统进行单点校准时，一般采用等效浓度为________F.S.到________F.S.的标气。

答案：10%　20%

4．环境空气气态污染物（SO_2、NO_2、O_3、CO）点式连续监测系统零气发生器中，氧化剂的目的是将空气中的__________氧化为__________，使得活性炭能够较充分吸附。

答案：一氧化氮　　二氧化氮

5．每次钢瓶标准气装上减压调节阀并连接到系统中后，应检查气路__________。

答案：是否漏气

6．环境空气气态污染物（SO_2、NO_2、O_3、CO）连续自动监测系统各子站中使用的标准钢瓶气，应定期检查______________并记录，若气体钢瓶的压力低于要求值，应及时______________。

答案：标准气消耗情况　更换标准钢瓶气

7．零气发生器所产生的零气不能含有____________、水分和其他对仪器分析产生干扰的物质。

答案：待测气体组分

8．用于环境空气连续自动监测系统各子站仪器设备温度显示及控制装置、流量显示及控制装置、气压检测装置和压力检测装置，至少每______须使用经检定或校准的标准设备进行 1 次标定。

答案：半年

9．环境空气连续自动监测系统质量保证实验室应设有__________，保持______和湿度的恒定、防止灰尘和泥土带入实验室。

答案：缓冲间　温度

10．环境空气连续自动监测系统的系统支持实验室用于仪器设备的维修保养，一般实验室使用面积不小于______m^2。

答案：30

11．环境空气连续自动监测系统质量保证实验室的主要任务为：对系统所用监测设备进行标定、校准和审核，对检修后的仪器设备进行______和主要技术指标的__________，系统有关监测质量控制措施的制定和落实。

答案：校准　运行考核

12．环境空气连续自动监测系统用于标准传递的精密天平应放置在独立的天平间中，天平间应有______、______和______措施。

答案：恒温　恒湿　防震

13．用于环境空气连续自动监测系统标准传递工作的分析天平、流量计、气压表、压力计、真空表、温度计、精密电阻箱和万用表至少每年送至国家有关部门进行 1 次____________________。

答案：计量检定和量值传递

14．环境空气气态污染物（SO_2、NO_2、O_3、CO）点式连续自动监测系统 SO_2、NO_2、O_3 分析仪器零点噪声应小于等于_______；CO 分析仪器零点噪声应小于等于________。

答案：1 ppb　0.25 ppm

15．环境空气气态污染物（SO_2、NO_2、O_3、CO）点式连续自动监测系统 SO_2、NO_2、O_3 分析仪器 20% F.S.精密度应小于等于______；SO_2、NO_2、O_3 分析仪器 80% F.S.精密度应小于等于____；CO 分析仪器 20% F.S.精密度应小于等于____；CO 分析仪器 80%

F.S.精密度应小于等于____。

答案：5 ppb　　10 ppb　　0.5 ppm　　0.5 ppm

16．环境空气气态污染物（SO_2、NO_2、O_3、CO）点式连续自动监测系统 SO_2、NO_2、O_3 分析仪器 24 h 20% F.S.漂移应在________以内；SO_2、NO_2、O_3 分析仪器 24 h 80% F.S.漂移应在________以内；CO 分析仪器的 24 h 20% F.S.漂移应在________以内；CO 分析仪器的 24 h 80% F.S.漂移应在________以内。

答案：±5 ppb　　±10 ppb　　±1 ppm　　±1 ppm

17．环境空气气态污染物（SO_2、NO_2、O_3、CO）点式连续自动监测系统 SO_2、NO_2、O_3 分析仪器响应时间（上升时间/下降时间）应小于等于________；CO 分析仪器响应时间（上升时间/下降时间）应小于等于_______。

答案：5 min　　4 min

18．环境空气气态污染物（SO_2、NO_2、O_3、CO）点式连续自动监测系统分析仪采样口和校准口浓度偏差应在±______以内。

答案：1%

19．环境空气气态污染物（SO_2、NO_2、O_3、CO）点式连续自动监测系统 NO_x 分析仪器中 NO_2-NO 转化器的转换效率应大于等于______%。

答案：96

20．环境空气气态污染物（SO_2、NO_2、O_3、CO）点式连续自动监测系统 SO_2、NO_2、O_3 分析仪长期（≥7 d）零点漂移应在________以内；CO 分析仪器长期（≥7 d）零点漂移应在_______以内。

答案：±10 ppb　　±2 ppm

21．环境空气气态污染物（SO_2、NO_2、O_3、CO）点式连续自动监测系统 SO_2、NO_2、O_3 分析仪长期（≥7 d）量程漂移应在______ppb 以内；CO 分析仪器的长期（≥7 d）量程漂移应在______ppm 以内。

答案：±20　　±2

22．为保证 NO_x 分析仪监测结果的准确性，需定期测试 NO_2-NO 转换炉转换效率，通常取 NO_2__________F.S.的浓度点计算 NO_2-NO 转换率，该值应大于 96%，否则应对转换炉再生或更换。

答案：60%～75%

23．对运行仪器定期进行性能审核的目的是控制和评价仪器的________、精密度和__________，在确保精密度的基础上进一步实施对仪器精密度的控制和进一步提高测量结果的__________。

答案：偏差　　准确度　　准确度

24. 环境空气气态污染物（SO_2、NO_2、O_3、CO）连续自动监测系统性能审核指对自动监测系统进行的__________审核和_________审核过程。

答案：精密度　准确度

25. 对于环境空气气态污染物（SO_2、NO_2、O_3、CO）点式连续自动监测系统各分析仪采样流量，每______至少进行 1 次检查，当流量误差超过误差控制限时，及时对仪器进行校准。

答案：月

26. 对于环境空气气态污染物（SO_2、NO_2、O_3、CO）点式连续自动监测系统各分析至少每周进行 1 次跨度检查，当发现跨度超过仪器调节控制限时，及时对仪器进行________校准。

答案：漂移

27. 对于氮氧化物分析仪，应至少每半年检查一次 NO_2-NO 转换炉的___________，结果应≥96%。

答案：转换效率

28. 环境空气气态污染物（SO_2、NO_2、O_3、CO）连续自动监测系统多点校准一般取______个校准点，除一个点为零点、一个点取在仪器量程________%处作为标点外，其余 5 个点在两个点之间均匀分布。

答案：7　90

29. 衡量分析仪长期连续运行稳定性和可靠性的标志是__________，衡量分析仪长期连续运行仪器测量结果与被测对象真值拟合程度的标志是__________。

答案：精密度　准确度

30. 对运行仪器定期进行性能审核的目的是控制和评价仪器的偏差、精密度和__________。

答案：准确度

31. 量程漂移定义为在未进行维修、保养或调节的前提下，环境空气气态污染物（SO_2、NO_2、O_3、CO）连续自动监测系统各分析仪按规定的时间运行后，仪器的读数与已知__________之间的偏差。

答案：参考值

32. 在量程噪声测试时，监测系统运行稳定后，将______F.S.标准气体通入分析仪器，每 2 min 记录该时间段数据的平均值，获得至少 25 个数据。计算所取得数据的____________。

答案：80%　标准偏差

33. 环境空气气态污染物（SO_2、NO_2、O_3、CO）连续自动监测系统试运行时间至少_____d。

答案：60

34．试运行结束时，环境空气气态污染物（SO_2、NO_2、O_3、CO）连续自动监测系统数据获取率应大于等于______%。

答案：90

35．在对环境空气气态污染物（SO_2、NO_2、O_3、CO）连续自动监测系统进行验收时，其性能指标验收内容包含____________、______________和______________。

答案：示值误差　24 h 零点漂移　24 h 80% F.S.漂移

36．现场数据比对验收是对数据进行抽样检查，随机抽取试运行期间_____d 的监测数据，比对上位机接收到的数据和现场机存储的数据，数据传输正确率应大于等于_____%。

答案：7　95

37．在联网验收时，通信稳定性要求现场机在线率为______%以上。

答案：90

38．在联网验收时，正常情况下掉线后，应在______min 之内重新上线。

答案：5

39．在联网验收时，要求单台数据采集传输仪每日掉线次数在______次以内。

答案：5

40．在联网验收时，要求报文传输稳定性在______%以上，当出现报文错误或丢失时，启动纠错逻辑。

答案：99

41．环境空气气态污染物（SO_2、NO_2、O_3、CO）连续自动监测系统各分析仪零点漂移是在未进行维修、保养或_______的前提下，仪器按规定的时间运行后，仪器的读数与__________之间的偏差。

答案：调节　零输入

42．环境空气气态污染物（SO_2、NO_2、O_3、CO）连续自动监测系统各分析仪量程漂移是在未进行维修、保养或_______的前提下，仪器按规定的时间运行后，仪器的读数与______________之间的偏差。

答案：调节　已知参考值

43．环境空气气态污染物（SO_2、NO_2、O_3、CO）连续自动监测系统各分析仪，在未进行_____、______或______的前提下按规定的时间运行后，仪器的读数与已知参考值之间的偏差叫__________。

答案：维修　保养　调节　量程漂移

44．环境空气气态污染物（SO_2、NO_2、O_3、CO）连续自动监测系统各分析仪在无手动维护和校准的前提下，长期漂移≥________d，符合指标要求的时间间隔叫作___________________________。

答案：7　　无人值守工作时间

45．对完成预防性检修的仪器，应进行连续______h 的仪器运行考核，在确认仪器工作正常后，仪器方可投入使用。

答案：24

46．环境空气气态污染物（SO_2、NO_2、O_3、CO）点式连续自动监测系统从采样总管到监测仪器采样口之间的气路管线至少每________清洗 1 次。

答案：半年

47．至少每______对环境空气连续自动监测系统各点位仪器设备进行 1 次预防性检修。

答案：年

48．在每次完成全面预防性检修或更换了关键零部件后，应对分析仪重新进行__________检查，并记录检修及标定、________情况。

答案：多点校准　　校准

49．PM_{10} 和 $PM_{2.5}$ 连续监测系统所配置监测仪器的测量方法为________或_____________。

答案：β射线法　　微量振荡天平法

50．标准状态是指温度为______K，压力为_______kPa 的状态。

答案：273　　101.325

51．参比状态是指温度为______℃，压力为________kPa 的状态。

答案：25　　101.325

52．在监测点周围，不能有高大建筑物、树木或其他障碍物阻碍环境空气流通。从监测点采样口到附近最高障碍物之间的水平距离，至少是该障碍物高出采样口垂直距离的__________。

答案：两倍以上

53．监测站房的线路要求走线美观，布线应加装________。

答案：线槽

54．监测站房应依照电工规范中的要求制作保护地线，用于机柜、仪器外壳等的接地保护，接地电阻应小于______Ω。

答案：4

55．监测站房内安装的冷暖式空调机出风口不能正对_______和__________。

答案：仪器　　采样总管

56．监测站房的空调应具有来电_________功能。

答案：自启动

57．气态污染物采样头为一个能_______、防尘及其他异物的防护罩。

答案：防雨

58．采样头的设计应保证采样气流不受__________，稳定进入采样总管。

答案：风向影响

59．在环境温度为 15～35℃，相对湿度≤85%的条件下，采样器电源端子对地或机壳的绝缘电阻不小于______MΩ。

答案：20

60．采样装置总管入口应防止_______和粗大的__________进入，同时应避免鸟类、小动物和大型昆虫进入。

答案：雨水　　颗粒物

61．根据《环境空气气态污染物（SO_2、NO_2、O_3、CO）连续自动监测系统技术要求及检测方法》（HJ 654—2013），在环境温度为 15～35℃，相对湿度≤85%的条件下，仪器在 1 500V（有效值）、50 Hz 正弦波实验电压下持续 1 min，不应出现_______或_______现象。

答案：击穿　　飞弧

62．根据《环境空气气态污染物（SO_2、NO_2、O_3、CO）连续自动监测系统技术要求及检测方法》（HJ 654—2013），点式监测分析仪器与数据采集和传输设备能够_______和________系统时间。

答案：显示　　设置

63．根据《环境空气气态污染物（SO_2、NO_2、O_3、CO）连续自动监测系统技术要求及检测方法》（HJ 654—2013），点式监测分析仪器与数据采集和传输设备能够显示__________，并能够记录存储至少 3 个月以上的有效数据，具备查询__________的功能。

答案：实时数据　　历史数据

64．根据《环境空气气态污染物（SO_2、NO_2、O_3、CO）连续自动监测系统技术要求及检测方法》（HJ 654—2013），点式监测分析仪器与数据采集和传输设备对各监测数据__________、________计算，并能以报表或报告形式输出。

答案：实时采集　　存储

65．根据《环境空气气态污染物（SO_2、NO_2、O_3、CO）连续自动监测系统技术要求及检测方法》（HJ 654—2013），点式监测分析仪器与数据采集和传输设备对监测数据具有__________和__________单位切换功能。

答案：质量浓度　　体积浓度

66．空气动力学当量直径是指单位密度的球体，在静止空气中做低雷诺数运动时，达到实际粒子相同的________________时的直径。

答案：最终沉降速度

67．PM_{10}是指环境空气中空气动力学当量直径______________的颗粒物。

答案：小于等于 10 μm

68．$PM_{2.5}$是指环境空气中空气动力学当量直径______________的颗粒物。

答案：小于等于 2.5 μm

三、判断题

1．环境空气质量自动监测是指：在监测点位采用连续监测仪器对环境空气质量进行连续的样品采集、处理、分析的过程。（　　）

答案：正确

2．气态污染物采样总管内径范围 1.5～10 cm，总管内的气流应保持层流状态，采样气体在总管内的滞留时间应小于 80 s，同时所采集气体样品的压力应接近大气压。支管接头应设置于采样总管的层流区域内，各支管接头之间间隔距离大于 3 cm。（　　）

答案：错误

正确答案：气态污染物采样总管内径范围 1.5～15 cm，总管内的气流应保持层流状态，采样气体在总管内的滞留时间应小于 20s，同时所采集气体样品的压力应接近大气压。支管接头应设置于采样总管的层流区域内，各支管接头之间间隔距离大于 8 cm。

3．为了防止因室内外空气温度的差异而致使采样总管内壁结露对监测污染物吸附，采样总管应加装保温套或加热器，加热温度一般控制在 60～80℃。（　　）

答案：错误

正确答案：为了防止因室内外空气温度的差异而致使采样总管内壁结露对监测污染物吸附，采样总管应加装保温套或加热器，加热温度一般控制在 30～50℃。

4．分析仪器与采样总管各支管接头连接的管线应选用不与被监测污染物发生化学反应和不释放有干扰物质的材料；长度不应超过 3 m。（　　）

答案：正确

5．为保证自动监测数据在公共数据网上传输的安全性，所采用的数据和传输设备应进行加密传输。（　　）

答案：正确

6．自动监测站点周边在相当长的时间内不能有新的建筑工地出现。（　　）

答案：正确

7．自动监测点周围应有合适的车辆通道以满足设备运输和安装维护需要。（　　）

答案：正确

8．某自动监测点位采样口距离地面高度 2 m，在标准范围内。（　　）

答案：错误

正确答案：标准范围是 3～15 m。

9．道路交通污染监控点，其采样口离地面的高度应在 3～5 m 范围内。（　　）

答案：错误

正确答案：2～5 m。

10．当设置多个采样口时，为防止其他采样口干扰颗粒物样品的采集，颗粒物采样口与其他采样口之间的水平距离应大于 1 m。（　　）

答案：正确

11．在保证监测点具有空间代表性的前提下，若所选点位周围半径（300～500 m）范围内建筑物平均高度在 20 m 以上，无法满足正常要求高度时，其采样口高度可以在 15～30 m 范围内选取。（　　）

答案：错误

正确答案：15～25 m。

12．新建监测站房房顶应为平面结构，坡度不大于 15°。（　　）

答案：错误

正确答案：10°。

13．监测站房应有防雷和防电磁干扰的设施。（　　）

答案：正确

14．监测站房室内使用面积应不小于 15 m^2。（　　）

答案：正确

15．监测站房应配备通往房顶的 Z 字形梯或旋梯。（　　）

答案：正确

16．监测站房房顶平台应有足够的空间放置参比方法比对监测采样器。（　　）

答案：正确

17．监测仪器具备 5 个月以上数据的存储能力。（　　）

答案：错误

正确答案：3 个月。

18．监测站房应为无窗或双层密封窗结构，有条件时，门与仪器房之间可设有缓冲间。（　　）

答案：正确

19．采样装置抽气风机排气口和监测仪器排气口的位置，应该在靠近站房上部的墙壁上。（　　）

答案：错误

正确答案：靠近下部的墙壁上。

20．监测站房内排气口离站房内地面距离应在 20 cm 以下。（　　）

答案：错误

正确答案：20 cm 以上。

21．在已有建筑物上建立站房时，应首先核实建筑物的周围环境。（　　）

答案：错误

正确答案：应首先核实建筑物的承重能力。

22．监测站房的设置不需考虑是否对企业安全生产和环境造成影响。（　　）

答案：错误

正确答案：应避免对企业安全生产和环境造成影响。

23．监测站房如采用彩钢夹芯板搭建，应符合相关临时性建（构）筑物设计和建造要求。（　　）

答案：正确

24．监测站房内温度为 40℃，符合标准。（　　）

答案：错误

正确答案：15～35℃。

25．自动监测仪断电恢复供电后，系统可自动启动，恢复运行状态并开始正常工作。（　　）

答案：正确

26．在已有建筑物屋顶建设监测站房时需首先考虑空间大小是否满足要求。（　　）

答案：错误

正确答案：在已有建筑物屋顶建立监测站房时，应首先核实该建筑物的承重能力。

27．监测站房供电系统应配有电源过压、过载保护装置。（　　）

答案：正确

28．监测站房内应安装冷暖式空调，其出风口不能正对仪器和采样总管，空调应具有来电自启动功能。（　　）

答案：正确

29．监测站房应采用三相五线供电，入室处装有配电箱，配电箱内连接入室引线应分别装有 3 个单项 15A 空气开关作为三相电源的总开关，分相使用。（　　）

答案：正确

30．监测仪器电源引入线与机壳之间的绝缘应不小于 30MΩ。（　　）

答案：错误

正确答案：20MΩ。

31．监测仪器安装在机柜内或者平台上，确保安装水平。（　　）

答案：正确

32．监测站房应依照电工规范中要求制作保护地线，用于机柜、仪器外壳等的接地保护，接地保护电阻应小于 8Ω。（　　）

答案：错误

正确答案：4Ω。

33．监测站房内相对湿度需控制在 85%以下。（　　）

答案：正确

34．监测站房内大气压必须控制在 80～106 kPa。（　　）

答案：错误

正确答案：在低温低压特殊环境条件下，仪器设备的配置应满足当地环境条件的使用要求。

35．监测站房内应装有排气风扇，排风扇要求带防尘百叶窗。（　　）

答案：正确

36．自动监测仪器设备安装完毕后，确保仪器后方有 1 m 以上的操作空间。（　　）

答案：错误

正确答案：0.8 m。

37．自动监测仪器设备安装完毕后，确保仪器采样入口和站房天花板的间距不少于 0.4 m。（　　）

答案：正确

38．保证采样管与各气路连接部分密闭不漏气。（　　）

答案：正确

39．采样管与屋顶法兰连接部分密封防水。（　　）

答案：正确

40．采样管支撑与房屋顶和采样管的连接应牢固、可靠，防止采样管摇摆。（　　）

答案：正确

41．环境温度和大气压传感器信号传输线与站房连接处应符合防水要求。（　　）

答案：正确

42．环境空气质量自动监测系统验收的内容包括：性能指标验收，联网验收及相关制度、记录和档案验收等。（　　）

答案：正确

43．环境空气质量自动监测系统验收准备，需要提供安装调试报告、试运行报告。（　　）

答案：正确

44．环境空气质量自动监测系统联网验收由通信传输验收、现场数据比对验收和联网稳定性验收三部分组成。（　　）

答案：正确

45. 监测仪器无须具备记录或输出测量过程中的环境大气压、环境温度、流量和浓度等数据的功能。（ ）

答案：错误

正确答案：必须具备。

46. 环境空气质量自动监测系统现场安装并正常运行后，在验收前必须进行调试，调试完成后，其连续监测指标应符合调试检测的指标要求。（ ）

答案：正确

47. 环境空气质量自动监测系统验收前的调试检测可由系统制造者、供应者、用户或受委托的有检测能力的部门承担。（ ）

答案：正确

48. 使用标准温度计读取并记录环境温度值，同时观察仪器显示的环境温度值并记录，两者之间的差值为系统的温度测量示值误差，一般不需要重复测量。（ ）

答案：错误

正确答案：一般需要重复测量 3 次。

49. 开放光程原理自动监测系统采样口位置要求中规定，对于自动监测，其采样口或监测光束离地面的高度应在 3～15 m 范围内。（ ）

答案：正确

50. 颗粒物采样器在工作环境条件下，采气流量保持恒定值，并能保持切割器切割特性的流量称为采样器的工作点流量。（ ）

答案：正确

51. 监测站房安全要求规定，在环境温度为 15～35℃，相对湿度≤85%的条件下，采样器电源端子对地或机壳的绝缘电阻不小于 20MΩ。（ ）

答案：正确

52. 为使采样器的采样各向同性，采样器入口在水平面内应为圆形或矩形，非圆形或者非矩形采样器入口在水平面内应至少有 4 个均匀进气方向。（ ）

答案：正确

53. 采样器在采样过程中，采样滤膜处的温度与环境温度的偏差应控制在±5℃以内。（ ）

答案：正确

54. 点式连续监测站点由采样装置、校准设备、分析仪器和数据采集传输设备组成。多台点式分析仪器可共用一套多支路采样装置进行样品采集。（ ）

答案：正确

55. 在气态污染物分析仪中，限流孔或毛细管是常用的恒流元器件，只有限流孔上下游的

气压比大于 3∶1，才能起到恒流的作用。（　　）

答案：错误

正确答案：在气态污染物分析仪中，限流孔或毛细管是常用的恒流元器件，只有限流孔上下游的气压比大于 2∶1，才能起到恒流的作用。

56．对于点式连续监测系统不可直接用管线采样。（　　）

答案：错误

正确答案：对于点式连续监测系统，在不使用采样总管时，可直接用管线采样。

57．为防止灰尘进入监测分析仪器，应在点式监测仪器的采样入口与支管气路的接合部之间安装孔径不大于 5 μm 的石英过滤膜。（　　）

答案：错误

正确答案：聚四氟乙烯过滤膜。

58．根据《环境空气气态污染物（SO_2、NO_2、O_3、CO）连续自动监测系统技术要求及检测方法》（HJ 654—2013），大气自动监测系统应至少能显示记录气态污染物的质量浓度、体积浓度、采样流量、仪器参数、风向湿度等实时数据。（　　）

答案：错误

正确答案：监测系统应至少能显示记录气态污染物的质量浓度、体积浓度、采样流量等实时数据。

59．根据《环境空气气态污染物（SO_2、NO_2、O_3、CO）连续自动监测系统技术要求及检测方法》（HJ 654—2013），大气自动监测系统小时数据应至少记录该时间段内气态污染物的质量浓度、体积浓度的平均值。（　　）

答案：正确

60．根据《环境空气气态污染物（SO_2、NO_2、O_3、CO）连续自动监测系统技术要求及检测方法》（HJ 654—2013），大气自动监测系统分钟数据应至少记录该时间段内气态污染物的体积浓度的平均值。（　　）

答案：错误

正确答案：大气自动监测系统分钟数据应至少记录该时间段内气态污染物的质量浓度、体积浓度的平均值。

61．根据《环境空气气态污染物（SO_2、NO_2、O_3、CO）连续自动监测系统技术要求及检测方法》（HJ 654—2013），大气自动监测系统数据记录要求：应统计记录当日小时数据的最大值、最小值和日均值。（　　）

答案：正确

62．点式连续监测系统的采样管道若不加保温套或加热器，因室内外空气温度的差异采样总管内部结露会使仪器所测得的污染物浓度偏高。（　　）

答案：错误

正确答案：点式连续监测系统的采样管道若不加保温套或加热器，因室内外空气温度的差异采样总管内部结露会使仪器所测得的污染物浓度偏低。

63. 监测系统联网验收指标要求在正常情况下，掉线后，应在 10 min 之内重新上线。（　　）

答案：错误

正确答案：监测系统联网验收指标要求在正常情况下，掉线后，应在 5 min 之内重新上线。

64. 当判断仪器故障 72 h 不能修复时，应立即更换备机。（　　）

答案：错误

正确答案：48 h。

65. 环境空气气态污染物（SO_2、NO_2、O_3、CO）点式连续监测系统中，校准设备主要由零气发生器、多气体动态校准仪、O_3 校准仪、标准钢瓶气组成。校准设备用于对分析仪器进行校准。（　　）

答案：正确

66. 环境空气气态污染物（SO_2、NO_2、O_3、CO）连续自动监测系统无人值守工作时间，指仪器在无手动维护和校准的前提下，长期漂移（≥3 d）符合指标要求的时间间隔。（　　）

答案：错误

正确答案：无人值守工作时间就是仪器在无手动维护和校准的前提下，长期漂移（≥7 d）符合指标要求的时间间隔。

67. 环境空气气态污染物（SO_2、NO_2、O_3、CO）点式连续监测系统校准设备应具备自动校准功能。（　　）

答案：正确

68. 环境空气气态污染物（SO_2、NO_2、O_3、CO）点式连续监测系统零气源中的活性炭主要起吸附作用，以除掉空气中的 CO、NO、SO_2、NO_2、O_3 和 HC 等杂质。（　　）

答案：错误

正确答案：零气源中的活性炭主要起吸附作用，以除掉空气中的 NO_2、SO_2、O_3 和 HC 等杂质。

69. 环境空气气态污染物（SO_2、NO_2、O_3、CO）点式连续监测系统零气源的空气压缩机在非校准期间或小流量校准期间频繁启动，表明校准系统有可能漏气。（　　）

答案：正确

70. 环境空气气态污染物（SO_2、NO_2、O_3、CO）连续自动监测系统中，标准钢瓶气应用钢瓶柜或钢瓶架固定（子站可用固定装置靠墙捆绑），以防碰撞或剧烈震动。（　　）

答案：正确

71．环境空气气态污染物（SO_2、NO_2、O_3、CO）连续自动监测系统中，多气体动态校准仪流量控制单元使用体积流量控制器。（ ）

答案：错误

正确答案：多气体动态校准仪流量控制单元使用质量流量控制器。

72．环境空气气态污染物（SO_2、NO_2、O_3、CO）连续自动监测系统中，多气体动态校准仪对标准气体的稀释比率为 1/100～1/1 000。（ ）

答案：正确

73．环境空气气态污染物（SO_2、NO_2、O_3、CO）点式连续自动监测系统多气体动态校准仪臭氧发生浓度误差必须在±1%以内。（ ）

答案：错误

正确答案：多气体动态校准仪的臭氧发生浓度误差应在±2%以内。

74．环境空气连续自动监测系统质量保证实验室的主要任务为：对系统所用监测设备进行标定、校准和审核；对检修后的仪器设备进行校准和主要技术指标的运行考核；系统有关监测质量控制措施的制定和落实。（ ）

答案：正确

75．对环境空气连续自动监测系统各子站监测仪器进行远程诊断和校准工作应由质量保证实验室完成。（ ）

答案：错误

正确答案：对监测子站的监测仪器进行远程诊断和校准由中心计算机室完成。

76．环境空气连续自动监测系统质量保证实验室大小应能保证操作人员正常工作，使用面积一般不少于 20 m^2。（ ）

答案：错误

正确答案：质量保证实验室大小应能保证操作人员正常工作，使用面积一般不少于 25 m^2。

77．环境空气连续自动监测系统支持实验室的主要任务为：对仪器设备的备品备件进行管理；根据仪器设备的运行要求，对系统仪器设备进行日常保养、维护；对发生故障的仪器设备进行检修、更换。（ ）

答案：正确

78．环境空气连续自动监测系统支持实验室应配备一定数量的备用监测分析仪器，备用监测分析仪器的数量一般不少于监测分析仪器总数的 1/4。（ ）

答案：正确

79．具备保障条件时，应用备用仪器将环境空气连续自动监测系统各子站中正在运行的监测分析仪器设备替换下来，送往实验室进行预防性检修。（ ）

答案：正确

80．对于在环境空气连续自动监测系统各子站中不易诊断和检修的故障，应将发生故障的仪器设备送实验室进行检查和维修，并在现场用备用仪器替代发生故障的仪器。（ ）

答案：正确

81．环境空气气态污染物（SO_2、NO_2、O_3、CO）连续自动监测系统性能指标验收包括示值误差测试、24 h 零点漂移测试、24 h 20% F.S.漂移测试。（ ）

答案：错误

正确答案：包括示值误差测试、24 h 零点漂移测试和 24 h 80% F.S.漂移测试。

82．环境空气气态污染物（SO_2、NO_2、O_3、CO）点式连续自动监测系统性能指标验收中的示值误差测试，SO_2、NO_x、O_3、CO 分析仪的示值误差要求均为±2% F.S.。（ ）

答案：错误

正确答案：SO_2、NO_2、CO 为±2% F.S.，O_3 为±4% F.S.。

83．环境空气气态污染物（SO_2、NO_2、O_3、CO）点式连续自动监测系统零点漂移是指在进行维修、保养或调节后，仪器按规定的时间运行后，仪器的读数与零输入之间的偏差。（ ）

答案：错误

正确答案：零点漂移是指在未进行维修、保养或调节的前提下，仪器按规定的时间运行后，仪器的读数与零输入之间的偏差。

84．环境空气气态污染物（SO_2、NO_2、O_3、CO）点式连续自动监测系统量程漂移是指在未进行维修、保养或调节的前提下，仪器按规定的时间运行后，仪器的读数与已知参考值之间的偏差。（ ）

答案：正确

85．环境空气气态污染物（SO_2、NO_2、O_3、CO）点式连续自动监测系统无人值守工作时间是指仪器在定期开展手动维护和校准的前提下，长期漂移（≥7 d）符合指标要求的时间间隔。（ ）

答案：错误

正确答案：无人值守工作时间是指仪器在无手动维护和校准的前提下，长期漂移（≥7 d）符合指标要求的时间间隔。

86．环境空气 NO_x 分析仪中，NO 转换为 NO_2 的效率称作转换效率。（ ）

答案：错误

正确答案：NO_2 转换为 NO 的效率称作转换效率。

87. 环境空气气态污染物（SO_2、NO_2、O_3、CO）点式连续自动监测系统 SO_2、NO_x、O_3 分析仪零点噪声应小于等于 1 ppb；CO 分析仪零点噪声应小于等于 0.25 ppm。（　　）

答案： 正确

88. 环境空气气态污染物（SO_2、NO_2、O_3、CO）点式连续自动监测系统 SO_2、NO_x、O_3 分析仪器最低检出限为小于等于 2 ppb。（　　）

答案： 正确

89. 环境空气气态污染物（SO_2、NO_2、O_3、CO）点式连续自动监测系统 CO 分析仪器最低检出限为小于等于 0.5 ppm。（　　）

答案： 正确

90. 环境空气气态污染物（SO_2、NO_2、O_3、CO）点式连续自动监测系统 SO_2、NO_x、O_3 分析仪 80% F.S.噪声应小于等于 5 ppb；CO 分析仪 80% F.S.噪声应小于等于 1 ppm。（　　）

答案： 正确

91. 环境空气气态污染物（SO_2、NO_2、O_3、CO）点式连续自动监测系统 SO_2、NO_x、O_3 分析仪示值误差须在±2% F.S.以内；CO 分析仪示值误差须在±4% F.S.以内。（　　）

答案： 错误

正确答案： SO_2、NO_x 分析仪示值误差须在±2% F.S.以内；O_3 误差须在±4% F.S.以内，CO 误差须在±2% F.S.以内。

92. 环境空气气态污染物（SO_2、NO_2、O_3、CO）点式连续自动监测系统 SO_2、NO_x、O_3 分析仪 20% F.S.，精密度应小于等于 5 ppb；SO_2、NO_x、O_3 分析仪 80% F.S.，精密度应小于等于 10 ppb。（　　）

答案： 正确

93. 环境空气气态污染物（SO_2、NO_2、O_3、CO）点式连续自动监测系统 CO 分析仪器 20% F.S.精密度和 80% F.S.精密度均应小于等于 0.5 ppm。（　　）

答案： 正确

94. 环境空气气态污染物（SO_2、NO_2、O_3、CO）点式连续自动监测系统 SO_2、NO_x、O_3、CO 分析仪器 24 h 零点漂移应在±5 ppb 以内。（　　）

答案： 错误

正确答案： SO_2、NO_x、O_3 分析仪器 24 h 零点漂移应在±5 ppb 以内，CO 分析仪器 24 h 零点漂移应在±1 ppm 以内。

95. 环境空气气态污染物（SO_2、NO_2、O_3、CO）点式连续自动监测系统 CO 分析仪器的 24 h 20% F.S.漂移和 80% F.S.漂移均应在±1 ppm 以内。（　　）

答案： 正确

96．环境空气气态污染物（SO_2、NO_2、O_3、CO）点式连续自动监测系统 SO_2、NO_x、O_3、CO 分析仪响应时间（上升时间/下降时间）应小于等于 5 min。（ ）

答案：错误

正确答案：SO_2、NO_x、O_3 分析仪器响应时间（上升时间/下降时间）应小于等于 5 min；CO 分析仪器响应时间（上升时间/下降时间）应小于等于 4 min。

97．环境空气气态污染物（SO_2、NO_2、O_3、CO）点式连续自动监测系统 NO_x 分析仪器中 NO_2-NO 转化器的转换效率应大于等于 95%。（ ）

答案：错误

正确答案：NO_x 分析仪器中 NO_2-NO 转化器的转换效率应大于等于 96%。

98．环境空气气态污染物（SO_2、NO_2、O_3、CO）点式连续自动监测系统 SO_2、NO_x、O_3 分析仪长期零点漂移应在±10 ppb 以内，该长期零点漂移是指大于 5 d 的零点漂移。（ ）

答案：错误

正确答案：SO_2、NO_x、O_3 分析仪器长期零点漂移应在±10 ppb 以内，该长期零点漂移是指大于 7 d 的零点漂移。

99．环境空气气态污染物（SO_2、NO_2、O_3、CO）连续自动监测系统零点漂移是指仪器按规定的时间运行后，仪器的读数与零输入之间的偏差。（ ）

答案：错误

正确答案：指在未进行维修、保养或调节的前提下，仪器按规定的时间运行后，仪器的读数与零输入之间的偏差。

100．环境空气气态污染物（SO_2、NO_2、O_3、CO）连续自动监测系统各分析仪器对于普通易损件（如更换泵膜、散热风扇、气路接头或接插件等）进行维修后无须进行校准。（ ）

答案：错误

正确答案：对普通易损件（如更换泵膜、散热风扇、气路接头或接插件等）进行维修后需要进行零/跨校准。

101．环境空气气态污染物（SO_2、NO_2、O_3、CO）连续自动监测系统各分析仪器多点校准一般取 7 个校准点，除一个校准点为零点、一个校准点为仪器 90% F.S.点外，其余 5 个校准点在两个点之间均匀分布。（ ）

答案：正确

102．环境空气气态污染物（SO_2、NO_2、O_3、CO）连续自动监测系统各分析仪器在维修、停机较长时间重新开机或仪器到货开箱调试及验收时均应进行多点线性校准。（ ）

答案：错误

正确答案：在仪器更换某些重要部件、停机一段较长时间重新开机后和仪器到货开箱调试及验收时均应进行多点线性校准。

103．环境空气气态污染物（SO_2、NO_2、O_3、CO）连续自动监测系统中，精密度是分析仪长期连续运行状态下稳定性和可靠性的标志，准确度是分析仪长期连续运行状态下测量结果与被测对象真值拟合程度的标志。（　　）

答案：正确

104．对环境空气气态污染物（SO_2、NO_2、O_3、CO）连续自动监测系统各分析仪器定期进行性能审核的目的是控制和评价仪器的偏差、精密度和准确度，在确保精密度的基础上，进一步实施对精密度的控制同时提高准确度。（　　）

答案：正确

105．对环境空气气态污染物（SO_2、NO_2、O_3、CO）连续自动监测系统在精密度审核前须对仪器进行零点和跨度点校准。（　　）

答案：错误

正确答案：在精密度审核前无需对仪器进行零点和跨度点校准。

106．对环境空气气态污染物（SO_2、NO_2、O_3、CO）连续自动监测系统各分析仪量程漂移为在未进行维修、保养或调节的前提下，仪器按规定的时间运行后，仪器的读数与已知参考值之间的偏差。（　　）

答案：正确

107．在进行环境空气气态污染物（SO_2、NO_2、O_3、CO）连续自动监测系统量程噪声测试时，待监测系统运行稳定后，将 80% F.S.标准气体通入待测分析仪器，每 2 min 记录该时间段数据的平均值，获得至少 25 个数据。计算所取得数据的标准偏差。（　　）

答案：正确

108．环境空气气态污染物（SO_2、NO_2、O_3、CO）连续自动监测系统正式运行前，至少进行 90 d 试运行测试。（　　）

答案：错误

正确答案：至少进行 60 d 试运行测试。

109．试运行结束时，环境空气气态污染物（SO_2、NO_2、O_3、CO）连续自动监测系统数据获取率应大于等于 90%。（　　）

答案：正确

110．在对环境空气气态污染物（SO_2、NO_2、O_3、CO）连续自动监测系统进行验收时，其性能指标验收内容包含示值误差、24 h 零点漂移、24 h 80% F.S.漂移。（　　）

答案：正确

111. 环境空气气态污染物（SO_2、NO_2、O_3、CO）连续自动监测系统联网验收由数据传输验收、现场数据比对验收、联网稳定性验收三部分组成。（ ）

答案：正确

112. 环境空气气态污染物（SO_2、NO_2、O_3、CO）连续自动监测系统验收内容包括：性能指标验收、联网验收及相关制度、记录和档案验收等，验收通过后由建设方出具验收报告。（ ）

答案：错误

正确答案：验收内容包括：性能指标验收、联网验收及相关制度、记录和档案验收等，验收通过后由环境保护行政主管部门出具验收报告。

113. 环境空气气态污染物（SO_2、NO_2、O_3、CO）连续自动监测系统试运行期间因故障等造成运行中断，监测系统恢复正常后，重新开始试运行。（ ）

答案：正确

114. 环境空气气态污染物（SO_2、NO_2、O_3、CO）连续自动监测系统现场数据比对验收为抽样检查，随机抽取试运行期间 7 d 的监测数据，比对上位机接收到的数据和现场机存储的数据，数据传输正确率应大于等于 90%。（ ）

答案：错误

正确答案：现场数据比对验收为抽样检查，随机抽取试运行期间 7 d 的监测数据，比对上位机接收到的数据和现场机存储的数据，数据传输正确率应大于等于 95%。

115. 在联网验收期间，环境空气气态污染物（SO_2、NO_2、O_3、CO）连续自动监测系统单台数据采集传输仪每日掉线次数须在 5 次以内。（ ）

答案：正确

116. 环境空气气态污染物（SO_2、NO_2、O_3、CO）连续自动监测系统联网验收期间，通信稳定性要求现场机在线率为 95%以上。（ ）

答案：错误

正确答案：通信稳定性要求现场机在线率为 90%以上。

117. 环境空气气态污染物（SO_2、NO_2、O_3、CO）连续自动监测系统联网验收期间，正常情况下掉线后，应在 5 min 之内重新上线。（ ）

答案：正确

118. 环境空气气态污染物（SO_2、NO_2、O_3、CO）点式连续自动监测系统采样支管（从采样总管到监测仪器采样口之间的气路管线）至少每半年清洗一次。（ ）

答案：正确

119. 对于在现场能够诊断明确，并且可由简单更换备件解决的问题（如电磁阀控制失灵、抽气泵泵膜破损、气路堵塞、灯源老化），可在现场进行检修。（ ）

答案：正确

120．环境空气气态污染物（SO_2、NO_2、O_3、CO）点式连续自动监测系统采样总管加热主要是为了防止产生冷凝水影响系统监测结果。（　　）

答案：正确

121．为防止结露水流和管壁气流波动的影响，环境空气气态污染物（SO_2、NO_2、O_3、CO）点式连续自动监测系统各分析仪器与支管接头连接的管线，连接管时应伸向总管接近中心的位置。（　　）

答案：正确

122．环境空气气态污染物（SO_2、NO_2、O_3、CO）点式连续自动监测系统各分析仪在进行维修或更换部件、零点和标点漂移超出规定的调节控制限、停机一段时间重新开机后和仪器到货开箱调试及验收时均应进行单点校准。（　　）

答案：正确

四、简答题

1．请解释什么是环境空气质量自动监测。

答案：环境空气质量自动监测是指在监测点位采用连续自动监测仪器对环境空气质量进行连续的样品采集、处理、分析的过程。

2．站房对供电系统有哪些要求？

答案：（1）站房供电系统应配有电源过压、过载保护装置，电源电压波动不超过 AC 220V±22V，频率波动不超过 50Hz±1Hz。

（2）站房应采用三相五线供电，入室处装有配电箱，配电箱内连接入室引线应分别装有 3 个单相 15A 空气开关作为三相电源的总开关，分相使用。

（3）站房应依照电工规范中的要求制作保护地线，用于机柜、仪器外壳等的接地保护，接地电阻应小于 4Ω。

（4）站房的线路要求走线美观，布线应加装线槽。

3．分析仪器一般有哪些要求？

答案：（1）产品铭牌上应标有仪器名称、型号、生产单位、出厂编号和生产日期等信息。

（2）分析仪器各零部件应连接可靠，表面无明显缺陷，各操作按键使用灵活，定位准确。

（3）仪器各显示部分的刻度、数字清晰，涂色牢固，不应有影响读数的缺陷。

（4）具备数字信号通信功能。

（5）分析仪器电源引入线与机壳之间的绝缘电阻应不小于 20MΩ。

4．空气动力学当量直径指的是什么？

答案： 单位密度（ρ_0=1 g/cm^3）的球体，在静止空气中做低雷诺数运动时，达到与实际粒子相同的最终沉降速度时的直径。

5．什么是仪器的预防性检修？

答案： 预防性检修，指在规定的时间对系统在用和备用的仪器设备进行预防故障发生的检修。在有备用仪器的保障条件下，应用备用仪器将正在运行的监测分析仪器设备替换下来，送往实验室进行预防性检修。

6．环境空气气态污染物（SO_2、NO_2、O_3、CO）连续自动监测系统使用标准气体钢瓶气时的注意事项有哪些？

答案：（1）在有效期内使用；

（2）标准钢瓶气的剩余压力应符合要求（≥0.2MPa）；

（3）气路检查，严防漏气；

（4）对排气口排出的气体，应通过管线连接到室外。

7．使用体积浓度为 64 ppm 的 SO_2 标准钢瓶气配制总流量为 8 L/min，体积浓度为 400 ppb 的校准用 SO_2 标准气，请计算体积浓度为 64 ppm 的 SO_2 标准钢瓶气的流量应该是多少 ml/min？（列出计算过程）

答案： $SO_2\text{钢瓶气流量} = \frac{8\times400\times1\,000}{64\times1\,000} = 50\text{（ml / min）}$

8．在实验室或监测子站操作多气体动态校准仪，激活臭氧 400 ppb 校准点的设置，使用臭氧传递标准光度计测量此值，读取并记录 3 次臭氧浓度均值为 412 ppb，请计算这台多气体动态校准仪的臭氧发生浓度误差，并判断是否超出《环境空气气态污染物（SO_2、NO_2、O_3、CO）连续自动监测系统技术要求及检测方法》（HJ 654—2013）中要求的臭氧发生浓度误差。

答案：（412−400）/400×100%=3%

超出《环境空气气态污染物（SO_2、NO_2、O_3、CO）连续自动监测系统技术要求及检测方法》（HJ 654—2013）中要求的臭氧发生浓度误差±2%。

9．简述环境空气连续自动监测系统质量保证实验室应配置的主要设备及其用途。

答案： 各种流量标准传递设备，用于校准本系统中所有监测仪器和校准仪器的流量；经过国家认证的各种标准气体，用于标定或传递监测仪器和各种工作标准气体；质量保证专用仪器，用来传递基准标准至工作标准或校验工作标准；便携式审核校准仪器，用于各子站的现场定期审核和校准。

10．简述如何进行环境空气气态污染物（SO_2、NO_2、O_3、CO）连续自动监测系统各分析仪零点噪声测试。

答案：监测系统运行稳定后，将零气标准气体通入分析仪器，每 2 min 记录该时间段数据的平均值，获得至少 25 个数据，然后根据公式计算所取数据的标准偏差（S_0）即为分析仪器的零点噪声。

公式：

$$S_0 = \sqrt{\frac{\sum_{i=1}^{n}(r_i - \overline{r})^2}{n-1}}$$

S_0——待测分析仪器零点噪声，ppb（ppm）；

$\overline{r}$——待测分析仪器测量值的平均值，ppb（ppm）；

r_i——待测分析仪器第 i 次测量值，ppb（ppm）。

11．请简述如何进行环境空气气态污染物（SO_2、NO_2、O_3、CO）点式连续自动监测系统各分析仪响应（上升）时间。

答案：待测分析仪运行稳定后，通入零气，待读数稳定后通入 80% F.S.标准气体，同时用秒表开始计时，当待测分析仪器显示值上升至标准气体浓度标称值 90%时停止计时，记录所用时间为待测分析仪器的上升时间。

12．请简述环境空气气态污染物（SO_2、NO_2、O_3、CO）点式连续自动监测系统各分析仪器采样口和校准口浓度偏差的测量。

答案：待测分析仪运行稳定后，将 80% F.S.标准气体分别经仪器的采样口和校准口通入待测分析仪器，显示稳定后，分别记录 80% F.S.标准气体经采样口通入待测分析仪器的读数 A 和经校准口通入待测分析仪器的读数 B。重复测量 3 次，计算两种状态下读数平均值的相对偏差，即为采样口和校准口浓度偏差。

13．请简述什么情况下需要对环境空气气态污染物（SO_2、NO_2、O_3、CO）连续自动监测系统分析仪器进行零点与跨度点校准。

答案：（1）在仪器维修或更换任何部件后；

（2）零点和跨度点漂移超出规定的调节控制限；

（3）停机一段时间重新开机后；

（4）仪器到货开箱调试及验收时。

14．对环境空气气态污染物（SO_2、NO_2、O_3、CO）连续自动监测系统 O_3 分析仪性能进行准确度审核检查，该臭氧分析仪量程为 0～500 ppb，审核时分别通入 8%、20%、40%、80% F.S.浓度的臭氧气体，臭氧分析仪的响应分别为 41 ppb、105 ppb、210 ppb、430 ppb，计算该 O_3 分析仪各审核浓度点准确度的平均百分比误差？

答案：按照公式 $d_i = \frac{Y_i(\text{分析仪响应值}) - X_i(\text{已知标气浓度})}{X_i} \times 100\%$

8%浓度点，百分比误差为（41–40）/40×100%=2.5%

20%浓度点，百分比误差为（105–100）/100×100%=5%

40%浓度点，百分比误差为（210–200）/200×100%=5%

80%浓度点，百分比误差为（430–400）/400×100%=7.5%

平均百分比误差为 5%。

15．简述环境空气质量连续自动监测系统巡检工作内容。

答案：（1）检查子站的接地线路是否可靠，排风排气装置工作是否正常，标准气钢瓶阀门是否漏气，标准气的消耗情况；

（2）检查采样和排气管路是否有漏气或堵塞现象，各分析仪器采样流量是否正常；

（3）检查监测仪器的运行状况和工作状态参数是否正常；

（4）对站房周围的杂草和积水应及时清除，当周围树木生长超过规范规定的控制限时，对采样或监测光束有影响的树枝应及时进行剪除；

（5）在经常出现雷雨的地区，应经常检查避雷设施是否可靠，子站房屋是否有漏雨现象，气象杆和天线是否损坏，站房外围的其他设施是否有损坏或被水淹，如遇到以上问题应及时处理，保证系统能安全运行；

（6）站房空调机的过滤网每 1 个月至少清洗 1 次，防止尘土阻塞过滤网；

（7）检查站房内温度是否保持在 15～35℃，相对湿度保持在 85%以下，在冬、夏季节应注意站房内外温差，若温差较大使采样装置出现冷凝水，应及时调整站房温度或对采样总管采取适当的温控措施，防止冷凝现象；

（8）记录巡检情况。

16．简述空气自动监测系统预防性检修的内容和要求。

答案：（1）监测子站的污染物监测仪器设备每年至少进行 1 次预防性检修；

（2）根据使用寿命，更换监测仪器中的紫外灯、光电倍增管、制冷装置、转换炉、发射光源（氙灯）和抽气泵膜等关键零部件；

（3）对仪器设备电路各测试点进行测试与调整；

（4）对仪器设备进行气路检漏和流量检查，对光路、气路、电路板和各种接头及插座等进行检查和清洁处理；

（5）对各分析仪的输出零点和满量程进行检查和校准，并检查各分析仪的输出线性；

（6）在完成全面预防性检修或更换了关键零部件后，应对分析仪重新进行多点校准和检查，并记录检修及标定和校准情况；

（7）对完成预防性检修的分析仪，应进行连续 24 h 的运行测试，在确认分析仪工作正常后方可投入使用。

17．环境空气连续自动监测系统联网验收项目中通信稳定性考核指标有哪些？

答案：（1）现场机在线率为 90%以上；

（2）正常情况下，掉线后，应在 5 min 之内重新上线；

（3）单台数据采集传输仪每日掉线次数在 5 次以内；

（4）报文传输稳定性在 99%以上，当出现报文错误或丢失时，启动纠错逻辑。

18．如何保证环境空气连续自动监测系统质量保证和质量控制计划？

答案：（1）日常巡检制度及巡检内容；

（2）定期维护制度及定期维护内容；

（3）定期校验和校准制度及内容；

（4）易损、易耗品的定期检查和更换制度。

19．怎样进行气态污染物分析仪器 24 h 零点及量程漂移测试？

答案：（1）待分析仪器稳定后，通入零气，记录分析仪器零点稳定读数；

（2）分别通入 20%和 80% F.S.标准气体，并记录分析仪器稳定读数；

（3）通气结束后，监测系统连续运行 24 h 后重复上述操作（期间不允许任何维护和操作）；

（4）计算分析仪 24 h 的零点漂移、24 h 20% F.S.漂移和 24 h 80% F.S.漂移；

（5）可对仪器进行零点和跨度校准；

（6）重复 3 次，每次测试结果均应符合标准要求。

20．简述环境空气质量连续自动监测系统调试检测的一般要求。

答案：（1）现场完成系统安装、调试后，监测系统投入试运行。

（2）监测系统连续运行 168 h 后，进行调试检测。

（3）如果因系统故障、断电等原因造成调试检测中断，则需要重新进行调试检测。

（4）点式监测系统与开放光程监测系统调试检测项目相同。检测时开放光程仪器应处于零光程状态。

（5）调试检测后应编制安装调试报告。

21．简述环境空气连续自动监测系统验收主要包括哪些内容。

答案：性能指标验收、联网验收及相关制度、记录和档案验收等。验收通过后由环境保护行政主管部门出具验收报告。

第二节 监测点位布设

一、选择题

1．每个环境空气质量评价城市点代表范围一般为半径 500 m 至________km，有时也可扩大至半径________km 至几十千米（如对于空气污染物浓度较低，其空间变化较小的地区）的范围。（　　）

A．2，4　　B．3，5

C．4，4　　D．4，5

答案：C

2．环境空气质量评价区域点和背景点应远离城市建成区和主要污染源，区域点原则上应离开城市建成区和主要污染源________以上，背景点原则上应离开城市建成区和主要污染源________以上。（　　）

A．10 km，20 km　　B．15 km，30 km

C．20 km，50 km　　D．30 km，50 km

答案：C

3．监测点周围环境要求中规定，应采取措施保证监测点附近________内的土地使用状况相对稳定。（　　）

A．500 m　　B．1 000 m

C．1 500 m　　D．2 000 m

答案：B

4．监测点采样口周围水平面应保证____以上的捕集空间，如果采样口一边靠近建筑物，采样口周围水平面应有______以上的自由空间。（　　）

A．360°，270°　　B．270°，180°

C．360°，180°　　D．270°，90°

答案：B

5．下列哪种描述是错误的？（　　）

A．监测点周围建设情况应相对稳定，应尽量选择在规划建设完成的区域，在相当长的时间内允许有新的建筑工地出现

B．监测点应地处相对安全和防火措施有保障的地方

C．监测点位附近应无强电磁干扰，周围有稳定可靠的电力供应，通信线路方便安装

和检修

D．开放光程监测系统监测点应远离振动源

答案：A

6．长光程自动监测系统采样口位置要求中规定，对于自动监测，其采样口或监测光束离地面的高度应在________范围内。（　　）

A．5～15 m　　　　B．5～20 m

C．3～15 m　　　　D．3～30 m

答案：C

7．在建筑物上安装监测仪器时，监测仪器的采样口离建筑物墙壁、屋顶等支撑物表面的距离应大于________。（　　）

A．0.5 m　　　　B．1 m

C．1.5 m　　　　D．2 m

答案：B

8．当某监测点需设置多个采样口时，为防止其他采样口干扰颗粒物样品的采集，颗粒物采样口与其他采样口之间的直线距离应大于_______ m。若使用大流量总悬浮颗粒物（TSP）采样装置进行并行监测，其他采样口与颗粒物采样口的直线距离应大于________ m。（　　）

A．0.5，1　　　　B．0.5，2

C．1，1.5　　　　D．1，2

答案：D

9．在监测点周围，不能有高大建筑物、树木或其他障碍物阻碍环境空气流通。从监测点采样口到附近高障碍物之间的水平距离，至少是该障碍物高出采样口垂直距离的_______以上。（　　）

A．1 倍　　　　B．2 倍

C．3 倍　　　　D．4 倍

答案：B

10．按照现有城市点位布设时的建成区面积计算，平均每个点位覆盖面积大于_______km^2时，可在原建成区及新建、扩建城区增设监测点位。（　　）

A．5　　　　B．10

C．15　　　　D．25

答案：D

11．城市加密网格点实测是指将城市建成区均匀划分为若干加密网格点，单个网格不大于_______（面积大于 200 km^2 的城市也可适当放宽网格密度），在每个网格中心或网格

线的交点上设置监测点。（　　）

A．1 km×1 km　　B．2 km×2 km

C．3 km×3 km　　D．4 km×4 km

答案：B

12．对于路边交通点，应根据车流量的大小、车道两侧的地形、建筑物的分布情况等确定路边交通点的位置，采样口距道路边缘距离不得超过________ m。（　　）

A．5　　B．10

C．20　　D．30

答案：C

二、填空题

1．环境空气监测点位布设原则包括________性、________性、________性、________性、________性。

答案：代表　整体　可比　前瞻　稳定

2．环境空气质量评价区域点和背景点应远离城市建成区和主要污染源，区域点原则上应离开城市建成区和主要污染源________以上，背景点原则上应离开城市建成区和主要污染源________以上。

答案：20 km　50 km

3．环境空气质量评价城市点设置数量要求中规定，建成区城市人口________人，建成区面积________ km^2 时，应最少设置监测点数为 1 个。

答案：＜25 万　＜20

4．环境空气质量评价城市点设置数量要求中规定，建成区城市人口________人，建成区面积________ km^2 时，应最少设置监测点数为 2 个。

答案：20 万～50 万　20～50

5．环境空气质量评价城市点设置数量要求中规定，建成区城市人口 50 万～100 万人，建成区面积 50～100 km^2 时，应最少设置监测点数为________个。

答案：4

6．环境空气质量评价城市点设置数量要求中规定，建成区城市人口 100 万～200 万人，建成区面积 100～200 km^2 时，应最少设置监测点数为________个。

答案：6

7．环境空气质量评价城市点设置数量要求中规定，建成区城市人口________人，建成区面积________ km^2 时，应最少设置监测点数为 8 个。

答案：200 万～300 万　200～400

8. 监测点周围环境要求中规定，应采取措施保证监测点附近________m 内的土地使用状况相对稳定。

答案： 1 000

9. 采样口位置要求中规定，对于手工采样，其采样口离地面的高度应在________m 范围内。

答案： 1.5～15

10. 采样口位置要求中规定，对于自动监测，其采样口或监测光束离地面的高度应在____________m 范围内。

答案： 3～20

11. 在建筑物上安装监测仪器时，监测仪器的采样口离建筑物墙壁、屋顶等支撑物表面的距离应大于________m。

答案： 1

12. 当某监测点需设置多个采样口时，为防止其他采样口干扰颗粒物样品的采集，颗粒物采样口与其他采样口之间的直线距离应大于_____m。若使用大流量总悬浮颗粒物（TSP）采样装置进行并行监测，其他采样口与颗粒物采样口的直线距离应大于____m。

答案： 1　　2

13. 根据地方环境管理工作的需要以及城市发展的实际情况，申请增加、变更和撤销环境空气质量评价城市点，需要报告________________________部门审批。

答案： 点位的环境保护行政主管

14. 拟新增、变更、撤销点位时，比对监测项目应至少覆盖 GB 3095—2012 中规定的_______项基本项目（可根据监测目的增加监测项目）。

答案： 6

三、判断题

1. 监测点位一经确定后，应能长期使用，不宜轻易变动，以保证监测资料的连续性和可比性。（　　）

答案： 正确

2. 每个环境空气质量评价城市点代表范围一般为半径 500～5 000 m，有时也可扩大至半径 5 km 至几十千米（如对于空气污染物浓度较低，其空间变化较小的地区）的范围。（　　）

答案： 错误

正确答案： 每个环境空气质量评价城市点代表范围一般为半径 500～4 000 m，有时也可扩大至半径 4 km 至几十千米（如对于空气污染物浓度较低，其空间变化较小的地区）的范围。

3．环境空气质量评价城市点布设应位于各城市的建成区内，并相对均匀分布，覆盖全部建成区。（　　）

答案：正确

4．在划定环境空气质量功能区的地区，每类功能区至少应有1个监测点。（　　）

答案：正确

5．地方环境空气质量污染监控点数据可用于分析空气污染来源、作为环境规划依据，以及城市环境空气质量平均值计算。（　　）

答案：错误

正确答案：地方环境空气质量污染监控点不参加城市环境空气质量平均值计算。

6．地方环境空气质量对照点应设置在城市主导风向的上风向。（　　）

答案：正确

7．为监测道路交通污染源或其他重要污染源对环境空气质量影响而设置的污染监控点，应设在可能对人体健康造成影响的污染物高浓度区域。（　　）

答案：正确

8．根据《环境空气质量监测点位布设技术规范（试行）》（HJ 664—2013），地方环境保护行政主管部门不可根据监测目的确定点位布设原则增设污染监控点，并实时发布监测信息。（　　）

答案：错误

正确答案：地方环境保护行政主管部门可根据监测目的确定点位布设原则增设污染监控点，并实时发布监测信息。

9．根据《环境空气质量监测点位布设技术规范（试行）》（HJ 664—2013），开放光程监测仪器发射端到接收端之间的监测光束仰角不应超过20°。（　　）

答案：错误

正确答案：开放光程监测仪器发射端到接收端之间的监测光束仰角不应超过15°。

10．背景点设置在不受人为活动影响的清洁地区，反映国家尺度空气质量本底水平。（　　）

答案：正确

11．各地市环境空气质量评价城市点的最少监测点位数量应符合相关要求，按建成区城市人口和建成区面积确定的最少监测点位数不同时，取两者中的较小值。（　　）

答案：错误

正确答案：各地市环境空气质量评价城市点的最少监测点位数量应符合相关要求，按建成区城市人口和建成区面积确定的最少监测点位数不同时，取两者中的较大值。

12．根据《环境空气质量监测点位布设技术规范》（试行）（HJ 664—2013），背景点的数量由省级以上环境保护行政主管部门根据规划设置。（　　）

答案：错误

正确答案：背景点的数量由国家环境保护行政主管部门根据国家规划设置。

13．位于城市建成区之外的自然保护区、风景名胜区和其他需要特殊保护的区域，其区域点和背景点的设置优先考虑监测点位代表的面积。（　　）

答案：正确

14．环境空气质量评价区域点和背景点应远离城市建成区和主要污染源，区域点原则上应离开城市建成区和主要污染源 30 km 以上，背景点原则上应离开城市建成区和主要污染源 50 km 以上。（　　）

答案：错误

正确答案：环境空气质量评价区域点和背景点应远离城市建成区和主要污染源，区域点原则上应离开城市建成区和主要污染源 20 km 以上，背景点原则上应离开城市建成区和主要污染源 50 km 以上。

15．环境空气质量评价区域点应根据我国的大气环流特征设置在区域大气环流路径上，反映区域大气本底状况，并反映区域间和区域内污染物输送的相互影响。（　　）

答案：正确

16．位于城市建成区之外的自然保护区、风景名胜区和其他需要特殊保护的区域，其区域点和背景点的设置优先考虑监测点位代表的面积。（　　）

答案：正确

17．监测点周围环境要求中规定，应采取措施保证监测点附近 500 m 内的土地使用状况相对稳定。（　　）

答案：错误

正确答案：1 000 m。

18．监测点的位置一经确定后应能长期使用，不宜轻易变动，以保证监测资料的连续性和可比性。（　　）

答案：正确

19．在监测点周围，不能有高大建筑物、树木或其他障碍物阻碍环境空气流通。从监测点采样口到附近高障碍物之间的水平距离，至少是该障碍物高出采样口垂直距离的 3 倍以上。（　　）

答案：错误

正确答案：在监测点周围，不能有高大建筑物、树木或其他障碍物阻碍环境空气流通。从监测点采样口到附近高障碍物之间的水平距离，至少是该障碍物高出采样口垂直距离的2倍以上。

20. 背景点应设置在不受人为活动影响的清洁地区，反映国家尺度空气质量本底水平。（ ）

答案：正确

21. 监测点附近无强大的电磁干扰，周围有稳定可靠的电力供应和避雷设备，通信线路容易安装和检修。（ ）

答案：正确

22. 变更环境空气质量评价城市点时，变更后的城市点与原城市点应位于同一类功能区。（ ）

答案：正确

23. 撤销环境空气质量评价城市点时，在最近连续3年城市建成区内用包括拟撤销点位在内的全部城市点计算的各监测项目的年平均值与剔除拟撤销点后计算出的年平均值的最大误差小于10%。（ ）

答案：错误

正确答案：撤销环境空气质量评价城市点时，在最近连续3年城市建成区内用包括拟撤销点位在内的全部城市点计算的各监测项目的年平均值与剔除拟撤销点后计算出的年平均值的最大误差小于5%。

24. 监测点周围环境状况相对稳定，所在地质条件需长期稳定和足够坚实，所在地点应避免受山洪、雪崩、山林火灾和泥石流等局地灾害影响，安全和防火措施有保障。（ ）

答案：正确

25. 上级环境空气质量监测点位不可从下级环境空气质量监测点位中选取。（ ）

答案：错误

正确答案：上级环境空气质量监测点位可根据环境管理需要从下级环境空气质量监测点位中选取。

26. 根据地方环境管理工作的需要以及城市发展的实际情况可申请增加、变更和撤销环境空气质量评价城市点，并报点位的环境保护行政主管部门审批。（ ）

答案：正确

27. 污染监控点和路边交通点可根据监测目的及所针对污染源的排放特征，由省级以上环境保护行政主管部门确定监测项目。（ ）

答案：错误

正确答案：污染监控点和路边交通点可根据监测目的及所针对污染源的排放特征，由地方环境保护行政主管部门确定监测项目。

28. 环境空气质量监测点共分为国家、省、市、县四级，分别由同级环境主管部门负责管

理。（　　）

答案： 正确

29．开展城市环境空气质量评价时，统计的点位包括城市点、区域点、背景点、污染监控点和路边交通点。（　　）

答案： 错误

正确答案： 开展城市环境空气质量评价时，统计的点位只包括城市点。

30．根据《环境空气质量监测点位布设技术规范（试行）》（HJ 664—2013），区域点应根据我国的大气环流特征设置在区域大气环流路径上，反映区域大气本底状况，并反映区域间和区域内污染物输送的相互影响。（　　）

答案： 正确

31．同类型监测点设置条件尽可能多样，使各个监测点获取的数据具有全面性。（　　）

答案： 错误

正确答案： 同类型监测点设置条件尽可能一致，使各个监测点获取的数据具有可比性。

32．因新增、变更、撤销城市点位开展比对监测时，需要连续监测天数不少于 15 d。

答案： 错误

正确答案： 因新增、变更、撤销城市点位开展比对监测时，需要有效监测天数不少于 15 d。

33. 拟新建城市点的污染物浓度的平均值与同一时期用城市加密网格点实测或模式模拟计算的城市总体平均值估计值相对误差应在 15%以内。

答案： 错误

正确答案： 拟新建城市点的污染物浓度的平均值与同一时期用城市加密网格点实测或模式模拟计算的城市总体平均值估计值相对误差应在 10%以内。

四、简答题

1．简述环境空气质量评价城市点的定义。

答案： 以监测城市建成区的空气质量整体状况和变化趋势为目的而设置的监测点，参与城市环境空气质量评价。其设置的最少数量根据 GB 664—2013 标准，由城市建成区面积和人口数据确定。每个环境空气质量评价城市点代表范围一般为半径 500～4 000 m，有时也可扩大至半径 4 km 至几十千米（如对于空气污染物浓度较低，其空间变化较小的地区）的范围。

2．简述环境空气质量评价区域点的定义。

答案： 以监测区域范围空气质量状况和污染物区域传输及影响范围为目的而设置的监测点，参与区域环境空气质量评价。其代表范围一般为半径几十千米。

3．简述环境空气质量评价背景点的定义。

答案：以监测国家或大区域范围的环境空气质量本底水平为目的而设置的监测点。其代表性范围一般为半径 100 km 以上。

4．简述环境空气质量评价污染监控点的定义。

答案：为监测本地区主要固定污染源及工业园区等污染聚集区对当地环境空气质量的影响而设置的监测点，代表范围一般为半径 100～500 m，也可扩大到半径 500～4 000 m（如考虑较高的点源对地面浓度的影响时）。

5．简述环境空气质量监测点位布设原则。

答案：（1）代表性：具有较好的代表性，能客观反映一定空间范围内的环境空气质量水平和变化规律，客观评价城市、区域环境空气状况，污染源对环境空气质量影响，满足为公众提供环境空气状况健康指引的需求。

（2）可比性：同类型监测点设置条件尽可能一致，使各个监测点获取的数据具有可比性。

（3）整体性：环境空气质量评价城市点应考虑城市自然地理、气象等综合环境因素，以及工业布局、人口分布等社会经济特点，在布局上应反映城市主要功能区和主要大气污染源的空气质量现状及变化趋势，从整体出发合理布局，监测点之间相互协调。

（4）前瞻性：应结合城乡建设规划考虑监测点的布设，使确定的监测点能兼顾未来城乡空间格局变化趋势。

（5）稳定性：监测点位置一经确定，原则上不应变更，以保证监测资料的连续性和可比性。

6．简述可增加、变更和撤销环境空气质量评价城市点的要素条件。

答案：（1）因城市建成区面积扩大或行政区划变动，导致现有城市点已不能全面反映城市建成区总体空气质量状况的，可增设点位。

（2）因城市建成区建筑发生较大变化，导致现有城市点采样空间缩小或采样高度提升而不符合 GB 664—2013 标准要求的，可变更点位。

（3）因城市建成区建筑发生较大变化，导致现有城市点采样空间缩小或采样高度提升而不符合 GB 664—2013 标准，可撤销点位，否则应按上述（2）的要求，变更点位。

7．简述变更环境空气质量评价城市点应遵守的具体要求。

答案：（1）变更后的城市点与原城市点应位于同一类功能区。

（2）点位变更时应就近移动点位，点位移动的直线距离不应超过 1 000 m。

（3）变更后的城市点与原城市点位平均浓度偏差应小于 15%。

参考文献

[1] 环境保护部，国家质量监督检验检疫总局. 环境空气质量标准：GB 3095—2012 [S]. 北京：中国环境出版社，2012.

[2] 环境保护部. 环境空气质量监测点位布设技术规范（试行）：HJ 664—2013 [S]. 北京：中国环境出版社，2013.

[3] 国家环境保护总局. 环境空气质量自动监测技术规范：HJ/T 193—2005 [S]. 北京：中国环境科学出版社，2005.

[4] 环境保护部. 环境空气气态污染物（SO_2、NO_2、O_3、CO）连续自动监测系统技术要求及检测方法：HJ 654—2013 [S]. 北京：中国环境出版社，2013.

[5] 环境保护部. 环境空气气态污染物（SO_2、NO_2、O_3、CO）连续自动监测系统安装验收技术规范：HJ 193—2013 [S]. 北京：中国环境出版社，2013.

[6] 环境保护部. 环境空气颗粒物（PM_{10}和 $PM_{2.5}$）连续自动监测系统技术要求及检测方法：HJ 653—2013 [S]. 北京：中国环境出版社，2013.

[7] 环境保护部. 环境空气颗粒物（PM_{10}和 $PM_{2.5}$）连续自动监测系统安装和验收技术规范：HJ 655—2013 [S]. 北京：中国环境出版社，2013.

第二章　环境空气颗粒物（PM_{10}和$PM_{2.5}$）连续自动监测

第一节　基础知识

一、选择题

1．下列有关$PM_{2.5}$的表述，正确的一项是________。（　　）

A．$PM_{2.5}$是“空气动力学当量直径等于2.5 μm的固体颗粒或液滴的总称”

B．$PM_{2.5}$之所以能够在空气中被大气环流带到较远的地方，是因为它的密度小，能够在空气中滞留很长时间

C．由于比表面积较大，因此$PM_{2.5}$可以吸附更多的有害物质

D．$PM_{2.5}$主要是通过影响人们呼吸系统的正常运转，引发各种疾病，因此对人们的健康造成极大的危害

答案：D

2．颗粒物连续自动监测仪器的平行性是指每一批次数据结果的________。（　　）

A．平均值　　　　B．均方根

C．立方根　　　　D．算术平方根

答案：B

3．《环境空气颗粒物（PM_{10}和$PM_{2.5}$）连续自动监测系统技术要求及检测方法》（HJ 653—2013）要求PM_{10}连续监测系统浓度测量范围在_______ μg/m^{3}或（0～10 000 μg/m^3）。（　　）

A．0～100　　　　B．0～1 000

C．0～2 000　　　　D．0～3 000

答案：B

4．《环境空气颗粒物（PM_{10}和$PM_{2.5}$）连续自动监测系统技术要求及检测方法》（HJ 653—

2013）要求PM_{10}连续监测系统浓度测量最小显示单位________ μg/m³。（　　）

A．0.1　　B．0.01

C．1　　D．0.001

答案：A

5.《环境空气颗粒物（PM_{10}和$PM_{2.5}$）连续自动监测系统技术要求及检测方法》（HJ 653—2013）要求PM_{10}连续自动监测系统三套仪器平行性范围________ %。（　　）

A．≤5　　B．≥5

C．≤10　　D．≥10

答案：C

6.《环境空气颗粒物（PM_{10}和$PM_{2.5}$）连续自动监测系统技术要求及检测方法》（HJ 653—2013）要求$PM_{2.5}$连续自动监测系统三套仪器平行性范围________ %。（　　）

A．≤5　　B．≥5

C．≤10　　D．≤15

答案：D

7．PM_{10}和$PM_{2.5}$连续自动监测系统现场安装并正常运行后，在验收前必须进行________。（　　）

A．维护　　B．关机重启

C．校准　　D．调试

答案：D

8.根据《环境空气颗粒物（PM_{10}和$PM_{2.5}$）连续自动监测系统安装和验收技术规范》（HJ 655—2013），PM_{10}和$PM_{2.5}$连续监测系统在进行性能指标验收时，校准膜重现性测试时间为________ d。（　　）

A．0.5　　B．1

C．2　　D．3

答案：B

9.根据《环境空气颗粒物（PM_{10}和$PM_{2.5}$）连续自动监测系统安装和验收技术规范》（HJ 655—2013），PM_{10}和$PM_{2.5}$连续监测系统在进行性能指标验收时，流量测试时间为________d。（　　）

A．0.5　　B．1

C．2　　D．3

答案：B

10．根据《环境空气颗粒物（PM_{10}和$PM_{2.5}$）连续自动监测系统安装和验收技术规范》（HJ 655—2013），颗粒物在线监测仪的采样口与其他仪器采样口之间水平距离应大于

________m。（　　）

A．0.5　　B．0.8

C．1　　D．1.2

答案：C

11．颗粒物连续监测系统的组成不包含________。（　　）

A．样品采集单元　　B．样品测量单元

C．数据采集单元　　D．网线传输单元

答案：D

12．颗粒物连续监测系统样品采集单元由采样入口、________、采样管等组成，将环境空气颗粒物进行切割分离，并将目标颗粒物输送到样品测量单元。（　　）

A．网线　　B．站房

C．切割器　　D．空调

答案：C

13．颗粒物连续自动监测仪器采样管应________安装。（　　）

A．平直　　B．水平

C．竖直　　D．倾斜

答案：C

14．PM_{10}和$PM_{2.5}$采样流量误差应在工作点设计流量的________%范围内。（　　）

A．±2　　B．±8

C．±5　　D．±10

答案：C

15．《环境空气颗粒物（PM_{10}和$PM_{2.5}$）连续自动监测系统技术要求及检测方法》（HJ 653—2013）要求PM_{10}和$PM_{2.5}$连续监测系统在进行性能验收时，标准膜的滤膜重现性应在________%以内。（　　）

A．±1　　B．±2

C．±3　　D．±2.5

答案：B

16．$PM_{2.5}$切割器的捕集效率的几何标准偏差为________。（　　）

A．1.2±0.1　　B．1.0+0.1

C．1.2+0.2　　D．1.0+0.2

答案：A

17．PM_{10}和$PM_{2.5}$连续自动监测系统调试流量测试，24 h平均流量变化为________%设定流量。（　　）

A．±2　　B．±5

C．±10　　D．±15

答案：B

18．PM_{10}连续监测系统 50%切割粒径允许的范围是________。（　　）

A．5 μm±0.5 μm　　B．10 μm±0.1 μm

C．10 μm±0.5 μm　　D．5 μm±0.1 μm

答案：C

19．《环境空气颗粒物（PM_{10}和$PM_{2.5}$）连续自动监测系统技术要求及检测方法》（HJ 653—2013）要求PM_{10}和$PM_{2.5}$连续自动监测系统有效数据率测试时，连续运行至少________d，有效数据率不低于________%。（　　）

A．60，85　　B．90，85

C．60，95　　D．90，95

答案：B

20．PM_{10}和$PM_{2.5}$连续自动监测系统，采样管气溶胶传输效率________ %。（　　）

A．≤97　　B．≥97

C．≤100　　D．≥100

答案：B

21．$PM_{2.5}$连续监测系统 50%切割粒径允许的范围是________。（　　）

A．2.5 μm±0.1 μm　　B．2.5 μm±0.3 μm

C．2.5 μm±0.2 μm　　D．2.5 μm±0.5 μm

答案：C

22．$PM_{2.5}$连续监测系统浓度测量最小显示单位是________。（　　）

A．0.1 μg/m^3　　B．0.01 μg/m^3

C．1 μg/m^3　　D．0.001 μg/m^3

答案：A

23．$PM_{2.5}$连续监测系统浓度测量范围在________。（　　）。

A．0～100 μg/m^3　　B．0～1 000 μg/m^3

C．0～2 000 μg/m^3　　D．0～3 000 μg/m^3

答案：B

二、填空题

1．PM_{10}和$PM_{2.5}$连续监测系统包括____________、____________、____________以及其他辅助设备。

答案：样品采集系统　　样品测量单元　　数据采集和传输单元

2．颗粒物样品采集单元由＿＿＿＿＿＿、＿＿＿＿＿＿、＿＿＿＿＿＿等组成，将环境空气颗粒物进行切割分离，并将目标颗粒物输送到样品测量单元。

答案：采样入口　　切割器　　采样管

3．《环境空气颗粒物（PM_{10}和$PM_{2.5}$）连续自动监测系统技术要求及检测方法》（HJ 653—2013）规定 PM_{10} 和 $PM_{2.5}$ 连续监测系统所配备的检测仪器的测量方法为＿＿＿＿＿＿、＿＿＿＿＿＿＿。

答案：β射线法　　微量振荡天平法

4．颗粒物仪器采样管应＿＿＿＿安装。

答案：竖直

5．颗粒物自动监测仪采样管长度不超过＿＿＿＿m。

答案：5

6．PM_{10}和$PM_{2.5}$连续自动监测系统现场安装并正常运行后，在验收前必须进行＿＿＿＿＿。

答案：调试

7．根据《环境空气颗粒物（PM_{10}和$PM_{2.5}$）连续自动监测系统安装和验收技术规范》（HJ 655—2013），PM_{10} 和 $PM_{2.5}$ 连续自动监测系统已经至少连续运行 60 d，需要出具＿＿＿＿＿、＿＿＿＿＿，其数据应符合 GB 3095—2012 中关于污染物浓度数据有效性的最低要求才能进行验收。

答案：日报表　　月报表

8．PM_{10}和$PM_{2.5}$连续自动监测系统调试检测项目，温度测量示值误差在＿＿＿℃以内，大气压测量示值误差在＿＿＿kPa 以内。

答案：±2　　±1

9．$PM_{2.5}$连续自动监测系统监测仪校准膜重现性（标称值）应在＿＿＿＿%以内。

答案：±2

10．PM_{10}和$PM_{2.5}$连续自动监测系统调试流量测试，PM_{10}每一次测试时间点流量变化为设定流量的＿＿＿＿%。

答案：±10

11．PM_{10}连续监测系统浓度测量最小显示单位是＿＿＿ $\mu g/m^3$。

答案：0.1

12．PM_{10}连续监测系统 50%切割粒径允许的范围是＿＿＿＿＿。

答案：10 μm±0.5 μm

13．PM_{10}连续监测系统切割器的捕集效率的几何标准偏差＿＿＿＿＿＿＿。

答案：σ_g=1.5±0.1

14．在颗粒物检测仪器正常工作状态下测试 6 h，时钟误差应在________s 以内。

答案：±20

15．PM_{10}连续自动监测系统，3 套仪器平行性范围________%。

答案：≤10

16．根据《环境空气颗粒物（PM_{10}和$PM_{2.5}$）连续自动监测系统技术要求及检测方法》（HJ 653—2013），PM_{10}和 $PM_{2.5}$连续自动监测系统进行有效数据率测试时，连续运行至少________d，有效数据率不低于________%。

答案：90　　85

17．PM_{10}和$PM_{2.5}$连续自动监测系统，采样管气溶胶传输效率________%。

答案：≥97

18．颗粒物连续自动监测仪器温度测量示值误差测试中，将待测监测仪或温度测试单元放入________环境中。

答案：恒温

19．颗粒物连续自动监测仪器温度测量示值误差测试中，在–30～50℃温度范围内分别设置________个温度测试点。

答案：4

20．颗粒物连续自动监测仪器温度测量示值误差测试中，在–30～50℃温度范围内分别设置 4 个温度测试点：________℃、________℃、________℃、50℃。

答案：–20　　0　　20

21．颗粒物连续自动监测仪器大气压测量示值误差时，在大气压 80～106 kPa 测量范围内选取________个检测点。

答案：5

22．颗粒物连续自动监测仪器大气压测量示值误差时，在大气压 80～106 kPa 测量范围内选取检测点：________ kPa、________ kPa、________ kPa、106 kPa 和当前环境气压。

答案：80　　90　　100

23．大气压测量示值误差时，各监测点的实际稳定差与规定值允许偏差________kPa。

答案：±0.5

24．流量稳定性测量中，待测监测仪预热稳定后，分别在待测仪器上运行________、________、________和 24 h，记录采样流量。

答案：6 h　　12 h　　18 h

25．在测试环境温度和供电电压变化影响时，依次连接__________、____________、采样泵和______________置于恒温环境下，分别在不同条件下测试。

答案：调压器　　待测检测仪　　标准流量计

26．在测试环境温度和供电电压变化影响时，依次连接调压器、待测检测仪，采样泵和标准流量计置于恒温环境下，分别在______种不同条件下测试。

答案：4

27．β射线法测定颗粒物浓度的基本原理：利用____________，测试采样期间______颗粒物质量。

答案：β射线衰减量　　增加的

28．β射线法测定颗粒物的系统主要由________、________及_________组成。

答案：切割器　　采样泵　　监测仪主机

29．颗粒物自动监测仪的切割器根据______________设计，用于分离_________颗粒物（PM_{10}和$PM_{2.5}$）。

答案：空气动力学原理　　不同直径的

30．颗粒物自动监测仪器切割性能测试可用分流测试法和_________。

答案：静态箱测试法

三、判断题

1．在$PM_{2.5}$测定过程中，$PM_{2.5}$切割器漏气会造成测定结果偏低。（　　）

答案：错误

正确答案：$PM_{2.5}$切割器漏气会造成测定结果偏高。

2．颗粒物连续自动监测仪采样管应竖直安装。（　　）

答案：正确

3．环境温度和大气压传感器应安装在采样入口附近，不干扰颗粒物切割器正常工作。（　　）

答案：正确

4．颗粒物连续自动监测仪器采样管长度不超过 8 m。（　　）

答案：错误

正确答案：5 m。

5．颗粒物切割器出口与采样管或等流速流量分配器连接应密封良好。（　　）

答案：正确

6．颗粒物连续自动监测仪器安装在机柜内或者平台上，确保安装水平。（　　）

答案：正确

7．颗粒物连续自动监测仪器切割器应方便拆装、清洗。（　　）

答案：正确

8．PM_{10} 和 $PM_{2.5}$ 连续自动监测系统现场安装并正常运行后，在验收前必须进行调试，调试完成后，其连续监测指标应符合调试检测的指标要求。（　　）

答案：正确

9．切割加载测试可用静态箱加载测试法和实际样品加载测试法。（　　）

答案：正确

10．静态箱加载测试法，在气溶胶的发生过程中，使用多分散灰尘发生器，发生浓度为 150 $\mu g/m^3 \pm 5$ $\mu g/m^3$ 的颗粒物。（　　）

答案：错误

正确答案：150 $\mu g/m^3 \pm 10$ $\mu g/m^3$。

11．静态箱加载测试法中，启动待测监测仪，连续运行一个维护周期，运行时间≥7 d，每天≥20 h，进行加载。（　　）

答案：正确

12．50%切割粒径是指切割器对颗粒物的捕集效率为 50%时所对应的粒子空气动力学当量直径。（　　）

答案：正确

13．颗粒物连续自动监测仪器平行性是指每一批次数据结果的方根。（　　）

答案：错误

正确答案：仪器平行性是指每一批次数据结果的均方根。

14．气溶胶传输效率是指进入采样器到达滤膜的气溶胶量与通过切割器后的气溶胶总量的百分比。（　　）

答案：正确

15．PM_{10} 和 $PM_{2.5}$ 采样器通过流量测试及控制装置控制抽气泵以恒定流量抽取环境空气样品。（　　）

答案：正确

16．采样器外观应完好无损，表明无明显损伤，适合户外采样。各零部件连续运行可靠，各操作键、按钮灵活有效。（　　）

答案：正确

17．环境空气样品以恒定的流量依次经过采样器入口、PM_{10} 或 $PM_{2.5}$ 切割器，PM_{10} 或 $PM_{2.5}$ 颗粒物被捕集在滤膜上，气体经流量计、抽气泵由排气口排出。（　　）

答案：正确

18．采样器应能自动测量并显示瞬时流量、环境大气压、环境温度、流量计前温度、流量计前压力，显示更新时间不超过 1s。（　　）

答案：错误

正确答案：采样器应能自动测量并显示瞬时流量、环境大气压、环境温度、流量计前温度、流量计前压力，显示更新时间不超过 5s。

19．工作点流量是指采样器在工作环境条件下，采样流量保持定值，并能保证切割器切割特性的流量。（　　）

答案：正确

20．自动监测设备小时数据应至少记录该时间段内 PM_{10} 或 $PM_{2.5}$ 的标况浓度、工况浓度以及标况累积体积的测量值；环境温度和环境大气压的平均值。（　　）

答案：正确

四、简答题

1．《环境空气颗粒物（PM_{10} 和 $PM_{2.5}$）连续自动监测系统技术要求及检测方法》（HJ 653—2013）中规定 PM_{10} 或 $PM_{2.5}$ 连续监测系统所配置监测仪器的测量方法原理是什么？

答案：PM_{10} 或 $PM_{2.5}$ 连续监测系统所配置监测仪器的测量方法为β射线吸收法和微量振荡天平法。

2．请回答什么是 50%切割粒径。

答案：切割器对颗粒物的捕集效率为 50%时所对应的粒子空气动力学当量直径。

3．空气动力学当量直径指的是什么？

答案：单位密度（ρ_0=1 g/cm^3）的球体，在静止空气中做低雷诺数运动时，达到与实际粒子相同的最终沉降速度时的直径。

4．简述 PM_{10} 和 $PM_{2.5}$ 监测仪采样管安装要求有哪些。

答案：（1）采样管应竖直安装。

（2）保证采样管与各气路连接部分密闭不漏气。

（3）保证采样管与屋顶法兰连接部分密封防水。

（4）采样管长度不超过 5 m。

（5）采样管应接地良好，接地电阻应小于 4Ω。

5．简要回答对 PM_{10} 和 $PM_{2.5}$ 连续监测系统进行验收申请前的验收准备工作有哪些。

答案：（1）提供环境保护部环境监测仪器质量监督检验中心出具的产品适用性检测合格报告。

（2）提供 PM_{10} 和 $PM_{2.5}$ 连续监测系统的安装调试报告、试运行报告。

（3）提供环境保护行政主管部门出具的联网证明。

（4）提供质量控制和质量保证计划文档。

（5）PM_{10} 和 $PM_{2.5}$ 连续监测系统已至少连续稳定运行 60 d，出具日报表和月报表。其数据应符合 GB 3095—2012 中关于污染物浓度数据有效性的最低要求。

（6）建立完整的PM_{10}和$PM_{2.5}$连续监测系统的技术档案。

6．简述PM_{10}和$PM_{2.5}$连续监测系统检测项目包含哪些。

答案： 测量范围、最小显示单位、切割器性能、时钟误差、温度测量示值误差、大气压测量示值误差、流量测试、校准膜重现性、环境条件影响测试、平行性，参比方法比对测试、气溶胶传输效率、加载测试、有效数据率。

7．已知颗粒物工况流量为 16.85 L/min，环境温度为 30℃，环境大气压力为 102.413 kPa，求颗粒物的标况流量。

答案： $Q_{SN}/(\text{L/min})=16.85\times\frac{273}{273+30}\times\frac{102.413}{101.325}=15.34$

第二节　微量振荡天平法颗粒物监测仪

一、选择题

1．每月应对微量振荡天平法设备的流量进行检查，实测流量应在设计流量的________%以内。（　　）

A．+10　　B．±20

C．±5　　D．±6

答案： C

2．下述对微量振荡天平工作原理描述不正确的是________。（　　）

A．位于质量检测系统中部的锥形元件为一空心管，一端被固定夹紧，另一端自由振荡。一个可更换的 TEOM 滤膜位于自由端的上部。样品气流被抽取通过此滤膜，而后通过锥形元件。经过本地气温和压力修正的质量流量控制器用来保持气流的恒定体积流量

B．锥形元件以准确的自然频率振动，与音叉相似。电子电路能检测到振荡，通过正反馈施加系统足够的能量以克服损失。自动增益控制电路保持振荡放大倍数恒定。一个精确的电子计数器测量振荡频率

C．锥形元件本质上是一个有特定弹性系数和质量的中空悬臂。在任何弹性-质量体系中，如果质量增加则振荡频率降低。通过观察显示的频率可得到此结果，还可通过操作监测仪有无滤膜得到此结果

D．在 25℃和 1 个标准大气压的标准温度和压力下，标定得到监测仪质量流量控制器的初始状态

答案：D

3．微量振荡天平的主要质控内容不包含________。（　　）

A．紫外灯检查　　B．管路侧漏

C．K_0值检查　　D．温度、压力校准

答案：A

4．不属于微量振荡天平法仪器耗材的是________。（　　）

A．纸带　　B．过滤采样膜

C．主辅流量滤膜　　D．干燥管

答案：A

5．以下因素对微量振荡天平法测定基本无影响的是________。（　　）

A．室内温度变化　　B．室内有振动源

C．外界湿度变化大　　D．气压变化

答案：D

6．锥形原件振荡微平衡法简称 TEOM 法，属于美国 EPA 的是________。（　　）

A．联邦参比方法　　B．联邦等效方法

C．区域批准方法　　D．国家标准方法

答案：B

二、填空题

1．TEOM 方法对___________的变化较为敏感，为降低影响，对样气和振荡天平室一般进行加热处理。

答案：空气湿度

2．配有膜动态测量系统后仪器能准确测量在测量过程中___________颗粒物，使最终报告数据得到有效补偿，更接近于_________。

答案：挥发掉的　　真实值

3．TEOM 颗粒物监测仪需定期使用标准大气压力计校准仪器内置大气压传感器，标准大气压力计测量值与仪器版面显示大气压的误差如果在_______kPa 误差范围内，则不需要对压力传感器进行校准。

答案：±1

三、判断题

1．TEOM 微量振荡天平法测定颗粒物浓度时，当采样气流通过滤膜，其中的颗粒物沉积在滤膜上，滤膜的质量变化导致振荡空心锥形管振荡幅度发生变化。（　　）

答案：错误

正确答案：滤膜的质量变化导致振荡空心锥形管振荡频率发生变化。

2. 环境湿度的变化不会影响 TEOM 微量振荡天平法测定颗粒物浓度。（　　）

答案：错误

正确答案：TEOM 方法对空气湿度的变化较为敏感，环境湿度的变化会影响 TEOM 微量振荡天平法测定颗粒物浓度。

3. TEOM 微量振荡天平法测定颗粒物的监测仪主机由样气加热系统、质量测量硬件系统、信号检测与数据处理、数据传输系统、系统控制单元等部分组成。（　　）

答案：正确

4. 微量振荡天平法颗粒物监测仪质量变送器的标签上有“K_0”值，每台监测仪的传感器单元都有独自的“K_0”值。（　　）

答案：正确

5. 可能引起微量振荡天平法 PM_{10} 颗粒物监测仪数值偏高的因素有：忘记或不正确安装采样头，导致采集总悬浮颗粒物；采样管路较长时间不清理，导致灰尘落下；空气潮湿，采样滤膜吸附大量水分；主流量高于设定值；加热温度低于设定值；K_0 值设置错误。（　　）

答案：正确

6. 空气样品经过 TEOM 颗粒物监测仪的 TEOM 切割器和流量分配器，通过两个流量控制器把样品流量分为旁路流量和辅流量。（　　）

答案：错误

正确答案：把样品流量分为主流量和旁路流量，旁路流量即为辅流量。

7. 微量振荡天平法颗粒物监测仪 24 h 质量浓度（24-Hr MC），是指 24 h 质量浓度平均值，这是一个每小时更新的数值。（　　）

答案：正确

8. 微量振荡天平法颗粒物监测仪进行流量校准时需要按照流量校准向导在 2 个固定流量下对仪器进行校准。（　　）

答案：错误

正确答案：在 3 个固定流量下对仪器进行校准。

9. TEOM 颗粒物监测仪需定期使用标准大气压力计校准仪器内置大气压传感器，标准大气压力计测量值与仪器版面显示大气压的误差如果在±1 kPa 误差范围内，则不需要对压力传感器进行校准。（　　）

答案：正确

10. TEOM 颗粒物监测仪测定颗粒物浓度时，当采样气流通过滤膜，其中的颗粒物沉积在

滤膜上，滤膜的质量变化导致振荡空心锥形管振荡幅度发生变化。（　　）

答案：错误

正确答案：滤膜的质量变化导致振荡空心锥形管振荡频率发生变化。

11．环境湿度的变化不会影响 TEOM 微量振荡天平法测定颗粒物浓度。（　　）

答案：错误

正确答案：TEOM 方法对空气湿度的变化较为敏感，环境湿度的变化会影响 TEOM 微量振荡天平法测定颗粒物浓度。

12．TEOM 微量振荡天平法测定颗粒物系统的监测仪主机由样气加热系统，质量测量硬件系统，信号检测与数据处理、数据传输系统，系统控制单元等部分组成。（　　）

答案：正确

13．空气样品经过颗粒物监测仪的 TEOM 切割头和流量分配器，通过 2 个流量控制器把样品流量分为旁路流量和辅流量。（　　）

答案：错误

正确答案：把样品流量分为主流量和旁路流量，旁路流量即为辅流量。

14．在标定 TEOM 颗粒物监测仪采样流量之前，需要先对温度传感器、压力传感器进行标定和检漏。（　　）

答案：正确

15．颗粒物监测仪进行流量校准时，需要按照流量校准向导在 2 个固定流量下对仪器进行校准。（　　）

答案：错误

正确答案：在 3 个固定流量下对仪器进行校准。

四、简答题

1．简述 TEOM 微量振荡天平法测定颗粒物浓度的基本原理。

答案：在质量传感器内使用一个振荡空心锥形管，在其振荡端安装可更换的 TEOM 滤膜，振荡频率取决于锥形管特征和其质量。当采样气流通过滤膜，其中的颗粒物沉积在滤膜上，滤膜的质量变化导致振荡频率的变化，通过振荡频率变化计算出沉积在滤膜上颗粒物的质量，再根据流量、现场环境温度和气压计算出该时段颗粒物的质量浓度。

2．简述 TEOM 微量振荡天平法测定颗粒物的系统组成。

答案：TEOM 微量振荡天平法颗粒物监测仪主要由切割器、采样泵、监测仪主机组成。

第三节　β射线法颗粒物监测仪

一、选择题

1．β射线法颗粒物监测仪日常维护不含________。（　　）

A．更换紫外灯　　B．流量检查校准

C．校准膜检查校准　　D．清洗平台

答案：A

2．β射线法颗粒物监测仪走纸电机报警，不可能因为________。（　　）

A．纸带断裂或用完　　B．摩擦从动轮没有动作

C．抽气泵故障　　D．走纸电机损坏

答案：C

3．β射线法颗粒物监测仪盖格管计数高低报警不用检查________。（　　）

A．β计数器连接是否正常　　B．抽气泵

C．β源是否损坏　　D．β计数器和电源板是否正常

答案：B

4．β射线法颗粒物监测仪的放射源采用________。（　　）

A．^{12}C　　B．^{20}C

C．^{14}C　　D．^{15}C

答案：C

二、填空题

1．β射线法颗粒物监测仪采样气体通过_________，以恒定流量经过______________后成为符合___________________________________技术要求的颗粒物样品气体。

答案：进气管　（PM_{10}和$PM_{2.5}$）切割器　《环境空气质量自动监测系统基本原理及操作规程》

2．监测仪主机通过______________和室外的（PM_{10}、$PM_{2.5}$）切割头连接，样品进入监测仪主机后颗粒物被收集在可以自动更换的滤纸带上，形成________。

答案：密封的管道　尘斑

3．在监测仪器中滤纸带的上下两侧分别设置有___________和____________，随着样品采集的进行，在滤纸带上收集的颗粒物越来越多，尘斑的质量也随之增加，此时β射线检

测器检测到的β射线强度会相应地减弱。

答案：β射线源　　β射线检测器

三、判断题

1．PM_{10}和$PM_{2.5}$连续自动监测系统所配置的监测仪器的测量方法为β射线吸收法时，使用的β射线源应符合放射性安全标准。（　　）

答案：正确

2．β射线法测定颗粒物浓度的原理是利用β射线衰减量计算采样期间增加的颗粒质量。（　　）

答案：正确

3．β射线法颗粒物监测仪采样时，在仪器中滤纸带的上下两侧分别设置有β射线源和β射线检测器，随着样品采集的进行，在滤纸带上收集的颗粒物越来越多，尘斑的质量也随之增加，此时β射线检测器检测到的β射线强度会相应地增强。（　　）

答案：错误

正确答案：随着尘斑质量增加，β射线检测器检测到的β射线强度会相应地减弱。

4．根据β射线吸收原理设计的 PM_{10} 颗粒物监测系统中，β射线是一种高速带电粒子，在一定条件下，其衰减量的大小仅与吸收物质的分散度有关。（　　）

答案：错误

正确答案：其衰减量的大小仅与吸收物质的质量有关。

四、简答题

1．β射线法测定颗粒物的基本原理是什么？

答案：β射线法测定颗粒物浓度的基本原理：利用β射线衰减量测试采样期间增加的颗粒物质量。同位素放射物（如 ^{14}C）发射出β粒子，具有较强的穿透力，当它穿过一定厚度的吸收物质时，其强度随吸收厚度增加而逐渐减弱。恒定流量的环境空气样品由采样泵吸入，经过（PM_{10}、$PM_{2.5}$）切割器后成为符合技术要求的颗粒物样品气体吸入采样管，经过滤膜后排出，颗粒物沉淀在采样滤膜上。当β射线通过沉积着颗粒物的滤膜时β射线能量衰减，通过对衰减量的测定计算出颗粒物的浓度。

2．β射线法测定颗粒物的系统由哪几部分组成？

答案：β射线法测定颗粒物的系统主要由切割器、采样泵及监测仪主机组成。

3．β射线法测定颗粒物系统的监测仪主机由哪几部分组成？

答：由机械传动，信号检测与数据处理、数据传输系统，系统控制单元等部分组成。

第四节　颗粒物监测仪运行维护

一、选择题

1．在对颗粒物监测仪进行流量校准时，要求标准流量计的流量精度在________之内，并且压力损失小于________kPa。（　　）

A．±2%，7　　B．±1%，7

C．±1%，10　　D．±0.5%，10

答案：B

2．每________应清洗 PM_{10} 和 $PM_{2.5}$ 切割器，检查β射线法颗粒物监测仪仪器喷嘴、压环等部件，检查 $PM_{2.5}$ 设备的动态加热装置是否正常。（　　）

A．天　　B．周

C．月　　D．季度

答案：C

3．每________应更换振荡天平一次冷凝器中的清洁空气滤膜。（　　）

A．天　　B．周

C．月　　D．季度

答案：C

4．β射线法颗粒物监测仪环境温度与压力传感器检查至少每________个月 1 次。（　　）

A．半　　B．1

C．2　　D．3

答案：D

5．β射线法颗粒物监测仪流量传感器检查每________个月 1 次。（　　）

A．半　　B．1

C．2　　D．3

答案：B

6．对β射线法颗粒物监测仪流量校准后，实测流量应在设计流量的________ %以内。（　　）

A．±1　　B．±2

C．±4　　D．±5

答案：B

7．每________应对颗粒物监测仪的采样泵进行维护，维护后，真空度应能达到当地气压的60%。（　　）

A．月　　　　B．季度

C．半年　　　　D．年

答案：D

8．每年应对颗粒物监测仪的采样泵进行维护，维护后，真空度应能达到当地气压的________%。（　　）

A．50　　　　B．60

C．70　　　　D．80

答案：B

二、填空题

1．对于加装滤膜动态测量系统的微量振荡天平法颗粒物监测仪，每______个月清洁一次基态/参比态气路切换阀；每______个月更换一次样品气体干燥器；当除湿性能下降，如当样品气体露点温度高于冷凝器设定值，或与冷凝器设定的温差持续小于______℃，应及时更换样品气体干燥器。

答案：12　　12　　2

2．每______个月清洁一次β射线仪器的压头及纸带下的垫块，在污染较重的季节或连续污染天气后应增加清洁频次；应使用棉签棒蘸_____________进行清洁。

答案：1　　无水乙醇

3．每______个月对β射线仪器的时钟进行检查；如仪器与数据采集仪连接，应同时检查数据采集仪的时钟。

答案：1

4．对β射线仪器，每周检查纸带：检查纸带位置是否正常，采样斑点是否_______、_______、_______；检查纸带剩余长度，如长度不足时应提前更换。

答案：圆滑　　均匀　　完整

5．微量振荡天平法颗粒物监测仪每周应检查______________、___________等指标是否在说明书规定的范围内。

答案：仪器测量噪声　　振动频率

6．每______清洗微量振荡天平颗粒物监测仪质量变送器内部样品气体入口；对于加装FDMS的设备，每年更换一次样品气体干燥器；当除湿性能下降，应及时更换样品气体干燥器。

答案：年

7．每______应更换一次微量振荡天平颗粒物监测仪冷凝器中的清洁空气滤膜。

答案：月

8．使用可溯源的流量传递标准进行β射线法颗粒物监测仪流量检查时，实测流量应在设计流量的______%以内。

答案：±5

9．对β射线法颗粒物监测仪流量检查时，仪器读数与传递标准的误差超过______%时，需要对流量进行校准。

答案：±5

10．对完成预防性检修的颗粒物监测仪应进行连续______h 的仪器运行考核，在确认仪器工作正常后，方可投入使用。

答案：24

三、判断题

1．对于β射线法仪器，若使用模拟信号输出，与数采仪相差应在±2 μg/m^3 范围内。模拟输出数据应与时间、量程范围相匹配。每次更换仪器后均应进行数据一致性检查。（　　）

答案：错误

正确答案：对于β射线法仪器，若使用模拟信号输出，与数采仪相差应在±1 μg/m^3 范围内。模拟输出数据应与时间、量程范围相匹配。每次更换仪器后均应进行数据一致性检查。

2．对颗粒物监测仪的采样纸带进行检查时，如纸带即将用尽，需及时更换。（　　）

答案：正确

3．每半年需更换微量振荡天平法颗粒物监测仪旁路过滤器，进行 K_0 值检查。（　　）

答案：正确

4．每月更换一次在线颗粒物过滤器。（　　）

答案：错误

正确答案：每半年更换一次在线颗粒物过滤器。

5．每周应更换一次振荡天平冷凝器中的清洁空气滤膜。（　　）

答案：错误

正确答案：每月。

6．β射线法颗粒物监测仪环境温度与压力传感器校准周期为每月 1 次。（　　）

答案：错误

正确答案：每 3 个月 1 次。

7．β射线法颗粒物监测仪流量传感器检查每月 1 次。（　　）

答案：正确

8．颗粒物监测仪要求对气路、电路板和各种接头及插座等进行检查和清洁处理。（　　）

答案：正确

9．颗粒物监测仪每次全面预防性检修完成后，应进行采样流量等检查和校准，并对检修和校准填表归档。（　　）

答案：正确

10．对于振荡天平法仪器来说，在进行气流校准程序之前，要进行环境空气温度校准、压力校准和泄漏测试工作。（　　）

答案：正确

四、简答题

1．可能引起振荡天平法 PM_{10} 颗粒物监测仪数值偏高的因素有哪些？

答案：忘记或不正确安装采样头，导致采集总悬浮颗粒物；采样管路较长时间不清理，导致灰尘落下；空气潮湿，采样滤膜吸附大量水分；主流量高于设定值；加热温度低于设定值；K_0 值设置错误。

2．简述对于振荡天平法颗粒物监测仪每年应该进行的维护操作。

答案：每年清洗振荡天平质量变送器内部样品气体入口；对于加装 FDMS 的设备，每年更换一次样品气体干燥器；当除湿性能下降，如当样品气体露点温度高于冷凝器设定值，或与冷凝器设定的温差持续小于 2℃，应及时更换样品气体干燥器。

3．请简述 PM_{10} 连续监测系统流量稳定性测试的指标要求。

答案：24 h 内，每一次测试时间点流量变化±10%设定流量，24 h 平均流量变化±5%设定流量。

4．请简述 $PM_{2.5}$ 连续监测系统流量稳定性测试的指标要求。

答案：在监测仪正常工作条件下，使用标准流量计在采样入口处检测流量，符合以下指标：平均流量偏差±5%设定流量，流量相对标准偏差≤2%，平均流量示值误差≤2%。

5．请简述β射线法颗粒物监测仪常用的校准设备有哪些。

答案：仪器厂家生产的与监测仪配套的一套质量校准等价膜，流量传感器校准设备，环境温度传感器校准设备，环境压力传感器校准设备等。

6．请简述β射线法颗粒物监测仪质量校准的简要操作步骤。

答案：（1）手工设置采样仪所采集的数据带上相应的标识。

（2）如果仪器正在加热采样管，则应关掉并于室内至少平衡 1 h。

（3）激活键盘操作菜单，进入校准膜校准程序，按仪器使用说明书的步骤，完成质量校准过程。

（4）打开仪器采样管的加热器，待仪器稳定后，手工设置取消采集仪所采集数据的标识。

7．请简述微量振荡天平法颗粒物监测仪校准常数验证的简要操作步骤。

答案：（1）手工设置采样仪所采集的数据带上相应的标识。

（2）核实 K_0 的出厂值是否设置正确：即核查仪器菜单 K_0 设置值与振荡天平的下盖刻印的 K_0 值是否一致。

（3）确认仪器处于正常的操作温度和状态。

（4）确认工具包中事先称量的滤膜符合工具包卡片上的测试湿度条件。

（5）拆掉切割头，用流量检定适配器替换。打开适配器的阀门，在阀门上方安装一个前置过滤器，用于防止标准质量滤膜在校准过程中受到颗粒物污染。

（6）按仪器使用说明书的步骤完成质量传感器校准过程。

（7）待仪器运行正常后手工设置取消数据标识。

参考文献

[1] 环境保护部. 环境空气颗粒物（PM_{10}和$PM_{2.5}$）连续自动监测系统技术要求及检测方法：HJ 653—2013 [S]. 北京：中国环境出版社，2013.

[2] 环境保护部. 环境空气颗粒物（PM_{10}和$PM_{2.5}$）连续自动监测系统安装和验收技术规范：HJ 655—2013 [S]. 北京：中国环境出版社，2013.

[3] 环境保护部. 环境空气颗粒物（PM_{10}和$PM_{2.5}$）采样器技术要求及检测方法：HJ 93—2013 [S]. 北京：中国环境出版社，2013.

[4] 付强. 环境空气质量自动监测系统基本原理及操作规程. 北京：化学工业出版社，2016.

[5] 国家环境监测网环境空气自动监测质量管理办法（试行）.

[6] 中国环境监测总站《环境监测人员持证上岗考核试题集》编写组. 环境监测人员持证上岗考核试题集. 第三版. 下册. 北京：中国环境出版社，2015.

[7] 国家环境保护总局《空气和废气监测分析方法》编写组. 空气和废气监测分析方法. 第四版增补版. 北京：中国环境科学出版社，2006.

[8] 国家环境监测网质量体系文件. 作业指导书. 环境空气自动监测分册（2016 版）.

第三章　环境空气气态污染物（SO_2、NO_2、O_3、CO）连续自动监测

第一节　基础知识

一、选择题

1．根据《环境空气气态污染物（SO_2、NO_2、O_3、CO）连续自动监测系统技术要求及检测方法》（HJ 654—2013），在进行仪器响应上升时间测试时，当待测分析仪器显示值上升至标准气体浓度标称值________时，停止计时。（　　）

A．80%　　　　B．85%

C．90%　　　　D．95%

答案：C

2．对运行中的气体分析仪至少每________个月进行一次多点校准。（　　）

A．3　　　　B．6

C．9　　　　D．12

答案：B

3．《环境空气　臭氧的测定　紫外光度法》（HJ 590—2010）中规定，臭氧分析仪每隔 6 个月进行一次多点校准，各质量浓度点的线性误差小于________。（　　）

A．±10%　　　　B．±8%

C．±6%　　　　D．±5%

答案：D

4．根据《环境空气气态污染物（SO_2、NO_2、O_3、CO）连续自动监测系统技术要求及检测方法》（HJ 654—2013），环境空气连续监测系统中，分析仪 NO_2、O_3、SO_2 的测量范围是________。（　　）

A．0～250 ppb　　　　B．0～500 ppm

C．0～400 ppb　　　　D．0～500 ppb

答案：D

5．根据《环境空气气态污染物（SO_2、NO_2、O_3、CO）连续自动监测系统技术要求及检测方法》（HJ 654—2013），在测试环境温度对气态连续监测系统影响时，待测分析仪在恒温环境中稳定运行至少______。（　　）

A．10 min　　　　B 20 min

C．30 min　　　　D 60 min

答案：C

6．根据《环境空气气态污染物（SO_2、NO_2、O_3、CO）连续自动监测系统技术要求及检测方法》（HJ 654—2013），在测试流量稳定性对气态连续监测系统的影响时，待测分析仪应连续稳定运行________d。（　　）

A．5　　　　B．6

C．7　　　　D．8

答案：D

7．根据《环境空气气态污染物（SO_2、NO_2、O_3、CO）连续自动监测系统技术要求及检测方法》（HJ 654—2013），在测试电压稳定性对气态连续监测系统的影响时，待测分析仪连续稳定后在正常电压条件下通入_______F.S.标准气体。（　　）

A．50%　　　　B．10%　　　　C．20%　　　　D．80%

答案：D

二、填空题

1．根据《环境空气气态污染物（SO_2、NO_2、O_3、CO）连续自动监测系统技术要求及检测方法》（HJ 654—2013），在进行仪器干扰成分影响测试时，每种干扰气体应重复测试________次。

答案：3

2．根据《环境空气气态污染物（SO_2、NO_2、O_3、CO）连续自动监测系统技术要求及检测方法》（HJ 654—2013），在进行示值误差测试时，应通入________ F.S.的标准气体。

答案：50%

3．在气态分析仪量程噪声测试时，环境空气质量自动监测系统运行稳定后，将________标准气体通入分析仪器，每 2 min 记录该时间段数据的平均值，获得至少 25 个数据，计算所取得数据的_____________。

答案：80% F.S.　　标准偏差

4．根据《环境空气气态污染物（SO_2、NO_2、O_3、CO）连续自动监测系统技术要求及检测方法》（HJ 654—2013），在进行仪器响应下降时间测试时，待 80% F.S.标准气体测量读数稳定后，通入零气，同时用秒表计时。当待测分析仪器显示值下降至 80% F.S.标准气体标称值的________时，停止计时，记录所用时间为待测分析仪器的下降时间。

答案：10%

5．根据《环境空气气态污染物（SO_2、NO_2、O_3、CO）连续自动监测系统技术要求及检测方法》（HJ 654—2013），在进行仪器响应上升时间测试时，待分析仪器运行稳定后，通入__________气体，待读数稳定后通入 80% F.S.标准气体，同时用秒表开始计时。

答案：零点标准

三、判断题

1．环境空气质量自动监测系统气态分析仪的性能指标验收内容包括示值误差测试以及 24 h 零点漂移和 24 h 20% F.S.漂移测试。（　　）

答案：错误

正确答案：80% F.S.漂移测试。

2．环境空气质量自动监测系统调试检测项目 SO_2、NO_2、O_3 的量程噪音性能指标要求为不大于 10 ppb。（　　）

答案：错误

正确答案：环境空气质量自动监测系统调试检测项目 SO_2、NO_2、O_3 的量程噪音性能指标要求为不大于 5 ppb。

3．根据《环境空气气态污染物（SO_2、NO_2、O_3、CO）连续自动监测系统技术要求及检测方法》（HJ 654—2013），空气自动监测系统数据记录要求：应统计记录当日小时数据的最大值、最小值和日均值。（　　）

答案：正确

4．环境空气质量自动监测系统在安装验收时，要求 SO_2、NO_x、O_3 24 h 零点漂移为±10ppb。（　　）

答案：错误

正确答案：环境空气质量自动监测系统在安装验收时，要求 SO_2、NO_x、O_3 24 h 零点漂移为±5 ppb。

5．环境空气质量自动监测系统在安装验收时，要求 SO_2、NO_x、O_3 24 h 80% F.S.漂移为±20 ppb。（　　）

答案：错误

正确答案：环境空气质量自动监测系统中要求 SO_2、NO_x、O_3 24 h 80% F.S.漂移为±10ppb。

6．在进行 24 h 零点漂移测试时，重复测量 7 次，7 次漂移的平均值应符合零点漂移的要

求。（　　）

答案： 错误

正确答案： 7 次零点漂移均应符合零点漂移的要求。

7．环境空气气态污染物 SO_2 连续自动监测系统的分析方法有红外吸收法和差分吸收光谱法。（　　）

答案： 错误

正确答案： 环境空气气态污染物 SO_2 连续自动监测系统的分析方法有紫外荧光法和差分吸收光谱法。

8．在对气态分析仪进行跨度检查时，标气浓度通常为 80% F.S.。（　　）

答案： 正确

9．环境空气气态污染物 O_3 连续自动监测系统的分析方法有紫外荧光法和差分吸收光谱法。（　　）

答案： 错误

正确答案： 环境空气气态污染物 O_3 连续自动监测系统的分析方法有紫外光度法和差分吸收光谱法。

第二节　点式分析仪器

一、选择题

1．如果 NO_x 分析仪臭氧发生器出现故障不能产生臭氧，分析仪测量数据会产生________影响。（　　）

A．NO_2 为零，NO、NO_x 测量浓度较高

B．NO、NO_2、NO_x 测量浓度同时接近为零

C．NO、NO_2、NO_x 测量浓度同时较高

D．NO 为零，NO_2、NO_x 测量浓度较高

答案： B

2．NO_x 分析仪至少每________个月检查一次钼转换炉的转换效率。（　　）

A．1　　B．3

C．6　　D．12

答案： C

3．点式连续监测系统所采集气体样品的压力应________。（　　）

A．大于大气压　　B．小于大气压
C．接近大气压　　D．接近 1.5 个大气压

答案：C

二、填空题

1．根据《环境空气气态污染物（SO_2、NO_2、O_3、CO）连续自动监测系统技术要求及检测方法》（HJ 654—2013），测量点式连续监测系统的零点噪声时，应在待测分析仪器运行稳定后，将零点标准气体通入分析仪器，获得至少________个________时间段的平均值数据。

答案：25　　2 min

2．根据《环境空气气态污染物（SO_2、NO_2、O_3、CO）连续自动监测系统技术要求及检测方法》（HJ 654—2013），在进行采样口和校准口浓度偏差测试时，在待测分析仪器稳定后，将__________标准气体分别经仪器的采样口和校准口通入待测分析仪器。

答案：80% F.S.

3．点式连续监测系统量程精密度检测方法为待监测系统运行稳定后，分别通入______F.S.标准气体和______F.S.标准气体，待读数稳定后分别记录标准气体显示值，重复上述测试操作至少 6 次以上。

答案：20%　　80%

4．根据《环境空气气态污染物（SO_2、NO_2、O_3、CO）连续自动监测系统技术要求及检测方法》（HJ 654—2013），点式连续监测系统在进行仪器响应下降时间测试时，待 80% F.S.标准气体测量读数稳定后，通入____________气体，同时用秒表计时。

答案：零点标准

5．点式分析仪器指在___________上通过采样系统将环境空气采入并测定空气污染物浓度的监测分析仪器。

答案：固定点

6．对于气态污染物分析仪采样流量，至少________进行 1 次检查，当流量误差超过控制限时，及时对其进行校准。

答案：每月

7．由于零气发生器中的洗涤剂在各地使用频次和受污染程度不同，除按厂家提供的使用手册和质量保证手册规定要求更换洗涤剂外，应观察低浓度监测时各项目的监测误差和____________是否普遍增大，查明原因确定是否需要更换，一般情况下每________需更换一次。

答案：零点漂移　　6 个月

8．对点式气态分析仪至少每周进行一次跨度检查，当发现__________超过仪器调节控制限时，及时对仪器进行校准。

答案：跨度漂移

9．至少每半年检查一次二氧化氮转换炉的__________，结果应≥96%。

答案：转换效率

三、判断题

1．点式连续监测系统的分析仪器与数据采集和传输设备对各监测数据实时采集、存储、计算，并能以报表或报告形式输出，SO_2、NO_2、O_3、CO 输出标准状态下的质量浓度单位为 $\mu g/m^3$。（　　）

答案：错误

正确答案：点式连续监测系统的分析仪器与数据采集和传输设备对各监测数据实时采集、存储、计算，并能以报表或报告形式输出，SO_2、NO_2、O_3 输出标准状态下的质量浓度单位为 $\mu g/m^3$，CO 输出标准状态下的质量浓度单位为 mg/m^3。

2．环境空气气态污染物 NO_2 连续自动监测系统的分析方法有化学发光法和差分吸收光谱法。（　　）

答案：正确

四、简答题

1．根据《环境空气气态污染物（SO_2、NO_2、O_3、CO）连续自动监测系统技术要求及检测方法》（HJ 654—2013），请说明点式环境空气连续自动监测系统中有几种气态分析仪并说明分析方法。

答案：4 种，NO_2 采用的是化学发光法，SO_2 采用的是紫外荧光法，O_3 采用的是紫外光度法，CO 采用的是非分散红外吸收法和气体滤波相关红外吸收法。

2．简述光电倍增管的作用与原理。

答案：光电倍增管由两部分组成：将入射光子转化为电子的光阴极，增大电子数目的倍增极。光电倍增管的外壳由玻璃或石英制成，内部抽成真空。光阴极上涂有能发射电子的光敏物质，在阴极和阳极之间联有一系列次级电子发射极，即电子倍增极。阳极和阴极之间加以一定的直流电压。在每两个相邻电极之间，都有 50～100V 的电位差。当光照射在阴极上时，光敏物质发射的电子，首先被电场加速，落在第一个倍增极上，并击出二次电子。这些二次电子又被电场加速，落在第二个倍增极上，击出更多的二次电子，依此类推。由此可见，光电倍增管不仅起了光电转换作用，还起着电流放大作用。光电倍增管具有波长区域宽、线性范围大、放电增益高及噪声低等很多优点。

3．简述 PermaPure 干燥管的工作原理。

答案：PermaPure 干燥管由两个同轴管构成。内管是一种特殊材料，与水蒸气有亲和力。其外部环形套筒被仪器泵排气。这样，在内外管之间就形成了浓度梯度，使得内管中的水蒸气扩散到外管，这样，环境空气流过管子的时候就逐渐变得干燥起来。

第三节　NO_x点式分析仪器

一、选择题

1．根据《环境空气气态污染物（SO_2、NO_2、O_3、CO）连续自动监测系统技术要求及检测方法》（HJ 654—2013），下列属于 NO_x 点式分析仪器的分析方法的是________。（　　）

A．化学发光法　　B．紫外荧光法

C．紫外光度法　　D．非分散红外吸收法

答案：A

2．在对化学发光法氮氧化物分析仪进行 NO 跨度检查时，发现 NO 跨度响应不稳定，以下不是引起跨度响应不稳定的原因是________。（　　）

A．漏气　　B．钼炉温度偏低

C．仪器预热不充分　　D．漏光

答案：B

3．在对化学发光法氮氧化物分析仪进行跨度检查时，发现跨度响应较慢，以下不是引起跨度响应偏慢的原因是________。（　　）

A．样品管路沾污　　B．样品传输管路太长

C．选用不恰当的管材　　D．零气不纯

答案：D

二、填空题

1．根据《环境空气气态污染物（SO_2、NO_2、O_3、CO）连续自动监测系统技术要求及检测方法》（HJ 654—2013），2.5%的 H_2O 对点式连续监测系统 NO_x 分析仪测量结果的干扰影响应在 ±__________以内。

答案：4% F.S.

2．氮氧化物分析仪钼转换炉转换效率必须在________%～________%。

答案：96　　102

3．化学发光法测定氮氧化物时，常常在仪器出口处安装活性炭罐，安装活性炭罐的目的主要是__________________。

答案：去除多余的臭氧

三、判断题

1．根据《环境空气气态污染物（SO_2、NO_2、O_3、CO）连续自动监测系统技术要求及检测方法》（HJ 654—2013），在测量量程为 0～500 ppb 时，NO_x 分析仪器的最小显示单位为 0.1ppb。（　　）

答案：正确

2．根据《环境空气气态污染物（SO_2、NO_2、O_3、CO）连续自动监测系统技术要求及检测方法》（HJ 654—2013），1ppm 的 NH_3 对点式连续监测系统 NO_x 分析仪测量结果的干扰影响应在 ±2% F.S.以内。（　　）

答案：错误

正确答案：1 ppm 的 NH_3 对点式连续监测系统 NO_x 分析仪测量结果的干扰影响应在 ±4% F.S.以内。

3．对于化学发光法氮氧化物分析仪来说，漏气会造成零点不稳。（　　）

答案：正确

4．对于氮氧化物分析仪来说，在接通电源后，臭氧发生器要延迟一段时间再开启。（　　）

答案：正确

5．在化学发光法测定 NO_2 时，空气中的 SO_2 会产生正干扰。（　　）

答案：错误

正确答案：在化学发光法测定 NO_2 时，空气中的 SO_2 会产生负干扰。

6．根据《环境空气气态污染物（SO_2、NO_2、O_3、CO）连续自动监测系统技术要求及检测方法》（HJ 654—2013），500 ppb 的 SO_2 对点式连续监测系统 NO_x 分析仪测量结果的干扰影响应在 ±4% F.S.以内。（　　）

答案：正确

7．在日常巡检时，发现氮氧化物分析仪监测结果偏高，关闭臭氧发生器 7 min 后仪器读数迅速下降，表明存在漏光现象。（　　）

答案：错误

正确答案：在日常巡检时，发现氮氧化物分析仪监测结果偏高，关闭臭氧发生器 7 min 后仪器读数迅速下降，表明反应池可能被沾污。

8．在对氮氧化物分析仪进行故障排查时，通常将仪器分为气路部分、电路部分、光学部分，约 50%的故障出在气路部分。（　　）

答案：正确

9．对于化学发光法氮氧化物分析仪来说，反应室沾污造成的高背景不会导致仪器产生负浓度输出。（　　）

答案：错误

正确答案：对于化学发光法氮氧化物分析仪来说，反应室沾污造成的高背景会导致仪器产生负浓度输出。

10．NO 与臭氧反应生成激发态的 NO_2，激发态的 NO_2 回到基态时发射出峰值波长大约为 800 nm 的红外光。（　　）

答案：错误

正确答案：NO 与臭氧反应生成激发态的 NO_2，激发态的 NO_2 回到基态时发射出峰值波长大约为 1 200 nm 的红外光。

11．在用化学发光法测定 NO_2 时，激发态的 NO_2 可能与反应室壁相撞，从而将能量传递给反应室壁，不发出任何光。（　　）

答案：正确

12．用化学发光法测定 NO_2 时，臭氧发生器沾污染可能造成仪器噪声较大。（　　）

答案：正确

13．用化学发光法测定 NO_2 时，经过臭氧发生器的洁净空气需去除水分、灰尘以及 NO_2 等杂质。（　）

答案：错误

正确答案：不需去除空气中的 NO_2。

14．用化学发光法测定 NO_2 时，空气中的 CO_2 不会对测定过程产生干扰。（　　）

答案：错误

正确答案：用化学发光法测定 NO_2 时，空气中的 CO_2 会对测定过程产生干扰。

15．用化学发光法测定 NO_2 时，常使用 Perma Pure 干燥管去除空气中的 H_2O，同时可去除 NH_3 的作用。（　　）

答案：正确

16．用化学发光法测定 NO_2 时，红外灯强度低会造成仪器跨度响应不稳定。（　　）

答案：错误

正确答案：化学发光法氮氧化物分析仪中无红外灯。

17．对化学发光法 NO_x 分析仪校准时，标准气体排气口不畅会导致仪器响应非线性。（　　）

答案：正确

18．将化学发光法 NO_x 分析仪光电倍增管拆下后，不需避光保存。（　　）

答案：错误

正确答案：将化学发光法 NO_x 分析仪光电倍增管拆下后，需要避光保存。

四、简答题

1．请简述化学发光法氮氧化物分析仪及 NO_2-NO 转换炉的工作原理。

答案：化学发光法 NO_x 分析仪，原理是基于一氧化氮（NO）与臭氧（O_3）的化学发光反应产生激发态的 NO_2 分子，当激发态的 NO_2 分子返回基态时发出一定能量的光，所发出光的强度与 NO 的浓度呈线性关系，其化学反应式如下：

$$NO + O_3 \longrightarrow NO_2^* + O_2 + h\nu 1$$

$$NO_2^* \longrightarrow NO_2 + h\nu 2$$

仪器在进行二氧化氮（NO_2）的检测时必须先将 NO_2 转换成 NO，然后再通过化学发光反应进行检测。NO_2 是通过钼转换炉完成 NO_2 到 NO 的转换。其转换炉的加热温度约为 325℃。

$$3NO_2 + Mo \longrightarrow 3NO + MoO_3$$

2．规范要求 NO_x 分析仪的 NO_2-NO 转换效率需大于多少？试以对分析仪做跨度检查时同时做转换效率检查为例，简述转换效率检查的过程及计算步骤。

答案：转换效率应≥96%。转换效率的测试过程及计算步骤如下：

（1）待测仪器运行稳定后，通入 80%量程 NO 标准气体，分别记录待测分析仪器 NO 和 NO_x 稳定读数 $[NO]_{orig}$ 和 $[NO_x]_{orig}$；保持分析仪器采集 80%量程 NO 标准气体。

（2）启动动态校准仪中的臭氧发生器，产生一定浓度的臭氧，与步骤（1）中的 NO 标准气体进行气相滴定，分别记录待测分析仪器 NO 和 NO_x 稳定读数 $[NO]_{rem}$ 和 $[NO_x]_{rem}$。

生成的 NO_2 气体的标准浓度值 $[NO_2]$ 等于 $[NO]_{orig}$ 与 $[NO]_{rem}$ 的差值，浓度范围应控制在 20%～60%满量程。

（3）按如下公式计算待测分析仪器转换效率 η。

$$\eta = \frac{([NO_x]_{rem} - [NO]_{rem}) - ([NO_x]_{orig} - [NO]_{orig})}{[NO]_{orig} - [NO]_{rem}} \times 100\%$$

（4）重复上述步骤（1）～（3）两次，共取得 3 个 η 值，取其平均值。

第四节　SO_2点式分析仪器

一、选择题

1．根据《环境空气气态污染物（SO_2、NO_2、O_3、CO）连续自动监测系统技术要求及检测方法》(HJ 654—2013)，SO_2点式连续分析仪的响应时间应小于等于________。(　　)

A．1 min　　B．5 min

C．10 min　　D．20 min

答案：B

2．根据《环境空气气态污染物（SO_2、NO_2、O_3、CO）连续自动监测系统技术要求及检测方法》（HJ 654—2013），下列属于 SO_2 点式分析仪器监测系统的分析方法的是________。(　　)

A．化学发光法　　B．紫外荧光法

C．紫外光度法　　D．非分散红外吸收法

答案：B

3．在紫外荧光法测定二氧化硫过程中，样气中存在碳氢化合物会使测定结果________，样气中存在水汽会使测定结果________。(　　)

A．偏低，偏高　　B．偏高，偏高

C．偏低，偏低　　D．偏高，偏低

答案：D

4．根据《环境空气气态污染物（SO_2、NO_2、O_3、CO）连续自动监测系统技术要求及检测方法》（HJ 654—2013），环境空气质量自动监测系统中，SO_2 采样口和校准口浓度偏差范围为________以内。(　　)

A．±5%　　B．±1%

C．±2%　　D．±10%

答案：B

5.用紫外荧光法测定二氧化硫时，发现有较大的测量噪声，可能的原因是________。(　　)

A．气路系统泄漏　　B．UV 灯输出太低

C．漏光　　D．以上都是

答案：D

6．在对紫外荧光法二氧化硫分析仪进行多点校准时，发现仪器呈非线性响应，以下不是

导致非线性响应的因素是________。（　　）

A．气路系统泄漏　　B．反应室不干净

C．稀释气含有 SO_2　　D．校准器总流量较大

答案：D

二、填空题

1．为消除环境空气中二甲苯、萘等碳氢化合物对二氧化硫（SO_2）测量结果的干扰，需要在 SO_2 分析仪进气系统中加装______________。

答案：碳氢去除装置

2．在紫外荧光法二氧化硫分析仪中，半导体制冷片的主要目的是__________________。

答案：给光电倍增管制冷、减小电噪声

3．在紫外荧光法二氧化硫分析仪中，当限流孔两端压差增大时，经过限流孔的流速增加，当流速增加到________时，压差再增大，经过限流孔的气体流速也不增加。

答案：音速

4．在紫外荧光法分析环境空气中的二氧化硫时，苯乙烯对测量结果会产生干扰，环境空气中有苯乙烯存在会使测量结果________。

答案：偏高

5．在紫外荧光法分析环境空气中的二氧化硫时，激发态的二氧化硫分子回到基态时发出________nm 的荧光。

答案：330

三、判断题

1．根据《环境空气气态污染物（SO_2、NO_2、O_3、CO）连续自动监测系统技术要求及检测方法》（HJ 654—2013），2%的 H_2O 对点式连续监测系统 SO_2 分析仪测量结果的干扰影响应在±5% F.S.以内。（　　）

答案：错误

正确答案：2%的 H_2O 对点式连续监测系统 SO_2 分析仪测量结果的的干扰影响应在±4% F.S.以内。

2．根据《环境空气气态污染物（SO_2、NO_2、O_3、CO）连续自动监测系统技术要求及检测方法》（HJ 654—2013），0.1 ppm 的甲苯对点式连续监测系统 SO_2 分析仪测量结果的干扰影响应在±4% F.S.以内。（　　）

答案：正确

3．用紫外荧光法分析环境空气中二氧化硫时，反应室不干净会造成响应变慢。（　　）

答案：正确

4．对于紫外荧光法二氧化硫分析仪来说，反应室温度越高，二氧化硫分子从激发态返回基态的时间越短。（ ）

答案：正确

5．二氧化硫分析仪使用一段时间后，用标气检查时发现响应偏小，我们可以增加紫外灯的供电电压以提高放大倍数。（ ）

答案：错误

正确答案：二氧化硫分析仪使用一段时间后，用标气检查时发现响应偏小，我们可以增加光电倍增管的供电电压以提高放大倍数。

6．根据《环境空气气态污染物（SO_2、NO_2、O_3、CO）连续自动监测系统技术要求及检测方法》（HJ 654—2013），点式 SO_2 分析仪器响应时间（上升时间/下降时间）应≤10 min。（ ）

答案：错误

正确答案：SO_2 分析仪器响应时间（上升时间/下降时间）应≤5 min。

7．在更换二氧化硫分析仪光电倍增管制冷片时，我们常常在上面涂一层硅酯，涂硅酯的主要目的是增加导热效果。（ ）

答案：正确

8．紫外荧光法测定二氧化硫时，二氧化硫分子吸收紫外光，紫外光强度的减少量与二氧化硫浓度不呈正比关系。（ ）

答案：正确

9．在对二氧化硫分析仪进行检修时，常常利用分析仪的电测试功能对分析仪进行电测试，电测试通过则表明光电倍增管及以后的电路工作正常。（ ）

答案：错误

正确答案：电测试通过不代表光电倍增管工作正常。

10．在检查紫外荧光法二氧化硫分析仪紫外灯时，为判别紫外灯的好坏，我们可以直接用眼睛观察紫外灯是否发光。（ ）

答案：错误

正确答案：由于紫外光对人眼有伤害，不能用眼睛直视，应戴防紫外线眼镜。

11．对于二氧化硫分析仪来说，经过反应室的样品气体流速越快越好，这样单位时间内经过反应室的二氧化硫分子数越多，越有利于提高仪器的灵敏度。（ ）

答案：错误

正确答案：对于二氧化硫分析仪来说，经过反应室的样品气体流速不能太快，以免二氧化硫分子还没来得及反应便流出反应室。

12．在紫外荧光法二氧化硫分析仪中，紫外光经过 214 nm 的滤光片后，仅允许 214 nm 的紫外光通过，其他波长的光均被过滤掉。（ ）

答案：错误

正确答案：紫外光经过 214 nm 的滤光片后，除 214 nm 的紫外光通过外，还包括其他波长。

13．在紫外荧光法二氧化硫分析仪中，214 nm 滤光片后有一透镜，该透镜主要起发散紫外光的作用，以使紫外光能照射更大的面积，激发更多的二氧化硫分子。（ ）

答案：错误

正确答案：该透镜主要起聚集紫外光的作用，参比检测器能比较准确的测量紫外光的强度。

14．紫外荧光法二氧化硫分析仪使用一段时间后，检测到的紫外光强度有衰减，我们可以尝试改变紫外灯的位置来提高紫外光强度。（ ）

答案：正确

15．在对二氧化硫分析仪进行校标时仪器响应不稳定，可能的原因是反应室温度控制不稳定。（ ）

答案：正确

四、简答题

1．若钢瓶气体 SO_2 浓度为 100 ppm，期望浓度为 400 ppb，测试气体总流量为 5 000 ml/min，计算钢瓶气体和稀释空气的流速。

答案：（1）钢瓶气体流速=（400 ppb×5 000 ppb）/100 000 ppb

= 20 ml/min

（2）由于气体总量为 5 000 ml/min，是稀释气体流量与钢瓶气体流量之和，因此稀释流量为总流量与钢瓶气体流量差。

稀释气体流量=5 000 ml/min－20 ml/min

=4 980 ml/min

2．阐述紫外荧光法测定二氧化硫的基本原理。

答案：紫外荧光法 SO_2 分析仪原理是基于二氧化硫（SO_2）分子吸收了紫外线并被一定波长的紫外线激发，当被激发的 SO_2 分子返回低能级时释放出另一波长的紫外光，所发出光的强度与 SO_2 的浓度呈线性关系，分析仪就是利用检测光强来进行 SO_2 的检测，其化学反应式如下：

$$SO_2 + hv1 \longrightarrow SO_2^* \longrightarrow SO_2 + hv2$$

第五节 O_3点式分析仪器

一、选择题

1. 根据《环境空气气态污染物（SO_2、NO_2、O_3、CO）连续自动监测系统技术要求及检测方法》（HJ 654—2013），环境空气质量自动监测系统中点式仪器 O_3 的分析方法为________。（　）

A．化学发光法　　B．紫外荧光法

C．紫外光度法　　D．红外吸收法

答案：C

2. 紫外光度法分析仪测量臭氧时，样品气体进入分析仪后分成两路，一路经三通阀后直接进入反应室，一路通过涤除器后再经三通阀进入反应室，涤除器的主要目的是________。（　）

A．去除臭氧、二氧化硫及碳氢化合物　　B．去除臭氧

C．去除臭氧、二氧化氮及碳氢化合物　　D．以上都不对

答案：B

3.《环境空气 臭氧的测定 紫外光度法》（HJ 590—2010）中规定，应根据环境中颗粒物浓度和采样体积定期更换滤膜，一片滤膜最长使用时间不得超过 14 d，当发现在 5～15 min 内臭氧含量递减________时，应立即更换滤膜。（　）

A．1%～5%　　B．5%～10%

C．7%～11%　　D．10%～15%

答案：B

4. 在对紫外光度法臭氧分析仪进行跨度检查时，发现跨度响应不稳定，可能的原因是__________。（　）

A．气路系统漏气　　B．开关阀和 O_3 涤除器工作不正常

C．粒子过滤器脏　　D．以上都是

答案：D

5. 臭氧监测仪器的零点检查（或校准）、跨度检查（或校准）操作应避免在每日________时至________时臭氧浓度较高时段内进行。（　）

A．10，16　　B．10，18

C．12，18　　D．13，19

答案： C

二、填空题

1．根据《环境空气气态污染物（SO_2、NO_2、O_3、CO）连续自动监测系统技术要求及检测方法》（HJ 654—2013），环境空气质量自动监测系统中点式仪器 O_3 的分析方法为_______________。

答案： 紫外光度法

2．对于具备自动校准功能的环境空气质量自动监测系统，应对臭氧分析仪________进行一次零点检查或校准，至少________进行 1 次跨度检查。

答案： 每天　每周

三、判断题

1．根据《环境空气气态污染物（SO_2、NO_2、O_3、CO）连续自动监测系统技术要求及检测方法》（HJ 654—2013），2%的 H_2O 对点式连续监测系统 O_3 分析仪测量结果的干扰影响应在±2% F.S.以内。（　　）

答案： 错误

正确答案： 2%的 H_2O 对点式连续监测系统 O_3 分析仪测量结果的干扰影响应在±4% F.S.以内。

2．根据《环境空气气态污染物（SO_2、NO_2、O_3、CO）连续自动监测系统技术要求及检测方法》（HJ 654—2013），1 ppm 的甲苯对点式连续监测系统 O_3 分析仪测量结果的干扰影响应在±4% F.S.以内。（　　）

答案： 正确

3．根据《环境空气气态污染物（SO_2、NO_2、O_3、CO）连续自动监测系统技术要求及检测方法》（HJ 654—2013），0.4 ppm 的 SO_2 对点式连续监测系统 O_3 分析仪测量结果的干扰影响应在±4% F.S.以内。（　　）

答案： 错误

正确答案： 0.2 ppm 的 SO_2 对点式连续监测系统 O_3 分析仪测量结果的干扰影响应在±4% F.S.以内。

4．根据《环境空气气态污染物（SO_2、NO_2、O_3、CO）连续自动监测系统技术要求及检测方法》（HJ 654—2013），0.5 ppm 的 NO/NO_2 对点式连续监测系统 O_3 分析仪测量结果的干扰影响应在±6% F.S.以内。（　　）

答案： 正确

5．用紫外光度法测量环境空气中臭氧时，环境空气中的汞会对测量结果产生影响。（　　）

答案：正确

6．紫外光度法测定臭氧时，分子吸收系数受温度和气压的影响。（　　）

答案：正确

7．紫外光度法臭氧分析仪排气口应安装活性炭吸附剂，以防臭氧污染环境。（　　）

答案：错误

正确答案：因为气体样品来源于环境空气，所以无须在紫外光度法臭氧分析仪排气口安装活性炭吸附剂。

8．臭氧监测仪器的零点检查（或校准）、跨度检查（或校准）操作应避免在每日臭氧浓度较高时段内进行，若必须在该时段进行，检查（或校准）时间不应超过 2 h。（　　）

答案：错误

正确答案：若必须在该时段进行，检查（或校准）时间不应超过 1 h。

四、简答题

阐述紫外光度法测定臭氧的基本原理。

答案：利用 O_3 分子吸收 254 nm 紫外光前后而产生不同强弱电响应的原理进行空气中 O_3 浓度的监测。它采用发射波长为 254 nm 的紫外灯照射一中空玻璃管，通过电磁阀切换，玻璃管内交替充满样气和被涤除 O_3 的参比气。样气与涤除 O_3 的参比气的光强比值为 I/I_o，通过此值，利用朗伯-比尔公式即可计算出 O_3 的浓度。

第六节　CO 点式分析仪器

一、选择题

1．根据《环境空气气态污染物（SO_2、NO_2、O_3、CO）连续自动监测系统技术要求及检测方法》（HJ 654—2013），下列属于 CO 点式分析仪器监测系统的分析方法的是________。（　　）

A．化学发光法　　B．紫外荧光法

C．紫外光度法　　D．非分散红外吸收法

答案：D

2．根据《环境空气气态污染物（SO_2、NO_2、O_3、CO）连续自动监测系统技术要求及检测方法》（HJ 654—2013），环境空气质量自动监测系统中，分析仪 CO 的测量范围是________。（　　）

A．0～16 ppm　　　　B．0～500 ppb

C．0～20 ppm　　　　D．0～50 ppm

答案：D

3．根据《环境空气气态污染物（SO_2、NO_2、O_3、CO）连续自动监测系统技术要求及检测方法》（HJ 654—2013），环境空气质量自动监测系统采样过程中，CO 每天应满足________的数据时长。（　　）

A．24 h　　　　B．22 h

C．20 h　　　　D．19 h

答案：C

二、填空题

1．一氧化碳常采用气体滤波相关法分析仪进行分析，在分析仪相关轮内有两个气室，分别充入高纯_______和______________，其作用是产生___________和___________。

答案：N_2　　高浓度 CO　　测量信号　　参比信号

2．气体滤波相关法分析仪中的调制器（如右图所示），主要作用是将连续的信号转变为不连续的信号，从而减少_____________误差。

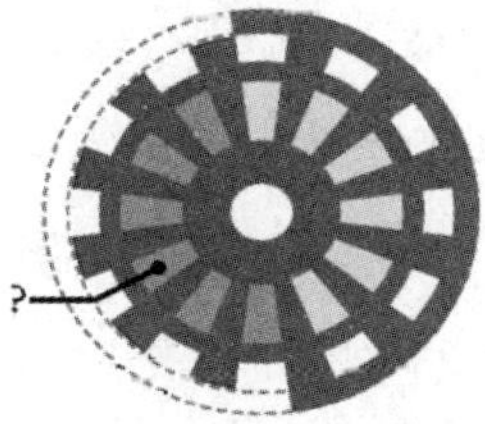

答案：随机（偶然）

3．在用零气源产生零气时，一氧化碳在转化催化炉中转化为____________被去除。

答案：二氧化碳

4．气体滤波相关红外法测定一氧化碳时，主要的干扰物有________、_____________等。

答案：水　　二氧化碳

5．在气体滤波相关红外法 CO 分析仪中有一组反光镜片，反光镜片的主要作用是_____________，使灵敏度最大化。

答案：增大光程

6．气体滤波相关红外法 CO 分析仪是利用 CO 对________ μm 红外光的特征吸收。

答案：4.7

三、判断题

1．根据《环境空气气态污染物（SO_2、NO_2、O_3、CO）连续自动监测系统技术要求及检测方法》（HJ 654—2013），在测量量程为 0～50 ppm 时，CO 分析仪器的最小显示单位为 0.2 ppm。（　　）

答案：错误

正确答案：在测量量程为 0～50 ppm 时，CO 分析仪器的最小显示单位为 0.1 ppm。

2．根据《环境空气气态污染物（SO_2、NO_2、O_3、CO）连续自动监测系统技术要求及检测方法》（HJ 654—2013），CO 分析仪器响应时间（上升时间/下降时间）应≤4 min。（　　）

答案：正确

3．环境空气气态污染物 CO 连续自动监测系统的分析方法有非分散红外吸收法和气体滤波相关红外吸收法。（　　）

答案：正确

4．用气体滤波相关红外法测定 CO 时，随着 CO 浓度的增加，测量信号与参比信号的比值减小。（　　）

答案：正确

5．在用气体滤波相关红外法测定 CO 时，相关轮中有两个滤光室，测量室填充纯空气，参比室填充纯氮气。（　　）

答案：错误

正确答案：在用气体滤波相关红外法测定 CO 时，相关轮中有两个滤光室，测量室填充纯氮气，参比室填充高纯浓度 CO 气体。

6．根据《环境空气气态污染物（SO_2、NO_2、O_3、CO）连续自动监测系统技术要求及检测方法》（HJ 654—2013），100 ppm 的 CO_2 对点式连续监测系统 CO 分析仪测量结果的干扰影响应在±5% F.S.以内。（　　）

答案：错误

正确答案：1 000 ppm 的 CO_2 对点式连续监测系统 CO 分析仪测量结果的干扰影响应在±5% F.S.以内。

7．根据《环境空气气态污染物（SO_2、NO_2、O_3、CO）连续自动监测系统技术要求及检测方法》（HJ 654—2013），2.5%的 H_2O 对点式连续监测系统 CO 分析仪测量结果的干扰影响应在±5% F.S.以内。（　　）

答案：正确

四、简答题

阐述气体滤波相关红外吸收法测定一氧化碳的基本原理。

答案：气体滤波相关轮法一氧化碳分析仪是利用 CO 对波长为 4.7 μm 的红外幅射有特征吸收的特性而设计。样气进入反应室，来自红外光源的线外线依次穿过旋转的 CO 和 N_2 滤光器，然后红外幅射通过一个带通（窄带）干扰滤光片进入反应室，样气吸收红外幅射，射出反应室的红外幅射进入红外检测器。CO 侧气体滤光器透射的参考红外幅射在反应室中不能被 CO 进一步吸收。N_2 侧气体滤光器透射的红外辐射在反应室中被一氧化碳吸收。通过检测反应室中与一氧化碳浓度相关的红外吸收振幅，及在两个气体滤光器间的交替调制的红外探测信号，经处理后得到 CO 浓度，其他气体对参考红外幅射和测量红外幅射的吸收能力相同，故无法调制出信号，从而消除了 CO、水气的干扰。

第七节　开放光程监测系统

一、选择题

1. 光源发射端和接收端（反射端）应在同一直线上，与水平面之间俯仰角不超过________。（　　）

A．5°　　B．10°
C．15°　　D．20°

答案： C

2．开放光程监测仪器采用从发射端发射光束经开放环境到接收端的方法测定该光束光程上空气污染物________浓度的仪器。（　　）

A．平均　　B．最高
C．最低　　D．以上选项

答案： A

3．以下选项中满足监测光束离地面的高度是________。（　　）

A．2 m　　B．9 m
C．20 m　　D．25 m

答案： B

4．基座长度和宽度尺寸应比发射端和接收端底座 4 个边缘宽________以上。（　　）

A．5 cm　　B．10 cm
C．15 cm　　D．20 cm

答案： C

5．开放光程监测仪器处于校准状态下，光从光源发射端到接收端的光程________实际测量时的光程。（　　）

A．远大于　　B．远小于
C．等于　　D．以上都不是

答案：B

6．开放光程监测仪器的发射灯用的是________。（　　）

A．普通灯泡　　B．氙灯

C．UV 灯　　D．IR 灯

答案：B

7．开放光程监测仪器使用的分析方法是________。（　　）

A．差分吸收光谱法　　B．化学发光法

C．紫外荧光法　　D．紫外光度法

答案：A

8．根据《环境空气气态污染物（SO_2、NO_2、O_3、CO）连续自动监测系统技术要求及检测方法》（HJ 654—2013），开放光程连续监测仪器等效校准装置应至少配备________种不同长度校准池。（　　）

A．2　　B．3

C．4　　D．5

答案：C

9．使用开放光程监测仪器的系统，每________应至少检查一次各子站发射光源的亮度情况，若发现光源亮度明显偏低，应立即查明原因并及时排除故障。（　　）

A．天　　B．周

C．月　　D．季度

答案：B

10．根据《环境空气气态污染物（SO_2、NO_2、O_3、CO）连续自动监测系统技术要求及检测方法》（HJ 654—2013），开放光程连续监测系统中，运用____原理来完成校准工作（　　）。

A．等效浓度　　B．等效质量

C．开放光路　　D．非分散红外吸收法

答案：A

11．根据《环境空气气态污染物（SO_2、NO_2、O_3、CO）连续自动监测系统技术要求及检测方法》（HJ 654—2013），监测系统分析方法中点式分析仪器 NO_2 的分析方法为________，开放光程监测仪器 NO_2 的分析方法为________。（　　）

A．化学吸收法，差分吸收光谱法　　B．紫外荧光法，差分吸收光谱法

C．化学发光法，差分吸收光谱法　　D．紫外发光法，差分吸收光谱法

答案：C

12．对于使用开放光程监测分析仪器，应每________个月进行 1 次跨度检查。（　　）

A．1　　B．3

C．6　　D．12

答案：C

13．对于使用开放光程监测分析仪器，单点校准时应选择 1 个项目用等效浓度为______% F.S.的标气。（　　）

A．20　　B．40

C．60　　D．80

答案：D

14．开放光程分析仪器校准时如果标准气浓度为 300 ppm，光程为 200 m，样品池长度为 200 mm，等效浓度为________。（　　）

A．100 ppb　　B．200 ppb

C．300 ppb　　D．400 ppb

答案：C

15．开放光程监测仪器校准时如果标准气浓度为 300 ppm，光程为 200 m，样品池长度为 100 mm，等效浓度为________。（　　）

A．150 ppb　　B．250 ppb

C．50 ppb　　D．350 ppb

答案：A

16．开放光程差分吸收光谱仪测量环境空气中 SO_2、NO_2、O_3 的最低检出限分别为 1 $\mu g/m^3$、1 $\mu g/m^3$ 和 3 $\mu g/m^3$ 时，其对应的光程为________，平均时间为________。（　　）

A．400 m，2 min　　B．500 m，2 min

C．400 m，1 min　　D．500 m，1 min

答案：D

17．根据《环境空气气态污染物（SO_2、NO_2、O_3、CO）连续自动监测系统技术要求及检测方法》（HJ 654—2013），开放光程连续监测系统里光源强度对 SO_2、NO_2 分析仪测量值的影响应为________。（　　）

A．±1% F.S.　　B．±2% F.S.

C．±5% F.S.　　D．±10% F.S.

答案：B

18．根据《环境空气气态污染物（SO_2、NO_2、O_3、CO）连续自动监测系统技术要求及检测方法》（HJ 654—2013），开放光程连续监测系统里校准池长度对分析仪测量值的影响应为________。（　　）

A．±1%　　B．±2%

C．±5%　　D．±10%

答案：B

19．根据《环境空气气态污染物（SO_2、NO_2、O_3、CO）连续自动监测系统技术要求及检测方法》（HJ 654—2013），开放光程连续监测系统里，20% F.S.精密度为________。（　　）

A．≤1 ppb　　B．≤2 ppb

C．≤5 ppb　　D．≤10 ppb

答案：C

20．根据《环境空气气态污染物（SO_2、NO_2、O_3、CO）连续自动监测系统技术要求及检测方法》（HJ 654—2013），开放光程连续监测系统里，80% F.S.精密度为________。（　　）

A．≤1 ppb　　B．≤2 ppb

C．≤5 ppb　　D．≤10 ppb

答案：D

21．根据《环境空气气态污染物（SO_2、NO_2、O_3、CO）连续自动监测系统技术要求及检测方法》（HJ 654—2013），当分析仪处于零光程测量状态时，NO_2分析仪器零点噪声应________。（　　）

A．≤12 pbb　　B．≤8 pbb

C．≤1 pbb　　D．≤4 pbb

答案：C

22．根据《环境空气气态污染物（SO_2、NO_2、O_3、CO）连续自动监测系统技术要求及检测方法》（HJ 654—2013），当分析仪处于零光程测量状态时，O_3、SO_2、NO_2分析仪最低检出限应________。（　　）

A．≤12 pbb　　B．≤8 pbb

C．≤2 pbb　　D．≤1 pbb

答案：C

23．根据《环境空气气态污染物（SO_2、NO_2、O_3、CO）连续自动监测系统技术要求及检测方法》（HJ 654—2013），使待测分析仪器处于零光程测量状态，待测分析仪器电压稳定性应符合的要求是________。（　　）

A．供电电压变化±10%，仪器读数变化±10% F.S.

B．供电电压变化±10%，仪器读数变化±5% F.S.

C．供电电压变化±10%，仪器读数变化±2% F.S.

D．供电电压变化±10%，仪器读数变化±1% F.S.

答案：D

24．根据《环境空气气态污染物（SO_2、NO_2、O_3、CO）连续自动监测系统技术要求及检测方法》（HJ 654—2013），SO_2、NO_x、O_3 分析仪校准池长度对测量结果的影响误差应在______以内。（　　）

A．±1%　　B．±2%　　C．±5%　　D．±10%

答案：B

二、填空题

1．使用开放光程监测系统的站房，开放光程监测系统的光源发射端和接收端应固定在安装基座上。基座应采用实心砖平台结构或混凝土水泥桩结构，建在受环境变化影响不大的建筑物主承重混凝土结构上，离地高度________m，长度和宽度尺寸应比发射端和接收端底座 4 个边缘宽 15 cm 以上。

答案：0.6～1.2

2．根据《环境空气气态污染物（SO_2、NO_2、O_3、CO）连续自动监测系统技术要求及检测方法》（HJ 654—2013），开放光程连续监测系统由开放的___________、___________、_____________、____________和____________等组成。

答案：测量光路　校准单元　分析仪器　数据采集　传输设备

3．根据《环境空气气态污染物（SO_2、NO_2、O_3、CO）连续自动监测系统技术要求及检测方法》（HJ 654—2013），光源发射端到接收端之间的路径是________________。

答案：开放测量光路

4．根据《环境空气气态污染物（SO_2、NO_2、O_3、CO）连续自动监测系统技术要求及检测方法》（HJ 654—2013），在开放光程连续监测系统中运用____________原理来完成校准工作。

答案：等效浓度

5．对开放光程监测分析仪器进行单点校准时，一般采用等效浓度为______% F.S.的标准气体。

答案：80

6．根据《环境空气气态污染物（SO_2、NO_2、O_3、CO）连续自动监测系统技术要求及检测方法》（HJ 654—2013），在保证监测点具有空间代表性的前提下，若所选点位周围半径 300～500 m 范围内建筑物平均高度在 20 m 以上，其监测光束离地面高度可以在_____________范围内选取。

答案：15～25 m

7．根据《环境空气气态污染物（SO_2、NO_2、O_3、CO）连续自动监测系统技术要求及检测方法》（HJ 654—2013），开放光程连续监测系统对室外部件环境温度要求是________℃。

答案：−30～50

8. 根据《环境空气气态污染物（SO_2、NO_2、O_3、CO）连续自动监测系统技术要求及检测方法》（HJ 654—2013），开放光程连续监测系统中校准单元应具有__________测量灯谱的功能。

答案：自动记录

9. 根据《环境空气气态污染物（SO_2、NO_2、O_3、CO）连续自动监测系统技术要求及检测方法》（HJ 654—2013），开放光程连续监测系统中校准单元中等效校准装置应至少配备________种不同长度的校准池，材质应选用________________的材质。

答案：4　　高紫外透过率

10. 开放光程监测仪器采用从发射端发射光束经开放环境到接收端的方法测定该光束光程上________空气污染物浓度的仪器。

答案：平均

11. 光程是开放光程监测仪器的监测光束由光源_________到________所经过的路径长度。

答案：发射端　　接收端

12. 零光程是开放光程监测仪器处于校准状态下，光从光源发射端到接收端的光程，______实际测量时的光程。

答案：远小于

13. 开放光程设备光源接收端（反射端）应________安装。

答案：避光

14. 开放光程监测系统的光源发射端和接收端应固定在安装基座上。基座应采用________结构或____________结构，建在受环境变化影响不大的建筑物主承重混凝土结构上。

答案：实心砖平台　　混凝土水泥桩

15. 对开放光程监测仪器，光源接收端（反射端）应避光安装，同时注意尽量避免将其安装在住宅区或窗户附近，以免造成_________干扰。

答案：杂散光

16. 使用开放光程监测仪器的系统，应___________对发射/接收端的前窗玻璃窗镜至少进行一次清洁，擦洗时应避免损坏镜头表面的_________。

答案：每 3 个月　　镀膜

17. 调试检测时开放光程仪器应处于__________状态。

答案：零光程

三、判断题

1. 对于开放光程监测仪器光程大于等于 200 m 时，光程误差应不超过±3 m；当光程小于 200 m 时，光程误差应不超过±1.5%。（　　）

答案：正确

2．开放光程监测仪器的零光程一般略小于光程。（　　）

答案：错误

正确答案：零光程是指开放光程监测仪器处于校准状态下，光从光源发射端到接收端的光程，远小于实际测量时的光程。

3．采用从发射端发射光束经封闭环境到接收端的方法，测定该光束光程上平均空气污染物浓度的仪器，称为开放光程监测仪器。（　　）

答案：错误

正确答案：采用从发射端发射光束经开放环境到接收端的方法，测定该光束光程上平均空气污染物浓度的仪器，称为开放光程监测仪器。

4．在监测光束能完全通过的情况下，允许监测光束从道路、小污染源、树木或建筑物上空穿过。（　　）

答案：错误

正确答案：在监测光束能完全通过的情况下，允许监测光束从日均机动车流量少于 10 000 辆的道路、对监测结果影响不大的小污染源、少量未达到间隔距离要求的树木或建筑物上空穿过，且穿过的距离合计不能超过监测光束总光程的 10%。

5．开放光程连续监测系统光源发射端和接收端应在同一直线上，与水平面之间仰角不超过 15°。（　　）

答案：正确

6．对开放光程仪器进行准确度检查时，考虑到代表性，时间段应包括空气质量变化较小的时段以及空气质量变化较大的时段。（　　）

答案：错误

正确答案：对开放光程仪器进行准确度检查时，要求环境背景相对稳定，最好选在气象或污染空气瞬间变化相对稳定的时段进行。

7．开放光程连续监测系统可以开展气态污染物 SO_2、NO_2、O_3、CO 的监测。（　　）

答案：错误

正确答案：开放光程连续监测系统可开展气态污染物 SO_2、NO_2、O_3 的监测。

8．开放光程连续监测系统运用等效浓度原理，通过在测量光路上架设不同长度的校准池来等效不同浓度的标准气体，以完成多点校准工作。（　　）

答案：正确

9．开放光程连续监测系统的光束离地面的高度不能低于 3 m。（　　）

答案：错误

正确答案：开放光程连续监测系统的光束离地面的高度应在 3～15 m 范围内。

10．开放光程监测系统的站房，基座离地高度应在 0.6～1.2 m。（　　）

答案：正确

11．开放光程监测系统的站房，应在墙面预留圆形通孔，孔径直径应大于光源发射端的外径。（　　）

答案：正确

12．开放光程监测仪器使用的分析方法是紫外差分吸收光谱法。（　　）

答案：错误

正确答案：开放光程监测仪器使用的分析方法是差分吸收光谱法。

13．开放光程连续监测系统由开放测量光路、分析仪器、数据传输和采集设备组成。（　　）

答案：错误

正确答案：开放光程连续监测系统由开放测量光路、校准单元、分析仪器、数据传输和采集设备等组成。

14．光源发射端和接收端（反射端）应在同一直线上，与水平面之间俯仰角不超过 15°。（　　）

答案：正确

15．开放光程连续监测系统当光程为 200 m 时，校准池长度为 100 mm，此时标准气体浓度为 400 ppm，等效浓度为 200 ppm。（　　）

答案：错误

正确答案：开放光程连续监测系统当光程为 200 m 时，校准池长度为 100 mm，此时标准气体浓度为 400 ppm，等效浓度为 200 ppb。

16．开放光程监测点应远离振动源。（　　）

答案：正确

17．开放光程监测点可以在振动源的一定距离内。（　　）

答案：错误

正确答案：开放光程监测点应远离振动源。

18．开放光程监测仪器采用从发射端发射光束经开放环境到接收端的方法测定该光束光程上最大空气污染物浓度的仪器。（　　）

答案：错误

正确答案：开放光程监测仪器采用从发射端发射光束经开放环境到接收端的方法测定该光束光程上平均空气污染物浓度的仪器。

19．使用开放光程监测系统的站房，开放光程监测系统的光源发射端和接收端应固定在安装基座上。基座可采用钢框架结构。（　　）

答案：错误

正确答案：使用开放光程监测系统的站房，开放光程监测系统的光源发射端和接收端应固定在安装基座上。基座应采用实心砖平台结构或混凝土水泥桩结构。

20. 根据《环境空气气态污染物（SO_2、NO_2、O_3、CO）连续自动监测系统技术要求及检测方法》（HJ 654—2013），SO_2、NO_2、O_3 分析仪器校准池长度的影响偏差范围为±2%。（　　）

答案：正确

21. 根据《环境空气气态污染物（SO_2、NO_2、O_3、CO）连续自动监测系统技术要求及检测方法》（HJ 654—2013），开放光程连续监测系统 NO_2 分析仪器受光源强度影响的偏差范围为±5% F.S.。（　　）。

答案：错误

正确答案：±2% F.S.。

22. 根据《环境空气气态污染物（SO_2、NO_2、O_3、CO）连续自动监测系统技术要求及检测方法》（HJ 654—2013），光程为监测光束由光源发射端到接收端所经过的路径长度。（　　）

答案：正确

23. 根据《环境空气气态污染物（SO_2、NO_2、O_3、CO）连续自动监测系统技术要求及检测方法》（HJ 654—2013），在仪器测量光路中放置校准池，通入标准气体，根据测量光程与校准池长度的比例将标准气体浓度值转化为实际校准浓度值，该浓度为等效浓度。（　　）

答案：正确

24. 根据《环境空气气态污染物（SO_2、NO_2、O_3、CO）连续自动监测系统技术要求及检测方法》（HJ 654—2013），开放光程监测系统 SO_2 分析仪器光源强度的影响偏差范围为±2% F.S.。（　　）

答案：正确

25. 根据《环境空气气态污染物（SO_2、NO_2、O_3、CO）连续自动监测系统技术要求及检测方法》（HJ 654—2013），开放光程连续监测系统在以下条件中应能正常工作。室外部件环境温度：–20～60℃。（　　）

答案：错误

正确答案：开放光程连续监测系统在以下条件中应能正常工作。室外部件环境温度：–30～50℃。

26. 根据《环境空气气态污染物（SO_2、NO_2、O_3、CO）连续自动监测系统技术要求及检测方法》（HJ 654—2013），0.035 ppm 的苯对开放光程连续监测系统 SO_2 分析仪测量结果的干扰影响应在±5% F.S.以内。（　　）

答案：错误

正确答案：0.035 ppm 的苯对开放光程连续监测系统 SO_2 分析仪测量结果的干扰影响应在±3% F.S.以内。

27．根据《环境空气气态污染物（SO_2、NO_2、O_3、CO）连续自动监测系统技术要求及检测方法》（HJ 654—2013），0.33 ppm 的 NH_3 对开放光程连续监测系统 NO_2 分析仪测量结果的干扰影响应在±2% F.S.以内。（　　）

答案：正确

28．根据《环境空气气态污染物（SO_2、NO_2、O_3、CO）连续自动监测系统技术要求及检测方法》（HJ 654—2013），200 ppb 的 O_3 对开放光程连续监测系统 NO_2 分析仪测量结果的干扰影响应在±2% F.S.以内。（　　）

答案：正确

29．根据《环境空气气态污染物（SO_2、NO_2、O_3、CO）连续自动监测系统技术要求及检测方法》（HJ 654—2013），500 ppb 的 SO_2 对开放光程连续监测系统 NO_2 分析仪测量结果的干扰影响应在±2% F.S.以内。（　　）

答案：错误

正确答案：300 ppb 的 SO_2 对开放光程连续监测系统 NO_2 分析仪测量结果的干扰影响应在±2% F.S.以内。

30．根据《环境空气气态污染物（SO_2、NO_2、O_3、CO）连续自动监测系统技术要求及检测方法》（HJ 654—2013），0.035 ppm 的苯对开放光程连续监测系统 O_3 分析仪测量结果的干扰影响应在±5% F.S.以内。（　　）

答案：正确

31．根据《环境空气气态污染物（SO_2、NO_2、O_3、CO）连续自动监测系统技术要求及检测方法》（HJ 654—2013），0.3 ppm 的 SO_2 对开放光程连续监测系统 O_3 分析仪测量结果的干扰影响应在±5% F.S.以内。（　　）

答案：错误

正确答案：0.3 ppm 的 SO_2 对开放光程连续监测系统 O_3 分析仪测量结果的干扰影响应在±2% F.S.以内。

32．根据《环境空气气态污染物（SO_2、NO_2、O_3、CO）连续自动监测系统技术要求及检测方法》（HJ 654—2013），0.35 ppm 的 NO/NO_2 对开放光程连续监测系统 O_3 分析仪测量结果的干扰影响应在±2% F.S.以内。（　　）

答案：正确

33．根据《环境空气气态污染物（SO_2、NO_2、O_3、CO）连续自动监测系统技术要求及检测方法》（HJ 654—2013），开放光程监测仪器光源强度的影响：O_3 分析仪器光源强度的影响应在±4% F.S.以内。（　　）

答案：正确

34．开放光程监测仪器处于校准状态下，光从光源发射端到接收端的光程，远小于实际测

量时的光程，被称为零光程。（　　）

答案：正确

35．开放光程监测仪器运用等效浓度原理，通过在测量光路上架设一个校准池，来等效不同浓度的标准气体，以完成校准工作。（　　）

答案：错误

正确答案：运用等效浓度原理，通过在测量光路上架设不同长度的校准池，来等效不同浓度的标准气体，以完成校准工作。

36．开放光程差分吸收光谱仪对自然光强的变化及影响能见度的雨、雾、尘、雪的干扰在一定程度内可作自动修正。但当遇大雨、浓雾或沙尘天气光强大幅度衰减时，仪器不能正常运行。（　　）

答案：正确

37．开放光程差分吸收光谱仪测量环境空气中 SO_2、NO_2、O_3 的检出限与光程长度无关。（　　）

答案：错误

正确答案：开放光程差分吸收光谱仪测量环境空气中 SO_2、NO_2、O_3 的检出限与光程长度有关。

38．监测子站设置时，采用差分吸收光谱法的子站，80%的光程必须在离地面 3～25 m 的高度上。（　　）

答案：正确

39．监测子站设置时，采用差分吸收光谱法的子站，距下垫面小于 1 m 的光程不能超过总光程的 20%。（　　）

答案：错误

正确答案：监测子站设置时，采用差分吸收光谱法的子站，距下垫面小于 1 m 的光程不能超过总光程的 10%。

40．监测子站设置时，采用差分吸收光谱法的子站，整个光程不能穿越车流量大于 10 000 辆/d 的道路，且至少 80%的光程离道路 20 m 以上。（　　）

答案：错误

正确答案：监测子站设置时，采用差分吸收光谱法的子站，整个光程不能穿越车流量大于 10 000 辆/d 的道路，且至少 90%的光程离道路 20 m 以上。

41．监测子站设置时，采用差分吸收光谱法的子站，至少 90%的光程周围要开阔，离建筑物距离至少是建筑物高度的 2 倍以上。（　　）

答案：正确

42．监测子站设置时，采用差分吸收光谱法的子站，至少 90%的光程离绿化带的距离大于 20 m。（　　）

答案：正确

四、简答题

1．简述开放光程连续监测系统的系统组成和各部分主要功能。

答案：监测系统由开放测量光路、校准单元、分析仪器、数据采集和传输设备、辅助设备等组成。开放测量光路指的是光源发射端到接收端之间的路径。校准单元为通过在测量光路上架设不同长度的校准池，来等效不同浓度的标准气体，以完成校准工作，分析仪器用于对开放光路上的环境空气气态污染物进行测量，数据采集和传输设备用于采集、处理和存储监测数据，并能按中心计算机指令传输监测数据和设备工作状态信息。

2．简述什么是等效浓度。

答案：开放光程监测仪器处需要进行校准时，在仪器测量光路中放置校准池，通入标准气体，根据测量光程与校准池长度的比例将标准气体浓度值转化为实际校准浓度值，该浓度为等效浓度。

3．开放光程连续监测系统适用于监测哪些常规污染因子？

答案：开放光程连续监测系统适用于监测二氧化硫（SO_2）、二氧化氮（NO_2）、臭氧（O_3）3 种常规气态污染因子。

4．开放光程连续监测系统的测量光程为 500 m，校准池长度为 1 m，标准气体浓度为 50 ppm，请问在校准状态下该标准气体的等效浓度是多少？

答案：等效浓度 =（50×1）/500 = 0.1 = 100（ppb）

参考文献

[1] 环境保护部. 环境空气气态污染物（SO_2、NO_2、O_3、CO）连续自动监测系统技术要求及检测方法：HJ 654—2013 [S]. 北京：中国环境出版社，2013.

[2] 环境保护部. 环境空气气态污染物（SO_2、NO_2、O_3、CO）连续自动监测系统安装验收技术规范：HJ 193—2013 [S]. 北京：中国环境出版社，2013.

[3] 环境保护部. 环境空气 臭氧的测定 紫外光度法：HJ 590—2010 [S]. 北京：中国环境科学出版社，2010.

[4] 国家环境保护总局《空气和废气监测分析方法》编写组. 空气和废气监测分析方法（第四版增补版）. 北京：中国环境科学出版社，2006.

[5] 生态环境部. 环境空气气态污染物（SO_2、NO_2、O_3、CO）连续自动监测系统运行与质控技术规范：HJ 818—2018 [S]. 北京：中国环境出版社，2018.

第四章 臭氧标准溯源、传递及比对

一、单项选择题

1. 发布《环境空气自动监测臭氧标准传递工作实施方案》的目的是保证臭氧标准的溯源性和监测数据的________、________。（ ）

A. 准确性，可比性　　B. 准确性，精密性

C. 精密性，可比性　　D. 准确性，代表性

答案：A

2. 根据《环境空气自动监测臭氧标准传递工作实施方案》，区域质控中心对次一级臭氧传递标准进行二级校准，区域质控中心 SRP 二级校准有效期为________年，其他二级传递标准的二级校准有效期为________年。（ ）

A. 1，半　　B. 1，1

C. 2，1　　D. 2，2

答案：A

3. 环境空气自动监测系统的日常标准传递和量值溯源工作不包括以下________项。（ ）

A. 臭氧标准传递　　B. 钢瓶气标准传递

C. 仪器多点校准　　D. 标准流量计检定

答案：C

4. 目前进行臭氧量值溯源时，国际或国家最高级别的臭氧标准设备是________。（ ）

A. 臭氧校准仪　　B. 动态气体校准仪

C. 臭氧分析仪　　D. 臭氧标准参考光度计 SRP

答案：D

5. 根据《环境空气自动监测臭氧标准传递工作实施方案》，中国环境监测总站组织全国环保系统的 SRP 按《环境空气臭氧标准参考光度计间接比对作业指导书（试行）》进行比对，比对合格后，有效期为________年。（ ）

A. 半　　B. 1

C. 2　　D. 4

答案：B

6．根据《环境空气自动监测臭氧标准传递工作实施方案》，区域质控中心为________级标准传递机构。（　　）

A．四　　　　B．三

C．二　　　　D．一

答案：C

7．根据《环境空气臭氧传递标准间逐级校准作业指导书》，发生型臭氧传递标准与零气发生器接通后，可通过调节其汞灯功率在量程范围内准确产生固定浓度的臭氧样品气体，臭氧发生浓度误差≤±________%或________ nmol/mol。（　　）

A．2，2　　　　B．1，2

C．2，1　　　　D．1，1

答案：A

8．根据《环境空气臭氧传递标准间逐级校准作业指导书》，涤除罐用于装填各类涤除用的填料，需采用________等惰性材料制造，两端需加装________以过滤涤除填料或空气中的颗粒物。（　　）

A．聚四氟乙烯，石英棉　　　　B．不锈钢，PE 棉

C．聚四氟乙烯，PE 棉　　　　D．不锈钢，石英棉

答案：C

9．根据《环境空气臭氧传递标准间逐级校准作业指导书》，臭氧校准实验室应满足以下环境要求：温度：________，相对湿度：≤________。（　　）

A．15～35℃，80%　　　　B．15～30℃，80%

C．15～30℃，85%　　　　D．15～30℃，85%

答案：B

10．根据《环境空气臭氧传递标准间逐级校准作业指导书》，臭氧校准实验室温度和相对湿度应保持均匀、恒定，空调等设备的出气口不能直对设备。建议臭氧校准期间实验室内温度波动≤________℃/h。（　　）

A．0.5　　　　B．1

C．1.5　　　　D．2

答案：B

11．根据《环境空气臭氧传递标准间逐级校准作业指导书》，应采用尽量短的气路管线以减少样品空气在管线中的保留时间。在内径为 13 mm 的硼硅玻璃或聚四氟乙烯管路中，保留时间≤________ s 不会对臭氧浓度产生显著影响。（　　）

A．40　　　　B．30

C. 20　　　　D. 10

答案：D

12. 根据《环境空气臭氧传递标准间逐级校准作业指导书》，计算固定时间内臭氧浓度平均值的可设置的最小时间间隔应≤________min。（　　）

A. 0.1　　　　B. 0.5

C. 1　　　　D. 2

答案：C

13. 根据《环境空气臭氧传递标准间逐级校准作业指导书》，跨度校准完成后，重新将臭氧发生器输出的臭氧浓度调为 0 nmol/mol，读数稳定后，重新计算零点偏移量；若新零点偏移量≤________nmol/mol，零点检查合格。（　　）

A. 1　　　　B. 2

C. 3　　　　D. 4

答案：C

14. 根据《环境空气臭氧传递标准间逐级校准作业指导书》，零气发生系统输出的零气流量应满足臭氧发生器和所有紫外光度计的用气需求，系统供给的零气总流量应≥臭氧发生器的设定流量+各台紫外光度计的采样流量总和+________L/min。（　　）

A. 1　　　　B. 2

C. 3　　　　D. 4

答案：A

15. 根据《环境空气臭氧传递标准间逐级校准作业指导书》，对分析型臭氧传递标准的校准至少由________轮次有效比对构成。每次有效比对之前，参与校准的各台传递标准需经过充分的预热和臭氧老化。（　　）

A. 1　　　　B. 2

C. 3　　　　D. 4

答案：A

16. 根据《环境空气臭氧传递标准间逐级校准作业指导书》，在进行臭氧量值传递时，每轮次比对至少包含________个浓度点，最低浓度点为 0 nmol/mol，最高浓度点为 400～450 nmol/mol（或量程的 80%～90%），其他浓度点均匀分布在最低和最高浓度点之间。（　　）

A. 8　　　　B. 7

C. 6　　　　D. 5

答案：C

17. 根据《环境空气臭氧传递标准间逐级校准作业指导书》，在进行每个浓度点的读数前，需稳定________，待上级传递标准和被校准传递标准均示值稳定后再进行读数。每个浓度点至少进行________次重复读数，每次读数之间间隔________，各台传递标准需同时读数。（　　）

A．5～15 min，5，0.5～1.5 min　　B．5～20 min，6，0.5～2 min

C．5～20 min，7，0.5～1 min　　D．5～15 min，7，0.5～1 min

答案：B

18．根据《环境空气臭氧传递标准间逐级校准作业指导书》，对分析型臭氧传递标准进行校准后，所获得校准曲线公式中的各项指标应符合以下要求：________。（　　）

A．相关系数 $r>0.9999$；$0.95\leqslant$ 斜率 $a\leqslant1.05$，-1 nmol/mol$\leqslant$ 截距 $b\leqslant1$ nmol/mol

B．相关系数 $r>0.999$；$0.99\leqslant$ 斜率 $a\leqslant1.01$，-5 nmol/mol$\leqslant$ 截距 $b\leqslant5$ nmol/mol

C．相关系数 $r>0.9999$；$0.99\leqslant$ 斜率 $a\leqslant1.01$，-5 nmol/mol$\leqslant$ 截距 $b\leqslant5$ nmol/mol

D．相关系数 $r>0.999$；$0.95\leqslant$ 斜率 $a\leqslant1.05$，-5 nmol/mol$\leqslant$ 截距 $b\leqslant5$ nmol/mol

答案：D

19．根据《环境空气臭氧传递标准间逐级校准作业指导书》，在对发生型臭氧传递标准进行校准的各轮次中，各浓度点的臭氧发生浓度偏差 E_{ij} 或相对偏差 RE_{ij} 应满足________。（　　）

A．$E_{ij}\leqslant\pm1$ nmol/mol 或 $RE_{ij}\leqslant\pm5\%$　　B．$E_{ij}\leqslant\pm2$ nmol/mol 或 $RE_{ij}\leqslant\pm5\%$

C．$E_{ij}\leqslant\pm2$ nmol/mol 或 $RE_{ij}\leqslant\pm2\%$　　D．$E_{ij}\leqslant\pm1$ nmol/mol 或 $RE_{ij}\leqslant\pm2\%$

答案：C

20．根据《环境空气臭氧传递标准间逐级校准作业指导书》，每年需要使用温度标准和气压标准对传递标准的温度和气压传感器进行校准，校准结果应满足：温度传感器准确度≤±________℃，压力传感器准确度≤±________kPa。（　　）

A．0.5，0.2　　B．1，0.5

C．0.5，0.5　　D．0.5，1

答案：A

21．根据《环境空气臭氧传递标准间逐级校准作业指导书》，用于臭氧传递标准间校准的零气应符合如下标准：________。（　　）

A．CO＜0.025 ppm；NO、NO_2、SO_2、O_3＜0.5 nmol/mol；化合物＜0.04 ppm

B．CO＜0.025 ppm；NO、NO_2、SO_2、O_3＜0.4 nmol/mol；化合物＜0.02 ppm

C．CO＜0.05 ppm；NO、NO_2、SO_2、O_3＜0.5 nmol/mol；化合物＜0.02 ppm

D．CO＜0.025 ppm；NO、NO_2、SO_2、O_3＜0.5 nmol/mol；化合物＜0.02 ppm

答案：D

22．根据《环境空气臭氧自动监测现场比对核查作业指导书》，将臭氧核查标准运输至子站现场，连接好臭氧核查标准和臭氧分析仪等的电线、气体管路和数据传输线。打开电源，开机预热至少________h。（　　）

A．1　　　　B．0.5

C．2　　　　D．4

答案：C

23．根据《环境空气臭氧自动监测现场比对核查作业指导书》，设置臭氧核查标准产生浓度为 45 nmol/mol、75 nmol/mol、125 nmol/mol 和仪器日常校准点浓度的臭氧，依次通入臭氧分析仪________min，仪器自动记录分钟数据。（　　）

A．15　　　　B．25

C．30　　　　D．45

答案：C

24．根据《环境空气臭氧自动监测现场比对核查作业指导书》，通过仪器软件调取臭氧核查标准和臭氧分析仪记录的数据。取每一浓度点最后________min 的分钟数据。（　　）

A．15　　　　B．5

C．20　　　　D．10

答案：D

25．根据《环境空气臭氧自动监测现场比对核查作业指导书》，若所有浓度点核查标准测定值 C_s 和分析仪测定值 C_i 的相对误差 RE 均小于±________%，视为分析仪合格；否则视为不合格，不能用于日常监测。（　　）

A．15　　　　B．5

C．20　　　　D．10

答案：A

26．根据《环境空气自动监测臭氧标准传递工作实施方案》，国控网运维机构和不承担区域质控工作的其他省级环境监测机构为________级标准传递机构。（　　）

A．四　　　　B．三

C．二　　　　D．一

答案：B

27．国控网运维机构和不承担区域质控工作的其他省级环境监测机构按《环境空气臭氧传递标准间逐级校准作业指导书》分别对各运维机构所有在用和各省级行政区所辖区域内在用的臭氧工作标准开展校准。对于分析型工作标准，校准有效期为________个月；对于发生型工作标准，校准有效期为________个月。

A．12，12　　　　B．12，6

C．6，6　　　　　　　　D．6，3

答案：D

二、填空题

1．根据《环境空气自动监测臭氧标准传递工作实施方案》，臭氧传递标准外出工作前后应与__________进行比对，并制定________控制要求，以检查运输等因素对其影响。

答案：实验室控制标准　比对偏差

2．在进行臭氧发生器的标准传递时，臭氧发生器与传递标准或工作标准应使用同一个______源。

答案：零气

3．根据《环境空气自动监测臭氧标准传递工作实施方案》，中国环境监测总站每年组织全国环保系统的 SRP 按《环境空气臭氧标准参考光度计间接比对作业指导书（试行）》进行比对，比对合格后，有效期为______年。

答案：1

4．根据《环境空气自动监测臭氧标准传递工作实施方案》，区域质控中心为二级标准传递机构，应确保其所有在用臭氧二级传递标准均经过______校准或全国环保系统 SRP 比对，并在校准或比对有效期内。

答案：一级

5．根据《环境空气臭氧传递标准间逐级校准作业指导书》，臭氧传递标准指依据相关操作规程，能够准确再现或者准确分析，可以溯源到__________或者更高权威标准臭氧浓度的可运输仪器设备。

答案：更高级别

6．根据《环境空气臭氧传递标准间逐级校准作业指导书》，发生型传递标准仅含有臭氧发生器，不含有__________，通过调节发生器的功率调整发生的臭氧浓度。

答案：臭氧光度计

7．根据《环境空气臭氧传递标准间逐级校准作业指导书》，分析型传递标准含有__________，能够实时测定臭氧发生器发生的臭氧浓度。

答案：臭氧光度计

8．根据《环境空气臭氧传递标准间逐级校准作业指导书》，二级传递标准建议使用带有臭氧发生器的____________。

答案：分析型传递标准

9．根据《环境空气臭氧传递标准间逐级校准作业指导书》，由二级传递标准进行校准的传递标准，量值通过二级传递标准间接溯源到________标准。三级传递标准建议使用分析型传递标准。

答案：一级

10．根据《环境空气臭氧传递标准间逐级校准作业指导书》，四级传递标准应带有______________。

答案：臭氧发生器

11．根据《环境空气臭氧传递标准间逐级校准作业指导书》，工作标准指日常用于校准____________________或臭氧现场分析仪的臭氧传递标准。

答案：下级传递标准

12．根据《环境空气臭氧传递标准间逐级校准作业指导书》，质控标准是用于定期与工作标准进行质控比对的臭氧传递标准，其与被比对的工作标准应为___________的臭氧传递标准（一级标准的质控标准可为二级传递标准）。

答案：同一级别

13．根据《环境空气臭氧传递标准间逐级校准作业指导书》，校准系统可分为校准_______传递标准的系统和校准________传递标准的系统。

答案：分析型　　发生型

14．零气发生器中的氧化催化反应室，通过内部的高温催化反应将CO氧化成为_______，将化合物及甲烷氧化成水和_______。

答案：CO_2　　CO_2

15．根据《环境空气臭氧传递标准间逐级校准作业指导书》，实验室内建议至少配有一台____________和一台___________。

答案：工作标准　　质控标准

16．根据《环境空气臭氧传递标准间逐级校准作业指导书》，分析型臭氧传递标准的校准有效期为 6 个月，校准完成 6 个月之后，需进行再次校准。有效期内，若出现以下情况需重新进行校准：（1）______________________；（2）________________________；（3）使用单位通过内部质控活动（如工作标准—质控标准间的比对）后怀疑该标准量值出现了明显偏差。

答案：仪器校准参数进行过调整　　仪器进行过影响量值的维修

17．根据《环境空气臭氧传递标准间逐级校准作业指导书》，需要________使用温度标准和气压标准对传递标准的温度和气压传感器进行校准。

答案：每年

18．臭氧标准参考光度计（SRP）基于臭氧对特定波长的___________具有显著吸收的原理，采用紫外双光程检测技术，由美国国家标准与技术研究院（NIST）与美国国家环境保护局（EPA）共同研制开发的一套国际认可的臭氧量值基准。

答案：紫外线

19．根据《环境空气臭氧自动监测现场比对核查作业指导书》，臭氧核查标准指携带至________，用于臭氧自动监测现场比对核查的分析型臭氧传递标准，必须经过臭氧量值传递。

答案：自动监测现场

20．根据《环境空气臭氧自动监测现场比对核查作业指导书》，每次进行现场比对前和比对后，均应将臭氧核查标准与________进行比对，确保臭氧核查标准的量值在比对核查前后无变化。

答案：臭氧传递标准

21．根据《环境空气自动监测臭氧标准传递工作实施方案》，________和________的臭氧标准参考光度计（SRP）为全国环保系统国家一级标准，每年溯源至中国计量科学研究院 SRP。

答案：中国环境监测总站　　环境保护部标准样品研究所

22．根据《环境空气自动监测臭氧标准传递工作实施方案》，三级标准传递机构应配置________的臭氧传递标准，其中一台放在实验室，作为实验室________，其余负责________。

答案：两台或两台以上　　控制标准　　现场校准

23．中国环境监测总站按《环境空气臭氧一级校准作业指导书》对区域质控中心臭氧传递标准进行________，其有效期为________。

答案：一级校准　　1 年

24．国控网运维机构每周按《国家环境空气质量监测网城市站运行管理实施细则》要求对国控网空气自动站的臭氧分析仪进行________。

答案：零跨检查和校准

25．臭氧传递标准根据工作原理可分为________传递标准、________传递标准和________传递标准。

答案：分析型　　发生型　　带有臭氧发生器的分析型

26．零气发生器的氧化室用于将空气中的一氧化氮氧化生成________。可采用________等作为填料，失效后需要及时更换。

答案：二氧化氮　　高锰酸钾氧化铝

27．分析型臭氧传递标准的紫外光度计由紫外光源灯、________和________三部分构成。

答案：紫外吸收池　　紫外检测器

28. 分析型臭氧传递标准的构造和原理与环境空气臭氧分析仪相似，但必须去除环境臭氧分析仪内置的______________，保证提供给分析型传递标准的零气与臭氧发生器的零气为同一来源。

答案：臭氧涤除器

三、判断题

1. 根据《环境空气自动监测臭氧标准传递工作实施方案》，区域质控中心应配置 2 台或 2 台以上的臭氧传递标准。（　　）

答案：正确

2. 只需在每次进行臭氧标准现场比对前，将臭氧核查标准与臭氧传递标准进行比对，确保臭氧核查标准的量值无变化。（　　）

答案：错误

正确答案：每次进行臭氧标准现场比对前和比对后，均应将臭氧核查标准与臭氧传递标准进行比对，确保臭氧核查标准的量值在比对核查前后无变化。

3. 紫外光度法臭氧（O_3）分析仪是利用臭氧分子对波长为 245 nm 紫外线具有吸收特性的原理，对环境空气中的臭氧（O_3）浓度进行监测。（　　）

答案：错误

正确答案：利用臭氧分子对波长为 254 nm 紫外线具有吸收特性的原理。

4. 发生型传递标准可用于校准分析型传递标准、发生型传递标准和现场臭氧分析仪。（　　）

答案：错误

正确答案：分析型传递标准可用于校准分析型传递标准、发生型传递标准和现场臭氧分析仪。

5. 分析型传递标准可用于校准分析型传递标准、发生型传递标准和现场臭氧分析仪。部分分析型传递标准自带有臭氧发生器，在发生臭氧的同时可实时测定发生的臭氧浓度，并对臭氧发生器进行实时的反馈调节。（　　）

答案：正确

6. 二级传递标准建议使用不带臭氧发生器的分析型传递标准。（　　）

答案：错误

正确答案：二级传递标准建议使用带有臭氧发生器的分析型传递标准。

7. 臭氧工作标准指校准臭氧现场分析仪的臭氧传递标准。（　　）

答案：错误

正确答案：日常用于校准下级传递标准或臭氧现场分析仪的臭氧传递标准。

8．质控标准是用于定期与工作标准进行质控比对的臭氧传递标准，其应用比被比对的工作标准高一级别的臭氧传递标准。（　　）

答案：错误

正确答案：质控标准是用于定期与工作标准进行质控比对的臭氧传递标准，其与被比对的工作标准应为同一级别的臭氧传递标准（一级标准的质控标准可为二级传递标准）。

9．校准分析型传递标准的系统由零气发生器、臭氧发生器、上级传递标准 A 的光度计（经更高级别臭氧标准校准合格）、待校准传递标准 B 的光度计等组成。（　　）

答案：正确

10．在校准发生型传递标准的系统中，脱水装置可采用气水分离器、罐装干燥剂（分子筛、变色硅胶）等，失效后需要及时更换。（　　）

答案：正确

11．发生型臭氧传递标准与零气发生器接通后，可通过调节其汞灯功率在量程范围内准确产生固定浓度的臭氧样品气体，臭氧发生浓度误差≤±2%或 1 nmol/mol。（　　）

答案：错误

正确答案：发生型臭氧传递标准与零气发生器接通后，可通过调节其汞灯功率在量程范围内准确产生固定浓度的臭氧样品气体，臭氧发生浓度误差≤±2%或 2 nmol/mol。

12．在臭氧传递过程中，通过标准偏差 SD_i 对各浓度点示值的稳定性进行评价，第 i 个浓度点的稳定性应符合 SD_i≤1 nmol/mol。（　　）

答案：错误

正确答案：在臭氧传递过程中，第 i 个浓度点的稳定性应符合 SD_i≤2 nmol/mol。

13．变更发生型传递标准输出浓度后，需稳定 5～20 min，待上级分析传递标准示值稳定后再进行读数。每个浓度点至少进行 6 次重复读数，每次读数间隔 1～2 min。（　　）

答案：错误

正确答案：变更发生型传递标准输出浓度后，需稳定 5～20 min，待上级分析传递标准示值稳定后再进行读数。每个浓度点至少进行 6 次重复读数，每次读数间隔 0.5～2 min。

14．每两年需要使用温度标准和气压标准对臭氧传递标准的温度和气压传感器进行校准。（　　）

答案：错误

正确答案：每年需要使用温度标准和气压标准对臭氧传递标准的温度和气压传感器进行校准。

15．用于臭氧标准传递的零气应符合如下标准：（1）CO＜0.025 ppm，NO、NO_2、SO_2、O_3＜0.5 nmol/mol，碳氢化合物＜0.02 ppm。（2）零气压力稳定，气压大小符合臭氧发

生器的要求，零气流量满足校准系统需求。（　　）

答案：正确

16. 在进行分析型臭氧传递标准的校准时，每轮次比对至少包含 6 个浓度点，最低浓度点为 0 nmol/mol，最高浓度点为 400～450 nmol/mol（或量程的 80%～90%），其他浓度点均匀分布在最低和最高浓度点之间。（　　）

答案：正确

17. 臭氧核查标准指携带至自动监测现场，用于臭氧自动监测现场比对核查的分析型臭氧传递标准，必须经过臭氧量值传递。（　　）

答案：正确

18. 经过臭氧传递标准校准过的多气体校准仪，与零气源连接后，应能够产生稳定的接近系统上限浓度的臭氧（0.5 μmol/mol 或 1.0 μmol/mol），能够准确控制进入臭氧发生器的零气的流量。（　　）

答案：正确

19. 在进行臭氧现场核查时，打开空气压缩机和零气发生装置，调节压力使其稳定输出 25～35 psi 的零气。（　　）

答案：错误

正确答案：打开空气压缩机和零气发生装置，调节压力使其稳定输出 20～30 psi 的零气。

20. 根据《环境空气自动监测臭氧标准传递工作实施方案》，臭氧标准传递采取逐级传递方式。

答案：错误

正确答案：臭氧标准传递采取逐级或跨级传递方式。

21. 不承担区域质控工作的各省（自治区、直辖市）环境监测机构臭氧最高标准需溯源至一级标准传递机构。（　　）

答案：错误

正确答案：一级或二级标准传递机构。

22. 零气或样品空气中二氧化氮、二氧化硫和烃类化合物达到一定浓度会对臭氧的测定产生干扰，影响校准。（　　）

答案：正确

23. 测定臭氧的气路管线需采用硼硅玻璃、聚四氟乙烯等不与臭氧起化学反应的惰性材料。（　　）

答案：正确

24. 零气发生系统应满足以下要求：零气发生系统的输出压力可调节；若实验室相对湿度＞60%，应在系统中加装脱水装置。（　　）

答案：错误

正确答案：相对湿度＞50%。

25．对于分析型臭氧传递标准，由于温度压力不参与最终结果计算，因此温度、气压传感器能不能校准无所谓。（ ）

答案：错误

正确答案：温度、气压传感器应能校准。

四、简答题

1．简述什么是臭氧传递标准。

答案：指依据相关操作规程，能够准确再现或者准确分析，可以溯源到更高级别或者更高权威标准臭氧浓度的可运输仪器设备。臭氧传递标准用于传递臭氧一级标准的权威性或者用于校准监测站点的臭氧分析仪器。

2．简述在连接臭氧传递标准校准系统过程中应遵循什么要求。

答案：（1）各气路管线均应采用硼硅玻璃、聚四氟乙烯等不吸附臭氧且不与臭氧反应的惰性材料制作。

（2）应采用尽量短的气路管线以减少样品空气在管线中的保留时间。在内径为13 mm的硼硅玻璃或聚四氟乙烯管路中，保留时间≤10s不会对臭氧浓度产生显著影响。

（3）各连接处应连接紧密，不发生漏气、脱落现象。

3．简述什么是分析型传递标准。

答案：该类传递标准含有臭氧光度计，能够实时测定臭氧发生器发生的臭氧浓度。分析型传递标准可用于校准分析型传递标准、发生型传递标准和现场臭氧分析仪。部分分析型传递标准自带有臭氧发生器，在发生臭氧的同时可实时测定发生的臭氧浓度，并对臭氧发生器进行实时的反馈调节。

4．简述什么是臭氧核查标准。

答案：指携带至自动监测现场，用于臭氧自动监测现场比对核查的分析型臭氧传递标准，必须经过臭氧量值传递。

5．简述臭氧传递标准可分为哪几类。

答案：臭氧传递标准可根据工作原理分为发生型传递标准、分析型传递标准和带有臭氧发生器的分析型传递标准。可根据在臭氧量值传递链中的位置分为二级传递标准、三级传递标准和四级传递标准。

参考文献

[1] 环境空气自动监测臭氧标准传递工作实施方案（试行）.

[2] 环境空气臭氧传递标准间逐级校准作业指导书（试行）.

[3] 环境空气臭氧标准参考光度计间接比对作业指导书（试行）.

[4] 环境空气臭氧自动监测现场比对核查作业指导书（试行）.

第五章　环境空气质量颗粒物手工监测及比对

一、选择题

1．颗粒物手工采样器的参比方法比对测试中，当采样流量低于 200 L/min 时，参比采样器与待测采样器安放位置距离应在________左右。（　　）

A．1 m　　B．2 m

C．3 m　　D．4 m

答案：A

2．当颗粒物手工采样器测量的流量与规定的工作点流量的偏差超过________，且持续时间超过________s 时，采样器应停止抽取空气样品，同时停止采样时间累计。（　　）

A．5%，60　　B．10%，60

C．5%，120　　D．10%，120

答案：B

3．颗粒物手工采样器在采样过程中，采样滤膜处的温度与环境温度的偏差应控制在____℃以内。（　　）

A．±2　　B．±3

C．±4　　D．±5

答案：D

4．颗粒物手工采样器为保证采集的颗粒物粒径符合要求，一般使用配套的切割器与________，以此确保采集的样品符合要求。（　　）

A．工作点流量　　B．FID 检测器

C．PID 检测器　　D．ECD 检测器

答案：A

5．对照《环境空气颗粒物（PM_{10}和$PM_{2.5}$）采样器技术要求及检测方法》（HJ 93—2013），________对于颗粒物手工采样器没有明确的技术要求。（　　）

A．环境温度　　B．流量

C．大气压力　　D．加标回收率

答案：D

6．当多台采样器平行采样时，若采样器的采样流量≤200 L/min 时，相互之间的距离为________m 左右；若采样器的采样流量＞200 L/min 时，相互之间的距离为________m。（　　）

A．1，1～2　　B．1，2～4

C．2，1～2　　D．2，2～4

答案：B

7．颗粒物手工法比对采样前对仪器进行________和________。（　　）

A．气密性检查，流量校准　　B．采样泵检查，流量校准

C．校准膜校准，流量校准　　D．气密性检查，校准膜检查

答案：A

8．采样器切割器与颗粒物自动监测仪器切割头应尽可能位于同一水平面，一般垂直距离不能超过________，所有颗粒物监测仪器（包括手工比对仪器和自动监测仪器）采样头相互距离在________为宜。（　　）

A．1.0 m，1.5～3.0 m　　B．1.5 m，1.5～3.0 m

C．3.0 m，1.5～3.0 m　　D．没有具体要求

答案：A

9．开展手工比对前后应该清洗切割器及采样管路，对采样器环境温度、环境大气压和________进行检查，当超过规范要求时进行校准。（　　）

A．温度　　B．湿度

C．大气压　　D．流量

答案：D

10．PM_{10}、$PM_{2.5}$ 自动监测手工比对核查工作，进行采样器平行性和准确性检查时，将至少________台参比方法采样器与审核采样器相互间距 1.5～3.0 m 放置。（　　）

A．1　　B．2

C．3　　D．4

答案：B

11．依据《环境空气颗粒物（PM_{10} 和 $PM_{2.5}$）连续自动监测系统技术要求及检测方法》（HJ 653—2013）要求，开展手工参比方法与自动监测仪器比对测试时，手工采样器与待测自动监测仪器采样入口应位于同一高度，需测试________组样品。（　　）

A．23　　B．13

C．10　　D．3

答案：A

12．PM_{10} 和 $PM_{2.5}$ 连续自动监测系统调试参比方法比对调试：斜率应在________范围内。（ ）

A．1±0.15　　B．1±0.05

C．1±0.25　　D．1±0.35

答案：A

13．PM_{10} 和 $PM_{2.5}$ 连续自动监测系统调试参比方法比对调试截距应在________范围内。（ ）

A．0±5 μg/m^3　　B．0±7 μg/m^3

C．0±8 μg/m^3　　D．0±10 μg/m^3

答案：D

14．PM_{10} 连续自动监测系统的调试检测项目中，参比方法比对调试的相关系数应满足________。（ ）

A．≥0.90　　B．≥0.93

C．≥0.95　　D．≥0.98

答案：C

15．$PM_{2.5}$ 连续自动监测系统的调试检测项目中，参比方法比对调试的相关系数________。（ ）

A．≥0.90　　B．≥0.93

C．≥0.95　　D．≥0.98

答案：B

16．PM_{10} 连续监测系统，参比方法测试中，分别计算每组采样器参比方法监测结果的标准偏差或相对标准偏差应小于等于________，则该组参比测试数据有效。（ ）

A．3 μg/m^3 或 7%　　B．5 μg/m^3 或 7%

C．5 μg/m^3 或 9%　　D．3 μg/m^3 或 9%

答案：B

17．$PM_{2.5}$ 连续监测系统进行参比方法测试时，分别计算每组采样器参比方法监测结果的标准偏差或相对标准偏差应小于等于________，则该组参比测试数据有效。（ ）

A．3 μg/m^3 或 5%　　B．5 μg/m^3 或 5%

C．5 μg/m^3 或 9%　　D．3 μg/m^3 或 9%

答案：B

18．PM_{10} 连续监测系统，参比方法使用的采样器至少________台。（ ）

A．1　　B．2

C．3　　D．4

答案：C

19．根据《环境空气质量手工监测技术规范》（HJ 194—2017）要求，温度观测时，所用温度计温度测量范围一般为________℃，精度为________℃。（　　）

A．–40～55，±0.5　　B．–30～55，±0.5

C．–40～50，±1　　D．–40～50，±1

答案：A

20．根据《环境空气质量手工监测技术规范》（HJ 194—2017）要求，压力观测，所用气压计测量范围一般为________ kPa，精度为________ kPa。（　　）

A．50～100，±0.5　　B．50～101，±0.5

C．50～105，±0.1　　D．50～107，±0.1

答案：D

21．根据《环境空气质量手工监测技术规范》（HJ 194—2017）要求，相对湿度观测，所用湿度计测量范围一般为________，精度为________。（　　）

A．0～100%，±5　　B．10%～90%，±5

C．10%～100%，±2　　D．20%～90%，±2

答案：C

22．根据《环境空气质量手工监测技术规范》（HJ 194—2017）要求，风向观测，所用风向仪测量范围一般为________，精度为________。（　　）

A．0°～360°，±2°　　B．0°～360°，±5°

C．0°～180°，±5°　　D．0°～180°，±2°

答案：B

23．根据《环境空气质量手工监测技术规范》（HJ 194—2017）要求，风速观测，所用风速仪测量范围一般为________m/s，精度为________m/s。（　　）

A．1～30，±0.5　　B．1～30，±1

C．1～50，±0.5　　D．1～50，±1

答案：A

24．采样时空白样品数量应按照项目监测方法标准规定执行；如方法标准中无规定，每个项目在同一批次内至少采集________个空白样品。（　　）

A．5　　B．3

C．2　　D．1

答案：D

25．遇到对监测影响较大的雨雪天气及风速大于________m/s 的天气条件时，不宜进行手工采样监测。（　　）

A．3　　B．5

C．8　　D．10

答案：C

26．分别通过具有一定切割特性的采样器，以________抽取定量体积空气，使环境空气中 $PM_{2.5}$ 和 PM_{10} 被截留在已知质量的滤膜上，根据采样前后滤膜的重量差和采样体积，计算出 $PM_{2.5}$ 和 PM_{10} 浓度。（　　）

A．慢速　　B．快速

C．非恒速　　D．恒速

答案：D

27．对大流量采样器进行流量校准，流量校准器应在______ m^3/min 范围内，误差______ %。（　　）

A．0～30，≤2　　B．0.8～1.4，≤1

C．30～60，≤1　　D．0.8～1.4，≤2

答案：D

28．对中流量采样器进行流量校准，流量校准器应在_______L/min 范围内，误差_______%。（　　）

A．0～30，≤2　　B．60～125，≤2

C．30～60，≤1　　D．0～30，≤1

答案：B

29．对小流量采样器进行流量校准，流量校准器应在_______L/min 范围内，误差_______%。（　　）

A．0～30，≤2　　B．60～125，≤2

C．30～60，≤1　　D．0～30，≤1

答案：A

30．恒温恒湿箱（室）：箱（室）内空气温度在_______℃范围内可调，控温精度_______℃。箱（室）内空气相对湿度应控制在________。恒温恒湿箱（室）可连续工作。（　　）

A．0～10，±0.5，30%±5%　　B．10～20，±1，30%±5%

C．15～30，±1，50%±5%　　D．0～30，±1，40%±5%

答案：C

31．取清洁滤膜若干张，在恒温恒湿箱（室），按平衡条件平衡________h，称重。（　　）

A．12　　B．24

C．36　　D．48

答案：B

32. 标准滤膜制作：取清洁滤膜若干张，在恒温恒湿箱（室），按平衡条件平衡 24 h，称重。每张滤膜非连续称量________次以上，求每张滤膜质量的平均值为该张滤膜的原始质量。（　　）

A. 2　　B. 5

C. 10　　D. 20

答案：C

33. 每次称滤膜的同时，称量两张“标准滤膜”。若标准滤膜称出的重量在原始质量________mg（大流量）、________mg（中流量和小流量）范围内，则认为该批样品滤膜称量合格，数据可用。否则应检查称量条件是否符合要求并重新称量该批样品滤膜。（　　）

A. ±10，±0.5　　B. ±10，±1

C. ±5，±0.5　　D. ±5，±1

答案：C

34. 用于存放滤膜或滤膜夹的滤膜桶或滤膜盒，应使用对测量结果无影响的________制造，应对滤膜不粘连，方便取放。（　　）

A. 塑料材料　　B. 惰性材料

C. 金属材料　　D. 特殊材料

答案：B

35. 分析天平用于对滤膜进行称量，检定分度值不超过________mg，技术性能应符合 JJG 1036 的规定。（　　）

A. 1　　B. 0.5

C. 0.2　　D. 0.1

答案：D

36. 采样流量检查：用流量校准器检查采样流量，一般情况下累计采样 168 h 检查一次，若流量测量误差超过采样器设定流量的________%，应对采样流量进行校准。（　　）

A. ±5　　B. ±2

C. ±1　　D. ±0.5

答案：B

37. 滤膜称量前应首先打开分析天平屏蔽门，至少保持________min，使分析天平称量室内温度、湿度与外界达到平衡。（　　）

A. 0.5　　B. 1

C. 5　　D. 10

答案：B

38．测定 $PM_{2.5}$日平均浓度，每日采样时间应不少于________h。（　　）

A．18　　B．20

C．22　　D．24

答案：B

39．《环境空气颗粒物（$PM_{2.5}$）手工监测方法技术规范》（HJ 656—2013）规定，在 $PM_{2.5}$采集时，采样时间应保证滤膜上的颗粒物负载量不少于称量天平检定分度值的______倍。（　　）

A．1　　B．10

C．50　　D．100

答案：D

40．采样时，将已编号、称量的滤膜用________镊子放入洁净的滤膜夹内，滤膜毛面应朝向________方向，将滤膜牢固压紧。（　　）

A．有锯齿状，进气　　B．无锯齿状，进气

C．有锯齿状，出气　　D．有锯齿状，出气

答案：B

41．样品采集完成后，滤膜应尽快平衡称量；如不能及时平衡称量，应将滤膜放置在_______℃条件下密闭冷藏保存，最长不超过_______d。（　　）

A．0，30　　B．0，15

C．4，30　　D．4，15

答案：C

42．滤膜首次称量后，在相同条件平衡 1 h 后需再次称量。当使用大流量采样器时，同一滤膜两次称量质量之差应小于________mg；当使用中流量或小流量采样器时，同一滤膜两次称量质量之差应小于________mg；以两次称量结果的平均值作为滤膜称重值。（　　）

A．0.2，0.02　　B．0.2，0.04

C．0.4，0.02　　D．0.4，0.04

答案：D

43．向采样器中放置和取出滤膜时，应佩戴_______手套等实验室专用手套，使用_______镊子。（　　）

A．一次性，无锯齿状　　B．一次性，有锯齿状

C．乙烯基，无锯齿状　　D．乙烯基，有锯齿状

答案：C

44．颗粒物手工采样滤膜采样后，滤膜出现界线模糊，说明采样系统有漏气现象，该滤膜

样品处理方式为________。（　　）

A．检查漏气原因，并将该膜进行重新采样

B．如模糊严重程度判断能否使用

C．如果称量结果差得太多需要作废

D．作废处理

答案：D

45．颗粒物手工采样器采样口距地面不低于________，避开污染源及障碍物。采样口距离墙壁或站房实体围栏________以上，采样口应高于围栏________以上。（　　）

A．1.2 m，1.2 m，1.5 m　　B．1.5 m，1.0 m，0.5 m

C．1.5 m，0.8 m，0.5 m　　D．1.5 m，1.0 m，1.5 m

答案：B

46．手工比对监测结果计算结果四舍五入保留________。（　　）

A．整数　　B．小数点后一位

C．小数点后 2 位　　D．没有具体要求

答案：A

47．采样滤膜不能选用________。（　　）

A．玻璃纤维　　B．石英滤膜

C．聚氯乙烯　　D．水晶膜

答案：D

48．采样过程中，如采样器受干扰或故障、异常气象条件、异常建设活动、火灾或沙尘暴等，均应详细记录，填写在________中。（　　）

A．草纸　　B．文件

C．采样原始记录　　D．其他

答案：C

49．颗粒物手工比法对采样过程中，采样膜如不按照称量时编号、顺序和地点称量，采完后的负重膜初重与终重无法对应，采样膜________。（　　）

A．调整后使用　　B．作废

C．保留　　D．其他

答案：B

50．采样前后滤膜称量应使用________分析天平，操作天平应佩戴无粉末、抗静电、无硝酸盐、硫酸盐的乙烯基手套。（　　）

A．同一台　　B．不同的天平

C．任意一台

答案：A

51．整膜分析时样品滤膜可平放或，放入已编号的滤膜盒（袋）中密封；非整膜分析时样品滤膜________，平放在滤膜盒中。（　　）

A．向里均匀对折　　　　　　B．向外均匀对折

C．不可对折

答案：C

二、填空题

1．颗粒物手工采样器样品采集单元由____________、___________和___________组成。

答案：采样入口　　切割器　　采样管

2．根据《环境空气颗粒物（PM_{10}和$PM_{2.5}$）连续自动监测系统按照和验收技术规范》（HJ 655—2013）要求，颗粒物手工采样器的参比方法比对测试中，PM_{10}参比方法使用的采样器至少_______台，每组样品的采样时间为_________，共测试_______组样品。

答案：3　　24 h±1 h　　10。

3．依据《环境空气颗粒物（PM_{10}和$PM_{2.5}$）连续自动监测系统技术要求及检测方法》（HJ 653—2013）的规定，比对测试时，3 台待测PM_{10}连续自动监测仪的平行性应小于等于________，待测采样器监测数据有效。

答案：10%

4．依据《环境空气颗粒物（PM_{10}和$PM_{2.5}$）连续自动监测系统技术要求及检测方法》（HJ 653—2013）的规定，对 3 台$PM_{2.5}$连续自动监测仪的平行性应小于等于_______。

答案：15%

5．当使用参比方法与PM_{10}和$PM_{2.5}$连续自动监测系统进行比对时，参比方法使用的采样器至少为________台。

答案：3

6．当颗粒物手工采样器测量的流量与规定的工作点流量的偏差超过________，且持续时间超过了________时，采样器应停止抽取空气样品，同时停止采样时间累计。

答案：±10%　　60 s

7．颗粒物手工采样器采样滤膜处的温度与环境温度的偏差应控制在_______以内。

答案：±5℃

8．颗粒物手工采样器通过_______________控制抽气泵以恒定流量抽取环境空气样品。

答案：流量测量及控制装置

9．大、中、小流量颗粒物手工采样器工作点流量一般情况下分别设置为_______m^3/min、_______L/min、_______L/min。

答案：1.05　　100　　16.67

10．依据《环境空气颗粒物（PM_{10}和 $PM_{2.5}$）连续自动监测系统技术要求及检测方法》（HJ 653—2013）的规定，比对测试时，3 台待测 $PM_{2.5}$连续自动监测仪的平行性应小于等于________，待测采样器监测数据有效。

答案：15%

11．颗粒物手工采样器应具有________或________等通信接口。

答案：RS232　　USB

12．$PM_{2.5}$采样器使用参比方法比对测试的测试结果进行线性回归分析，应符合以下要求：斜率：________，截距：________，相关系数________。

答案：1±0.1　　0±5 μg/m^3　　≥0.93

13．当多台采样器平行采样时，若采样器的采样流量________L/min 时，相互之间的距离为______m 左右；若采样器的采样流量______L/min 时，相互之间的距离为________m。

答案：≤200　　1　　>200　　2～4

14．PM_{10}、$PM_{2.5}$ 自动监测手工比对核查工作，进行采样器平行性和准确性检查时，将至少 2 台参比方法采样器与审核采样器相互间距________放置。

答案：1.5～3.0 m

15．采样器技术指标应符合 HJ 93 的要求。审核采样器应配备____________，以保证仪器运输的安全。

答案：专用运输箱

16．以年度质量目标为数据质量评价依据，所有自动监测结果与手工采样结果的相对误差均应达到质量目标，否则视为自动监测数据质量________。

答案：不合格

17．颗粒物手工法比对采样前对仪器进行____________和__________。

答案：气密性检查　　流量校准

18．开展现场比对工作前后，应该清洗切割器及采样管路，对采样器环境________、环境____________和流量等进行检查或校准。

答案：温度　　大气压

19．依据《环境空气颗粒物（PM_{10}和 $PM_{2.5}$）连续自动监测系统安装和验收技术规范》（HJ 655—2013）的规定，对 PM_{10}连续自动监测系统使用参比方法进行比对测试时，至少应有________测试样品，分别计算每组采样器参比方法测试结果的标准偏差或相对标准偏差，应小于等于________ μg/m^3或________%，则该组参比测试数据有效。

答案：10 组　　5　　7

20．手工采样时采样口距地面高度在________m 范围内，距支撑物表面________m 以上。

答案：1.5～15　　1.5

21. 采样前、后用经检定合格的标准流量计校验采样系统的流量，流量误差应________。

答案：＜5%

22. 正确连接好采样系统，核查滤膜编号，用镊子将采样滤膜平放在滤膜支撑网上并压紧，__________________朝进气方向，将滤膜夹正确放入采样器中。

答案：滤膜毛面或编号标识面

23. 根据《环境空气质量手工监测技术规范》（HJ 194—2017）要求，温度观测，所用温度计温度测量范围一般为_______℃，精度为_______℃。

答案：–40～55　　±0.5

24. 根据《环境空气质量手工监测技术规范》（HJ 194—2017）要求，压力观测，所用气压计测量范围一般为_______kPa，精度为_______kPa。

答案：50～107　　±0.1

25. 根据《环境空气质量手工监测技术规范》（HJ 194—2017）要求，相对湿度观测，所用湿度计测量范围一般为___________，精度为________。

答案：10%～100%　　±5%

26. 根据《环境空气质量手工监测技术规范》（HJ 194—2017）要求，风向观测，所用风向仪测量范围一般为___________，精度为_________。

答案：0°～360°　　±5°

27. 根据《环境空气质量手工监测技术规范》（HJ 194—2017）要求，风速观测，所用风速仪测量范围一般为________m/s，精度为________m/s。

答案：1～30　　±0.5

28. 空白样品数量应按照项目监测方法标准规定执行；如方法标准中无规定，每个项目在同一批次内至少采集________个空白样品。

答案：1

29. 遇到对监测影响较大的雨雪天气及风速大于________m/s 的天气条件时，不宜进行手工采样监测。

答案：8

30. 分别通过具有一定切割特性的采样器，以_______抽取定量体积空气，使环境空气中 PM_{10} 和 $PM_{2.5}$ 被截留在已知质量的滤膜上，根据采样前后滤膜的_______和________，计算出 $PM_{2.5}$ 和 PM_{10} 浓度。

答案：恒速　　重量差　　采样体积

31. 恒温恒湿箱（室）：箱（室）内空气温度在________℃范围内可调，控温精度_______℃，箱（室）内空气相对湿度应控制在________。恒温恒湿箱（室）可连续工作。

答案：15～30　　±1　　50%±5%

32．环境空气监测中采样环境及采样频率的要求，按 HJ/T 194 的要求执行。采样时，采样器入口距地面高度不得低于________。采样不宜在风速大于 8 m/s 等天气条件下进行。采样点应避开________________。

答案：1.5 m　　污染源及障碍物

33．采样时，将已称重的滤膜用镊子放入洁净采样夹内的滤网上，滤膜________应朝进气方向。将滤膜牢固压紧至__________。如果测定任何一次浓度，每次需更换滤膜；如测日平均浓度，样品可采集在一张滤膜上。采样结束后，用镊子取出。将有尘面两次对折，放入样品盒或纸袋，并做好___________。

答案：毛面　　不漏气　　采样记录

34．滤膜采集后，如不能立即称重，应在______条件下冷藏保存，最长不超过______d。

答案：4℃　　30

35．滤膜使用前均需进行检查，不得有针孔或其他缺陷。滤膜称量时要消除______的影响。

答案：静电

36．要经常检查采样头是否漏气。当滤膜安放正确，采样系统无漏气时，采样后滤膜上颗粒物与四周白边之间界限应清晰，如出现界线________时，则表明应更换滤膜密封垫。

答案：模糊

37．当 PM_{10} 或 $PM_{2.5}$ 含量很低时，采样时间不能过短。对于感量为_______和_______的分析天平，滤膜上颗粒物负载量应分别大于 1 mg 和 0.1 mg，以减少称量误差。

答案：0.1 mg　　0.01 mg

38．《环境空气颗粒物（$PM_{2.5}$）手工监测方法（重量法）》技术规范规定了环境空气颗粒物（$PM_{2.5}$）手工监测方法（重量法）的_______、_______、_________、________和_________等方面的技术要求。

答案：采样　　分析　　数据处理　　质量控制　　质量保证

39．滤膜检查：滤膜应____________、____________、___________、___________，不得有针孔或其他破损。

答案：边缘平整　　厚薄均匀　　无毛刺　　无污染

40．采样前空滤膜称量：将滤膜进行平衡处理至恒重、称量、记录__________________和____________，将称量后的滤膜放入滤膜保存盒中备用。

答案：称量环境条件　　滤膜质量

41．采样器入口距地面或采样平台的高度不低于 1.5 m，切割器流路应________于地面；采样口应高于实体围栏_________以上。

答案：垂直　　0.5 m

42. 测定 $PM_{2.5}$ 日平均浓度，每日采样时间应不少于________。

答案：20 h

43. $PM_{2.5}$ 采样时间应保证滤膜上的颗粒物负载量________________称量天平检定分度值的________倍。

答案：不少于　100

44. 采样时，将已编号、称量的滤膜用________________放入洁净的滤膜夹内，滤膜毛面应朝向___________。将滤膜牢固压紧。

答案：无锯齿状镊子　进气方向

45. 滤膜平衡后用分析天平对滤膜进行称量，记录滤膜________和________等信息。

答案：质量　编号

46. 记录恒温恒湿设备平衡温度和湿度，应确保滤膜在______________平衡条件一致。

答案：采样前后

47. 滤膜首次称量后，在相同条件平衡________后需再次称量。当使用大流量采样器时，同一滤膜两次称量质量之差应____________mg；当使用中流量或小流量采样器时，同一滤膜两次称量质量之差应____________mg；以两次称量结果的平均值作为滤膜称重值。同一滤膜前后两次称量之差超出以上范围则该滤膜________。

答案：1 h　小于 0.4　小于 0.04　作废

48. 建立监测仪器管理制度，操作中使用的仪器设备应定期_______、_______和_______。

答案：检定　校准　维护

49. 当滤膜安放正确，采样系统无漏气时，采样后滤膜上颗粒物与四周白边之间界限应清晰；如出现界线模糊时，则表明有________，应检查滤膜安装是否正确，或者更换____________和__________。该滤膜样品_______。

答案：漏气　滤膜密封垫　滤膜夹　作废

50. 采样过程中应配置空白滤膜、空白滤膜应与____________一起进行恒重、称量，并记录相关数据。空白滤膜应和采样滤膜一起被运送至采样地点，不采样并保持和采样滤膜相同的时间，与采样后的滤膜一起运回实验室称量。空白滤膜前后两次称量质量之差应_________采样滤膜上的颗粒物负载量，否则此批次采样监测数据__________。

答案：采样滤膜　远小于　无效

51. 若采样过程中停电，导致累计采样时间未达到要求，则该样品________。

答案：作废

52. 使用干净刷子清理分析天平的称量室，使用抗静电溶液或丙醇浸湿的一次性实验室抹布清洁天平附近的表层。每次称量前，清洗用于取放标准砝码和滤膜的____________，确保所有使用的镊子_______。

答案：非金属镊子　　干燥

53．称量前应检查分析天平的________________，并根据需要进行调节。为确保稳定性，分析天平应尽量处于______________状态。

答案：基准水平　　长期通电

54．分析天平校准砝码应保持无锈蚀，砝码需配置两组，一组作为____________，另外一组作为_________。

答案：工作标准　　基准

55．滤膜称量前应有编号，但不能直接标记在滤膜上；如直接使用带编号（编码）的滤膜或使用带编号标识的滤膜保存盒，必须保持___________和_____________。

答案：唯一性　　可追溯性

56．称量前应首先打开分析天平屏蔽门，至少保持_________min，使分析天平称量室内温湿度与外界达到_________。

答案：1　　平衡

57．称量过程中应同时称量_____________进行称量环境条件的质量控制。

答案：标准滤膜

58．标准滤膜的制作：使用无锯齿状镊子夹取空白滤膜若干张，在恒温恒湿设备中平衡_________h后称量；每张滤膜非连续称量_________次以上，计算每张滤膜称量结果的平均值作为该张滤膜的原始质量，上述滤膜称为“标准滤膜”，标准滤膜的称量过程应在_________min内完成。

答案：24　　10　　30

59．每批次称量采样滤膜同时，应称量至少一张“标准滤膜”。若标准滤膜的称量结果在原始质量_________mg（大流量采样）或_________mg（中流量和小流量采样）范围内，则该批次滤膜称量合格；否则应检查称量环境条件是否符合要求并重新称量该批次滤膜。

答案：±5　　±0.5

60．为避免空气中的颗粒物影响滤膜称量，滤膜不应放置在空调管道、打印机或者经常开闭的门道等_________上进行平衡调节。每天应清洁工作台和称量区域，并在门道至天平室入口安装“黏性”地板垫，称量人员应穿戴洁净的实验服进入称量区域。

答案：气流通道

61．颗粒物手工监测方法中用于对滤膜进行称量的分析天平，检定分度值不超过____mg。

答案：0.1

62．滤膜盒应能保证滤膜承接颗粒物的部分不与滤膜盒盖接触，材料应为对采样结果无影响的_______。

答案：惰性材料

63．若单个采样时段颗粒物手工监测结果大于______μg/m^3，则计算自动监测结果与手工采样结果的相对误差；反之，则不参与计算。

答案：35

64．依据《环境空气颗粒物（PM_{10}和$PM_{2.5}$）连续自动监测系统安装和验收技术规范》（HJ 655—2013）的规定，对$PM_{2.5}$连续自动监测系统使用参比方法进行比对测试时，至少应有________组测试样品，分别计算每组采样器参比方法测试结果的标准偏差或相对标准偏差，应小于等于_______ μg/m^{3}或_______%，则该组参比测试数据有效。

答案：23　5　5

65．依据《环境空气质量手工监测技术规范》（HJ 194—2017）的规定，使用经检定合格的温度计对采样器的温度测量示值进行检查，当误差超过________时，应对采样器进行温度校准。

答案：±2℃

66．依据《环境空气质量手工监测技术规范》（HJ 194—2017）的规定，使用经检定合格的气压计对采样器压力传感器进行检查，当误差超过________时，应对采样器进行压力校准。

答案：±1 kPa

67．依据《环境空气质量手工监测技术规范》（HJ 194—2017）的规定，使用经检定合格的流量计对采样器流量进行检查，当流量示值误差超过采样流量________时，应对采样器进行流量校准。

答案：2%

68．依据《环境空气质量手工监测技术规范》（HJ 194—2017）的规定，采样时，正确连接好采样系统，核对滤膜编号，用镊子将采样滤膜平放在滤膜支撑网上并压紧，滤膜毛面或编号标识面朝向________方向，将滤膜夹正确放入采样器中。

答案：进气

三、判断题

1．携带至现场对环境空气颗粒物自动监测仪器进行比对的手工颗粒物采样，需先经适用性检测合格方可使用。（　　）

答案：正确

2．小流量采样器工作点流量一般情况下设置为 1 000 L/h。（　　）

答案：正确。

3．采样滤膜可选用玻璃纤维滤膜、石英滤膜等无机滤膜或聚氯乙烯、聚丙烯、聚四氟乙

烯、混合纤维素等有机滤膜。（　　）

答案： 正确

4．PM_{10}采样器使用参比方法比对测试的测试结果，进行线性回归分析时相关系数应≥0.92。（　　）

答案： 错误

正确答案： 相关系数应≥0.95。

5．颗粒物手工采样器应使用耐腐蚀材料制造，所有含尘气流通道表面应无静电吸附作用。（　　）

答案： 正确

6．颗粒物手工采样器滤膜夹应使用对测量结果无影响的惰性材料制造，应对滤膜不粘连，并方便取放。（　　）

答案： 正确

7．颗粒物手工采样器平均无故障时间检测过程中，允许对待测采样器进行正常维护，但不能更换待测采样器的零部件。（　　）

答案： 正确

8．颗粒物参比方法使用的手工采样器至少 3 台，待测采样器与参比采样器同步采样，参比采样器与待测采样器安放位置应相距 2～4 m（当采样流量低于 200 L/min 时，距离应在 1 m 左右），采样入口位于同一高度。（　　）

答案： 正确

9．用于验证颗粒物手工采样器平行性时，我们一般使用手工采样器进行平行性比对，并将每一批次的监测结果进行平均值计算后，评价其平行性。（　　）

答案： 错误

正确答案： 用于验证颗粒物手工采样器平行性时，我们一般使用手工采样器进行平行性比对，并将每一批次的监测结果进行均方根计算后，评价其平行性。

10．颗粒物手工采样器根据工作点流量范围一般可区分为大流量采样器、中流量采样器和小流量采样器，大流量采样器的工作点流量为 1.50 m^3/min。（　　）

答案： 错误

正确答案： 颗粒物手工采样器一般根据工作点流量范围可区分为大流量采样器、中流量采样器和小流量采样器，大流量采样器的工作点流量为 1.05 m^3/min。

11．$PM_{2.5}$采样器使用参比方法比对测试的测试结果，进行线性回归分析时相关系数应≥0.90。（　　）

答案： 错误

正确答案： 相关系数应≥0.93。

12．采用手工采样器进行环境空气颗粒物自动监测比对时，必须将同时段的自动监测数据与手工采样监测数据进行比较，来评价自动监测数据质量。（　　）

答案：正确

13．PM_{10}、$PM_{2.5}$自动监测手工比对核查工作，进行采样器平行性和准确性检查时，将至少 2 台参比方法采样器与审核采样器相互间距 1.5～3.0 m 放置。（　　）

答案：正确

14．PM_{10}、$PM_{2.5}$自动监测手工比对核查工作，进行采样器平行性和准确性检查，所有参与测试的采样器同时段采样，采集至少 5 个时段，分别计算参比方法采样器和审核采样器监测结果的相对标准偏差来表征平行性指标，相对标准偏差应不大于 10%；计算单台审核采样器与参比方法采样器监测结果的相对误差来表征准确性指标，所有采样时段相对误差的平均值应不大于 10%。（　　）

答案：正确

15．采用审核采样器进行 PM_{10} 或 $PM_{2.5}$ 自动监测仪器的现场比对。采样口距离墙壁或站房实体围栏 0.5 m 以上，采样口应高于实体围栏 0.5 m 以上。（　　）

答案：错误

正确答案：采样器采样口距地面高度不低于 1.5 m，避开污染源及障碍物。采样口距离墙壁或站房实体围栏 1.0 m 以上，采样口应高于实体围栏 0.5 m 以上。

16．PM_{10}、$PM_{2.5}$自动监测手工比对核查工作要定期进行采样器的流量检查（校准）。检查（校准）流量前需要先检漏。检查（校准）流量时，需在正常采样位置放置一张洁净的滤膜。每个城市现场比对工作开始前，进行流量检查（校准）。新购置或维修后的采样器在启用前应进行流量检查（校准）。（　　）

答案：正确

17．PM_{10}、$PM_{2.5}$自动监测手工比对核查工作采样时完成运输空白。空白滤膜与采样滤膜一起进行恒重、称量和记录。空白滤膜和采样滤膜一起被运送至采样地点后再运回实验室称量。一般要求空白滤膜捕集量≤0.5 mg，否则认为此次手工监测数据无效。（　　）

答案：正确

18．进行比对监测时，若参比采样器的流量≤200 L/min，采样器和监测仪的各个采样口之间的直线距离应在 2 m 左右。（　　）

答案：错误

正确答案：1 m。

19．进行比对监测时，若参比采样器的流量≥200 L/min，采样器和监测仪的各个采样口之间的直线距离应在 2～4 m。（　　）

答案：正确

20．采样器应使用耐腐蚀材料制造，所有含尘气流通道表面应无静电吸附作用。（　　）

答案：正确

21．采样滤膜可选用玻璃纤维滤膜、石英滤膜等无机滤膜或聚氯乙烯、聚丙烯、聚四氟乙烯、混合纤维素等有机滤膜。（　　）

答案：正确

22．重量法测定 $PM_{2.5}$ 时，已采集 $PM_{2.5}$ 样品的滤膜，在使用感量 0.01 mg 的分析天平称重时，两次重量之差应小于 0.4 mg。（　　）

答案：错误

正确答案：使用感量 0.01 mg 的分析天平称重时，两次重量之差应小于 0.04 mg。

23．PM_{10} 和 $PM_{2.5}$ 采样时，将已称重的滤膜用镊子放入洁净采样夹内的滤网上，滤膜毛面应背向进气方向。（　　）

答案：错误

正确答案：滤膜毛面应朝向进气方向。

24．手工采样时，采样口距地面高度在 1～15 m 范围内，距支撑物表面 1 m 以上。有特殊监测要求时，应根据监测目的调整。（　　）

答案：错误

正确答案：高度在 1.5～15 m 范围内。距支撑物表面 1.5 m 以上。

25．开展现场比对工作时，应定期清洗采样管路，一般情况下，要求累计运行 3 个月清洗一次，采样期间如遇特殊天气，如扬沙、沙尘暴天气或重度及以上污染过程时应及时清洗。（　　）

答案：错误

正确答案：要求累计运行 1 个月清洗一次。

26．重量法测定 PM_{10} 和 $PM_{2.5}$，新购置或维修后的采样器在启用前应进行流量校准；正常使用的采样器每月需进行一次流量校准。（　　）

答案：正确

27．使用前检查滤膜边缘是否平滑，薄厚是否均匀，且无毛刺、无污染、无碎屑、无针孔、无折痕、无损坏。（　　）

答案：正确

28．重量法测定 $PM_{2.5}$ 日平均浓度，每日采样时间应不少于 20 h，采样时间应保证滤膜上的颗粒物负载量不少于称量天平检定分度值的 100 倍。（　　）

答案：正确

29．采样滤膜毛面或编号标识面朝出气方向，将滤膜夹正确放入采样器中。（　　）

答案：错误

正确答案：朝进气方向。

30. 样品运输过程中，应避免剧烈振动。对于需平放的滤膜，保持滤膜采集面向下。（ ）

答案：错误

正确答案：保持滤膜采集面向上。

31. 样品到达实验室应及时交接，尽快分析。如不能及时称重及分析，应将样品放在 4 ℃条件下冷藏保存，并在监测方法标准要求的时间内完成称量和分析；对分析有机成分的滤膜，采集后应按照监测方法标准要求进行保存至样品处理前，为防止有机物的损失，不宜进行称量。（ ）

答案：正确

32. 根据《环境空气质量手工监测技术规范》（HJ 194—2017）要求，温度观测，所用温度计温度测量范围一般为–40～55℃，精度为±1℃。（ ）

答案：错误

正确答案：精度为±0.5℃。

33. 根据《环境空气质量手工监测技术规范》（HJ 194—2017）要求，压力观测，所用气压计测量范围一般为 50～107 kPa，精度为±0.5 kPa。（ ）

答案：错误

正确答案：精度为±0.1 kPa。

34. 根据《环境空气质量手工监测技术规范》（HJ 194—2017）要求，相对湿度观测，所用湿度计测量范围一般为 0～100%，精度为±5%。（ ）

答案：错误

正确答案：测量范围一般为 10%～100%。

35. 根据《环境空气质量手工监测技术规范》（HJ 194—2017）要求，风向观测，所用风向仪测量范围一般为 0°～360°，精度为±10°。（ ）

答案：错误

正确答案：精度为±5°。

36. 根据《环境空气质量手工监测技术规范》（HJ 194—2017）要求，风速观测，所用风速仪测量范围一般为 1～30 m/s，精度为±1 m/s。（ ）

答案：错误

正确答案：精度为±0.5 m/s。

37. 每次采样前，应对采样系统的气密性进行检查，符合要求方可采样。（ ）

答案：正确

38. 空白样品数量应按照项目监测方法标准规定执行；如方法标准中无规定，每个项目在

同一批次内至少采集 3 个空白样品。（ ）

答案：错误

正确答案：同一批次内至少采集 1 个空白样品。

39. 每月至少清洗 1 次采样管路，每月至少对仪器进行 1 次流量检查校准，其误差应在规定范围内。长时间进行连续采样时，至少每周对采样系统进行 1 次流量检查校准。及时更换仪器防尘滤膜和干燥剂，一般干燥器硅胶有 3/4 变色则需更换。（ ）

答案：错误

正确答案：干燥器硅胶有 1/2 变色则需更换。

40. 遇到对监测影响较大的雨雪天气及风速大于 8 m/s 的天气条件时，不宜进行手工采样监测。（ ）

答案：正确

41. 恒温恒湿箱（室）：箱（室）内空气温度在 15～30℃范围内可调，控温精度±2℃。箱（室）内空气相对湿度应控制在 50%±5%。恒温恒湿箱（室）可连续工作。（ ）

答案：错误

正确答案：恒温恒湿箱（室）：箱（室）内空气温度在 15～30℃范围内可调，控温精度±1℃。箱（室）内空气相对湿度应控制在 50%±5%。恒温恒湿箱（室）可连续工作。

42. 采样器孔口流量计或其他符合本标准技术指标要求的流量计。（ ）

大流量流量计：量程 0.8～1.4 m^3/min；误差≤2%。

中流量流量计：量程 60～125 L/min；误差≤2%。

小流量流量计：量程＜30 L/min；误差≤2%。

答案：正确

43. 标准滤膜的制作：使用无锯齿状镊子夹取空白滤膜若干张，在恒温恒湿设备中平衡 24 h 后称量；每张滤膜非连续称量 10 次以上，计算每张滤膜 10 次称量结果的平均值作为该张滤膜的原始质量，上述滤膜称为“标准滤膜”，标准滤膜的 10 次称量应在 60 min 内完成。（ ）

答案：错误

正确答案：标准滤膜的制作：使用无锯齿状镊子夹取空白滤膜若干张，在恒温恒湿设备中平衡 24 h 后称量；每张滤膜非连续称量 10 次以上，计算每张滤膜 10 次称量结果的平均值作为该张滤膜的原始质量，上述滤膜称为“标准滤膜”，标准滤膜的 10 次称量应在 30 min 内完成。

44. 采样前后，滤膜称量应使用同一台分析天平。（ ）

答案：正确

45. 用于存放滤膜或滤膜夹的滤膜桶或滤膜盒，应使用对测量结果无影响的惰性材料制造，应对滤膜不粘连，方便取放。（　　）

答案： 正确

46. 当滤膜安放正确，采样系统无漏气时，采样后滤膜上颗粒物与四周白边之间界线应清晰；如出现界线模糊时，则表明有漏气，应检查滤膜安装是否正确，或者更换滤膜密封垫、滤膜夹。该滤膜样品作废。（　　）

答案： 正确

47. 向采样器中放置和取出滤膜时，应佩戴乙烯基手套等实验室专用手套，使用锯齿状镊子。（　　）

答案： 错误

正确答案： 向采样器中放置和取出滤膜时，应佩戴乙烯基手套等实验室专用手套，使用无锯齿状镊子。

48. 使用干净刷子清理分析天平的称量室，使用抗静电溶液或丙醇浸湿的一次性实验室抹布清洁天平附近的表层。每次称量前，清洗用于取放标准砝码和滤膜的金属镊子，确保所有使用的镊子干燥。（　　）

答案： 错误

正确答案： 使用干净刷子清理分析天平的称量室，使用抗静电溶液或丙醇浸湿的一次性实验室抹布清洁天平附近的表层。每次称量前，清洗用于取放标准砝码和滤膜的非金属镊子，确保所有使用的镊子干燥。

49. 称量前应检查分析天平的基准水平，并根据需要进行调节。为确保稳定性，分析天平应尽量处于长期断电状态。（　　）

答案： 错误

正确答案： 称量前应检查分析天平的基准水平，并根据需要进行调节。为确保稳定性，分析天平应尽量处于长期通电状态。

50. 分析天平校准砝码应保持无锈蚀，砝码需配置两组，一组作为工作标准，另外一组作为基准。（　　）

答案： 正确

51. 滤膜称量前应有编号，但不能直接标记在滤膜上；如直接使用带编号（编码）的滤膜或使用带编号标识的滤膜保存盒，必须保持唯一性和可追溯性。（　　）

答案： 正确

52. 标准滤膜的使用：每批次称量采样滤膜同时，应称量至少一张“标准滤膜”。若标准滤膜的称量结果在原始质量±1 mg（大流量采样）或±0.1 mg（中流量和小流量采样）范围内，则该批次滤膜称量合格；否则应检查称量环境条件是否符合要求并重新称量

该批次滤膜。（　　）

答案：错误

正确答案：标准滤膜的使用：每批次称量采样滤膜同时，应称量至少一张“标准滤膜”。若标准滤膜的称量结果在原始质量±5 mg（大流量采样）或±0.5 mg（中流量和小流量采样）范围内，则该批次滤膜称量合格；否则应检查称量环境条件是否符合要求并重新称量该批次滤膜。

53．为避免空气中的颗粒物影响滤膜称量，滤膜不应放置在空调管道、打印机或者经常开闭的门道等气流通道上进行平衡调节。每天应清洁工作台和称量区域，并在门道至天平室入口安装“黏性”地板垫，称量人员应穿戴洁净的实验服进入称量区域。（　　）

答案：正确

54．采样前后滤膜称量应使用同一台分析天平，操作天平应佩戴无粉末、抗静电、无硝酸盐、磷酸盐、硫酸盐的乙烯基手套。（　　）

答案：正确

四、简答题

1．简述颗粒物手工采样器的组成。

答案：采样器由采样入口、PM_{10}或$PM_{2.5}$切割器、滤膜夹、连接杆、流量测量及控制装置、抽气泵等组成。

2．采样器正常工作过程中，读取并记录开始时间为 9:10:15（时-分-秒），同时启动秒表开始计时，当不断电运行一段时间后，采样器的显示时间为 15:10:45（时-分-秒），秒表显示时间为 6:0:18（时-分-秒），请问：此段时间内，采样器的时钟误差是多少？是否符合要求？

答案：时钟误差＝15:10:45－9:10:15－6:0:18＝12 s，符合不断电状态时钟误差±20 s 的要求。

3．简述颗粒物手工采样所使用滤膜的技术要求。

答案：采样滤膜可选用玻璃纤维滤膜、石英滤膜等无机滤膜或聚氯乙烯、聚丙烯、聚四氟乙烯、混合纤维素等有机滤膜。滤膜应厚薄均匀，无针孔、无毛刺。PM_{10} 滤膜对 0.3 μm 标准粒子的截留效率≥99%，$PM_{2.5}$ 滤膜对 0.3 μm 标准粒子的截留效率≥99.7%。

4．依据《环境空气颗粒物（PM_{10}和$PM_{2.5}$）采样器技术要求及检测方法》（HJ 93—2013）中的要求，请简述如何对颗粒物手工采样器温度测量示值误差进行检测。

答案：将待测采样器放入恒温环境中，在−30～50℃温度范围内分别设置 4 个温度测点：−20℃，0℃，20℃，50℃，恒温装置的实际控制温度与上述设定温度允许偏差

±2℃。待恒温装置温度稳定后，分别读取并记录标准温度值 T_{st} 和待测采样器显示温度值 T_{pi}，并计算待测采样器的温度测量示值误差，重复测量 3 次，每个测试点的平均值应符合测量示值误差在±2℃的范围内。

5．简述进行环境空气中 $PM_{2.5}$ 手工监测时，怎样对采样过程进行质量控制。

答案：（1）当滤膜安放正确，采样系统无漏气时，采样后滤膜上颗粒物与四周白边之间界线应清晰；如出现界线模糊时，则表明有漏气，应检查滤膜安装是否正确，或者更换滤膜密封垫、滤膜夹。该滤膜样品作废。

（2）采样时，采样器的排气应不对 $PM_{2.5}$ 浓度测量产生影响。

（3）向采样器中放置和取出滤膜时，应佩戴乙烯基手套等实验室专用手套，使用无锯齿状镊子。

（4）采样过程中应配置空白滤膜，空白滤膜应与采样滤膜一起进行恒重、称量，并记录相关数据。空白滤膜应和采样滤膜一起被运送至采样地点，不采样并保持和采样滤膜相同的时间，与采样后的滤膜一起运回实验室，称量。空白滤膜前、后两次称量质量之差应远小于采样滤膜上的颗粒物负载量，否则此批次采样监测数据无效。

（5）若采样过程中停电，导致累计采样时间未达到要求，则该样品作废。

（6）采样过程中，所有有关样品有效性和代表性的因素，如采样器受干扰或故障、异常气象条件、异常建设活动、火灾或沙尘暴等，均应详细记录，并根据质量控制数据进行审查，判断采样过程有效性。

6．请简要回答国家环境监测网环境空气颗粒物（PM_{10}、$PM_{2.5}$）自动监测手工比对核查的方法原理。

答案：利用审核采样器与被核查颗粒物自动监测仪器进行同时段采样，计算自动监测仪器与审核采样器监测结果的相对误差，评价数据质量。

7．简述对 $PM_{2.5}$ 连续自动监测系统使用参比方法进行比对测试时，测试结果应满足的要求。

答案：使用参比方法进行至少 23 组有效数据的比对测试，测试结果进行线性回归分析，符合以下要求：

斜率：1±0.15。

截距：0±10 μg/m^3。

相关系数≥0.93。

8．简述对 PM_{10} 连续自动监测系统使用参比方法进行比对测试时，测试结果应满足的要求。

答案：使用参比方法进行至少 10 组有效数据的比对测试，测试结果进行线性回归分析，符合以下要求：

斜率：1±0.15。

截距：0±10 μg/m^3。

相关系数≥0.95。

9．简述开展 PM_{10} 或 $PM_{2.5}$ 手工与自动监测比对时采样设备现场布设的要求。

答案： 进行比对监测时，若参比采样器的流量≤200 L/min，采样器和监测仪的各个采样口之间的直线距离应在 1 m 左右；若参比采样器的流量＞200 L/min，其相互直线距离应在 2～4 m。

10．请简述根据《环境空气质量手工监测技术规范》（HJ 194—2017）要求，采样过程中所使用气象观测仪器的测量范围及精度。

答案： 温度观测，所用温度计温度测量范围一般为–40～55℃，精度为±0.5℃。

压力观测，所用气压计测量范围一般为 50～107 kPa，精度为±0.1 kPa。

相对湿度观测，所用湿度计测量范围一般为 10%～100%，精度为±5%。

风向观测，所用风向仪测量范围一般为 0°～360°，精度为±5° 。

风速观测，所用风速仪测量范围一般为 1～30 m/s，精度为±0.5 m/s。

11．请简述环境空气 PM_{10} 和 $PM_{2.5}$ 的测定（重量法）的方法原理。

答案： 分别通过具有一定切割特性的采样器，以恒速抽取定量体积空气，使环境空气中 $PM_{2.5}$ 和 PM_{10} 被截留在已知质量的滤膜上，根据采样前后滤膜的重量差和采样体积，计算出 $PM_{2.5}$ 和 PM_{10} 浓度。

12．请列举大、中、小流量校准计的量程范围和误差范围。

答案： 大流量流量计的量程为 0.8～1.4 m^3/min，误差≤2%。

中流量流量计的量程为 60～125 L/min，误差≤2%

小流量流量计的量程为 0～30 L/min，误差≤2%

13．滤膜采集后，放在恒温恒湿箱（室）中需要平衡多长时间，平衡条件是什么？

答案： 将滤膜放在恒温恒湿箱（室）中平衡 24 h，平衡条件为：温度取 15～30℃中任何一点，相对湿度控制在 45%～55%范围内，记录平衡温度与湿度。

14．简述滤膜采集后，样品如何保存。

答案： 滤膜采集后，应该立即称重，如不能立即称重，应在 4℃ 条件下冷藏保存，最长不超过 30 d。

15．请简述"标准滤膜"的制作方法。

答案： 取清洁滤膜若干张，在恒温恒湿箱（室），按平衡条件平衡 24 h，称重。每张滤膜非连续称量 10 次以上，求每张滤膜的平均值为该张滤膜的原始质量。以上述滤膜作为"标准滤膜"。

16．请写出计算 PM_{10}/$PM_{2.5}$ 浓度的计算公式。

答案：ρ =（w_2−w_1）/V×1 000

ρ—— PM_{10}/$PM_{2.5}$浓度，μg/m^3；

w_2——采样后滤膜的质量，mg；

w_1——采样前滤膜的质量，mg；

V——标准状态下的采样体积，m^3。

17．简述如何做滤膜检查。

答案：滤膜应边缘平整、厚薄均匀、无毛刺，无污染，不得有针孔或其他破损。

18．简述采样记录的具体要求。

答案：采样、分析人员应及时准确记录各项采样、分析条件参数，记录内容应完整，字迹清晰、书写工整、数据更正规范。

19．简述手工采样器流量检查校准方法。

答案：（1）使用温度计、气压计分别测量记录环境温度和大气压值。

（2）流量校准器连接电源，开机后输入环境温度和大气压值。

（3）在采样器中放置一张空滤膜，将流量校准器连接到采样器采样入口，确保连接处不漏气。

（4）启动采样器抽气泵，采样流量稳定后，分别记录流量校准器和采样器的工况流量值。

（5）计算流量测量误差，如果流量测量误差超过±2%，对采样器采样流量进行校准。

（6）流量校准完成后，如发现滤膜上尘的边缘轮廓不清晰或滤膜安装歪斜等情况，表明校准过程可能漏气，应重新进行校准。

20．简述 $PM_{2.5}$ 手工监测中滤膜的称量过程及注意事项。

答案：（1）将滤膜放在恒温恒湿设备中平衡至少 24 h 后进行称量。平衡条件为：温度应控制在 15～30℃范围内任意一点，控温精度±1℃；相对湿度应控制在 50%±5%。天平室温、湿度条件应与恒温恒湿设备保持一致。

（2）记录恒温恒湿设备平衡温度和湿度，应确保滤膜在采样前后平衡条件一致。

（3）滤膜平衡后用分析天平对滤膜进行称量，记录滤膜质量和编号等信息。

（4）滤膜首次称量后，在相同条件平衡 1 h 后需再次称量。当使用大流量采样器时，同一滤膜两次称量质量之差应小于 0.4 mg；当使用中流量或小流量采样器时，同一滤膜两次称量质量之差应小于 0.04 mg；以两次称量结果的平均值作为滤膜称重值。同一滤膜前后两次称量之差超出以上范围则该滤膜作废。

21．简述进行环境空气中 $PM_{2.5}$ 手工监测时，怎样对滤膜称量过程进行质量控制。

答案：（1）滤膜称量前应有编号，但不能直接标记在滤膜上；如直接使用带编号（编码）的滤膜或使用带编号标识的滤膜保存盒，必须保持唯一性和可追溯性。

（2）称量前应首先打开分析天平屏蔽门，至少保持 1 min，使分析天平称量室内温、湿度与外界达到平衡。

（3）称量时应消除静电影响并尽量缩短操作时间。

（4）称量过程中应同时称量标准滤膜进行称量环境条件的质量控制。每批次称量采样滤膜同时，应称量至少一张“标准滤膜”。若标准滤膜的称量结果在原始质量±5 mg（大流量采样）或±0.5 mg（中流量和小流量采样）范围内，则该批次滤膜称量合格；否则应检查称量环境条件是否符合要求并重新称量该批次滤膜。

（5）为避免空气中的颗粒物影响滤膜称量，滤膜不应放置在空调管道、打印机或者经常开闭的门道等气流通道上进行平衡调节。每天应清洁工作台和称量区域，并在门道至天平室入口安装“黏性”地板垫，称量人员应穿戴洁净的实验服进入称量区域。

（6）采样前后滤膜称量应使用同一台分析天平，操作天平应佩戴无粉末、抗静电、无硝酸盐、磷酸盐、硫酸盐的乙烯基手套。

22．$PM_{2.5}$ 手工监测方法需对采样前后的滤膜进行称重，所选用的分析天平应满足滤膜上的颗粒物负载量不少于称量天平检定分度值的 100 倍。已知某地 $PM_{2.5}$ 平均浓度为 75 μg/m^3，选用小流量采样器，采样流量为 16.7 L/min，测定 $PM_{2.5}$ 日平均浓度，每日采样时间应不小于 20 h，请问选用 10 万分之一天平是否合适，并列出计算过程？（10 万分之一天平检定分度值为 0.01 mg）

答案：滤膜颗粒物负载量：$75\times16.7\times20\times60\times10^{-6}$=1.503（mg）＞1（mg）

故可选用 10 万分之一天平。

23．颗粒物手工采样前准备阶段，应该做哪些工作？

答案：（1）切割器清洗。

（2）环境温度检查和校准：每次采样前检查一次，若环境温度测量示值误差超过±2℃，应对采样器进行温度校准。

（3）环境大气压检查和校准：每次采样前检查一次，若环境大气压测量示值误差超过±1 kPa，应对采样器进行压力校准。

（4）气密性检查：应定期检查。

（5）采样流量检查：一般累计采样 168 h 检查一次，若流量测量误差超过采样器设定流量的±2%，应对采样流量进行校准。

（6）滤膜检查：滤膜应边缘平整、厚薄均匀、无毛刺、无污染，不得有针孔或其他破损。

（7）采样前空滤膜称量。

参考文献

[5] 环境保护部. 环境空气颗粒物（PM_{10}和$PM_{2.5}$）采样器技术要求及检测方法：HJ 93—2013 [S]. 北京：中国环境出版社，2013.

[6] 环境保护部. 环境空气颗粒物（PM_{10} 和 $PM_{2.5}$）连续自动监测系统技术要求及检测方法：HJ 653—2013 [S]. 北京：中国环境出版社，2013.

[7] 环境保护部. 环境空气颗粒物（PM_{10}和$PM_{2.5}$）连续自动监测系统安装和验收技术规范：HJ 655—2013 [S]. 北京：中国环境出版社，2013.

[8] 环境保护部. 环境空气 PM_{10}和$PM_{2.5}$的测定 重量法：HJ 618—2011 [S]. 北京：中国环境出版社，2013.

[9] 环境保护部. 环境空气颗粒物（$PM_{2.5}$）手工监测方法（重量法）技术规范：HJ 656—2013 [S]. 北京：中国环境出版社，2013.

[10] 环境保护部. 环境空气质量手工监测技术规范：HJ 194—2017 [S]. 北京：中国环境出版社，2017.

[11] 国家环境监测网环境空气颗粒物（PM_{10}和$PM_{2.5}$）自动监测手工比对核查技术规定（试行）.

第六章　环境空气质量标准、评价及指数

一、选择题

1．根据《环境空气质量评价技术规范（试行）》（HJ 663—2013），全部评价项目中，规定了日评价的项目有________项。（　　）

A．3　　　　B．4

C．5　　　　D．6

答案：D

2．根据《环境空气质量评价技术规范（试行）》（HJ 663—2013），基本评价项目的年评价中规定，对 SO_2 24 h 平均第_______百分位数进行评价，对 $PM_{2.5}$ 24 h 平均第_______百分位数进行评价。（　　）

A．90，95　　　　B．95，98

C．98，95　　　　D．90，98

答案：C

3．根据《环境空气质量评价技术规范（试行）》（HJ 663—2013），基本评价项目的年评价中规定，对 NO_2 24 h 平均第_______百分位数进行评价，对 PM_{10} 24 h 平均第_______百分位数进行评价。（　　）

A．90，95　　　　B．95，98

C．98，95　　　　D．90，98

答案：C

4．根据《环境空气质量评价技术规范（试行）》（HJ 663—2013），基本评价项目有_____项，其他评价项目有_______项。（　　）

A．3，4　　　　B．4，6

C．5，4　　　　D．6，4

答案：D

5．根据《环境空气质量评价技术规范（试行）》（HJ 663—2013），其他评价项目的年评价中规定，对 TSP 的 24 h 平均第________百分位数进行评价。（　　）

A．90　　B．95

C．98　　D．99

答案：B

6．根据《环境空气质量评价技术规范（试行）》（HJ 663—2013），污染物的超标倍数保留________位小数，达标率保留________位小数。（　　）

A．1，2　　B．2，1

C．0，1　　D．1，0

答案：B

7．达标率是指一定时段内，污染物________评价结果为达标的百分比。（　　）

A．短期　　B．长期

C．每分钟　　D．5 min

答案：A

8．评价项目分为________评价项目和其他评价项目两类。（　　）

A．概括　　B．全面

C．基本　　D．统计

答案：C

9．污染物CO的浓度单位保留________位小数。（　　）

A．0　　B．1

C．2　　D．3

答案：B

10．24 h平均值指的是一个自然日内________各平均浓度的算术平均值。（　　）

A．1 h　　B．8 h

C．12 h　　D．24 h

答案：A

11．根据《环境空气质量评价技术规范（试行）》（HJ 663—2013），基本评价项目的年评价中规定，对O_3日最大8 h滑动平均值第________百分位数进行评价。（　　）

A．90　　B．95

C．98　　D．99

答案：A

12．根据《环境空气质量评价技术规范（试行）》（HJ 663—2013），基本评价项目的年评价中规定，对CO 24 h平均值第________百分位数进行评价。（　　）

A．90　　B．95

C．98　　D．99

答案：B

13．下列不属于《环境空气质量指数（AQI）技术规定（试行）》（HJ 633—2012）规定的内容是________。（　　）

A．空气质量指数日报和实时报的发布内容、发布格式和其他相关要求

B．环境空气质量指数的分级方案和计算方法

C．环境空气质量级别与类别

D．环境空气质量功能区分类、标准分级等

答案：D

14．空气质量指数为严重污染时用________色表示。（　　）

A．紫　　B．橙

C．褐红　　D．红

答案：C

15．空气质量指数为轻度污染时用________色表示。（　　）

A．紫　　B．橙

C．褐红　　D．红

答案：B

16．空气质量指数为重度污染时用________色表示。（　　）

A．紫　　B．橙

C．褐红　　D．红

答案：A

17．下列________不是空气质量监测点位日报和实时报的发布内容。（　　）

A．监测点位置　　B．各污染物的浓度

C．空气质量指数　　D．天气情况

答案：D

18．环境空气功能区不是二类的是________。（　　）

A．居民混合区　　B．工业区

C．农村区域　　D．自然保护区

答案：D

19．二氧化硫（SO_2）1 h 平均的一级浓度限值是________$\mu g/m^3$。（　　）

A．20　　B．40

C．80　　D．150

答案：D

20．二氧化氮（NO_2）24 h 平均的一级浓度限值是________$\mu g/m^3$。（　　）

A．20　　B．40

C．60　　D．80

答案：D

21．一氧化碳（CO）1 h 平均的一级浓度限值是________mg/m^3。（　　）

A．2　　B．5

C．10　　D．15

答案：C

22．$PM_{2.5}$ 24 h 平均的一级浓度限值是________μg/m^3。（　　）

A．20　　B．25

C．30　　D．35

答案：D

23．PM_{10} 年平均的一级浓度限值是________μg/m^3。（　　）

A．40　　B．45

C．50　　D．55

答案：A

24．二氧化硫（SO_2）年平均的一级浓度限值是________μg/m^3。（　　）

A．10　　B．15

C．20　　D．25

答案：C

25．二氧化氮（NO_2）年平均的一级浓度限值是________μg/m^3。（　　）

A．30　　B．40

C．60　　D．80

答案：B

26．环境空气质量指数及空气质量分指数的计算结果应保留________位小数。（　　）

A．0　　B．1

C．2　　D．3

答案：A

27．要获得 1 h 的平均浓度值，样品的采样时间应不少于________ min。（　　）

A．40　　B．45

C．50　　D．55

答案：B

28．要获得日平均浓度值，气态污染物的累计采样时间应不少于________h。（　　）

A．18　　B．20

C．22　　　　D．24

答案：B

29．空气质量日报的指标内容不包括________。（　　）

A．二氧化硫（SO_2）24 h 平均　　　　B．臭氧（O_3）24 h 平均

C．一氧化碳（CO）24 h 平均　　　　D．二氧化氮（NO_2）24 h 平均

答案：B

30．下列关于日报和实时报发布说法错误的是________。（　　）

A．日报和实时报由县级以上（含县级）环境保护行政主管部门或其授权的环境监测站发布

B．空气质量监测点位日报和实时报的发布内容包括评价时段、监测点位置、各污染物的浓度及空气质量分指数

C．空气质量监测点位日报和实时报的发布内容包括空气质量指数、首要污染物及空气质量级别，报告时说明监测指标和缺项指标

D．日报和实时报数据由空气质量指数日报软件系统进行初步审核，实时报及日报数据仅为当天参考值，应在次月上旬将上月数据根据完整的审核程序进行修订和确认

答案：A

31．（SO_2）24 h 浓度值为 120 μg/m^3 时，其空气质量类别为________。（　　）

A．优　　　　B．良

C．轻度污染　　　　D．重度污染

答案：B

32．颗粒物 $PM_{2.5}$ 24 h 浓度值为 100 μg/m^3 时，其空气质量分指数级别为________。（　　）

A．二级　　　　B．三级

C．四级　　　　D．五级

答案：B

33．当空气质量指数级别达到四级时，其对人群影响描述正确的是________。（　　）

A．易感人群症状有轻度加剧，健康人群出现刺激症状

B．进一步加剧易感人群症状，可能对健康人群心脏、呼吸系统有影响

C．心脏病和肺病患者症状显著加剧，运动耐受力降低，健康人群普遍出现症状

D．健康人群运动耐受力降低，提前出现某些疾病

答案：B

34．当空气质量指数达到 5 级时，建议采取的措施是________。（　　）

A．儿童、老年人和心脏病、肺病患者应停留在室内，停止户外运动，一般人群减少户外运动

B．儿童、老年人和心脏病、呼吸系统疾病患者避免长时间、高强度的户外锻炼，一般人群适量减少户外运动

C．儿童、老年人和心脏病、呼吸系统疾病患者减少长时间、高强度的户外锻炼

D．儿童、老年人和心脏病、肺病患者应停留在室内，避免体力消耗，一般人群应避免户外运动

答案：A

35．下列空气质量指数中，对应空气质量指数级别为四级的是________。（　　）

A．101　　B．150

C．151　　D．201

答案：C

36．下列定义错误的是________。（　　）

A．空气质量指数是定量描述空气质量状况的无量纲指数

B．空气质量分指数是单项污染物的空气质量指数

C．首要污染物是 AQI 大于 50 时，IAQI 最大的空气污染物，首要污染物不能同时有两个

D．超标污染物是浓度超过国家环境空气质量二级标准的污染物，即 IAQI 大于 100 的污染物

答案：C

37．下列说法错误的是________。（　　）

A．日报时间周期为 24 h，时段为当日零点前 24 h

B．实时报周期为 1 h，每个整点时刻后即可发布各监测点的实时报，滞后时间不应超过 2 h

C．日报数据不能用于空气质量达标评价

D．环境空气质量指数及空气质量分指数的计算结果应全部进位取整数，不保留小数

答案：B

38．下列污染物在采样过程中，用 mg/m^3 单位显示浓度的是________。（　　）

A．SO_2　　B．NO_x

C．CO　　D．O_3

答案：C

39．《环境空气质量标准》（GB 3095—2012）中，对各项污染物的分析方法有明确的要求，其中二氧化硫（SO_2）的自动分析方法为________。（　　）

A．紫外荧光法和差分吸收光谱分析法

B．化学发光法和差分吸收光谱分析法

C．紫外荧光法和非分散红外吸收法

D．化学发光法和非分散红外吸收法

答案：A

40．对于 SO_2 数据有效性最低要求，以下表述正确的是________。（　　）

A．每小时至少有 40 个分钟平均浓度值或采样时间

B．每小时至少有 50 个分钟平均浓度值或采样时间

C．每小时至少有 45 个分钟平均浓度值或采样时间

D．每小时至少有 55 个分钟平均浓度值或采样时间

答案：C

41．对于 SO_2、NO_2 等污染物，10 亿分之一体积浓度英文符号为________。（　　）

A．ppb　　B．ppm

C．mg/m^3　　D．$\mu g/m^3$

答案：A

42．污染物浓度数据有效性的最低要求里，每月至少要有________个日平均浓度值，每年至少要有________个日平均浓度值。（　　）

A．26，324　　B．27，324

C．26，320　　D．27，320

答案：B

43．关于 24 h 平均污染物浓度数据有效性的最低要求，对于 NO_2 数据有效性，以下选项正确的是________。（　　）

A．每日至少有 12 个小时平均浓度值或采样时间

B．每日至少有 18 个小时平均浓度值或采样时间

C．每日至少有 20 个小时平均浓度值或采样时间

D．每日至少有 22 个小时平均浓度值或采样时间

答案：C

44．二氧化硫（SO_2）年平均的二级浓度限值是________$\mu g/m^3$。（　　）

A．40　　B．60

C．80　　D．150

答案：B

45．二氧化硫（SO_2）24 h 平均的二级浓度限值是________$\mu g/m^3$。（　　）

A．40　　B．60

C．80　　D．150

答案：D

46．二氧化硫（SO_2）1 h 平均的二级浓度限值是________μg/m^3。（　　）

A．200　　B．60

C．500　　D．150

答案：C

47．二氧化氮（NO_2）1 h 平均的一级和二级浓度限值分别是________μg/m^3、________μg/m^3。（　　）

A．80，200　　B．200，200

C．40，80　　D．80，80

答案：B

48．二氧化氮（NO_2）24 h 平均的二级浓度限值是________μg/m^3。（　　）

A．40　　B．60

C．80　　D．150

答案：C

49．二氧化氮（NO_2）年平均的二级浓度限值是________μg/m^3。（　　）

A．40　　B．60

C．80　　D．150

答案：A

50．一氧化碳（CO）24 h 平均的一级和二级浓度限值分别是________mg/m^3、________mg/m^3。（　　）

A．4，4　　B．4，10

C．10，10　　D．10，50

答案：A

51．一氧化碳（CO）1 h 平均的二级浓度限值是________mg/m^3。（　　）

A．2　　B．5

C．10　　D．15

答案：C

52．臭氧（O_3）1 h 平均的一级和二级浓度限值分别是________μg/m^3、________μg/m^3。（　　）

A．100，160　　B．160，200

C．100，200　　D．80，200

答案：B

53．臭氧（O_3）日最大 8 h 平均的一级和二级浓度限值分别是________μg/m^3、________μg/m^3。（　　）

A．100，160　　B．160，200

C．100，200　　D．80，200

答案：A

54．$PM_{2.5}$ 24 h 平均的二级浓度限值是________μg/m³。（　　）

A．35　　B．70

C．75　　D．150

答案：C

55．$PM_{2.5}$ 年平均的一级和二级浓度限值分别是________μg/m³、________μg/m³。（　　）

A．35，70　　B．35，75

C．15，75　　D．15，35

答案：D

56．PM_{10} 年平均的二级浓度限值是________μg/m³。（　　）

A．50　　B．70

C．75　　D．150

答案：B

57．PM_{10} 24 h 平均的一级和二级浓度限值分别是________μg/m³、________μg/m³。（　　）

A．40，70　　B．50，70

C．40，150　　D．50，150

答案：D

58．空气质量指数的上限值是________。（　　）

A．300　　B．500

C．600　　D．1 000

答案：B

二、填空题

1．根据《环境空气质量评价技术规范（试行）》（HJ 663—2013），单点环境空气质量评价指针对某监测点位所代表空间范围的环境空气质量评价。监测点位包括__________、__________、背景点、______________和路边交通点。

答案：城市点　区域点　污染监控点

2．根据《环境空气质量评价技术规范（试行）》（HJ 663—2013），城市环境空气质量评价时，对地级及以上城市评评价采用国家环境空气质量监测网中环境空气质量评价城市点，简称______________。

答案：国控城市点

3．根据《环境空气质量评价技术规范（试行）》（HJ 663—2013），区域环境空气质量评价包括________建成区环境空气质量状况评价和________建成区环境空气质量状况评价。

答案：城市　　非城市

4．根据《环境空气质量评价技术规范（试行）》（HJ 663—2013），超标倍数为污染物浓度超过 GB 3095—2012 中对应平均时间的____________的倍数。

答案：浓度限值

5．根据《环境空气质量评价技术规范（试行）》（HJ 663—2013），评价项目分为基本评价项目和其他评价项目两类。其中，基本评价项目包括 SO_2、NO_2、________、O_3、PM_{10}、$PM_{2.5}$ 共 6 项，其他评价项目包括 TSP、________、Pb、________。

答案：CO　　NO_x　　BaP

6．根据《环境空气质量评价技术规范（试行）》（HJ 663—2013），日历年内 SO_2、NO_2、PM_{10}、$PM_{2.5}$、CO 日均值的特定百分位数统计的有效性规定为：日历年内至少有________个日平均值，每月（除 2 月）至少有________个日平均值。

答案：324　　27

7．根据《环境空气质量评价技术规范（试行）》（HJ 663—2013），统计评价项目的城市尺度浓度时，所有有效监测的城市点必须全部参加统计和评价，且有效监测点位的数量不得低于城市点总数量的________，当总数量小于 4 个时，不低于________。

答案：75%　　50%

8．根据《环境空气质量评价技术规范（试行）》（HJ 663—2013），O_3 和 NO_x 的单位为________，保留小数位数为________。

答案：$\mu g/m^3$　　0

9．根据《环境空气质量评价技术规范（试行）》（HJ 663—2013），基本评价项目的年评价中规定，对 CO 24 h 平均第________百分位数进行评价，对 O_3 日最大 8 h 滑动平均值的第________百分位数进行评价。

答案：95　　90

10．根据《环境空气质量评价技术规范（试行）》（HJ 663—2013），超标倍数保留________位小数，达标率保留________位小数。

答案：2　　1

11．根据《环境空气质量评价技术规范（试行）》（HJ 663—2013），自然日内 O_3 日最大 8 h 平均值的有效性规定为当日 8 时至 24 时至少有________个有效 8 h 平均浓度值。

答案：14

12．根据《环境空气质量评价技术规范（试行）》（HJ 663—2013），多项目综合评价时，所有基本评价项目必须________参与评价。

答案：全部

13．空气质量指数是指定量描述空气质量状况的______________。

答案：无量纲指数

14．空气质量分指数是指______________的空气质量指数。

答案：单项污染物

15．首要污染物是指_______________时 IAQI 最大的空气污染物。

答案：AQI 大于 50

16．超标污染物是指浓度超过国家环境空气质量______________的污染物，即 IAQI 大于_________的污染物。

答案：二级标准　　100

17．根据《环境空气质量指数（AQI）技术规定（试行）》（HJ 633—2012），空气质量指数级别分为_______个级别。

答案：6

18．空气质量指数类别分别为优、良、___________、中度污染、___________、严重污染。

答案：轻度污染　　重度污染

19．空气质量指数颜色分别为绿色、_______、橙色、红色、________、褐红色。

答案：黄色　　紫色

20．根据《环境空气质量指数（AQI）技术规定（试行）》（HJ 633—2012），具有 1 h 平均浓度限值标准的污染物项目有________、________、________、________。

答案：SO_2　　NO_2　　O_3　　CO

21．根据《环境空气质量指数（AQI）技术规定（试行）》（HJ 633—2012），环境空气质量监测点位日报发布时间周期为________h，时段为当日零点前________h。

答案：24　　24

22．《环境空气质量指数（AQI）技术规定（试行）》（HJ 633—2012）中规定，环境空气质量监测点位实时报发布时间周期为________h，每一整点时刻后即可发布各监测点位实时报，滞后时间不应超过________h。

答案：1　　1

23．空气质量指数日报指标包括二氧化硫（SO_2）、二氧化氮（NO_2）、PM_{10}、$PM_{2.5}$、一氧化碳（CO）的____________，以及臭氧（O_3）的日最大 1 h 平均、臭氧（O_3）的______________________。

答案：24 h 平均　　日最大 8 h 滑动平均

24．空气质量指数实时报的指标包括二氧化硫（SO_2）、二氧化氮（NO_2）、臭氧（O_3）、一氧化碳（CO）、PM_{10}、$PM_{2.5}$ 的________，以及臭氧（O_3）________和 PM_{10}、$PM_{2.5}$

的 24 h 滑动平均。

答案：1 h 平均　　8 h 滑动平均

25．环境空气质量指数及空气质量分指数的计算结果应全部进位取________。

答案：整数。

26．某地当日的二氧化硫（SO_2）、二氧化氮（NO_2）、臭氧（O_3）、一氧化碳（CO）、PM_{10}、$PM_{2.5}$ 的 IAQI 指数分别为 68、64、67、62、71、75，该地的首要污染物是________。

答案：$PM_{2.5}$

27．空气质量指数 0～50，空气质量指数级别为________。

答案：一级

28．空气质量指数 51～100，空气质量指数级别为________。

答案：二级

29．空气质量指数 101～150，空气质量指数级别为________。

答案：三级

30．空气质量指数 151～200，空气质量指数级别为________。

答案：四级

31．空气质量指数 201～300，空气质量指数级别为________。

答案：五级

32．空气质量指数＞300，空气质量指数级别为________。

答案：六级

33．空气质量指数 0～50，空气质量指数类别为________。

答案：优

34．空气质量指数 51～100，空气质量指数类别为________。

答案：良

35．空气质量指数 101～150，空气质量指数类别为________。

答案：轻度污染

36．空气质量指数 151～200，空气质量指数类别为________。

答案：中度污染

37．空气质量指数 201～300，空气质量指数类别为________。

答案：重度污染

38．空气质量指数＞300，空气质量指数类别为________。

答案：严重污染

39．空气质量指数 0～50，空气质量指数表示颜色为________。

答案：绿色

40．空气质量指数 51～100，空气质量指数表示颜色为________。

答案：黄色

41．空气质量指数 101～150，空气质量指数表示颜色为________。

答案：橙色

42．空气质量指数 151～200，空气质量指数表示颜色为________。

答案：红色

43．空气质量指数 201～300，空气质量指数表示颜色为________。

答案：紫色

44．空气质量指数＞300，空气质量指数表示颜色为________。

答案：褐红色

45．日平均又称________，是指 1 个自然日 24 h 平均浓度的算术平均值。

答案：24 h 平均

46．当日某城市空气质量指数为 50，其空气质量指数级别为________，空气质量指数类别为________。

答案：一级　　优

47．当日某城市空气质量指数为 75，其空气质量指数级别为________，空气质量指数类别为________。

答案：二级　　良

48．当日某城市空气质量指数为 137，其空气质量指数级别为________，空气质量指数类别为______________。

答案：三级　　轻度污染

49．当日某城市空气质量指数为 174，其空气质量指数级别为________，空气质量指数类别为______________。

答案：四级　　中度污染

50．当日某城市空气质量指数为 275，其空气质量指数级别为________，空气质量指数类别为______________。

答案：五级　　重度污染

51．当日某城市空气质量指数为 315，其空气质量指数级别为________，空气质量指数类别为______________。

答案：六级　　严重污染

52．依据《环境空气质量指数（AQI）技术规定（试行）》（HJ 633—2012）中规定，日报由______________环境保护行政主管部门或其授权的环境监测站发布。

答案：地级以上（含地级）

53．对污染物浓度数据有效性的最低要求中规定，SO_2、NO_2、CO、PM_{10}和$PM_{2.5}$的 24 h 平均值须符合每日至少有________个小时平均浓度值或采样时间。

答案：20

54．SO_2、NO_2、CO、PM_{10}和$PM_{2.5}$的年平均值数据有效性，需符合每年至少有________个有效日平均浓度值。

答案：324

55．SO_2、NO_2、CO、PM_{10}和$PM_{2.5}$的月平均值数据有效性，每月至少有________个日平均浓度值（2 月至少有________个）。

答案：27　　25

56．对污染物浓度数据有效性的最低要求中规定：O_3的 8 h 平均值，须符合每 8 h 至少有________个小时平均浓度值。

答案：6

57．监测数据应采取措施保证监测数据的__________、__________和__________，确保全面地、客观地反映监测结果。

答案：准确性　　连续性　　完整性

三、判断题

1．根据《环境空气质量评价技术规范（试行）》（HJ 663—2013），自然日内O_3日最大 8 h 平均的有效性规定为：当日 8 时至 24 时必须满足有 14 个或以上有效 8 h 平均浓度值。当不满足 14 个有效数据时，若日最大 8 h 平均浓度超过浓度限值标准时，统计结果无效。（　　）

答案：错误

正确答案：当不满足 14 个有效数据时，若日最大 8 h 平均浓度超过浓度限值标准时，统计仍有效。

2．根据《环境空气质量评价技术规范（试行）》（HJ 663—2013），多项目综合评价达标是指评价时段内所有基本评价项目均达标。多项目综合评价的结果包括：空气质量达标情况、超标污染物及超标倍数（按照大小顺序排列）。（　　）

答案：正确

3．根据《环境空气质量评价技术规范（试行）》（HJ 663—2013），当用秩相关系数进行变化趋势判定时，如果秩相关系数大于临界值，表明变化趋势有统计意义；如果秩相关系数小于等于临界值，表示基本无变化。（　　）

答案：错误

正确答案：当用秩相关系数进行变化趋势判定时，如果秩相关系数绝对值大于临界值，表明变化趋势有统计意义；如果秩相关系数绝对值小于等于临界值，表示基本无变化。

4. 根据《环境空气质量评价技术规范（试行）》（HJ 663—2013），单点环境空气质量评价时，污染物年达标是指该污染物年平均浓度（CO 和 O_3 除外）达标。（ ）

答案：错误

正确答案：污染物年达标是指该污染物年平均浓度（CO 和 O_3 除外）和特定的百分位数浓度同时达标。

5. 根据《环境空气质量评价技术规范（试行）》（HJ 663—2013），环境空气质量评价是指对某空间范围内的环境空气质量进行定性或定量评价的过程，包括环境空气质量的达标情况判断、变化趋势和空气质量优劣相互比较。（ ）

答案：正确

6. 根据《环境空气质量评价技术规范（试行）》（HJ 663—2013），污染物浓度评价结果符合《环境空气质量标准》（GB 3095—2012）规定，即为达标。所有污染物浓度均达标，即为环境空气质量达标。（ ）

答案：错误

正确答案：污染物浓度评价结果符合《环境空气质量标准》（GB 3095—2012）和《环境空气质量评价技术规范（试行）》（HJ 663—2013）规定，即为达标。

7. 根据《环境空气质量评价技术规范（试行）》（HJ 663—2013），单点环境空气质量评价指针对某监测点位所代表空间范围的环境空气质量评价。监测点位包括城市点、区域点、背景点、污染监控点和路边交通点。（ ）

答案：正确

8. 根据《环境空气质量评价技术规范（试行）》（HJ 663—2013），城市环境空气质量评价是指对城市建成区范围内的环境空气质量评价。对地级及以上城市，评价采用国家环境空气质量监测网中环境空气质量评价城市点（简称国控城市点）。（ ）

答案：正确

9. 根据《环境空气质量评价技术规范（试行）》（HJ 663—2013），区域环境空气质量评价包括城市建成区环境空气质量状况评价和非城市建成区环境空气质量状况评价。（ ）

答案：正确

10. 二氧化硫、二氧化氮、一氧化碳及臭氧等气态污染物获取 1 h 平均值时，每小时至少 45 min 的采样时间。（ ）

答案：正确

11. 《环境空气质量标准》（GB 3095—2012）应由各级环境保护行政主管部门下属的监测

系统或认可的监测单位负责监督实施。（　　）

答案：错误

正确答案：《环境空气质量标准》（GB 3095—2012）应由各级环境保护行政主管部门负责监督实施。

12．依据《环境空气质量指数（AQI）技术规定（试行）》（HJ 633—2012），空气质量指数用于描述空气质量状况，其单位为μg/m^3。（　　）

答案：错误

正确答案：空气质量指数用于描述空气质量状况，为无量纲指数。

13．某城市某日空气质量指数为 37，其当日空气质量指数级别为一级，空气类别优，各类人群可以正常活动。（　　）

答案：正确

14．某城市某日空气质量指数为 63，其当日空气质量指数级别为二级，空气类别良，极少数异常敏感人群应减少户外活动。（　　）

答案：正确

15．某城市某日空气质量指数为 124，其当日空气质量指数级别为三级，空气类别中度污染，建议儿童、老年人及心脏病、呼吸系统疾病患者应减少长时间、高强度户外锻炼。（　　）

答案：错误

正确答案：空气类别为轻度污染。

16．某城市某日空气质量指数为 163，其当日空气质量指数级别为三级，空气类别轻度污染，建议儿童、老年人及心脏病、呼吸系统疾病患者应减少长时间、高强度户外锻炼，一般人群适量减少户外运动。（　　）

答案：错误

正确答案：其当日空气质量指数级别为四级，空气类别为中度污染。

17．某城市某日空气质量指数为 251，其当日空气质量指数级别为五级，空气类别重度污染，建议儿童、老年人及心脏病、呼吸系统疾病患者应停留在室内，停止户外运动，一般人群减少户外运动。（　　）

答案：正确

18．某城市某日空气质量指数为 336，其当日空气质量指数级别为六级，空气类别为严重污染，建议儿童、老年人及心脏病、呼吸系统疾病患者应减少长时间、高强度户外锻炼，一般人群适量减少户外运动。（　　）

答案：错误

正确答案：建议儿童、老年人和病人应停留在室内，避免体力消耗，一般人群应避免户外运动。

19．IAQI 大于 200 的污染物为超标污染物。（　　）

答案：错误

正确答案：IAQI 大于 100 的污染物为超标污染物。

20．IAQI 大于 100 时，IAQI 最大的污染物为首要污染物。（　　）

答案：错误

正确答案：AQI 大于 50 时，IAQI 最大的污染物为首要污染物。

21．空气质量监测点位日报和实时报由地级以上（含地级）环境保护行政主管部门或其授权的环境监测站发布。（　　）

答案：正确

22．空气质量指数日报时间周期为 24 h，时段为当日 12 点前的 24 h。（　　）

答案：错误

正确答案：日报时间周期为 24 h，时段为当日 0 点前的 24 h。

23．空气质量指数日报和实时报数据由空气质量指数日报软件系统进行初步审核，实时报及日报数据仅为当天参考值，应在次月上旬将上月数据根据完整的审核程序进行修订和确认。（　　）

答案：正确

24．空气质量指数日报的指标包括二氧化硫（SO_2）、二氧化氮（NO_2）、PM_{10}、$PM_{2.5}$、一氧化碳（CO）的 24 h 平均以及臭氧（O_3）的日最大 1 h 平均、臭氧（O_3）的日最大 8 h 滑动平均，共计 7 个指标。（　　）

答案：正确

25．环境空气质量指数及空气质量分指数的计算结果应全部进位取整数，不保留小数。（　　）

答案：正确

26．根据《环境空气质量评价技术规范（试行）》（HJ 663—2013），超标倍数是指污染物浓度超过 GB 3095—2012 中对应平均时间的浓度限值的倍数。（　　）

答案：正确

27．根据《环境空气质量评价技术规范（试行）》（HJ 663—2013），达标率是指在一定时段内，污染物短期评价（小时评价、日评价）结果为达标的浓度均值。（　　）

答案：错误

正确答案：达标率是指在一定时段内，污染物短期评价（小时评价、日评价）结果为达标的百分比。

28．根据《环境空气质量评价技术规范（试行）》（HJ 663—2013），评价项目分为基本项

目和其他评价项目两类。其他评价项目包括总悬浮颗粒物（TSP）、铅（Pb）和苯并[a]芘（BaP）共 3 项。（　　）

答案：错误

正确答案：其他评价项目包括总悬浮颗粒物（TSP）、氮氧化物（NO_x）、铅（Pb）和苯并[a]芘（BaP）共 4 项。

29．根据《环境空气质量评价技术规范（试行）》（HJ 663—2013），变化趋势评价适用于评价污染物浓度或环境空气质量综合状况在多个连续时间周期内的变化趋势，采用 Spearman 秩相关系数法评价。（　　）

答案：正确

30．根据《环境空气质量评价技术规范（试行）》（HJ 663—2013），国家变化趋势评价以国家环境空气质量监测网点位监测数据为基础，评价时间周期一般为 5 年，趋势评价结果为上升趋势、下降趋势或基本无变化，同时评价 5 年内的环境空气质量变化率。（　　）

答案：正确

31．日历年内 O_3 日最大 8 h 平均的特定百分位数的有效性规定为日历年内至少有 324 个 O_3 日最大 8 h 平均值，每月至少有 25 个 O_3 日最大 8 h 平均值。（　　）

答案：错误

正确答案：每月至少有 27 个 O_3 日最大 8 h 平均值（2 月至少 25 个 O_3 日最大 8 h 平均值）。

32．根据《环境空气质量评价技术规范（试行）》（HJ 663—2013），统计评价项目的城市尺度浓度时，所有有效监测的城市点必须全部参加统计和评价，且有效监测点位的数量不得低于城市点总数量的 75%（总数量小于 4 个时，不低于 50%）。（　　）

答案：正确。

33．前面有描述根据《环境空气质量指数（AQI）技术规定（试行）》（HJ 633—2012），实时报时间周期为 1 h，每一整点时刻后即可发布各监测点位的实时报，滞后时间不应超过 2 h。（　　）

答案：错误

正确答案：滞后时间不应超过 1 h。

34．ppm 指的是 10 亿分之一体积浓度。（　　）

答案：错误

正确答案：ppm 指的是 100 万分之一体积浓度。

35．ppb 指的是 100 万分之一体积浓度。（　　）

答案：错误

正确答案：ppb 指的是 10 亿分之一体积浓度。

36．ppb、ppm 是质量浓度单位。（　　）

答案：错误

正确答案：ppb 指的是 10 亿分之一体积浓度，ppm 指的是 100 万分之一体积浓度。

答案：正确

37．《环境空气质量标准》（GB 3095—2012）中，$PM_{2.5}$的年平均数据有效性规定是每年至少有 326 个日平均浓度值，每月至少有 27 个日平均浓度值（2 月至少有 25 个日平均浓度值）。（　　）

答案：错误

正确答案：$PM_{2.5}$的数据有效性规定是每年至少有 324 个日平均浓度值。

38．《环境空气质量标准》（GB 3095—2012）中，TSP 的年平均有效性规定是每年至少有 60 个日平均浓度值，每月至少有 5 个日平均浓度值。（　　）

答案：错误

正确答案：TSP 的年平均有效性规定是每年至少有分布均匀的 60 个日平均浓度值，每月至少有 5 个分布均匀的日平均浓度值。

39．《环境空气质量标准》（GB 3095—2012）中，TSP、BaP、Pb 的 24 h 平均的数据有效性规定是每日应有 24 h 的采样时间。（　　）

答案：正确

40．根据《环境空气质量标准》（GB 3095—2012），在监测仪器校准、停电和设备故障，以及其他不可抗拒的因素导致不能获得连续监测数据时，应采取有效措施及时恢复。（　　）

答案：正确

41．根据《环境空气质量标准》（GB 3095—2012），异常值的判断和处理应符合 HJ 630 的规定。对于监测过程中缺失和删除的数据均应说明原因，并保留详细的原始数据记录，以备数据审核。（　　）

答案：正确

42．根据《环境空气质量标准》（GB 3095—2012），任何情况下，有效的污染物浓度数据均应符合污染物浓度数据有效性的最低要求，否则应视为无效数据。（　　）

答案：正确

43．将二氧化氮浓度从 ppb 换算成标准状态下 $\mu g/m^3$ 时，通常乘以 1.34。（　　）

答案：错误

正确答案：将二氧化氮浓度从 ppb 换算成标准状态下 $\mu g/m^3$ 时，通常乘以 2.05。

44．将二氧化硫浓度从 ppb 换算成标准状态下 $\mu g/m^3$ 时，通常乘以 2.05。（　　）

答案：错误

正确答案：将二氧化硫浓度从 ppb 换算成标准状态下 μg/m^3 时，通常乘以 2.86。

45．将臭氧浓度从 ppb 换算成标准状态下 μg/m^3 时，通常乘以 2.14。（　　）

答案：正确

46．将一氧化碳浓度从 ppm 换算成标准状态下 mg/m^3 时，通常乘以 2.86。（　　）

答案：错误

正确答案：将一氧化碳浓度从 ppm 换算成标准状态下 mg/m^3 时，通常乘以 1.25。

四、简答题

1．根据《环境空气质量评价技术规范（试行）》（HJ 663--2013），请分别列出 6 项基本评价项目的日评价、年评价的评价指标。

答案：日评价：SO_2、NO_2、PM_{10}、$PM_{2.5}$、CO 的 24 h 平均、O_3 的日最大 8 h 平均。

年评价：SO_2 年平均、SO_2 24 h 平均第 98 百分位数；

NO_2 年平均、NO_2 24 h 平均第 98 百分位数；

PM_{10} 年平均、PM_{10} 24 h 平均第 95 百分位数；

$PM_{2.5}$ 年平均、$PM_{2.5}$ 24 h 平均第 95 百分位数；

CO 24 h 平均第 95 百分位数；

O_3 日最大 8 h 滑动平均值的第 90 百分位数。

2．简述什么叫环境空气质量评价。

答案：以《环境空气质量标准》（GB 3095—2012）为依据，对某空间范围内的环境空气质量进行定性或定量评价的过程，包括环境空气质量的达标情况判断、变化趋势分析和空气质量优劣相互比较。

3．简述什么叫单点环境空气质量评价。

答案：指针对某监测点位所代表空间范围的环境空气质量评价。监测点位包括城市点、区域点、背景点、污染监测点和路边交通点。

4．请叙述城市环境空气质量评价的概念，以及评价不同级别城市时对点位的要求。

答案：指针对城市建成区范围的环境空气质量评价。对地级及以上城市，评价采用国家空气环境质量监测网中的环境空气质量评价城市点（简称国控城市点），对县级城市，评价采用地方监测网络中的空气质量评价城市点。

5．简述区域环境空气质量评价的概念及内容。

答案：指针对由多个城市组成的连续空间区域范围的环境空气质量评价，包括城市建成区环境空气质量状况评价和非城市建成区（农村地区及 GB 3095—2012 中的一类区）环境空气质量状况评价。其中城市建成区评价采用环境空气质量评价城市点进行评价，非城市建成区评价采用环境空气质量评价区域点进行评价。

6．根据《环境空气质量评价技术规范（试行）》（HJ 663—2013），评价项目包括哪些？

答案： 评价项目分为基本评价项目和其他评价项目两类。其中，基本评价项目包括 SO_2、NO_2、CO、O_3、PM_{10}、$PM_{2.5}$ 共 6 项，其他评价项目包括 TSP、NO_x、Pb、BaP。

7．简述空气质量日报的时段、内容及评价指标。

答案： 日报时间周期为 24 h，时段为当日零点前 24 h。日报的指标包括二氧化硫（SO_2）、二氧化氮（NO_2）、PM_{10}、$PM_{2.5}$、一氧化碳（CO）的 24 h 平均，以及臭氧（O_3）的日最大 1 h 平均、臭氧（O_3）的日最大 8 h 滑动平均，共计 7 个指标。

8．简述空气质量实时报的时段、内容及评价指标。

答案： 实时报周期为 1 h，每一整点时刻后即可发布监测点位的实时报，滞后时间不应超过 1 h。实时报的指标包括二氧化硫（SO_2）、二氧化氮（NO_2）、臭氧（O_3）、一氧化碳（CO）、PM_{10}、$PM_{2.5}$ 的 1 h 平均，以及臭氧（O_3）8 h 滑动平均和 PM_{10}、$PM_{2.5}$ 的 24 h 滑动平均，共计 9 个指标。

9．请写出空气质量指数范围以及分别对应的空气质量级别、类别和表示颜色。

答案：（1）0～50，一级，优，绿色；

（2）51～100，二级，良，黄色；

（3）101～150，三级，轻度污染，橙色；

（4）151～200，四级，中度污染，红色；

（5）201～300，五级，重度污染，紫色；

（6）＞300，六级，严重污染，褐红色。

10．简述什么是空气质量指数。

答案： 空气质量指数是指定量描述空气质量状况的无量纲指数。

11．简述什么是空气质量分指数。

答案： 空气质量分指数是指单项污染物的空气质量指数。

12．简述什么是首要污染物。

答案： 首要污染物是指 AQI 大于 50 时 IAQI 最大的空气污染物。

13．简述什么是超标污染物。

答案： 超标污染物是指浓度超过国家环境空气质量二级标准的污染物，即 IAQI 大于 100 的污染物。

14．简述首要污染物及超标污染物的确定方法。

答案： AQI 大于 50 时，IAQI 最大的污染物为首要污染物。若 IAQI 最大的污染物为两项或两项以上时，并列为首要污染物。

IAQI 大于 100 的污染物为超标污染物。

15．请分别写出《环境空气质量标准》（GB 3095—2012）中 SO_2、NO_2、CO、O_3、PM_{10}、

$PM_{2.5}$六项污染物的分析方法。

答案：SO_2：紫外荧光法、差分吸收光谱法；

NO_2：化学发光法、差分吸收光谱法；

CO：气体滤波相关红外吸收法、非分散红外吸收法；

O_3：紫外光度法、差分吸收光谱法；

PM_{10}：微量振荡天平法、β射线法；

$PM_{2.5}$：微量振荡天平法、β射线法。

16. 简述《环境空气质量标准》（GB 3095—2012）中关于数据统计的有效性规定。

答案：（1）应采取措施保证监测数据的准确性、连续性和完整性，确保全面、客观地反映监测结果。所有有效数据均应参加统计和评价，不得选择性地舍弃不利数据以及人为干预监测和评价结果。

（2）采用自动监测设备监测时，监测仪器应全年 365 d（闰年 366 d）连续运行。在监测仪器校准、停电和设备故障，以及其他不可抗拒的因素导致不能获得连续监测数据时，应采取有效措施及时恢复。

（3）异常值的判断和处理应符合 HJ 630 的规定。对于监测过程中缺失和删除的数据均应说明原因，并保留详细的原始数据记录，以备数据审核。

（4）任何情况下，有效的污染物浓度数据均应符合污染物浓度数据有效性的最低要求，否则应视为无效数据。

17. 简述自然日内 O_3 日最大 8 h 平均值的数据统计有效性规定。

答案：自然日内 O_3 日最大 8 h 平均值的有效性规定为当日 8 时至 24 时至少有 14 个有效 8 h 平均浓度值。当不满足 14 个有效数据时，若日最大 8 h 平均浓度超过浓度限值标准时，统计结果仍有效。

18. 简述臭氧点位日最大 8 h 平均的统计方法。

答案：点位一个自然日内 8 时至 24 时的所有 8 h 滑动平均浓度中的最大值。

参考文献

[1] 环境保护部. 环境空气质量评价技术规范（试行）：HJ 663—2013 [S]. 北京：中国环境出版社，2013.

[2] 环境保护部. 环境空气质量指数（AQI）技术规定（试行）：HJ 633—2012 [S]. 北京：中国环境出版社，2012.

[3] 环境保护部，国家质量监督检验检疫总局. 环境空气质量标准：GB 3095—2012 [S]. 北京：中国环境出版社，2012.

[4] 环境保护部. 环境空气气态污染物（SO_2、NO_2、O_3、CO）连续自动监测系统技术要求及检测方法：HJ 654—2013 [S]. 北京：中国环境出版社，2012.

附录

环境空气质量标准

GB 3095—2012

2012-02-29 发布 2016-01-01 实施

1 适用范围

本标准规定了环境空气功能区分类、标准分级、污染物项目、平均时间及浓度限值、监测方法、数据统计的有效性规定及实施与监督等内容。

本标准适用于环境空气质量评价与管理。

2 规范性引用文件

本标准引用下列文件或其中的条款。凡是未注明日期的引用文件，其最新版本适用于本标准。

GB 8971 空气质量 飘尘中苯并[*a*]芘的测定 乙酰化滤纸层析荧光分光光度法

GB 9801 空气质量 一氧化碳的测定 非分散红外法

GB/T 15264 环境空气 铅的测定 火焰原子吸收分光光度法

GB/T 15432 环境空气 总悬浮颗粒物的测定 重量法

GB/T 15439 环境空气 苯并[*a*]芘的测定 高效液相色谱法

HJ 479 环境空气 氮氧化物（一氧化氮和二氧化氮）的测定 盐酸萘乙二胺分光光度法

HJ 482 环境空气 二氧化硫的测定 甲醛吸收-副玫瑰苯胺分光光度法

HJ 483 环境空气 二氧化硫的测定 四氯汞盐吸收-副玫瑰苯胺分光光度法

HJ 504 环境空气 臭氧的测定 靛蓝二磺酸钠分光光度法

HJ 539 环境空气 铅的测定 石墨炉原子吸收分光光度法（暂行）

HJ 590 环境空气 臭氧的测定 紫外光度法

HJ 618 环境空气 PM_{10}和$PM_{2.5}$的测定 重量法

HJ 630 环境监测质量管理技术导则

HJ/T 193 环境空气质量自动监测技术规范

HJ/T 194 环境空气质量手工监测技术规范

《环境空气质量监测规范（试行）》（国家环境保护总局公告　2007 年第 4 号）

《关于推进大气污染联防联控工作改善区域空气质量的指导意见》（国办发〔2010〕33 号）

3　术语和定义

下列术语和定义适用于本标准。

3.1　环境空气　ambient air

指人群、植物、动物和建筑物所暴露的室外空气。

3.2　总悬浮颗粒物　total suspended particle（TSP）

指环境空气中空气动力学当量直径小于等于 100 μm 的颗粒物。

3.3　颗粒物（粒径小于等于 10 μm）　particulate matter（PM_{10}）

指环境空气中空气动力学当量直径小于等于 10 μm 的颗粒物，也称可吸入颗粒物。

3.4　颗粒物（粒径小于等于 2.5 μm）　particulate matter（$PM_{2.5}$）

指环境空气中空气动力学当量直径小于等于 2.5 μm 的颗粒物，也称细颗粒物。

3.5　铅　lead

指存在于总悬浮颗粒物中的铅及其化合物。

3.6　苯并[*a*]芘　benzo[a]pyrene（BaP）

指存在于颗粒物（粒径小于等于 10 μm）中的苯并[*a*]芘。

3.7　氟化物　fluoride

指以气态和颗粒态形式存在的无机氟化物。

3.8　1 h 平均　1-hour average

指任何 1 h 污染物浓度的算术平均值。

3.9　8 h 平均　8-hour average

指连续 8 个小时平均浓度的算术平均值，也称 8 h 滑动平均。

3.10　24 h 平均　24-hour average

指一个自然日 24 个小时平均浓度的算术平均值，也称为日平均。

3.11　月平均　monthly average

指一个日历月内各日平均浓度的算术平均值。

3.12　季平均　quarterly average

指一个日历季内各日平均浓度的算术平均值。

3.13　年平均　annual mean

指一个日历年内各日平均浓度的算术平均值。

3.14　标准状态　standard state

指温度为 273 K，压力为 101.325 kPa 时的状态。本标准中的污染物浓度均为标准状态下的浓度。

4 环境空气功能区分类和质量要求

4.1 环境空气功能区分类

环境空气功能区分为二类：一类区为自然保护区、风景名胜区和其他需要特殊保护的区域；二类区为居住区、商业交通居民混合区、文化区、工业区和农村地区。

4.2 环境空气功能区质量要求

一类区适用一级浓度限值，二类区适用二级浓度限值。一、二类环境空气功能区质量要求见表 1 和表 2。

表 1 环境空气污染物基本项目浓度限值

序号	污染物项目	平均时间	浓度限值		单位
			一级	二级	
1	二氧化硫（SO_2）	年平均	20	60	μg/m^3
		24 h 平均	50	150	
		1 h 平均	150	500	
2	二氧化氮（NO_2）	年平均	40	40	
		24 h 平均	80	80	
		1 h 平均	200	200	
3	一氧化碳（CO）	24 h 平均	4	4	mg/m^3
		1 h 平均	10	10	
4	臭氧（O_3）	日最大 8 h 平均	100	160	μg/m^3
		1 h 平均	160	200	
5	颗粒物（粒径小于等于 10 μm）	年平均	40	70	
		24 h 平均	50	150	
6	颗粒物（粒径小于等于 2.5 μm）	年平均	15	35	
		24 h 平均	35	75	

表 2 环境空气污染物其他项目浓度限值

序号	污染物项目	平均时间	浓度限值		单位
			一级	二级	
1	总悬浮颗粒物（TSP）	年平均	80	200	μg/m^3
		24 h 平均	120	300	
2	氮氧化物（NO_x）（以 NO_2 计）	年平均	50	50	
		24 h 平均	100	100	
		1 h 平均	250	250	
3	铅（Pb）	年平均	0.5	0.5	
		季平均	1.0	1.0	
4	苯并[*a*]芘（BaP）	年平均	0.001	0.001	
		24 h 平均	0.002 5	0.002 5	

4.3 本标准自 2016 年 1 月 1 日起在全国实施。基本项目（表 1）在全国范围内实施；其他项目（表 2）由国务院环境保护行政主管部门或者省级人民政府根据实际情况，确定具体实施方式。

4.4 在全国实施本标准之前，国务院环境保护行政主管部门可根据《关于推进大气污染联防联控工作改善区域空气质量的指导意见》等文件要求指定部分地区提前实施本标准，具体实施方案（包括地域范围、时间等）另行公告，各省级人民政府也可根据实际情况和当地环境保护的需要提前实施本标准。

5 监测

环境空气质量监测工作应按照《环境空气质量监测规范（试行）》等规范性文件的要求进行。

5.1 监测点位布设

表 1 和表 2 中环境空气污染物监测点位的设置，应按照《环境空气质量监测规范（试行）》中的要求执行。

5.2 样品采集

环境空气质量监测中的采样环境、采样高度及采样频率等要求，按 HJ/T 193 或 HJ/T 194 的要求执行。

5.3 污染物分析

应按表 3 的要求，采用相应的方法分析各项污染物的浓度。

表 3 各项污染物分析方法

<table>
<tr><th rowspan="2">序号</th><th rowspan="2">污染物项目</th><th colspan="2">手工分析方法</th><th rowspan="2">自动分析方法</th></tr>
<tr><th>分析方法</th><th>标准编号</th></tr>
<tr><td rowspan="2">1</td><td rowspan="2">二氧化硫（SO_2）</td><td>环境空气 二氧化硫的测定 甲醛吸收-副玫瑰苯胺分光光度法</td><td>HJ 482</td><td rowspan="2">紫外荧光法、差分吸收光谱分析法</td></tr>
<tr><td>环境空气 二氧化硫的测定 四氯汞盐吸收-副玫瑰苯胺分光光度法</td><td>HJ 483</td></tr>
<tr><td>2</td><td>二氧化氮（NO_2）</td><td>环境空气 氮氧化物（一氧化氮和二氧化氮）的测定 盐酸萘乙二胺分光光度法</td><td>HJ 479</td><td>化学发光法、差分吸收光谱分析法</td></tr>
<tr><td>3</td><td>一氧化碳（CO）</td><td>空气质量 一氧化碳的测定 非分散红外法</td><td>GB 9801</td><td>气体滤波相关红外吸收法、非分散红外吸收法</td></tr>
<tr><td rowspan="2">4</td><td rowspan="2">臭氧（O_3）</td><td>环境空气 臭氧的测定 靛蓝二磺酸钠分光光度法</td><td>HJ 504</td><td rowspan="2">紫外荧光法、差分吸收光谱分析法</td></tr>
<tr><td>环境空气 臭氧的测定 紫外光度法</td><td>HJ 590</td></tr>
<tr><td>5</td><td>颗粒物（粒径小于等于 10 μm）</td><td>环境空气 PM_{10} 和 $PM_{2.5}$ 的测定 重量法</td><td>HJ 618</td><td>微量振荡天平法、β 射线法</td></tr>
</table>

序号	污染物项目	手工分析方法		自动分析方法
		分析方法	标准编号	
6	颗粒物（粒径小于等于 2.5 μm）	环境空气　PM_{10}和$PM_{2.5}$的测定　重量法	HJ 618	微量振荡天平法、β射线法
7	总悬浮颗粒物（TSP）	环境空气　总悬浮颗粒物的测定　重量法	GB/T 15432	—
8	氮氧化物（NO_x）	环境空气　氮氧化物（一氧化氮和二氧化氮）的测定　盐酸萘乙二胺分光光度法	HJ 479	化学发光法、差分吸收光谱分析法
9	铅（Pb）	环境空气　铅的测定　石墨炉原子吸收分光光度法（暂行）	HJ 539	—
		环境空气　铅的测定　火焰原子吸收分光光度法	GB/T 15264	—
10	苯并[a]芘（BaP）	空气质量　飘尘中苯并[a]芘的测定　乙酰化滤纸层析荧光分光光度法	GB 8971	—
		环境空气　苯并[a]芘的测定　高效液相色谱法	GB/T 15439	—

6　数据统计的有效性规定

6.1　应采取措施保证监测数据的准确性、连续性和完整性，确保全面、客观地反映监测结果。所有有效数据均应参加统计和评价，不得选择性地舍弃不利数据以及人为干预监测和评价结果。

6.2　采用自动监测设备监测时，监测仪器应全年 365 天（闰年 366 天）连续运行。在监测仪器校准、停电和设备故障，以及其他不可抗拒的因素导致不能获得连续监测数据时，应采取有效措施及时恢复。

6.3　异常值的判断和处理应符合 HJ 630的规定。对于监测过程中缺失和删除的数据均应说明原因，并保留详细的原始数据记录，以备数据审核。

6.4　任何情况下，有效的污染物浓度数据均应符合表 4 中的最低要求，否则应视为无效数据。

表 4　污染物浓度数据有效性的最低要求

污染物项目	平均时间	数据有效性规定
二氧化硫（SO_2）、二氧化氮（NO_2）、颗粒物（粒径小于等于 10 μm）、颗粒物（粒径小于等于 2.5 μm）、氮氧化物（NO_x）	年平均	每年至少有 324 个日平均浓度值； 每月至少有 27 个日平均浓度值（二月至少有 25 个日平均浓度值）
二氧化硫（SO_2）、二氧化氮（NO_2）、一氧化碳（CO）、颗粒物（粒径小于等于 10 μm）、颗粒物（粒径小于等于 2.5 μm）、氮氧化物（NO_x）	24 h 平均	每日至少有 20 个小时平均浓度值或采样时间
臭氧（O_3）	8 h 平均	每 8 h 至少有 6 个小时平均浓度值
二氧化硫（SO_2）、二氧化氮（NO_2）、一氧化碳	1 h 平均	每小时至少有 45 分钟的采样时间

污染物项目	平均时间	数据有效性规定
（CO）、臭氧（O_3）、氮氧化物（NO_x）		
总悬浮颗粒物（TSP）、苯并[*a*]芘（BaP）、铅（Pb）	年平均	每年至少有分布均匀的 60 个日平均浓度值； 每月至少有分布均匀的 5 个日平均浓度值
铅（Pb）	季平均	每季至少有分布均匀的 15 个日平均浓度值； 每月至少有分布均匀的 5 个日平均浓度值
总悬浮颗粒物（TSP）、苯并[*a*]芘（BaP）、铅（Pb）	24 h 平均	每日应有 24 h 的采样时间

7 实施与监督

7.1 本标准由各级环境保护行政主管部门负责监督实施。

7.2 各类环境空气功能区的范围由县级以上（含县级）人民政府环境保护行政主管部门划分，报本级人民政府批准实施。

7.3 按照《中华人民共和国大气污染防治法》的规定，未达到本标准的大气污染防治重点城市，应当按照国务院或者国务院环境保护行政主管部门规定的期限，达到本标准。该城市人民政府应当制定限期达标规划，并可以根据国务院的授权或者规定，采取更严格的措施，按期实现达标规划。

附 录 A

（资料性附录）

环境空气中镉、汞、砷、六价铬和氟化物参考浓度限值

各省级人民政府可根据当地环境保护的需要，针对环境污染的特点，对本标准中未规定的污染物项目制定并实施地方环境空气质量标准。以下为环境空气中部分污染物参考浓度限值。

表 A.1 环境空气中镉、汞、砷、六价铬和氟化物参考浓度限值

<table>
<tr><th rowspan="2">序号</th><th rowspan="2">污染物项目</th><th rowspan="2">平均时间</th><th colspan="2">浓度（通量）限值</th><th rowspan="2">单位</th></tr>
<tr><th>一级</th><th>二级</th></tr>
<tr><td>1</td><td>镉（Cd）</td><td>年平均</td><td>0.005</td><td>0.005</td><td rowspan="6">$\mu g/m^3$</td></tr>
<tr><td>2</td><td>汞（Hg）</td><td>年平均</td><td>0.05</td><td>0.05</td></tr>
<tr><td>3</td><td>砷（As）</td><td>年平均</td><td>0.006</td><td>0.006</td></tr>
<tr><td>4</td><td>六价铬[Cr（Ⅵ）]</td><td>年平均</td><td>0.000 025</td><td>0.000 025</td></tr>
<tr><td rowspan="4">5</td><td rowspan="4">氟化物（F）</td><td>1 h 平均</td><td>20①</td><td>20①</td></tr>
<tr><td>24 h 平均</td><td>7①</td><td>7①</td></tr>
<tr><td>月平均</td><td>1.8②</td><td>3.0③</td><td rowspan="2">$\mu g/(dm^2 \cdot d)$</td></tr>
<tr><td>植物生长季平均</td><td>1.2②</td><td>2.0③</td></tr>
<tr><td colspan="6">注：①适用于城市地区；②适用于牧业区和以牧业为主的半农半牧区，蚕桑区；③适用于农业和林业区。</td></tr>
</table>

环境空气质量监测点位布设技术规范（试行）

HJ 664—2013

2013-09-22 发布 2013-10-01 实施

1 适用范围

本标准适用于国家和地方各级环境保护行政主管部门对环境空气质量监测点位的规划、设立、建设与维护等管理。

2 规范性引用文件

本标准引用下列文件或其中的条款。

GB 3095—2012 环境空气质量标准

HJ 633—2012 环境空气质量指数（AQI）技术规定（试行）

3 术语和定义

下列术语和定义适用于本标准。

3.1 环境空气质量评价城市点 urban assessing stations

以监测城市建成区的空气质量整体状况和变化趋势为目的而设置的监测点，参与城市环境空气质量评价。其设置的最少数量根据本标准由城市建成区面积和人口数量确定。每个环境空气质量评价城市点代表范围一般为半径 500 m 至 4 km，有时也可扩大到半径 4 000 m 至几十千米（如对于空气污染物浓度较低，其空间变化较小的地区）的范围。可简称城市点。

3.2 环境空气质量评价区域点 regional assessing stations

以监测区域范围空气质量状况和污染物区域传输及影响范围为目的而设置的监测点，参与区域环境空气质量评价。其代表范围一般为半径几十千米。可简称区域点。

3.3 环境空气质量背景点 background stations

以监测国家或大区域范围的环境空气质量本底水平为目的而设置的监测点。其代表性范围一般为半径 100 km 以上。可简称背景点。

3.4 污染监控点 source impact stations

为监测本地区主要固定污染源及工业园区等污染源聚集区对当地环境空气质量的影响而设置的监测点，代表范围一般为半径 100～500 m，也可扩大到半径 500～4 000 m（如考虑较高的点源对地面浓度的影响时）。

3.5 路边交通点 traffic stations

为监测道路交通污染源对环境空气质量影响而设置的监测点，代表范围为人们日常生活和活动场所中受道路交通污染源排放影响的道路两旁及其附近区域。

4 环境空气质量监测点位布设原则

4.1 代表性

具有较好的代表性，能客观反映一定空间范围内的环境空气质量水平和变化规律，客观评价城市、区域环境空气状况，污染源对环境空气质量影响，满足为公众提供环境空气状况健康指引的需求。

4.2 可比性

同类型监测点设置条件尽可能一致，使各个监测点获取的数据具有可比性。

4.3 整体性

环境空气质量评价城市点应考虑城市自然地理、气象等综合环境因素，以及工业布局、人口分布等社会经济特点，在布局上应反映城市主要功能区和主要大气污染源的空气质量现状及变化趋势，从整体出发合理布局，监测点之间相互协调。

4.4 前瞻性

应结合城乡建设规划考虑监测点的布设，使确定的监测点能兼顾未来城乡空间格局变化趋势。

4.5 稳定性

监测点位置一经确定，原则上不应变更，以保证监测资料的连续性和可比性。

5 环境空气质量监测点位布设要求

5.1 环境空气质量评价城市点

5.1.1 位于各城市的建成区内，并相对均匀分布，覆盖全部建成区。

5.1.2 采用城市加密网格点实测或模式模拟计算的方法，估计所在城市建成区污染物浓度的总体平均值。全部城市点的污染物浓度的算术平均值应代表所在城市建成区污染物浓度的总体平均值。

5.1.3 城市加密网格点实测是指将城市建成区均匀划分为若干加密网格点，单个网格不大于 2 km×2 km（面积大于 200 km^2 的城市也可适当放宽网格密度），在每个网格中心或网格线的交点上设置监测点，了解所在城市建成区的污染物整体浓度水平和分布规律，监测项目包括 GB 3095—2012 中规定的 6 项基本项目（可根据监测目的增加监测项目），有效监测天数不少于 15 天。

5.1.4 模式模拟计算是通过污染物扩散、迁移及转化规律，预测污染分布状况进而寻找合理的监测点位的方法。

5.1.5 拟新建城市点的污染物浓度的平均值与同一时期用城市加密网格点实测或模式模拟计算的城市总体平均值估计值相对误差应在 10%以内。

5.1.6 用城市加密网格点实测或模式模拟计算的城市总体平均值计算出 30、50、80 和 90 百分位数的估计值；拟新建城市点的污染物浓度平均值计算出的 30、50、80 和 90 百分位数与同一时期城市总体估计值计算的各百分位数的相对误差在 15%以内。

5.1.7 监测点周围环境和采样口设置的具体要求见附录 A。

5.2 环境空气质量评价区域点、背景点

5.2.1 区域点和背景点应远离城市建成区和主要污染源，区域点原则上应离开城市建成区和主要污染源 20 km 以上，背景点原则上应离开城市建成区和主要污染源 50 km 以上。

5.2.2 区域点应根据我国的大气环流特征设置在区域大气环流路径上，反映区域大气本底状况，并反映区域间和区域内污染物输送的相互影响。

5.2.3 背景点设置在不受人为活动影响的清洁地区，反映国家尺度空气质量本底水平。

5.2.4 区域点和背景点的海拔高度应合适。在山区应位于局部高点，避免受到局地空气污染物的干扰和近地面逆温层等局地气象条件的影响；在平缓地区应保持在开阔地点的相对高地，避免空气沉积的凹地。

5.2.5 监测点周围环境和采样口设置的具体要求见附录 A。

5.3 污染监控点

5.3.1 污染监控点原则上应设在可能对人体健康造成影响的污染物高浓度区以及主要固定污染源对环境空气质量产生明显影响的地区。

5.3.2 污染监控点依据排放源的强度和主要污染项目布设，应设置在源的主导风向和第二主导风向（一般采用污染最重季节的主导风向）的下风向的最大落地浓度区内，以捕捉到最大污染特征为原则进行布设。

5.3.3 对于固定污染源较多且比较集中的工业园区等，污染监控点原则上应设置在主导风向和第二主导风向（一般采用污染最重季节的主导风向）的下风向的工业园区边界，兼顾排放强度最大的污染源及污染项目的最大落地浓度。

5.3.4 地方环境保护行政主管部门可根据监测目的确定点位布设原则增设污染监控点，并实时发布监测信息。

5.3.5 监测点周围环境和采样口设置的具体要求见附录 A。

5.4 路边交通点

5.4.1 对于路边交通点，一般应在行车道的下风侧，根据车流量的大小、车道两侧的地形、建筑物的分布情况等确定路边交通点的位置，采样口距道路边缘距离不得超过 20 m。

5.4.2 由地方环境保护行政主管部门根据监测目的确定点位布设原则设置路边交通点，并实时发布监测信息。

5.4.3 监测点周围环境和采样口设置的具体要求见附录 A。

6 环境空气质量监测点位布设数量要求

6.1 环境空气质量评价城市点

各城市环境空气质量评价城市点的最少监测点位数量应符合表 1 的要求。按建成区城市人口和建成区面积确定的最少监测点位数不同时，取两者中的较大值。

表 1 环境空气质量评价城市点设置数量要求

建成区城市人口/万人	建成区面积/km^2	最少监测点数
＜25	＜20	1
25～50	20～50	2
50～100	50～100	4
100～200	100～200	6
200～300	200～400	8
＞300	＞400	按每 50～60 km^2 建成区面积设 1 个监测点，并且不少于 10 个点

6.2 环境空气质量评价区域点、背景点

6.2.1 区域点的数量由国家环境保护行政主管部门根据国家规划，兼顾区域面积和人口因素设置。各地方应可根据环境管理的需要，申请增加区域点数量。

6.2.2 背景点的数量由国家环境保护行政主管部门根据国家规划设置。

6.2.3 位于城市建成区之外的自然保护区、风景名胜区和其他需要特殊保护的区域，其区域点和背景点的设置优先考虑监测点位代表的面积。

6.3 污染监控点

污染监控点的数量由地方环境保护行政主管部门组织各地环境监测机构根据本地区环境管理的需要设置。

6.4 路边交通点

路边交通点的数量由地方环境保护行政主管部门组织各地环境监测机构根据本地区环境管理的需要设置。

7 监测项目

7.1 环境空气质量评价城市点的监测项目依据 GB 3095—2012 确定，分为基本项目和其他项目。

7.2 环境空气质量评价区域点、背景点的监测项目除 GB 3095—2012 中规定的基本项目外，由国务院环境保护行政主管部门根据国家环境管理需求和点位实际情况增加其他特征监测项目，包括湿沉降、有机物、温室气体、颗粒物组分和特殊组分等，具体见表 2。

表 2 环境空气质量评价区域点、背景点监测项目

监测类型	监测项目
基本项目	二氧化硫（SO_2）、二氧化氮（NO_2）、一氧化碳（CO）、臭氧（O_3）、可吸入颗粒物（PM_{10}）、细颗粒物（$PM_{2.5}$）
湿沉降	降雨量、pH 值、电导率、氯离子、硝酸根离子、硫酸根离子、钙离子、镁离子、钾离子、钠离子、铵离子等
有机物	挥发性有机物（VOCs）、持久性有机物（POPs）等
温室气体	二氧化碳（CO_2）、甲烷（CH_4）、氧化亚氮（N_2O）、六氟化硫（SF_6）、氢氟碳化物（HFCs）、全氟化碳（PFCs）
颗粒物主要物理化学特性	颗粒物数浓度谱分布、$PM_{2.5}$ 或 PM_{10} 中的有机碳、元素碳、硫酸盐、硝酸盐、氯盐、钾盐、钙盐、钠盐、镁盐、铵盐等

7.3 污染监控点和路边交通点可根据监测目的及所针对污染源的排放特征，由地方环境保护行政主管部门确定监测项目。

8 点位管理

8.1 环境空气质量监测点共分为国家、省、市、县四级，分别由同级环境主管部门负责管理。国务院环境保护行政主管部门负责国家环境空气质量监测点位的管理，各县级以上地方人民政府环境保护行政主管部门参照本标准对地方环境空气质量监测点位进行管理。

8.2 上级环境空气质量监测点位可根据环境管理需要从下级环境空气质量监测点位中选取。

8.3 根据地方环境管理工作的需要以及城市发展的实际情况可申请增加、变更和撤销环境空气质量评价城市点，并报点位的环境保护行政主管部门审批。具体要求见附录 B。

8.4 环境空气质量评价区域点及背景点的增加、变更和撤销由点位的环境保护行政主管部门根据实际情况和管理需求确定。

附 录 A

（规范性附录）

监测点周围环境和采样口位置的具体要求

一、监测点周围环境应符合下列要求

（1）应采取措施保证监测点附近 1 000 m 内的土地使用状况相对稳定。

（2）点式监测仪器采样口周围，监测光束附近或开放光程监测仪器发射光源到监测光束接收端之间不能有阻碍环境空气流通的高大建筑物、树木或其他障碍物。从采样口或监测光束到附近最高障碍物之间的水平距离，应为该障碍物与采样口或监测光束高度差的两倍以上，或从采样口至障碍物顶部与地平线夹角应小于 30°。

（3）采样口周围水平面应保证 270° 以上的捕集空间，如果采样口一边靠近建筑物，采样口周围水平面应有 180° 以上的自由空间。

（4）监测点周围环境状况相对稳定，所在地质条件需长期稳定和足够坚实，所在地点应避免受山洪、雪崩、山林火灾和泥石流等局地灾害影响，安全和防火措施有保障。

（5）监测点附近无强大的电磁干扰，周围有稳定可靠的电力供应和避雷设备，通信线路容易安装和检修。

（6）区域点和背景点周边向外的大视野需 360° 开阔，1～10 km 方圆距离内应没有明显的视野阻断。

（7）应考虑监测点位设置在机关单位及其他公共场所时，保证通畅、便利的出入通道及条件，在出现突发状况时，可及时赶到现场进行处理。

二、采样口位置应符合下列要求

（1）对于手工采样，其采样口离地面的高度应在 1.5～15 m 范围内。

（2）对于自动监测，其采样口或监测光束离地面的高度应在 3～20 m 范围内。

（3）对于路边交通点，其采样口离地面的高度应在 2～5 m 范围内。

（4）在保证监测点具有空间代表性的前提下，若所选监测点位周围半径 300～500 m 范围内建筑物平均高度在 25 m 以上，无法按满足（1）、（2）条的高度要求设置时，其采样口高度可以在 20～30 m 范围内选取。

（5）在建筑物上安装监测仪器时，监测仪器的采样口离建筑物墙壁、屋顶等支撑物表面的距离应大于 1 m。

（6）使用开放光程监测仪器进行空气质量监测时，在监测光束能完全通过的情况下，允许监测光束从日平均机动车流量少于 10 000 辆的道路上空、对监测结果影响不大的小污染源和少量未达到间隔距离要求的树木或建筑物上空穿过，穿过的合计距离，不能超过监测光束总光程长度的 10%。

（7）当某监测点需设置多个采样口时，为防止其他采样口干扰颗粒物样品的采集，颗粒物采样口与其他采样口之间的直线距离应大于 1 m。若使用大流量总悬浮颗粒物（TSP）采样装置进行并行监测，其他采样口与颗粒物采样口的直线距离应大于 2 m。

（8）对于环境空气质量评价城市点，采样口周围至少 50 m 范围内无明显固定污染源，为避免车辆尾气等直接对监测结果产生干扰，采样口与道路之间最小间隔距离应按表 B.1 的要求确定。

表 B.1　仪器采样口与交通道路之间最小间隔距离

道路日平均机动车流量（日平均车辆数）	采样口与交通道路边缘之间最小距离/m	
	PM_{10}、$PM_{2.5}$	SO_2、NO_2、CO 和 O_3
≤3 000	25	10
3 000～6 000	30	20
6 000～15 000	45	30
15 000～40 000	80	60
＞40 000	150	100

（9）开放光程监测仪器的监测光程长度的测绘误差应在±3 m 内（当监测光程长度小于 200 m 时，光程长度的测绘误差应小于实际光程的±1.5%）。

（10）开放光程监测仪器发射端到接收端之间的监测光束仰角不应超过 15°。

附 录 B

（规范性附录）

增加、变更和撤销环境空气质量评价城市点的具体要求

一、当存在下列情况时，可增加、变更和撤销环境空气质量评价城市点

（1）因城市建成区面积扩大或行政区划变动，导致现有城市点已不能全面反映城市建成区总体空气质量状况的，可增设点位。

（2）因城市建成区建筑发生较大变化，导致现有城市点采样空间缩小或采样高度提升而不符合本标准要求的，可变更点位。

（3）因城市建成区建筑发生较大变化，导致现有城市点采样空间缩小或采样高度提升而不符合本标准，可撤销点位，否则应按本条第二款的要求，变更点位。

二、增加环境空气质量评价城市点应遵守下列要求之一

（1）新建或扩展的城市建成区与原城区不相连，且面积大于 10 km^2 时，可在新建或扩展区独立布设城市点；面积小于 10 km^2 的新、扩建成区原则上不增设城市点。

（2）新建或扩展的城市建成区与原城区相连成片，且面积大于 25 km^2 或大于原城市点平均覆盖面积的，可在新建或扩展区增设城市点。

（3）按照现有城市点布设时的建成区面积计算，平均每个点位覆盖面积大于 25 km^2 的，可在原建成区及新、扩建成区增设监测点位。

三、变更环境空气质量评价城市点应遵守下列具体要求

（1）变更后的城市点与原城市点应位于同一类功能区。

（2）点位变更时应就近移动点位，点位移动的直线距离不应超过 1 000 m。

（3）变更后的城市点与原城市点位平均浓度偏差应小于 15%。

四、撤销环境空气质量评价城市点应遵守下列具体要求

（1）在最近连续 3 年城市建成区内用包括拟撤销点位在内的全部城市点计算的各监测项目的年平均值与剔除拟撤销点后计算出的年平均值的最大误差小于 5%。

（2）该城市建成区内的城市点数量在撤销点位后仍能满足本标准要求。

环境空气颗粒物（PM_{10}和$PM_{2.5}$）采样器技术要求及检测方法

HJ 93—2013

2013-07-30 发布 2013-08-01 实施

1 适用范围

本标准规定了环境空气颗粒物（PM_{10}和$PM_{2.5}$）采样器的技术要求、性能指标和检测方法。

本标准适用于环境空气颗粒物（PM_{10}和$PM_{2.5}$）采样器的设计、生产和检测。

2 规范性引用文件

本标准引用了下列文件或其中的条款。凡是未注明日期的引用文件，其最新版本适用于本标准。

GB 3095—2012 环境空气质量标准

GB/T 3768 声学 声压法测定噪声源声功率级 反射面上方采用包络测量表面的简易法

HJ 618 环境空气PM_{10}和$PM_{2.5}$的测定 重量法

3 术语和定义

下列术语和定义适用于本标准。

3.1 空气动力学当量直径 aerodynamic diameter

指单位密度（ρ_0=1 g/cm^3）的球体，在静止空气中作低雷诺数运动时，达到与实际粒子相同的最终沉降速度时的直径。

3.2 颗粒物（粒径小于等于 10 μm） particulate matter（PM_{10}）

指环境空气中空气动力学当量直径小于等于 10 μm 的颗粒物，也称可吸入颗粒物。

3.3 颗粒物（粒径小于等于 2.5 μm） particulate matter（$PM_{2.5}$）

指环境空气中空气动力学当量直径小于等于 2.5 μm 的颗粒物，也称细颗粒物。

3.4 切割器 particle separate device

指具有将不同粒径粒子分离功能的装置。

3.5 工作点流量 air flow rate

指采样器在工作环境条件下，采气流量保持定值，并能保证切割器切割特性的流量称为采样器的工作点流量。

3.6 标准状态 standard state

指温度为 273.15 K，压力为 101.325 kPa 时的状态。本标准中污染物浓度值均为标准状态下浓度。

3.7 仪器平行性 parallelism of monitors

指每一批次数据结果的均方根。

3.8 气溶胶传输效率 aerosol transport efficiency

指进入采样器到达滤膜的气溶胶量与通过切割器后的气溶胶总量的百分比。

3.9 50%切割粒径（Da_{50}） 50%cutpoint diameter

指切割器对颗粒物的捕集效率为 50%时所对应的粒子空气动力学当量直径。

3.10 捕集效率的几何标准差（σ_g） geometric standard deviation of sampling efficiency

切割器对颗粒物的捕集效率有以下两种表述方法：

（1）捕集效率为 16%时对应的粒子空气动力学直径 Da_{16} 与捕集效率为 50%时对应的粒子空气动力学直径 Da_{50} 的比值；

（2）捕集效率为 50%时对应的粒子空气动力学直径 Da_{50} 与捕集效率为 84%时对应的粒子空气动力学直径 Da_{84} 的比值；

上述两个比值均应符合σ_g =1.5±0.1（PM_{10} 采样器）、σ_g =1.2±0.1（$PM_{2.5}$ 采样器）的要求。计算见式（1）、式（2）：

$$\sigma_g = \frac{Da_{16}}{Da_{50}} \tag{1}$$

$$\sigma_g = \frac{Da_{50}}{Da_{84}} \tag{2}$$

式中：σ_g——捕集效率的几何标准差；

Da_{16}——切割器对颗粒物的捕集效率为 16%时对应的粒子空气动力学直径，μm；

Da_{50}——切割器对颗粒物的捕集效率为 50%时对应的粒子空气动力学直径，μm；

Da_{84}——切割器对颗粒物的捕集效率为 84%时对应的粒子空气动力学直径，μm。

4　采样器组成

采样器由采样入口、PM_{10} 或 $PM_{2.5}$ 切割器、滤膜夹、连接杆、流量测量及控制装置、抽气泵等组成。

PM_{10} 和 $PM_{2.5}$ 采样器通过流量测量及控制装置控制抽气泵以恒定流量（工作点流量）抽取环境空气样品，环境空气样品以恒定的流量依次经过采样器入口、PM_{10} 或 $PM_{2.5}$ 切割器，PM_{10} 或 $PM_{2.5}$ 颗粒物被捕集在滤膜上，气体经流量计、抽气泵由排气口排出。采样器实时测量流量计前压力、流量计前温度、环境大气压、环境温度等参数对采样流量进行控制。

PM_{10} 或 $PM_{2.5}$ 采样器的工作点流量不做必须要求，一般情况如下：

大流量采样器工作点流量为：1.05 m^3/min；

中流量采样器工作点流量为：100 L/min；

小流量采样器工作点流量为：16.67 L/min。

5　技术要求

5.1　外观要求

5.1.1　采样器应有产品铭牌，铭牌上有采样器名称、型号、生产厂名称、出厂编号、生产日期等信息。

5.1.2　采样器外观应完好无损，表面无明显损伤，适合户外采样。各零、部件连接可靠，各操作键、按钮灵活有效。

5.2　工作条件

环境温度：–30～50℃；

大气压：80～106 kPa；

供电电压：AC（220±22）V，（50±1）Hz。

注 1：低温、低压等特殊环境条件下，仪器设备的配置应满足当地环境条件的使用要求。

5.3　安全要求

5.3.1　绝缘电阻

在环境温度为 15～35℃，相对湿度≤85%条件下，采样器电源端子对地或机壳的绝缘电阻不小于 20 MΩ。

5.3.2　绝缘强度

在环境温度为 15～35℃，相对湿度≤85%条件下，采样器在 1 500 V（有效值）、50 Hz 正弦波实验电压下持续 1 min，不应出现击穿或飞弧现象。

5.4 功能要求

5.4.1 采样器应使用耐腐蚀材料制造，所有含尘气流通道表面应无静电吸附作用。采样器抽气泵应使用无碳刷抽气泵。

5.4.2 为使采样器的采样各向同性，采样器入口在水平面内应为圆形或矩形，非圆形或者矩形采样器入口在水平面内应至少有四个均匀进气方向。

5.4.3 采样器应具有采样时间控制及计时功能，并可进行时钟、采样时间、间隔时间设置。

5.4.4 采样器应能自动测量并显示瞬时流量、环境大气压、环境温度、流量计前温度、流量计前压力，显示更新时间不超过 5 s。采样器应能至少每 1 min 自动计算一次累计工况采样体积和标况采样体积。采样器应能至少每 5 min 记录并存储瞬时采样流量、环境温度、环境大气压和累计标况体积等参数，该存储记录可供查询、打印和输出。采样器应能至少存储 3 个月采样数据。采样器应具有 RS232 或 USB 等通讯接口。

5.4.5 当采样器测量的流量与规定的工作点流量的偏差超过±10%，且持续时间超过了 60 秒时，采样器应停止抽取空气样品，同时停止采样时间累计；采样器应对此种情况给出报警记录和累计采样时间记录，用于判断该采集样品的有效性。

5.4.6 当采样器在工作过程中出现了断电情况时，采样器应停止采样时间累计并记录断电时间；重新供电后采样器应能自动恢复采样功能，并继续累计采样时间，同时记录来电时间，采样结束后应能显示、打印和输出采样过程中的断电、来电时间及本次采样的总采样时间。

5.4.7 采样器在采样过程中，采样滤膜处的温度与环境温度的偏差应控制在±5℃以内。

5.4.8 采样器各零部件连接紧密，避免漏气，PM_{10} 和 $PM_{2.5}$ 采样器气密性检查方法见附录 A。

5.4.9 为降低采样器排气对 PM_{10} 和 $PM_{2.5}$ 测量的影响，向下排气的大、中流量采样器的排气应在水平方向上均匀分布。

5.4.10 滤膜夹应使用对测量结果无影响的惰性材料制造，应对滤膜不粘连，并方便取放。

5.4.11 采样器的安装支架应能够牢固支撑采样器，有安装孔和固定装置，能将采样器固定于地面或者采样平台。

5.4.12 采样器应具备防雨、防雪功能。

5.4.13 滤膜要求

采样滤膜可选用玻璃纤维滤膜、石英滤膜等无机滤膜或聚氯乙烯、聚丙烯、聚四氟乙烯、混合纤维素等有机滤膜。滤膜应厚薄均匀，无针孔、无毛刺。PM_{10} 滤膜对 0.3 μm 标准粒子的截留效率≥99%，$PM_{2.5}$ 滤膜对 0.3 μm 标准粒子的截留效率≥99.7%。

6 性能指标

6.1 PM_{10} 采样器

6.1.1 流量测试

在采样器正常工作条件下，使用标准流量计在采样入口处检测流量，应符合以下指标：

（1）平均流量偏差：±5%设定流量；

（2）流量相对标准偏差≤2%；

（3）平均流量示值误差≤2%。

6.1.2 累计标况体积示值误差

累计标况体积示值误差±5%。

6.1.3 时钟误差

（1）在采样器正常工作状态下测试 6 h，时钟误差±20 s。

（2）断开采样器的供电总计 5 次（各次断电的持续时间分别为 20 s、40 s、2 min、7 min 和 20 min，且在每次断电之间应保证不少于 10 min 正常电力供应），测试 6 h，时钟误差±2 min。

6.1.4 大气压测量示值误差

在 80～106 kPa 范围内，大气压测量示值误差≤1 kPa。

6.1.5 温度测量示值误差

在−30～50℃范围内，温度测量示值误差±2℃。

6.1.6 噪声

（1）大流量采样器噪声≤67 dB（A）；

（2）中流量采样器噪声≤62 dB（A）；

（3）小流量采样器噪声≤62 dB（A）。

6.1.7 切割性能

50%切割粒径：Da_{50}=（10±0.5）μm；

捕集效率的几何标准偏差：σ_g=1.5±0.1。

6.1.8 参比方法比对测试

使用参比方法进行至少 10 组有效数据的比对测试，测试结果进行线性回归分析，符合以下要求：

斜率：1±0.1；

截距：（0±5）μg/m^3；

相关系数≥0.95。

6.1.9 平均无故障时间

采样器平均无故障时间（MTBF）≥800 h。

6.2 $PM_{2.5}$采样器

6.2.1 流量测试

在采样器正常工作条件下，使用标准流量计在采样入口处检测流量，应符合以下指标：

（1）平均流量偏差：±5%设定流量；

（2）流量相对标准偏差≤2%；

（3）平均流量示值误差≤2%。

6.2.2 累计标况体积示值误差

累计标况体积示值误差±5%。

6.2.3 时钟误差

（1）在采样器正常工作状态下测试 6 h，时钟误差±20 s。

（2）断开采样器的供电总计 5 次（各次断电的持续时间分别为 20 s、40 s、2 min、7 min 和 20 min，且在每次断电之间应保证不少于 10 min 正常电力供应），测试 6 h，时钟误差±2 min。

6.2.4 大气压测量示值误差

在 80～106 kPa 范围内，大气压测量示值误差≤1 kPa。

6.2.5 温度测量示值误差

在−30～50℃范围内，温度示值误差±2℃。

6.2.6 噪声

（1）大流量采样器噪声≤67 dB（A）；

（2）中流量采样器噪声≤62 dB（A）；

（3）小流量采样器噪声≤62 dB（A）。

6.2.7 环境气压、环境温度和供电电压变化的影响

采样器分别在不同的气压、温度和供电电压等 6 种环境条件下进行测试，其流量测试指标符合 6.2.1 的要求。

6.2.8 切割性能

50%切割粒径：Da_{50}=（2.5±0.2）μm；

捕集效率的几何标准偏差：σ_g=1.2±0.1。

6.2.9 切割器加载测试

在一个维护周期内，加载后的切割器切割性能指标符合 6.2.8 的要求。

6.2.10 参比方法比对测试

使用参比方法进行至少 23 组有效数据的比对测试，测试结果进行线性回归分析，符合以下要求：

斜率：1±0.1；

截距：（0 ±5）μg/m^3；

相关系数≥0.93。

6.2.11　平均无故障时间

采样器平均无故障时间（MTBF）≥800 h。

7　检测方法

7.1　PM_{10}采样器

7.1.1　流量测量

取下采样入口和切割器，将标准流量计的出气口通过流量测量适配器连接到待测采样器的进气口。开启待测采样器抽气泵，进入流量检测界面，待测采样器显示的流量稳定后开始测试。测试连续进行 6 h，至少每隔 5 min 记录一次标准流量计和待测采样器的瞬时流量值（工况）。测试完成后，按照式（3）、式（4）、式（5）、式（6）、式（7）计算流量测试的相关指标。测试结果应符合 6.1.1 的要求。

$$\bar{Q}_R = \frac{1}{n}\sum_{i=1}^{n} Q_{Ri} \tag{3}$$

式中：$\bar{Q}_R$ ——测试期间标准流量计平均流量值，L/min；

Q_{Ri}——测试期间标准流量计瞬时流量值，L/min；

i——测试期间记录瞬时时间点的序号，（i=1～n）；

n——测试期间记录瞬时时间点的总个数。

$$\bar{Q}_C = \frac{1}{n}\sum_{i=1}^{n} Q_{Ci} \tag{4}$$

式中：$\bar{Q}_C$ ——测试期间采样器平均流量值，L/min；

Q_{Ci}——测试期间采样器瞬时流量值，L/min。

$$\Delta Q_R = \frac{\bar{Q}_R - Q_s}{Q_s} \times 100\% \tag{5}$$

式中：ΔQ_R——平均流量偏差，%；

Q_s——待测采样器设定的采样流量，L/min。

$$Cv_R = \frac{\sqrt{\dfrac{\sum_{i=1}^{n}\left(Q_{Ri} - \bar{Q}_R\right)^2}{n-1}}}{\bar{Q}_R} \times 100\% \tag{6}$$

式中：Cv_R——流量相对标准偏差，%。

$$Q_{diff}=\frac{\left|\bar{Q}_R-\bar{Q}_C\right|}{\bar{Q}_R}\times 100\% \tag{7}$$

式中：Q_{diff}——流量示值误差，%。

7.1.2　累计标况体积示值误差

将累计流量计与待测采样器入口连接，确保不漏气。设定仪器采样工作流量，启动抽气泵，连续运行（30±5）min，停止采样。分别记录累计流量计计前温度 T_1、计前压力 P_1、工况累计体积 Q_V，以及环境大气压 B_a 和待测采样器记录的标况体积 Q_{V_1}，按式（8）计算累计流量计标况体积 Q_{V_2}，按式（9）计算累积标况体积示值误差ΔQ_V，ΔQ_V 应符合 6.1.2 的要求。

$$Q_{V_2}=\frac{Q_V\times(B_a+P_1)\times 273.15}{101.325\times T_1} \tag{8}$$

式中：T_1——累计流量计计前温度，K；

P_1——累计流量计计前压力，kPa；

B_a——环境大气压，kPa；

Q_V——累计流量计工况体积，L；

Q_{V_2}——累计流量计标况体积，L。

$$\Delta Q_V=\frac{Q_{V_1}-Q_{V_2}}{Q_{V_2}}\times 100\% \tag{9}$$

式中：ΔQ_V——累计标况体积示值误差，%；

Q_{V_1}——采样器记录的标况体积，L。

7.1.3　时钟误差

（1）采样器正常工作条件下时钟误差

在待测采样器正常工作过程中，读取并记录显示时间（时-分-秒）记为开始时间 t_0，同时启动秒表开始计时，当运行 6 h±60 s 时，分别读取和记录采样器显示时间 t_1 和秒表显示时间 t_2。按式（10）计算时钟误差。检测结果Δt 应符合 6.1.3（1）的要求。

$$\Delta t=t_1-t_0-t_2 \tag{10}$$

式中：Δt——时钟误差，s；

t_0——待测采样器初始时间，（时-分-秒）；

t_1——待测采样器结束时间，（时-分-秒）；

t_2——秒表显示时间，（时-分-秒）。

（2）采样器断电条件下时钟误差

在待测采样器正常工作过程中，读取并记录显示的时间（时-分-秒）记为开始时间 t_0，同时启动秒表开始计时。断电条件测试总时长为 6 h，在这期间要求断电总计 5 次：各次断电的持续时间分别为 20 s、40 s、2 min、7 min 和 20 min 左右，且在每次断电之间应保证不少于 10 min 正常供电。当运行 6 h±60 s 时，分别读取和记录待测采样器显示时间 t_1 和秒表显示时间 t_2。按式（10）计算时钟误差。检测结果Δt 应符合 6.1.3（2）的要求。

7.1.4 大气压测量示值误差

将待测采样器放入气压舱中，在大气压测量的范围 80～106 kPa 内，选取以下 5 个检测点：80 kPa，90 kPa，100 kPa，106 kPa 和当前环境气压，各检测点的实际稳定值与上述规定值允许偏差±0.5 kPa。待气压舱的压力稳定后，分别读取并记录标准压力值 B_i 和待测采样器显示压力值 P_i。按式（11）计算待测采样器的大气压测量示值误差δ_{Pi}。重复测量 3 次，每个检测点的平均值应符合 6.1.4 的要求。

$$\delta_{pi}=\left|B_i-P_i\right| \tag{11}$$

式中：δ_{pi}——第 i 个测试点待测采样器大气压测量示值误差，kPa；

P_i——第 i 个测试点标准压力值，kPa；

B_i——第 i 个测试点待测采样器压力测量值，kPa；

i——测试点序号，（i=1～5）。

7.1.5 温度测量示值误差

将待测采样器放入恒温环境中，在–30～50℃温度范围内分别设置 4 个温度测试点：–20℃，0℃，20℃，50℃，恒温装置的实际控制温度与上述设定温度允许偏差±2℃。待恒温装置温度稳定后，分别读取并记录标准温度值 t_{si} 和待测采样器显示温度值 t_{pi}。按式（12）计算待测采样器的温度测量示值误差Δt_i。重复测量 3 次，每个测试点的平均值应符合 6.1.5 的要求。

$$\Delta t_i=t_{pi}-t_{si} \tag{12}$$

式中：Δt_i——第 i 个测试点温度测量示值误差，℃；

t_{pi}——第 i 个测试点待测采样器的环境温度示值，℃；

t_{si}——第 i 个测试点标准温度值，℃；

i——测试点序号，（i=1～4）。

7.1.6 噪声

采样器噪声检测按 GB 3768 的规定进行，测得的采样器 A 声压级噪声应符合 6.1.6 的要求。

7.1.7 切割性能

切割性能测试可使用分流测试法或静态箱测试法。

（1）分流测试法

发生单一粒径、均匀、稳定的气溶胶粒子，分别测试待测切割器上游的气溶胶浓度和切割器下游的气溶胶浓度，计算不同粒径气溶胶的捕集效率；拟合捕集效率与粒径的关系得到该切割器的 50%切割粒径和捕集效率的几何标准偏差。

a）气溶胶的生成

通过单分散固态气溶胶发生器发生单分散固态的气溶胶颗粒。采用气溶胶检测仪器（例如气溶胶粒径谱仪）测量单分散固态气溶胶的粒径和浓度。实验粒子的粒径要求见表 1。

表 1 PM_{10}实验粒子的粒径要求

实验粒子的空气动力学当量直径 *Da*/μm							
3±0.5	5±0.5	7±0.5	9±0.5	11±1.0	13±1.0	15±1.0	17±1.0

b）分流法测试

1）将待测切割器去除进气部件，通过分流管连接流量适配器、待测切割器和气溶胶检测仪器，切割器应竖直放置。

2）采用单分散固态气溶胶发生器，发生表 1 中空气动力学当量直径（3±0.5）μm 的雾化单分散固态气溶胶颗粒。

3）采用气溶胶检测仪器测量单分散固态气溶胶的粒径，确认其稳定、均匀，符合要求。

4）采用气溶胶检测仪器分别测定切割器上、下游的气溶胶浓度。记录为 C_{111} 和 C_{211}。

5)分别依次生成表 1 中所列的 8 种粒径的雾化单分散固态气溶胶颗粒。重复以上 3)～4）的操作，直至 8 种粒径的雾化单分散固态气溶胶颗粒测试完毕，得到 C_{1ij} 和 C_{2ij}。

6）重复 5）的操作三次，按式（13）计算得到 8 组 24 个捕集效率的数据。

$$\eta_{ij}=\frac{C_{2ij}}{C_{1ij}}\times 100\% \tag{13}$$

式中：η_{ij}——每个粒径点单次测量的捕集效率，%；

C_{1ij}——切割器上游固态单分散颗粒物单次测量浓度；

C_{2ij}——切割器下游固态单分散颗粒物单次测量浓度；

i——发生的气溶胶粒径点（i=1～8）；

j——每个粒径点测量的次数（j=1～3）。

7）按式（14）分别计算得到 8 个粒径点捕集效率的平均值。

$$\overline{\eta_i}=\frac{\sum_{j=1}^{3}\eta_{ij}}{3}\times 100\% \tag{14}$$

式中：$\overline{\eta_i}$——每个粒径点捕集效率的平均值（i=1～8），%。

8）按式（15）计算每个粒径点的捕集效率相对标准偏差 Cv_i，如果 Cv_i 超过 10%，则该粒径点的捕集效率测试无效。

$$Cv_i = \frac{1}{\overline{\eta}_i} \times \sqrt{\frac{\sum_{j=1}^{3}(\eta_{ij} - \overline{\eta}_i)^2}{2}} \times 100\% \qquad (15)$$

式中：Cv_i——每个粒径点捕集效率的相对标准偏差（i=1～8）。

c）数据处理

将得到的 8 个捕集效率平均值与对应的气溶胶空气动力学粒径进行拟合，得出捕集效率与气溶胶空气动力学粒径之间的回归方程和曲线。通过回归曲线得出切割器捕集效率分别为 16%、50%、84%时对应的空气动力学当量直径 Da_{16}、Da_{50}、Da_{84}，按照式（1）、式（2）计算切割器捕集效率的几何标准偏差σ_g，Da_{50} 和σ_g 应符合 6.1.7 的要求。

（2）静态箱测试法

将待测切割器安装到静态箱中，在静态箱中发生单一粒径、均匀、稳定的气溶胶粒子，用气溶胶检测仪器测量气溶胶浓度和均匀性；确保箱内的气溶胶浓度稳定，分布均匀。用气溶胶检测仪器测量经待测切割器切割后的气溶胶浓度。计算不同粒径颗粒物的捕集效率，拟合捕集效率与粒径的关系得到该切割器 50%切割粒径和捕集效率的几何标准偏差。

a）安装待测切割器

将至少一台待测切割器安装到静态箱中，保证箱体密闭。

b）气溶胶的生成

通过单分散固态气溶胶发生器发生单分散固态的气溶胶颗粒。采用气溶胶检测仪器（例如气溶胶粒径谱仪）测量单分散固态气溶胶的粒径和浓度。实验粒子的粒径要求见表 1。

c）静态箱法测试

1）将生成的空气动力学当量直径（3±0.5）μm 的雾化单分散固态气溶胶颗粒通入静态箱并充分混合，使用气溶胶检测仪器测量静态箱中三个以上点位抽取的气溶胶样品粒径和浓度，确保静态箱内气溶胶浓度均匀。三个点的气溶胶浓度相对标准偏差≤10%，记录三点的气溶胶平均浓度 C_{111}。

2）启动待测采样器的抽气泵，运行一段时间后，停止采样；使用气溶胶检测仪器测量待测采样器采集的气溶胶粒子浓度 C_{211}，按式（13）计算该粒径下气溶胶捕集效率η_{11}。

3)分别依次生成表 1 中所列的 8 种粒径的雾化单分散固态气溶胶颗粒。重复以上 1)～2）的操作，直至 8 种粒径的雾化单分散固态气溶胶颗粒测试完毕，得到 C_{1ij} 和 C_{2ij}。

4）重复 3）的操作三次，计算得到 8 组 24 个捕集效率的数据。

5）按式（14）分别计算得到 8 个粒径点捕集效率的平均值。

6）按式（15）计算每个空气动力学粒径点的捕集效率相对标准偏差 Cv_i，如果 Cv_i 超过 10%，则该粒径点的捕集效率测试无效。

d）数据处理

将得到的 8 个捕集效率平均值与对应的气溶胶空气动力学粒径进行拟合，得出捕集效率与气溶胶空气动力学粒径之间的回归方程和曲线。通过回归曲线得出切割器捕集效率分别为 16%、50%、84%时对应的空气动力学当量直径 Da_{16}、Da_{50}、Da_{84}，按照式（1）、式（2）计算切割器捕集效率的几何标准偏差σ_g，Da_{50}和σ_g应符合 6.1.7 的要求。

7.1.8 参比方法比对测试

参比方法参照 HJ 618。参比方法使用的采样器至少 3 台，待测采样器与参比采样器同步采样，参比采样器与待测采样器安放位置应相距 2～4 m（当采样流量低于 200 L/min 时，距离应在 1 m 左右），采样入口位于同一高度。取相同采样时间段内的待测采样器监测数据 $C_{i,j}$和参比采样器监测数据 $R_{i,j}$ 作为一个数据对，这里的 i 是采样器的序号（i=1～3），j 是有效样品的个数（j=1～10），每组样品的采样时间为（24±1）h，共测试 10 组样品。

（1）按式（16）计算 3 台参比采样器测试每组 PM_{10} 样品浓度的平均值$\overline{R_j}$，$\overline{R_j}$ 应尽量选择在 15～300 μg/m³。

$$\overline{R_j}=\frac{\sum_{i=1}^{3}R_{i,j}}{3} \tag{16}$$

式中：$\overline{R_j}$ ——3 台参比采样器测量第 j 组样品质量浓度的平均值，μg/m³；

$R_{i,j}$——第 i 台参比采样器测量第 j 个样品的质量浓度值，μg/m³。

（2）分别计算 3 台参比采样器测量每组样品质量浓度的标准偏差或相对标准偏差，应小于等于 5μg/m³ 或 7%的要求，则该组参比监测数据有效。

（3）按式（17）计算 3 台待测采样器测量的对应时间段内 PM_{10} 样品质量浓度的平均值$\overline{C_j}$。

$$\overline{C_j}=\frac{\sum_{i=1}^{3}C_{i,j}}{3} \tag{17}$$

式中：$\overline{C_j}$ ——3 台待测采样器测量第 j 组样品质量浓度的平均值，μg/m³；

$C_{i,j}$ ——第 i 台待测采样器测量第 j 个样品的质量浓度值，μg/m³。

（4）按式（18）计算 3 台待测采样器测量每组样品质量浓度的相对标准偏差 CP_j。

$$CP_j=\frac{\sqrt{\dfrac{\sum_{i=1}^{3}(C_{i,j}-\bar{C}_j)^2}{2}}}{\bar{C}_j}\times 100\% \tag{18}$$

式中：CP_j——3 台待测采样器测量第 j 组样品质量浓度的相对标准偏差，%。

（5）按式（19）计算 3 台待测采样器的平行性 CP，当 CP≤10%时，待测采样器监测数据有效。

$$CP=\sqrt{\frac{1}{10}\times\sum_{j=1}^{10}(CP_j)^2} \tag{19}$$

式中：CP——待测采样器的平行性，%。

（6）当参比采样器监测数据和待测采样器监测数据都有效时，组成一组有效数据对。每一批次比对至少取得 10 组有效数据对，$\overline{R_j}$ ≤100 μg/m^3 和 $\overline{R_j}$ >100 μg/m^3 的有效数据对数均应大于等于 3。将参比采样器监测数据与相应的待测采样器监测数据进行线性回归分析，以参比采样器监测数据为横轴，待测采样器监测数据为纵轴，按式（20）计算回归曲线的斜率 k。

$$k=\frac{\sum_{j=1}^{10}(\bar{R}_j-\bar{R})\times(\bar{C}_j-\bar{C})}{\sum_{j=1}^{10}(\bar{R}_j-\bar{R})^2} \tag{20}$$

式中：k——比对测试回归曲线斜率；

$\bar{C}$——10 组待测采样器测量样品质量浓度的平均值，μg/m^3；

$\bar{R}$——10 组参比采样器测量样品质量浓度的平均值，μg/m^3。

（7）按式（21）计算回归曲线的截距 b。

$$b=\bar{C}-k\times\bar{R} \tag{21}$$

式中：b——比对测试回归曲线截距，μg/m^3。

（8）按式（22）计算回归曲线的相关系数 r。

$$r=\frac{\sum_{j=1}^{10}(\bar{R}_j-\bar{R})\times(\bar{C}_j-\bar{C})}{\sqrt{\sum_{j=1}^{10}(\bar{R}_j-\bar{R})^2\times\sum_{j=1}^{10}(\bar{C}_j-\bar{C})^2}} \tag{22}$$

式中：r——比对测试回归曲线相关系数。

（9）比对测试回归曲线的斜率 k、截距 b 和相关系数 r 均应符合 6.1.8 的要求。

7.1.9 平均无故障时间

（1）7.1.1～7.1.8 检测合格后，待测采样器方能进行平均无故障时间的检测。

（2）将待测采样器整机置于符合采样要求的检测现场，每天按正常采样要求运行采样器。记录累计运行时间。

（3）检测的前 500 h，每间隔 7 d 对待测采样器进行一次 7.1.1 的流量测试，在最后 300 h，每间隔 4 d 对待测采样器进行一次 7.1.1 的流量测试。

（4）在此项检测过程中，允许对待测采样器进行正常维护，但不能更换待测采样器的零部件。

（5）在检测过程中，若待测采样器出现不符合项，即停止检测，并以此时刻作为平均无故障时间的终点。采样器平均无故障时间（MTBF）应符合 6.1.11 的要求。

7.2 $PM_{2.5}$采样器

7.2.1 流量测量

检测方法见 7.1.1，检测结果应符合 6.2.1 的要求。

7.2.2 累计标况体积示值误差

检测方法见 7.1.2，检测结果应符合 6.2.2 的要求。

7.2.3 时钟误差

检测方法见 7.1.3，检测结果应符合 6.2.3 的要求。

7.2.4 大气压测量示值误差

检测方法见 7.1.4，检测结果应符合 6.2.4 的要求。

7.2.5 温度测量示值误差

检测方法见 7.1.5，检测结果应符合 6.2.5 的要求。

7.2.6 噪声

检测方法见 7.1.6，检测结果应符合 6.2.6 的要求。

7.2.7 环境气压、环境温度和供电电压变化的影响

7.2.7.1 环境气压变化的影响

（1）依次连接待测采样器和标准流量计，将其全部置于气压舱内。调整设置气压测试舱内气压为 80 kPa。在舱内气压达到（80±1）kPa 后至少稳定 30 min，保证采样器内的压力达到均衡状态。

（2）在此状态下进行 6 h 连续测试，测试期间至少每隔 5 min 记录一次舱内气压值、标准流量计流量值和待测采样器瞬时流量值。

（3）缓慢调节气压测试舱内的气压至 106 kPa。在舱内气压达到（106±1）kPa 后至少稳定 30 min，保证待测采样器内的压力达到均衡状态。重复进行（2）的测试步骤。

（4）完成测试后，缓慢调节气压测试舱内气压至实验现场气压值，当舱内气压指示达到实验现场气压时，方可打开气压舱门取出待测采样器。

（5）按照式（3）、式（4）、式（5）、式（6）、式（7）分别计算两种气压状态下的流量测试指标。测试结果应符合 6.2.7 的要求。

7.2.7.2 环境温度和供电电压变化的影响

（1）依次连接调压器、待测采样器和标准流量计将其置于恒温环境中，分别在如下 4 种条件下进行测试：

a）环境温度（35±2）℃，交流电压为（198±2）V；

b）环境温度（35±2）℃，交流电压为（242±2）V；

c）环境温度（15±2）℃，交流电压为（198±2）V；

d）环境温度（15±2）℃，交流电压为（242±2）V。

（2）设置环境温度为（35±2）℃，调压器输出交流电压为（198±2）V。稳定至少 30 min，保证待测采样器内的温度达到均衡状态。

（3）在此状态下进行 6 h 连续测试，测试期间至少每隔 5 min 记录一次环境温度值、交流电压值、标准流量计和待测采样器瞬时流量值。

（4）依次缓慢调节环境温度设定值和调压器输出电压值分别为 b）、c）、d）三种条件。每种条件至少稳定 30 min，保证待测采样器内的温度达到均衡状态，重复进行（3）的测试步骤。

（5）完成测试后，缓慢调节环境温度至实验现场温度值，取出待测采样器。

（6）按照式（3）、式（4）、式（5）、式（6）、式（7）分别计算四种条件下的流量测量指标。测试结果应符合 6.2.7 的要求。

7.2.8 切割性能

切割性能测试可使用分流测试法或静态箱测试法。

单分散固态气溶胶发生器发生单分散固态的气溶胶颗粒。气溶胶检测仪器（例如气溶胶粒径谱仪）测量单分散固态气溶胶的粒径和浓度。实验粒子的粒径要求见表 2。

分流测试法的操作步骤见 7.1.7（1）b）。

静态箱测试法的操作步骤见 7.1.7（2）c）。

表 2 $PM_{2.5}$ 实验粒子的粒径要求

实验粒子的空气动力学当量直径 Da/μm							
1.5±0.25	2.0±0.25	2.2±0.25	2.5±0.25	2.8±0.25	3.0±0.25	3.5±0.25	4.0±0.5

将得到的 8 个捕集效率平均值与对应的气溶胶空气动力学粒径进行拟合，得出捕集效率与气溶胶空气动力学粒径之间的回归方程和曲线。通过回归曲线得出切割器捕集效率分别为 16%、50%、84%时对应的空气动力学当量直径 Da_{16}、Da_{50}、Da_{84}，按照式（1）、式（2）计算切割器捕集效率的几何标准偏差σ_g，Da_{50}和σ_g应符合 6.2.8 的要求。

7.2.9 切割器加载测试

切割器加载测试可采用静态箱加载测试法或实际样品加载测试法。

7.2.9.1 静态箱加载测试法

（1）待测切割器安装

将至少一台待测切割器安装到静态箱中，保证箱体密闭。

（2）气溶胶发生

使用多分散灰尘发生器，发生浓度为（150±10）$\mu g/m^3$ 的颗粒物。

（3）加载测试

a）将生成的颗粒物通入静态箱并充分混合，为确保静态箱内颗粒物浓度均匀，使用气溶胶检测仪器测量静态箱中三个以上点位的颗粒物浓度，其相对标准偏差应≤10%。

b）启动待测采样器，连续运行一个维护周期（运行时间≥7 d，每天≥20 h），进行加载。

c）加载运行完成后，将待测切割器按 7.2.8 进行切割性能测试。待测切割器切割性能指标 Da_{50} 和 σ_g 均应符合 6.2.8 的要求。

7.2.9.2 实际样品加载测试法

（1）将待测 $PM_{2.5}$ 采样器置于 $PM_{2.5}$ 质量浓度为 100～150 μg/m³ 的环境中，连续运行一个维护周期（运行时间≥7 d，每天≥20 h），进行加载。

（2）加载运行完成后，将待测切割器按 7.2.8 进行切割性能测试。待测切割器切割性能指标 Da_{50} 和 σ_g 均应符合 6.2.8 的要求。

7.2.10 参比方法比对测试

参比方法参照 HJ 618。参比方法使用的采样器至少 3 台，待测采样器与参比采样器同步采样，参比采样器与待测采样器安放位置应相距 2～4 m（当采样流量低于 200 L/min 时，距离应在 1 m 左右），采样入口位于同一高度。取相同采样时间段内的待测采样器监测数据 $C_{i,j}$ 和参比采样器监测数据 $R_{i,j}$ 作为一个数据对，这里的 i 是采样器的序号（i=1～3），j 是有效样品的个数（j=1～23），每组样品的采样时间为（24±1）h，共测试 23 组样品。

（1）按式（16）计算 3 台参比采样器测试每组 $PM_{2.5}$ 样品质量浓度的平均值 $\overline{R_j}$，$\overline{R_j}$ 应尽量选择在 3～200 μg/m³。

（2）分别计算 3 台参比采样器测量每组样品浓度的标准偏差或相对标准偏差，应小于等于 5 μg/m³ 或 5%的要求，则该组参比测试数据有效。

（3）按式（17）计算 3 台待测采样器测量的对应时间段内 $PM_{2.5}$ 样品浓度的平均值 $\overline{C_j}$。

（4）按式（18）计算 3 台待测采样器测量每组样品浓度的相对标准偏差 CP_j。

（5）按式（23）计算 3 台待测采样器的平行性 CP，当 CP≤15%时，待测采样器监测数据有效。

$$CP=\sqrt{\frac{1}{23}\times\sum_{j=1}^{23}(CP_j)^2} \tag{23}$$

式中：CP——待测采样器的平行性，%；

CP_j——3 台待测采样器测量第 j 组样品浓度的相对标准偏差，%。

（6）当参比采样器监测数据和待测采样器监测数据都有效时，组成一组有效数据对。每一批次比对至少取得 23 组有效数据对。将参比采样器监测数据与相应的待测采样器监测数据进行线性回归分析，以参比采样器监测数据为横轴，待测采样器监测数据为纵轴，按式（24）计算回归曲线的斜率 k。

$$k=\frac{\sum_{j=1}^{23}(\overline{R}_j-\overline{R})\times(\overline{C}_j-\overline{C})}{\sum_{j=1}^{23}(\overline{R}_j-\overline{R})^2} \tag{24}$$

式中：k——比对测试回归曲线斜率；

$\overline{C}$——23 组待测采样器测量样品质量浓度的平均值，μg/m^3；

$\overline{C}_j$——3 台待测采样器测量第 j 组样品质量浓度的平均值，μg/m^3；

$\overline{R}$——23 组参比采样器测量样品质量浓度的平均值，μg/m^3；

$\overline{R}_j$——3 台参比采样器测量第 j 组样品质量浓度的平均值，μg/m^3。

（7）按式（25）计算回归曲线的截距 b。

$$b=\overline{C}-k\times\overline{R} \tag{25}$$

式中：b——比对测试回归曲线截距，μg/m^3。

（8）按式（26）计算回归曲线的相关系数 r。

$$r=\frac{\sum_{j=1}^{23}(\overline{R}_j-\overline{R})\times(\overline{C}_j-\overline{C})}{\sqrt{\sum_{j=1}^{23}(\overline{R}_j-\overline{R})^2\times\sum_{j=1}^{23}(\overline{C}_j-\overline{C})^2}} \tag{26}$$

式中：r——比对测试回归曲线相关系数。

（9）比对测试回归曲线的斜率 k、截距 b 和相关系数 r 均应符合 6.2.10 的要求。

7.2.11 平均无故障时间

（1）7.2.1～7.2.10 检测合格后，待测采样器方能进行平均无故障时间的检测。

（2）检测方法见 7.1.9 中（2）、（3）、（4）、（5），检测结果应符合 6.2.11 的要求。

8 检测项目

PM_{10} 和 $PM_{2.5}$ 采样器检测项目见表 3。

表 3 PM_{10} 和 $PM_{2.5}$ 采样器检测项目

项目	PM_{10} 采样器	$PM_{2.5}$ 采样器
流量测试	平均流量偏差±5%设定流量； 流量相对标准偏差≤2%； 平均流量示值误差≤2%	平均流量偏差±5%设定流量； 流量相对标准偏差≤2%； 平均流量示值误差≤2%
累计标况体积示值误差	±5%	±5%
时钟误差	正常条件下±20 s； 断电条件下±2 min	正常条件下±20 s； 断电条件下±2 min
大气压测量示值误差	≤1 kPa	≤1 kPa
温度测量示值误差	±2℃	±2℃

项目	PM_{10} 采样器	$PM_{2.5}$ 采样器
噪声	大流量采样器噪声≤67 dB（A）； 中流量采样器噪声≤ 62 dB（A）； 小流量采样器噪声≤ 62 dB（A）	大流量采样器噪声≤67 dB（A）； 中流量采样器噪声≤62 dB（A）； 小流量采样器噪声≤ 62 dB（A）
环境气压、环境温度和供电电压变化的影响	—	采样器分别在不同的气压、温度和供电电压等 6 种环境条件下进行测试，应符合流量测试指标
切割性能	Da_{50}=（10±0.5）μm； σ_g=1.5±0.1	Da_{50}=（2.5±0.2）μm； σ_g=1.2±0.1
加载测试	—	在一个维护周期内，加载后的切割器应符合切割性能指标
参比方法比对测试	斜率：1±0.1； 截距：（0±5）$\mu g/m^3$； 相关系数≥0.95	斜率：1±0.1； 截距：（0±5）$\mu g/m^3$； 相关系数≥0.93
平均无故障时间	≥800 h	≥800 h

附 录 A
（规范性附录）
气密性指标检查方法

A.1 方法一

（1）密封采样器连接杆入口。

（2）在抽气泵之前接入一个嵌入式三通阀门，阀门的另一接口接负压表。

（3）启动采样器抽气泵，抽取空气，使采样器处于部分真空状态，负压表显示为（30±5）kPa 的任一点。

（4）关闭三通阀，阻断抽气泵和流量计的流路。关闭抽气泵。

（5）观察负压表压力值，30 s 内变化小于等于 7 kPa 为合格。

（6）移除嵌入式三通阀门，恢复采样器。

A.2 方法二

（1）采样器滤膜夹中装载 1 张玻璃纤维滤膜，将流量校准器和滤膜夹紧密连接（干式流量计出气口和采样器进气口连接，进气口后依次为滤膜、流量测量系统）。

（2）设定仪器采样工作流量，启动抽气泵，用流量校准器测量仪器的实际流量，并记录流量值。

（3）测试结束后，在采样器滤膜夹中同时装载 3 张玻璃纤维滤膜，按（1）连接流量校准器和采样器。设定仪器采样工作流量，启动抽气泵，用流量校准器测量仪器的实际流量，并记录流量值。

（4）若两次测量流量值的相对偏差小于±2%，则气密性检查通过。

A.3 方法三

（1）取下采样器采样入口，将标准流量计、阻力调节阀通过流量测量适配器接到采样器的连接杆入口。阻力调节阀保持完全开通状态。

（2）设定仪器采样工作流量，启动抽气泵。待仪器流量稳定后，读取标准流量计的流量值。

（3）用阻力调节阀调节阻力，使标准流量计流量显示值迅速下降到设定工作流量的 80%左右。同时观察仪器和标准流量计的流量显示值，若标准流量计最终测量值稳定在 98%～102%设定流量，则气密性检查通过。

附 录 B

（资料性附录）

小流量撞击式切割器图纸

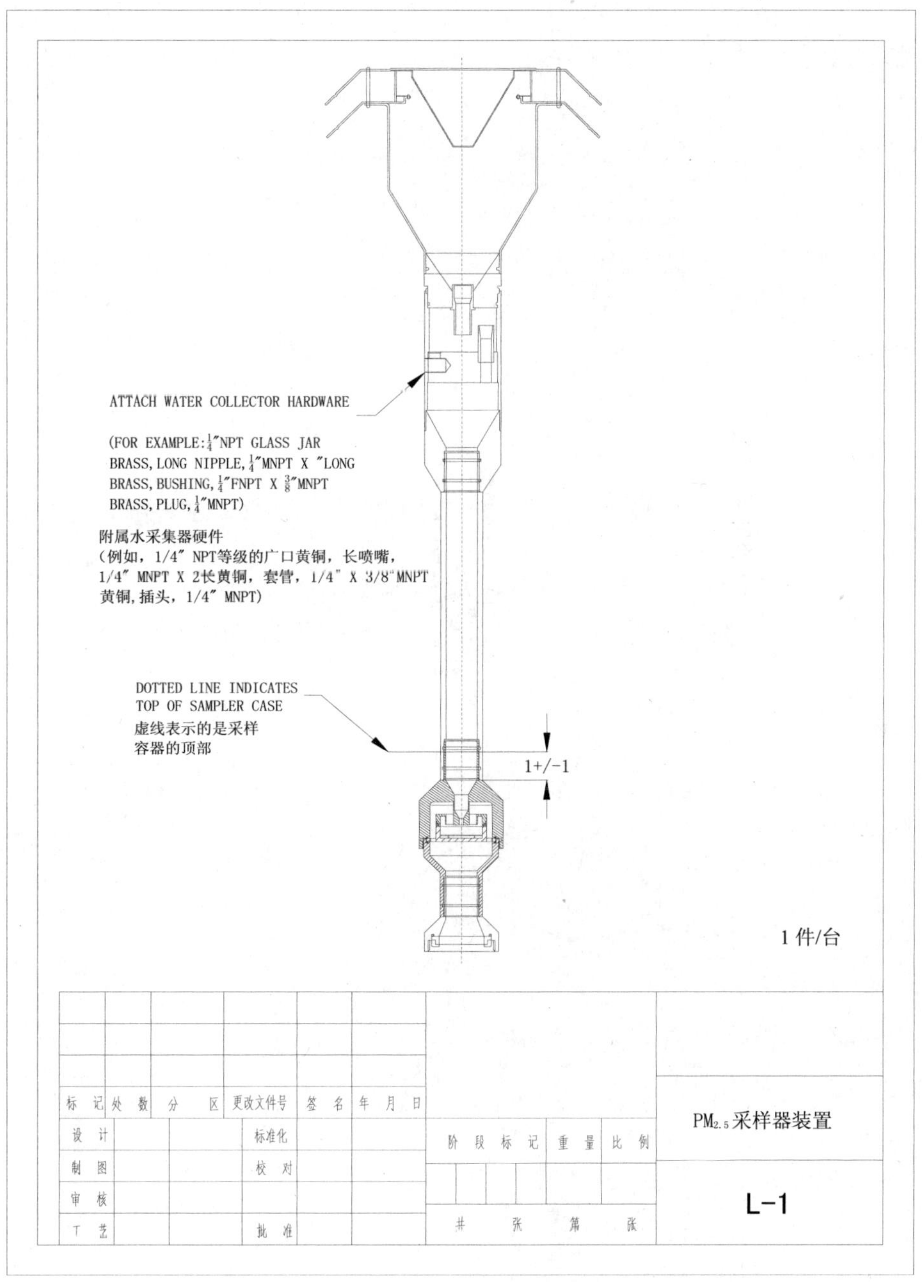

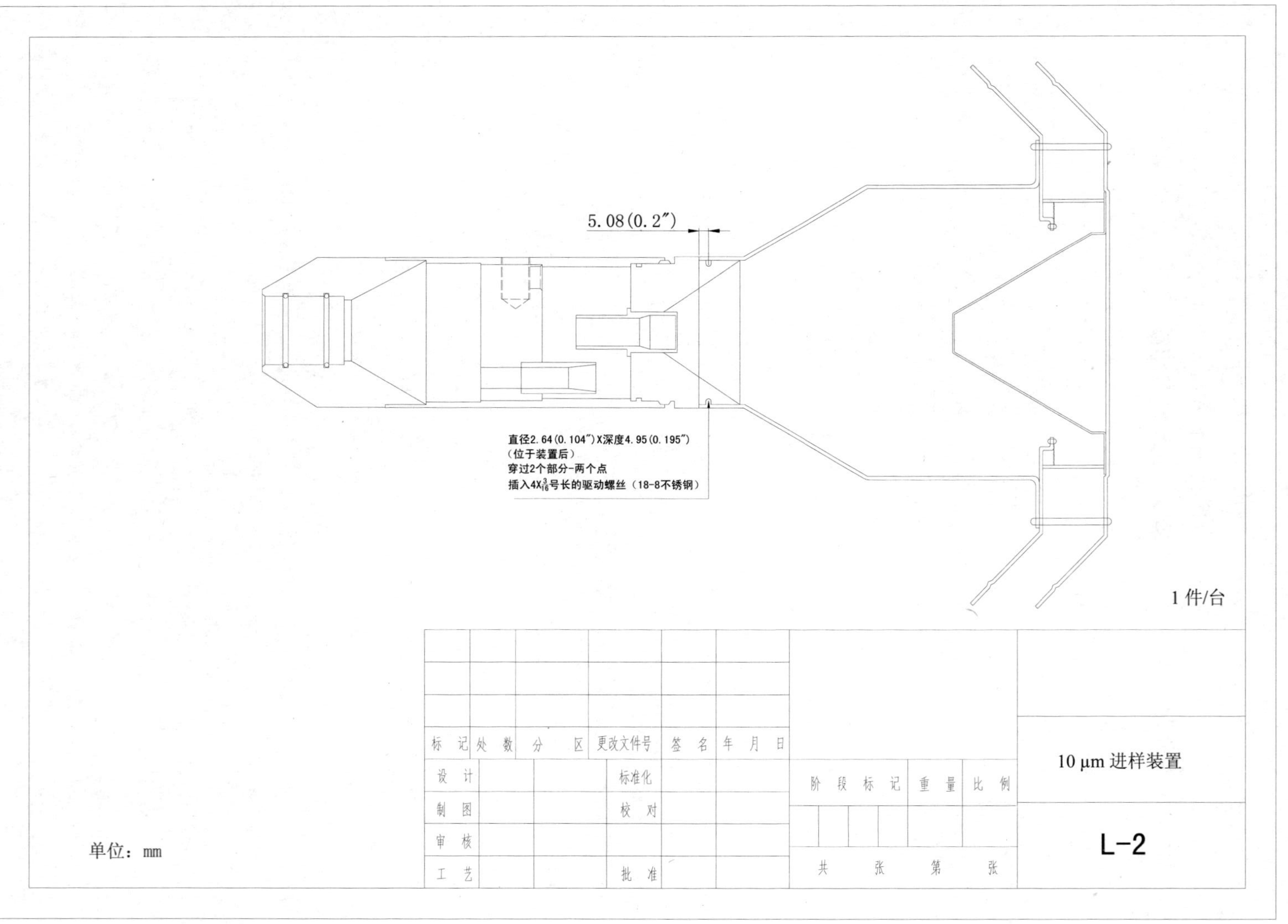
5.08(0.2")
直径2.64(0.104")X深度4.95(0.195")
(位于装置后)
穿过2个部分-两个点
插入4X3/16号长的驱动螺丝(18-8不锈钢)
1件/台
标记
处数
分区
更改文件号
签名
年月日
设计
标准化
制图
校对
审核
工艺
批准
阶段标记
重量
比例
共 张
第 张
10 μm 进样装置
L-2
单位：mm

编号	描 述	数量
1	10μm进样口顶部(L-5)	1
2	6-32×3/8RD机头螺丝	8
3	10μm垫圈(L-6)	1
4	10μm挡风板(L-7)	1
5	10μm遮盖面(L-8)	1
6	10μm逆电流器(L-9)	4
7	10μm进样口，底部(L-10)	1
8	10μm挡雨板(L-11)	1
9	1/8直径铆钉	6
10	10μm喷管口入口部分(L-12)	1

1 件/台

注：用适当的黏胶将项目3黏合到项目1及项目4上。

标记	处数	分区	更改文件号	签名	年月日
设计		标准化			
制图		校对			
审核					
工艺		批准			

阶段标记	重量	比例
共 张	第 张	

10μm 进样装置，上部分

L-3

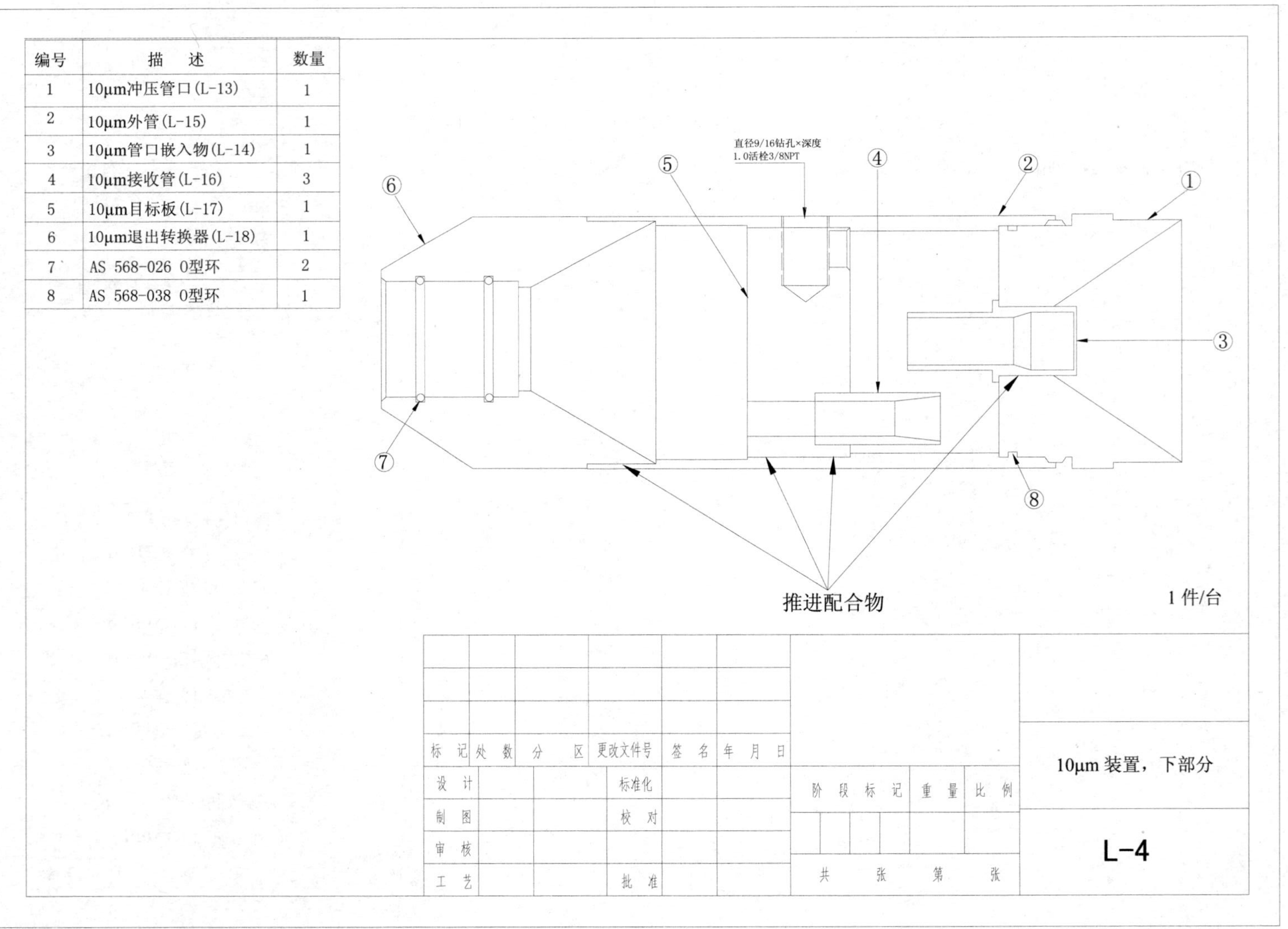

编号	描述	数量
1	10μm冲压管口(L-13)	1
2	10μm外管(L-15)	1
3	10μm管口嵌入物(L-14)	1
4	10μm接收管(L-16)	3
5	10μm目标板(L-17)	1
6	10μm退出转换器(L-18)	1
7	AS 568-026 0型环	2
8	AS 568-038 0型环	1

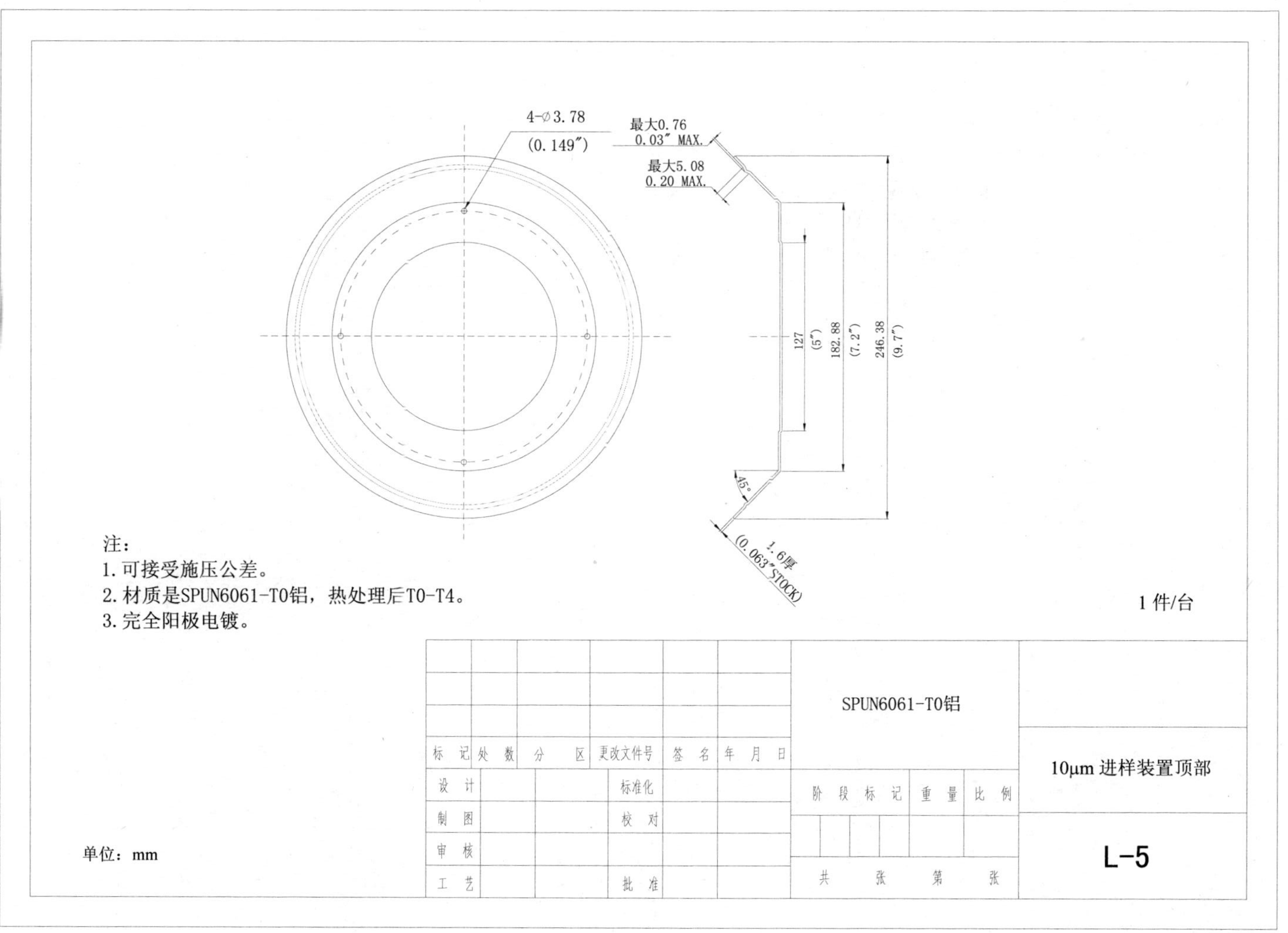
4-∅3.78
(0.149″)
最大0.76
0.03″ MAX.
最大5.08
0.20 MAX.
127
(5″)
182.88
(7.2″)
246.38
(9.7″)
45°
1.6厚
(0.063″STOCK)
注：
1. 可接受施压公差。
2. 材质是SPUN6061-T0铝，热处理后T0-T4。
3. 完全阳极电镀。
1件/台
单位：mm
SPUN6061-T0铝
10μm 进样装置顶部
L-5
标记 处数 分区 更改文件号 签名 年月日
设计 标准化
制图 校对
审核
工艺 批准
阶段标记 重量 比例
共 张 第 张

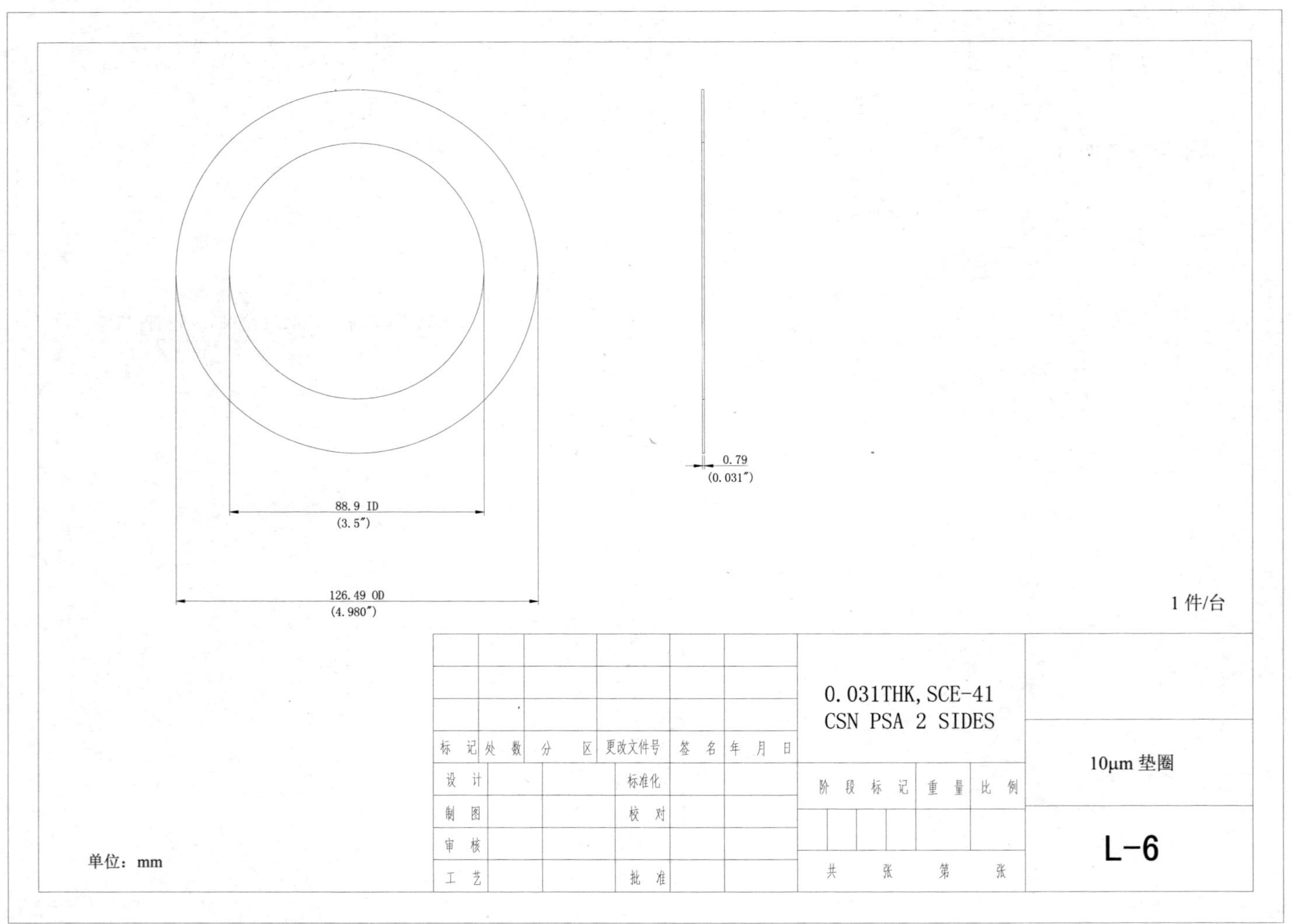
88.9 ID
(3.5″)
126.49 OD
(4.980″)
0.79
(0.031″)
1件/台
0.031THK, SCE-41
CSN PSA 2 SIDES
10μm垫圈
L-6
标记 处数 分区 更改文件号 签名 年月日
设计 标准化
制图 校对
审核
工艺 批准
阶段标记 重量 比例
共 张 第 张
单位：mm

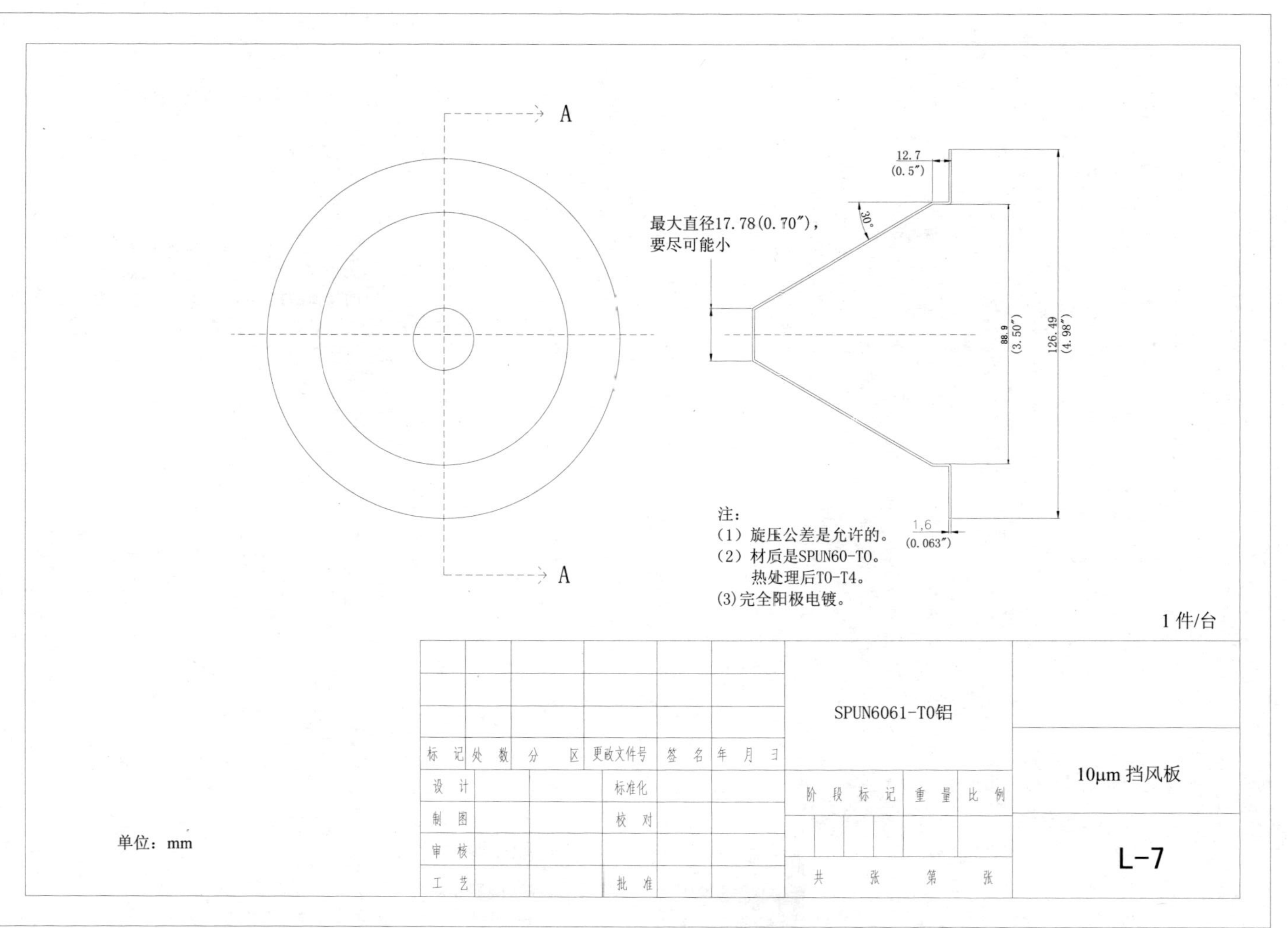
A
A
12.7
(0.5")
30°
最大直径17.78(0.70")，
要尽可能小
88.9
(3.50")
126.49
(4.98")
1.6
(0.063")
注：
（1）旋压公差是允许的。
（2）材质是SPUN60-T0。
热处理后T0-T4。
(3)完全阳极电镀。
1件/台
SPUN6061-T0铝
10μm挡风板
L-7
标记
处数
分区
更改文件号
签名
年月日
设计
标准化
制图
校对
审核
工艺
批准
阶段标记
重量
比例
共　张
第　张
单位：mm

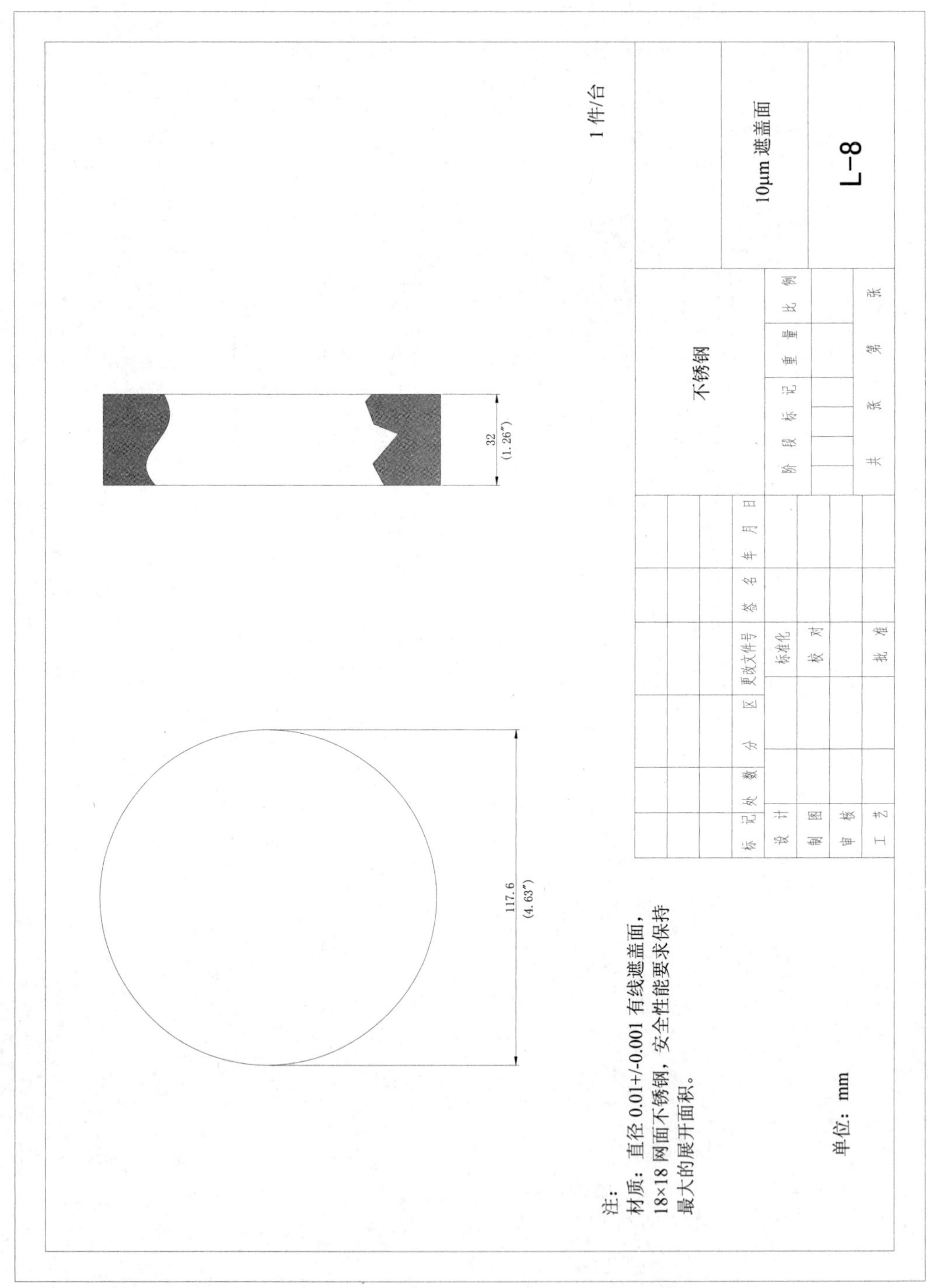
1件/台
10μm 遮盖面
L-8
不锈钢
32
(1.26")
117.6
(4.63")
标记 处数 分区 更改文件号 签名 年月日
设计 标准化
制图 校对
审核
工艺 批准
阶段标记 重量 比例
共 张 第 张
注：
材质：直径 0.01+/-0.001 有线遮盖面，
18×18 网面不锈钢，安全性能要求保持
最大的展开面积。
单位：mm

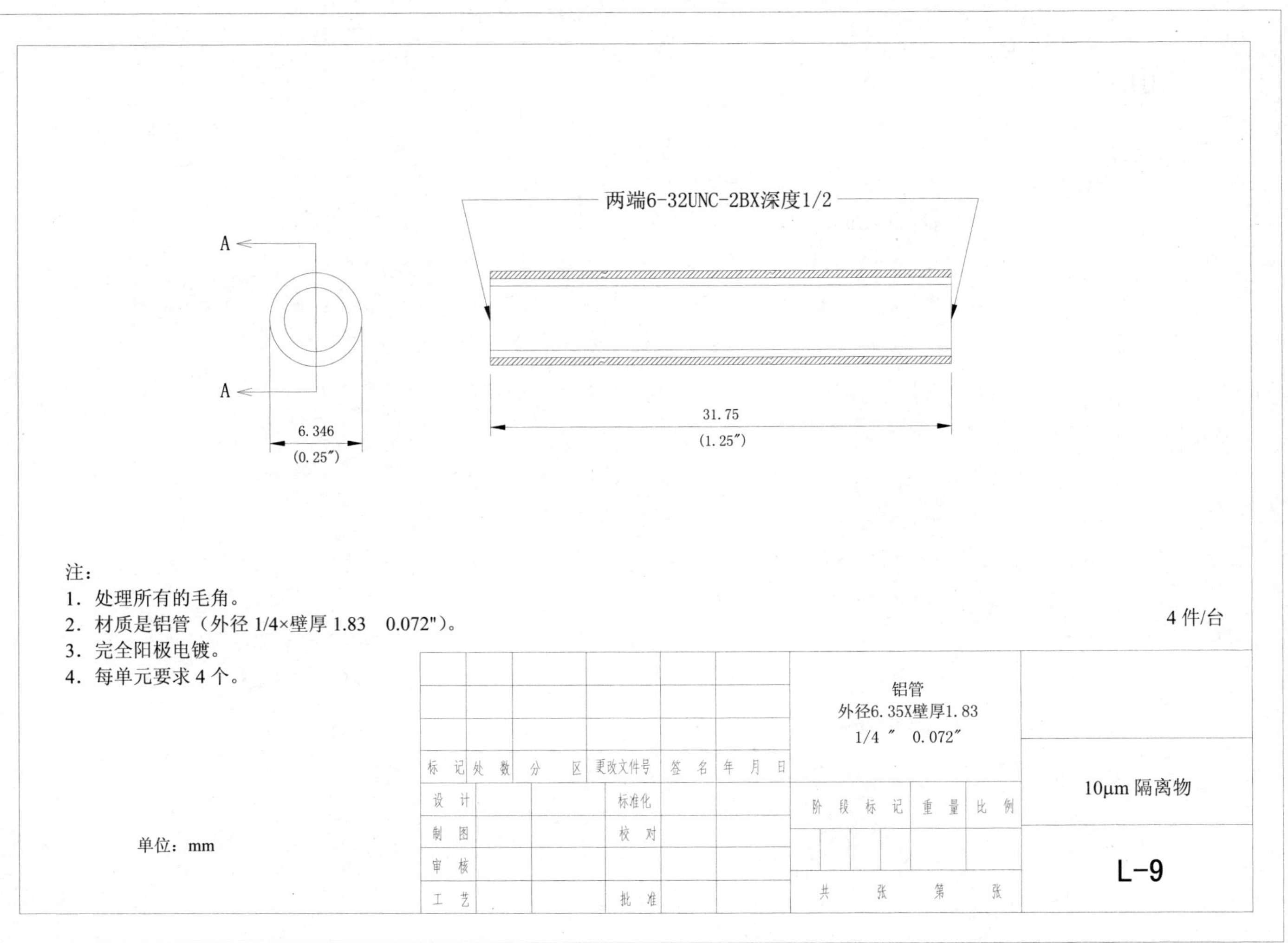

两端6-32UNC-2BX深度1/2
A
A
6.346
(0.25″)
31.75
(1.25″)
注：
1. 处理所有的毛角。
2. 材质是铝管（外径1/4×壁厚1.83 0.072"）。
3. 完全阳极电镀。
4. 每单元要求4个。
4件/台
铝管
外径6.35X壁厚1.83
1/4″ 0.072″
10μm隔离物
L-9
标记 处数 分区 更改文件号 签名 年月日
设计 标准化
制图 校对
审核
工艺 批准
阶段标记 重量 比例
共 张 第 张
单位：mm

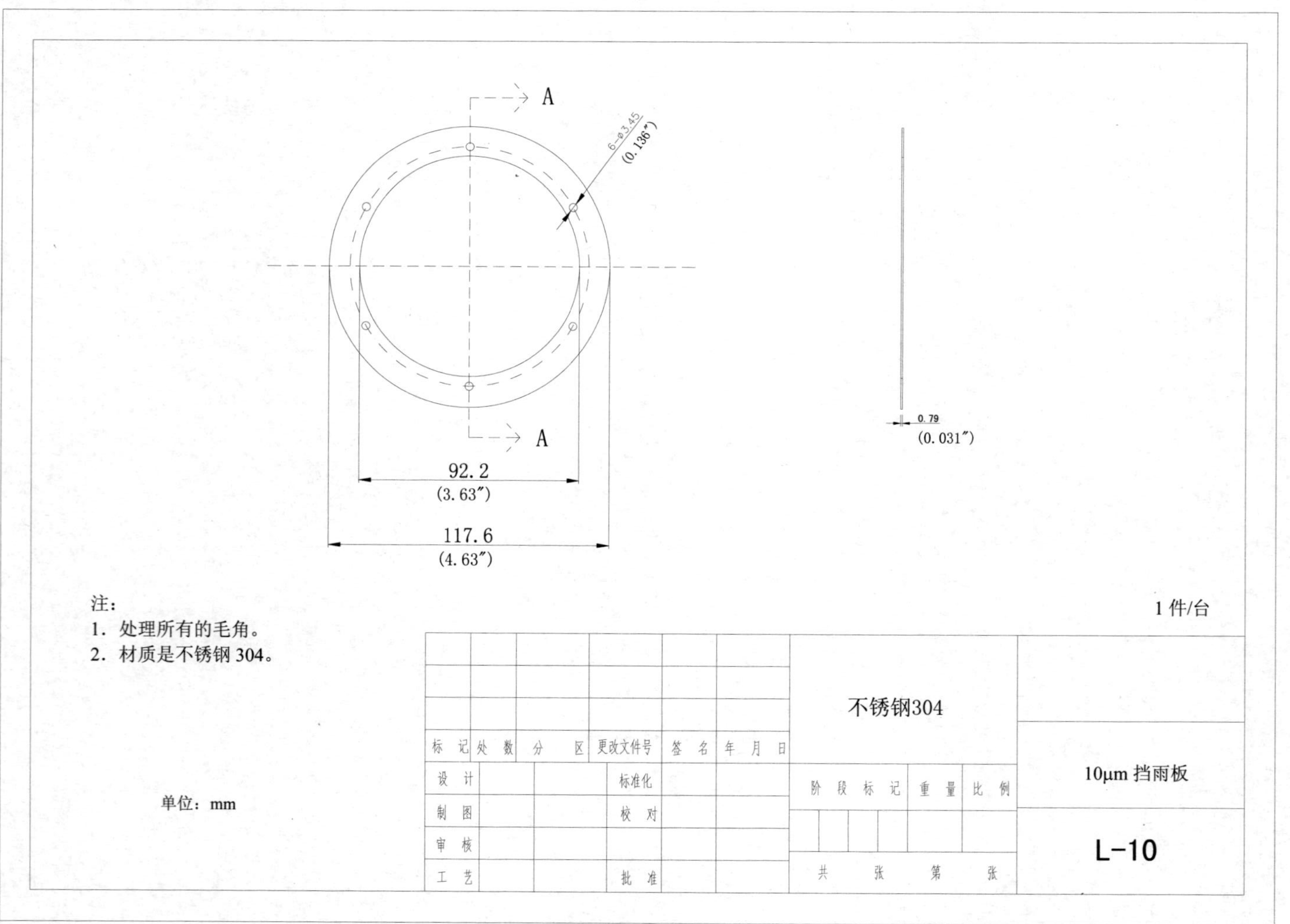
A
6-ø3.45
(0.136″)
A
92.2
(3.63″)
117.6
(4.63″)
0.79
(0.031″)
注：
1. 处理所有的毛角。
2. 材质是不锈钢304。
1件/台
不锈钢304
10μm 挡雨板
L-10
标记
处数
分区
更改文件号
签名
年月日
设计
标准化
制图
校对
审核
工艺
批准
阶段标记
重量
比例
共 张
第 张
单位：mm

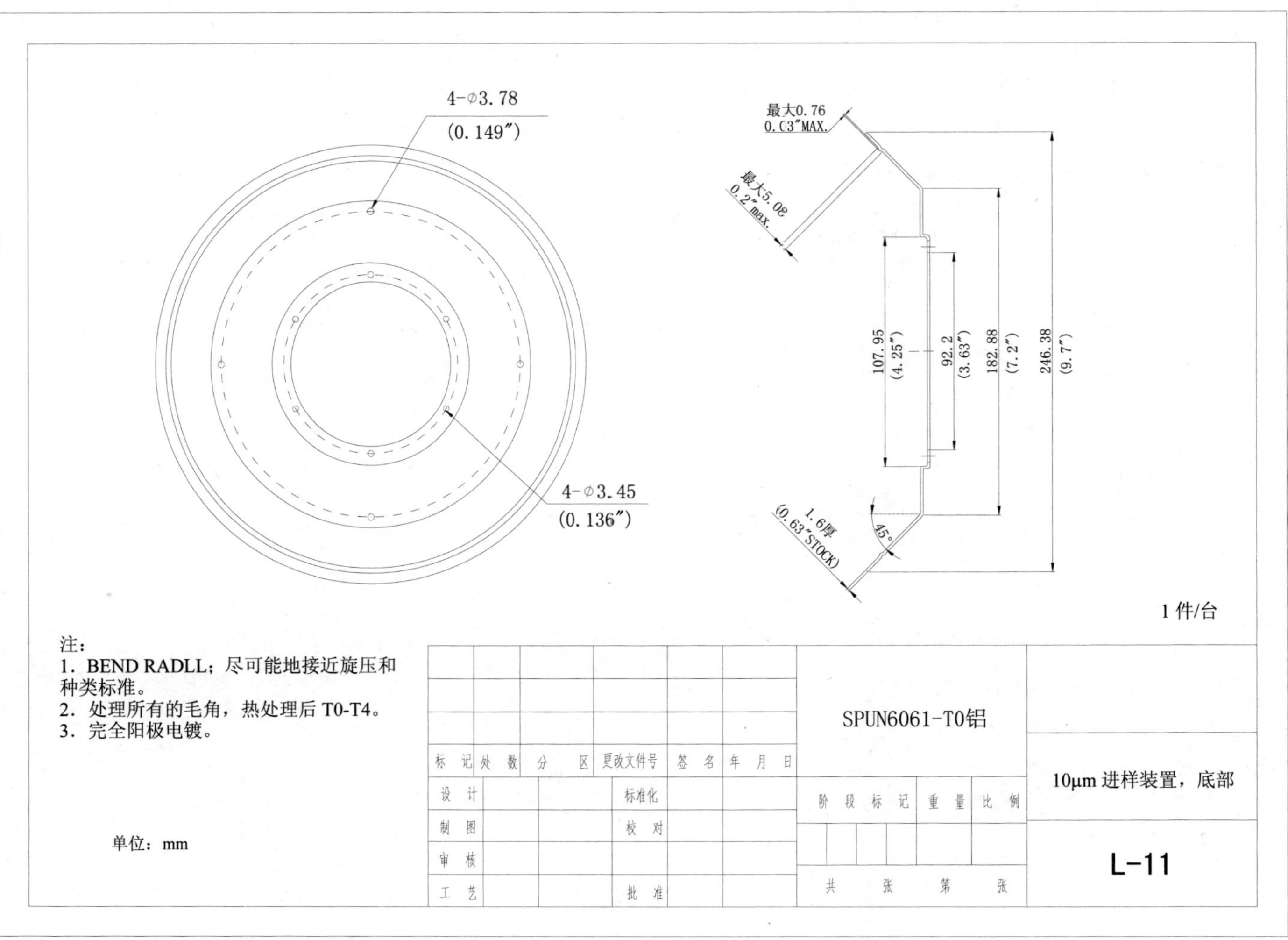

4-Φ3.78
(0.149")
4-Φ3.45
(0.136")
最大0.76
0.03"MAX.
最大5.08
0.2"max.
107.95
(4.25")
92.2
(3.63")
182.88
(7.2")
246.38
(9.7")
1.6厚
(0.63"STOCK)
45°
1件/台
注：
1. BEND RADLL；尽可能地接近旋压和种类标准。
2. 处理所有的毛角，热处理后 T0-T4。
3. 完全阳极电镀。
单位：mm
标记 处数 分区 更改文件号 签名 年月日
设计 标准化
制图 校对
审核
工艺 批准
SPUN6061-T0铝
阶段标记 重量 比例
共 张 第 张
10μm 进样装置，底部
L-11

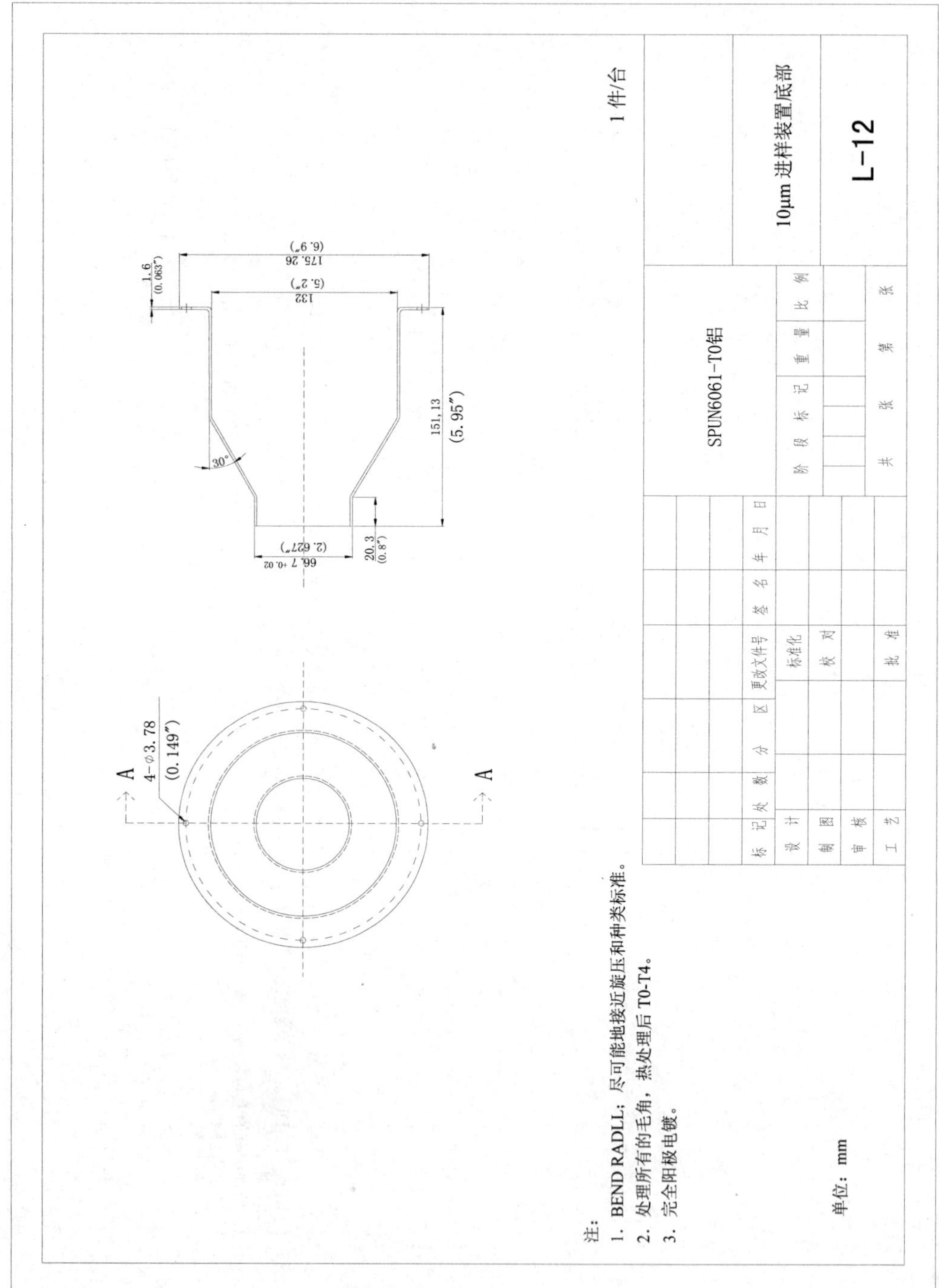
1件/台
10μm 进样装置底部
L-12
SPUN6061-T0铝
1.6
(0.063")
175.26
(6.9")
132
(5.2")
151.13
(5.95")
30°
66.7 +0.02
(2.627")
20.3
(0.8")
A
4-φ3.78
(0.149")
A
标记
处数
分区
更改文件号
签名
年月日
设计
标准化
制图
校对
审核
工艺
批准
阶段标记
重量
比例
共 张
第 张
注：
1. BEND RADLL；尽可能地接近旋压和种类标准。
2. 处理所有的毛角，热处理后 T0-T4。
3. 完全阳极电镀。
单位：mm

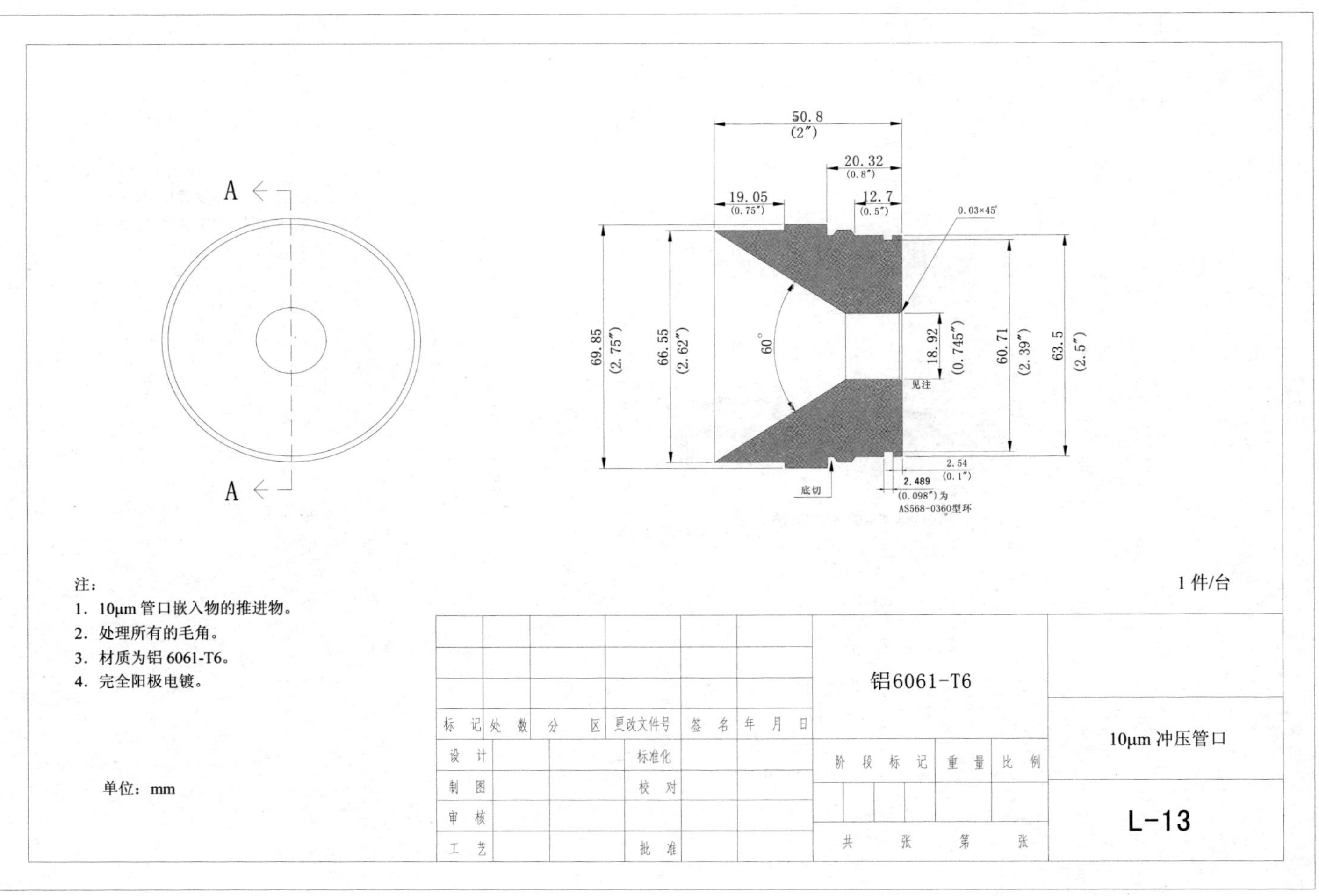
A
A
50.8
(2")
20.32
(0.8")
19.05
(0.75")
12.7
(0.5")
0.03×45°
69.85
(2.75")
66.55
(2.62")
60°
18.92
(0.745")
见注
60.71
(2.39")
63.5
(2.5")
2.54
(0.1")
2.489
(0.098")为
AS568-0360型环
底切
注：
1. 10μm管口嵌入物的推进物。
2. 处理所有的毛角。
3. 材质为铝6061-T6。
4. 完全阳极电镀。
单位：mm
1件/台
标记 处数 分区 更改文件号 签名 年月日
设计 标准化
制图 校对
审核
工艺 批准
铝6061-T6
阶段标记 重量 比例
共 张 第 张
10μm 冲压管口
L-13

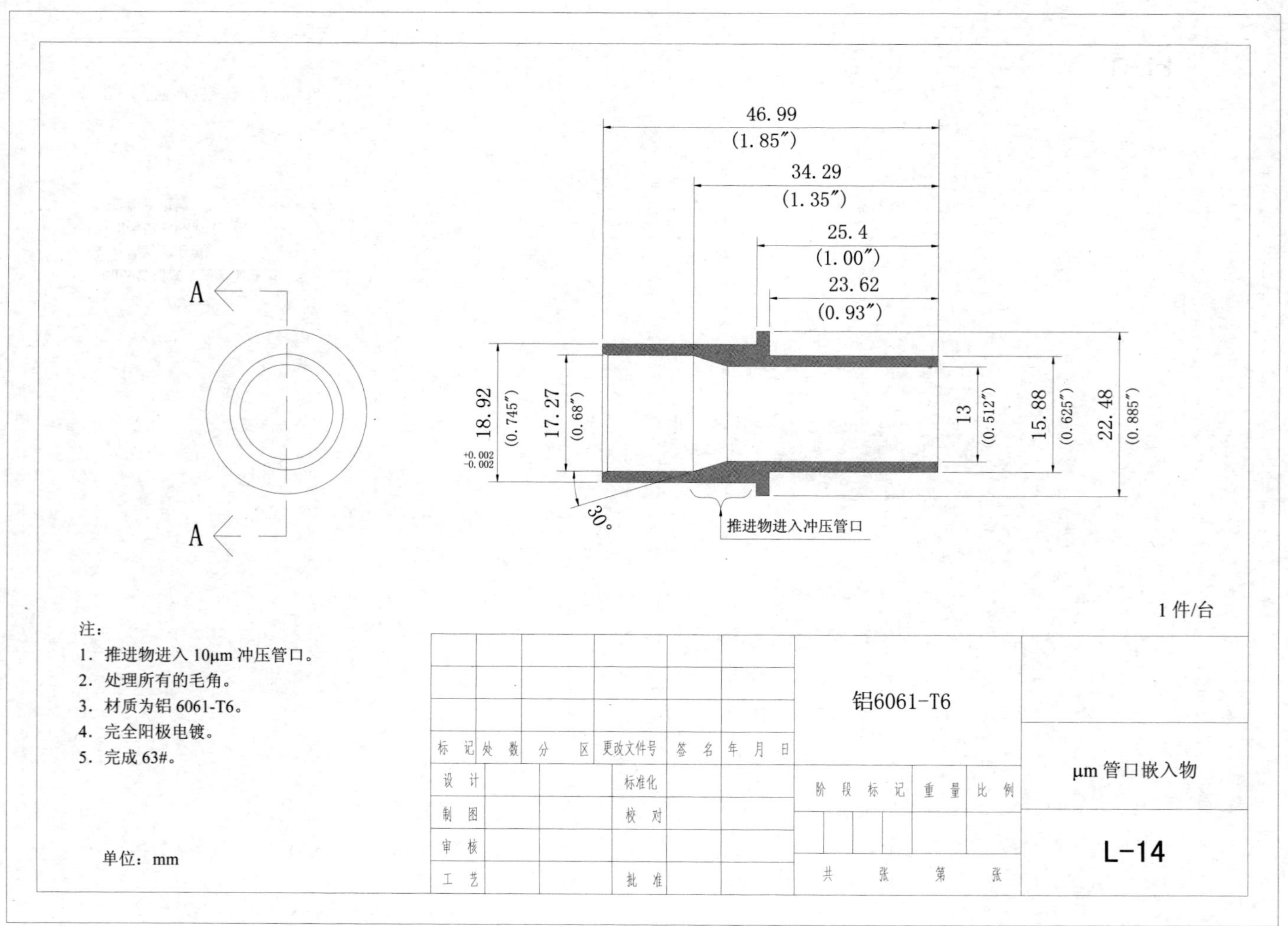
46.99
(1.85")
34.29
(1.35")
25.4
(1.00")
23.62
(0.93")
A
A
18.92 +0.002 -0.002
(0.745")
17.27
(0.68")
13
(0.512")
15.88
(0.625")
22.48
(0.885")
30°
推进物进入冲压管口
1件/台
注：
1. 推进物进入10μm冲压管口。
2. 处理所有的毛角。
3. 材质为铝6061-T6。
4. 完全阳极电镀。
5. 完成63#。
单位：mm
标记 处数 分区 更改文件号 签名 年月日
设计 标准化
制图 校对
审核
工艺 批准
铝6061-T6
阶段标记 重量 比例
共 张 第 张
μm管口嵌入物
L-14

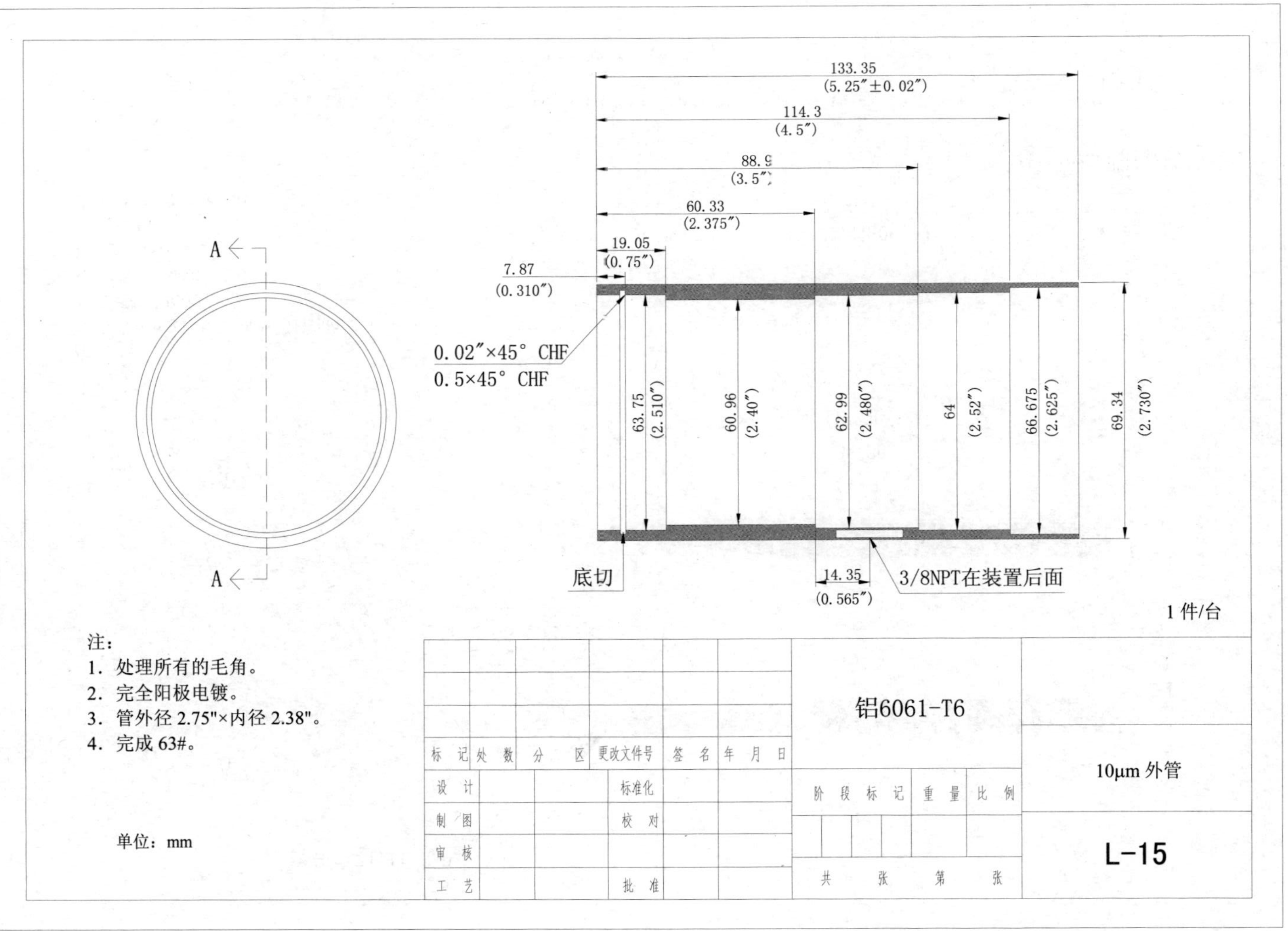
133.35
(5.25″±0.02″)
114.3
(4.5″)
88.9
(3.5″)
60.33
(2.375″)
19.05
(0.75″)
7.87
(0.310″)
A
A
0.02″×45° CHF
0.5×45° CHF
63.75
(2.510″)
60.96
(2.40″)
62.99
(2.480″)
64
(2.52″)
66.675
(2.625″)
69.34
(2.730″)
底切
14.35
(0.565″)
3/8NPT在装置后面
1件/台
注：
1. 处理所有的毛角。
2. 完全阳极电镀。
3. 管外径 2.75"×内径 2.38"。
4. 完成 63#。
单位：mm
标记 处数 分区 更改文件号 签名 年月日
设计 标准化
制图 校对
审核
工艺 批准
铝6061-T6
阶段标记 重量 比例
共 张 第 张
10μm 外管
L-15

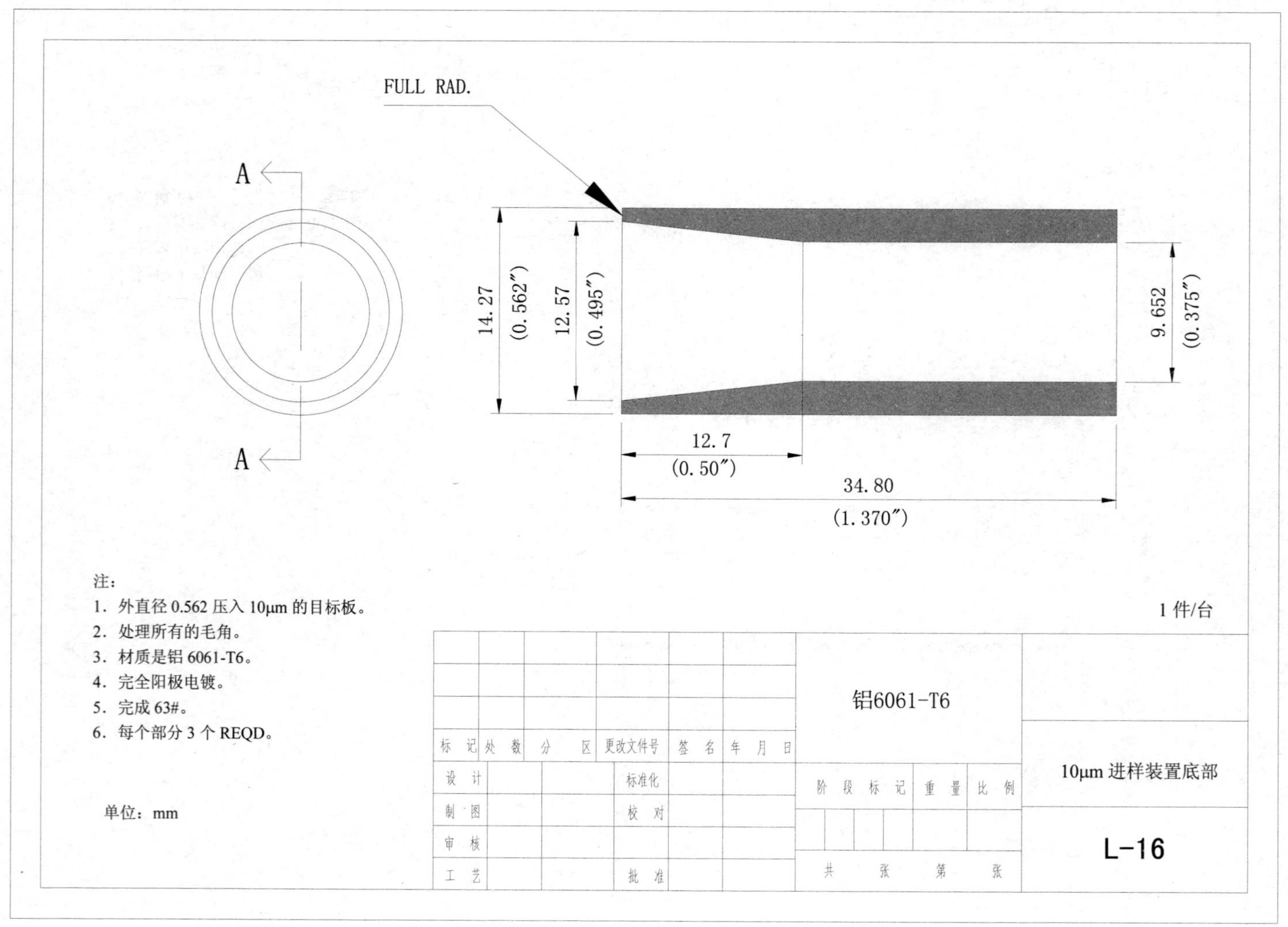

FULL RAD.
A
A
14.27
(0.562″)
12.57
(0.495″)
9.652
(0.375″)
12.7
(0.50″)
34.80
(1.370″)
注：
1. 外直径0.562压入10μm的目标板。
2. 处理所有的毛角。
3. 材质是铝6061-T6。
4. 完全阳极电镀。
5. 完成63#。
6. 每个部分3个REQD。
单位：mm
1件/台
标记 处数 分区 更改文件号 签名 年月日
设计 标准化
制图 校对
审核
工艺 批准
铝6061-T6
阶段标记 重量 比例
共 张 第 张
10μm 进样装置底部
L-16

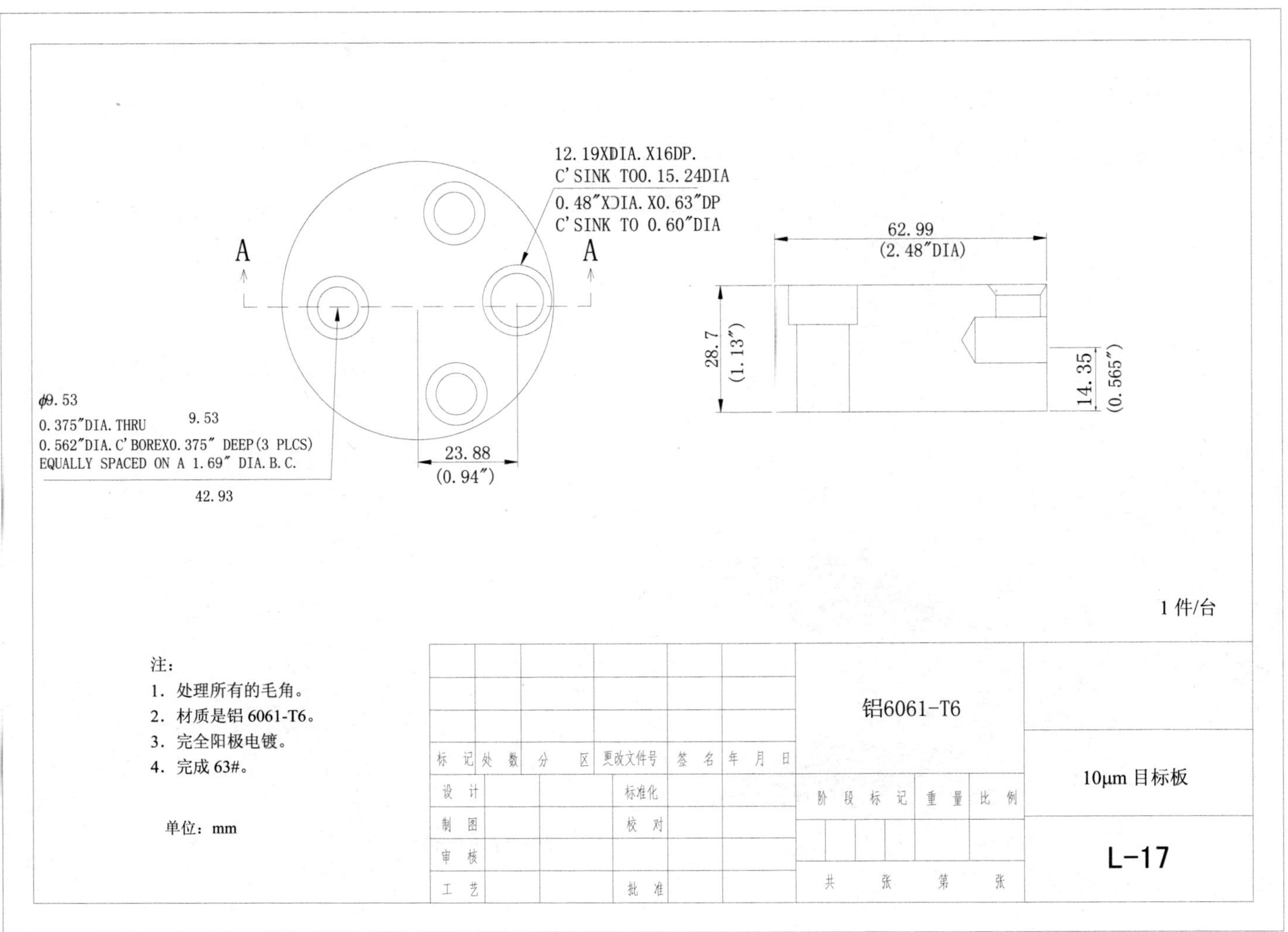
12.19XDIA.X16DP.
C'SINK TO0.15.24DIA
0.48"XDIA.X0.63"DP
C'SINK TO 0.60"DIA
A
A
62.99
(2.48"DIA)
28.7
(1.13")
14.35
(0.565")
ϕ9.53
0.375"DIA.THRU
9.53
0.562"DIA.C'BOREX0.375" DEEP(3 PLCS)
EQUALLY SPACED ON A 1.69" DIA.B.C.
42.93
23.88
(0.94")
1件/台
注：
1. 处理所有的毛角。
2. 材质是铝 6061-T6。
3. 完全阳极电镀。
4. 完成 63#。
单位：mm
标记 处数 分区 更改文件号 签名 年月日
设计 标准化
制图 校对
审核
工艺 批准
铝6061-T6
阶段标记 重量 比例
共 张 第 张
10μm 目标板
L-17

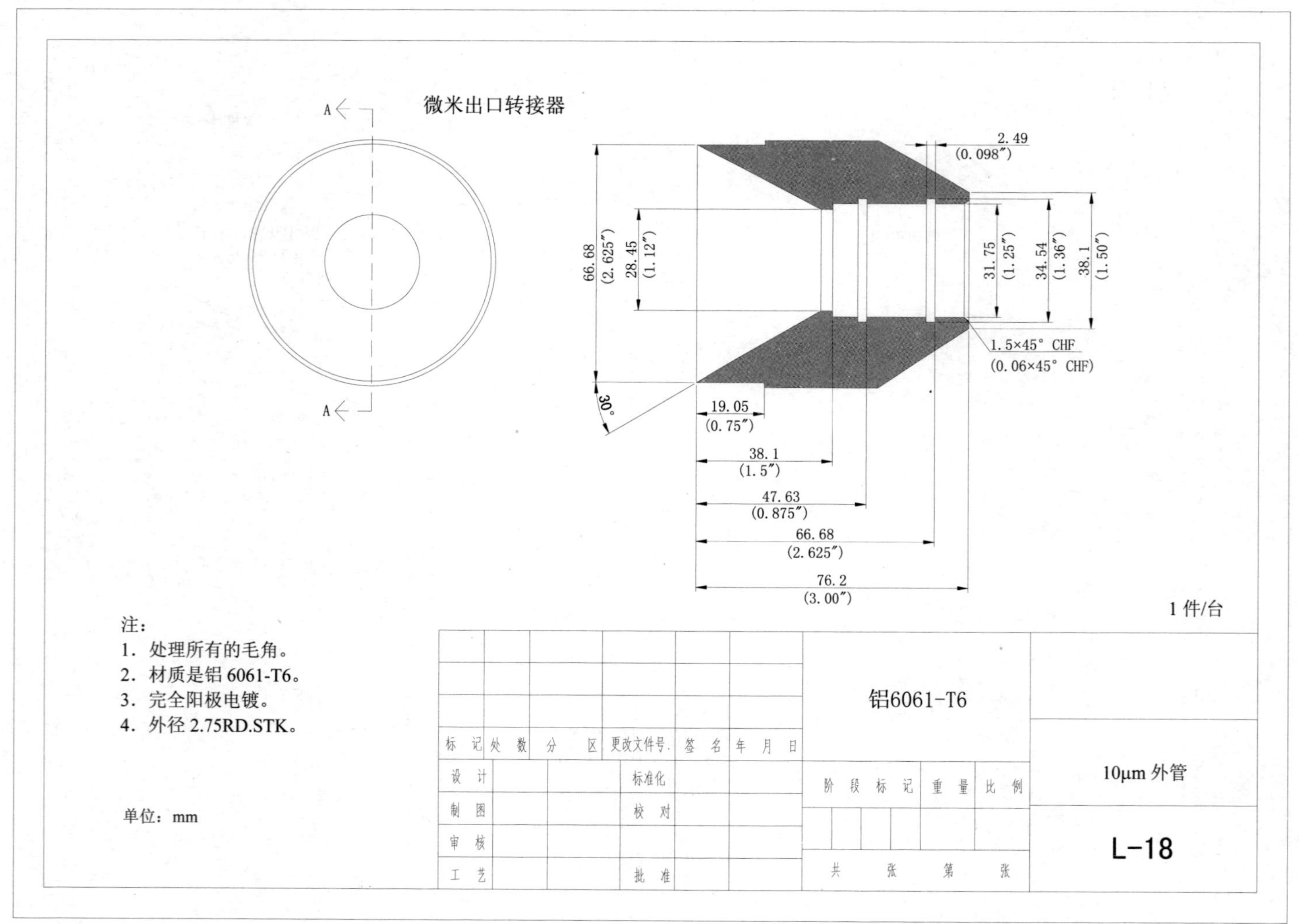
微米出口转接器
A
A
2.49 (0.098")
66.68 (2.625")
28.45 (1.12")
31.75 (1.25")
34.54 (1.36")
38.1 (1.50")
1.5×45° CHF (0.06×45° CHF)
30°
19.05 (0.75")
38.1 (1.5")
47.63 (0.875")
66.68 (2.625")
76.2 (3.00")
1件/台
注：
1. 处理所有的毛角。
2. 材质是铝6061-T6。
3. 完全阳极电镀。
4. 外径2.75RD.STK。
单位：mm
标记 处数 分区 更改文件号 签名 年月日
设计 标准化
制图 校对
审核
工艺 批准
铝6061-T6
阶段标记 重量 比例
共 张 第 张
10μm 外管
L-18

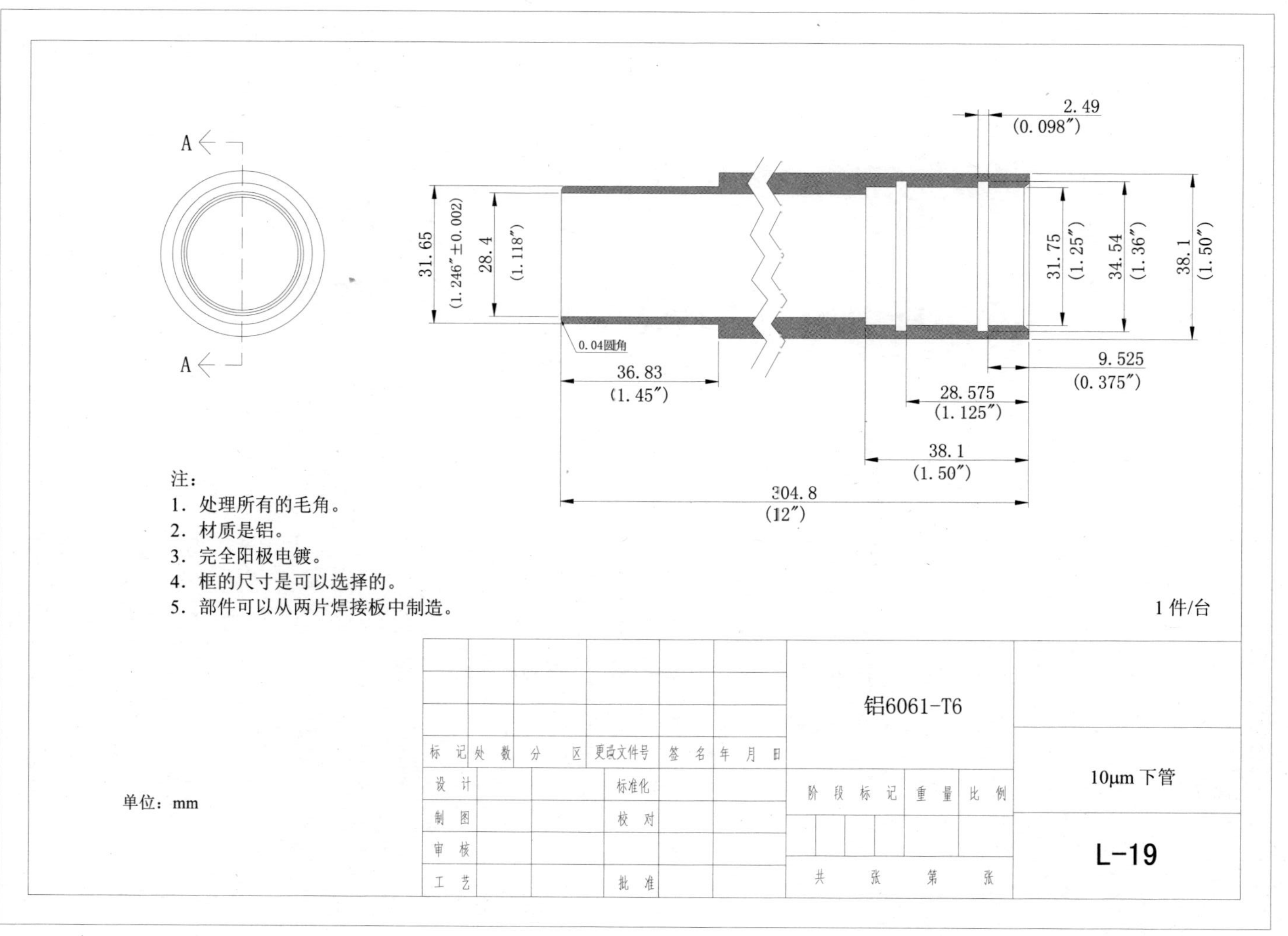

A
A
2.49
(0.098")
31.65
(1.246"±0.002)
28.4
(1.118")
31.75
(1.25")
34.54
(1.36")
38.1
(1.50")
0.04圆角
36.83
(1.45")
9.525
(0.375")
28.575
(1.125")
38.1
(1.50")
304.8
(12")
注：
1. 处理所有的毛角。
2. 材质是铝。
3. 完全阳极电镀。
4. 框的尺寸是可以选择的。
5. 部件可以从两片焊接板中制造。
1件/台
铝6061-T6
标记 处数 分区 更改文件号 签名 年月日
设计 标准化
制图 校对
审核
工艺 批准
阶段标记 重量 比例
共 张 第 张
10μm 下管
L-19
单位：mm

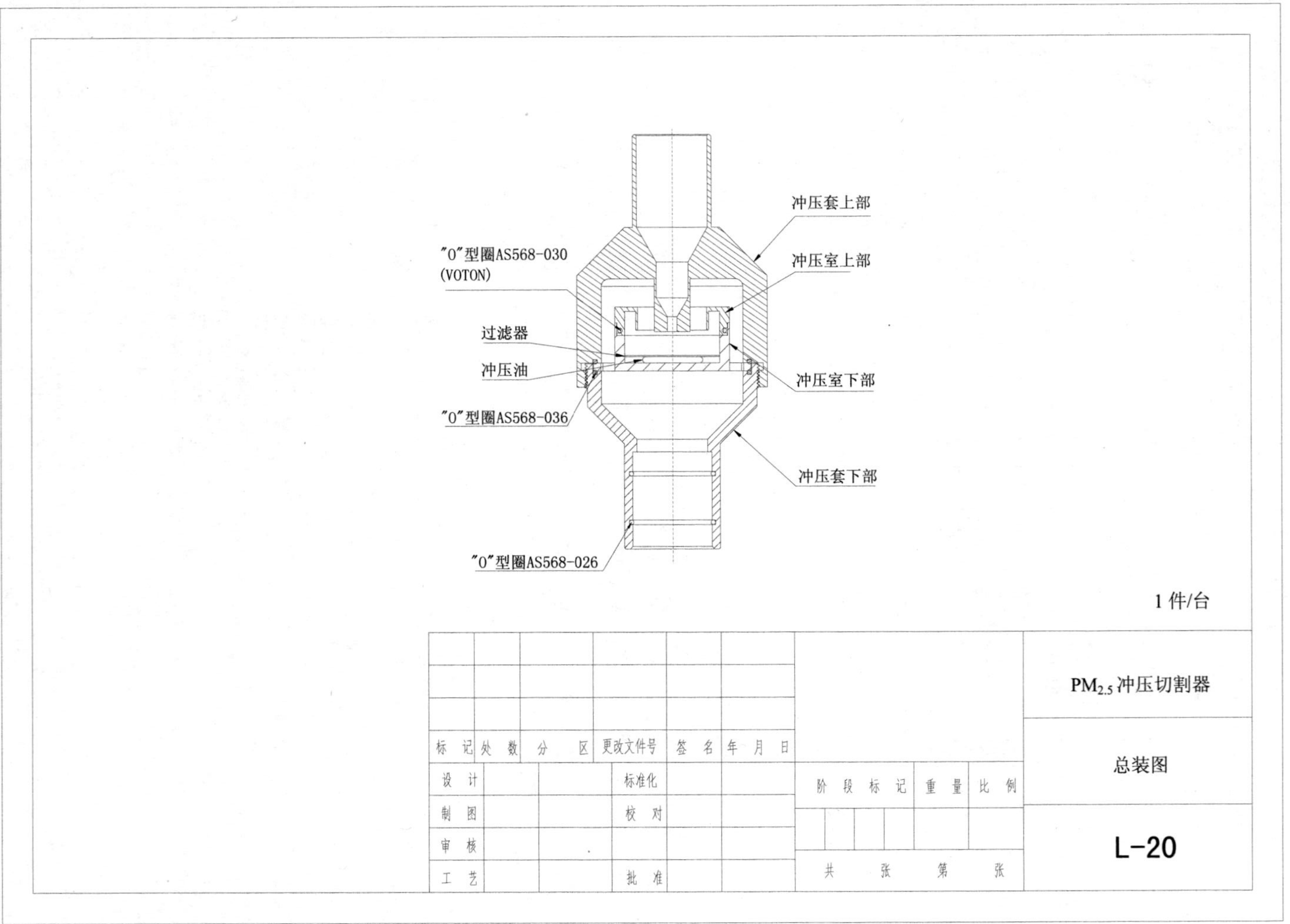

冲压套上部
"0"型圈AS568-030
(VOTON)
冲压室上部
过滤器
冲压油
冲压室下部
"0"型圈AS568-036
冲压套下部
"0"型圈AS568-026
1件/台
PM2.5冲压切割器
总装图
L-20
标记
处数
分区
更改文件号
签名
年月日
设计
标准化
制图
校对
审核
工艺
批准
阶段标记
重量
比例
共 张
第 张

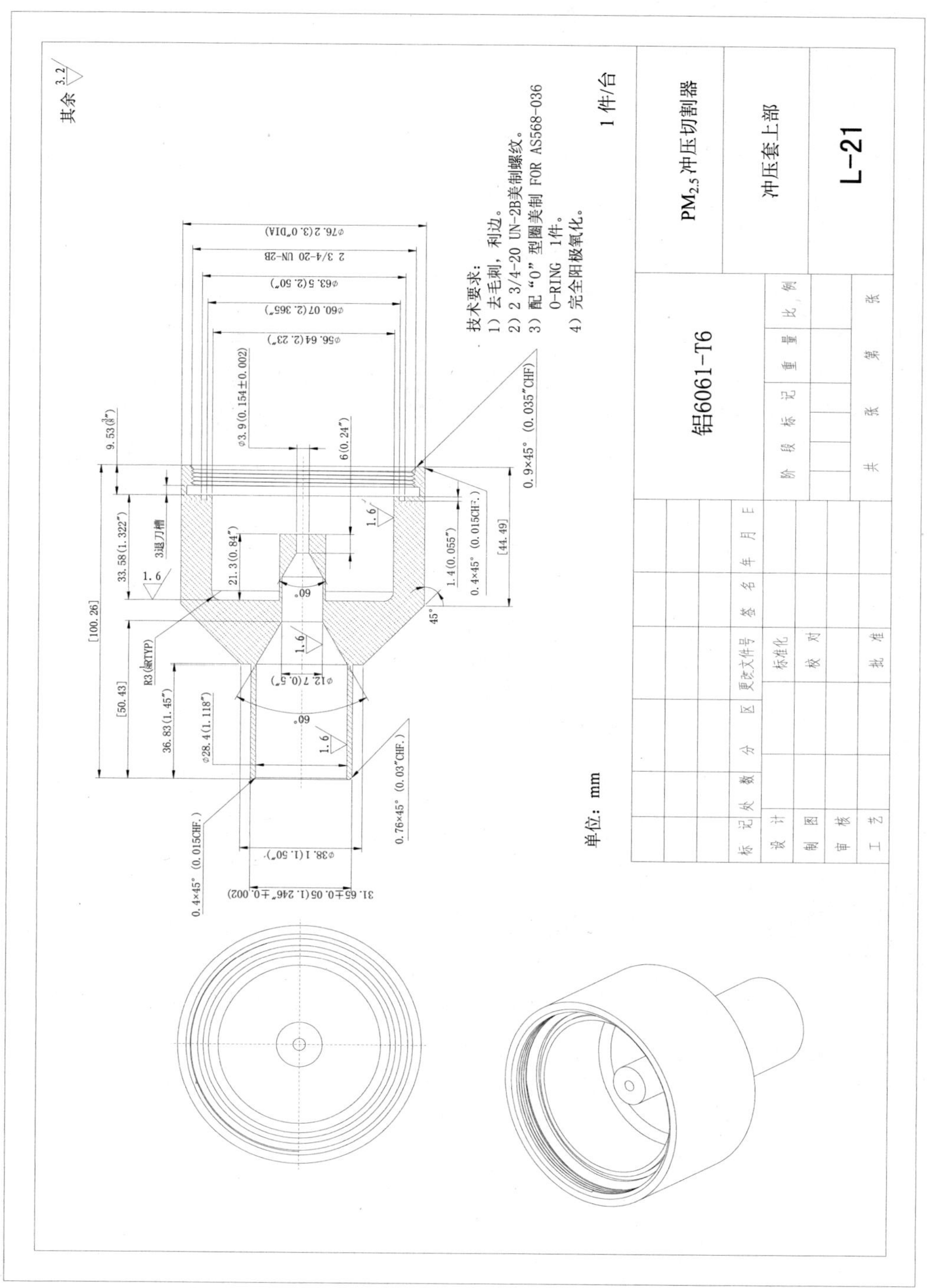

其余 3.2
1件/台
技术要求：
1）去毛刺，利边。
2）2 3/4-20 UN-2B美制螺纹。
3）配“0”型圈美制 FOR AS568-036 0-RING 1件。
4）完全阳极氧化。
单位：mm
PM2.5冲压切割器
冲压套上部
L-21
铝6061-T6
标记 处数 分区 更改文件号 签名 年月日
设计 标准化
制图 校对
审核
工艺 批准
阶段标记 重量 比例
共 张 第 张

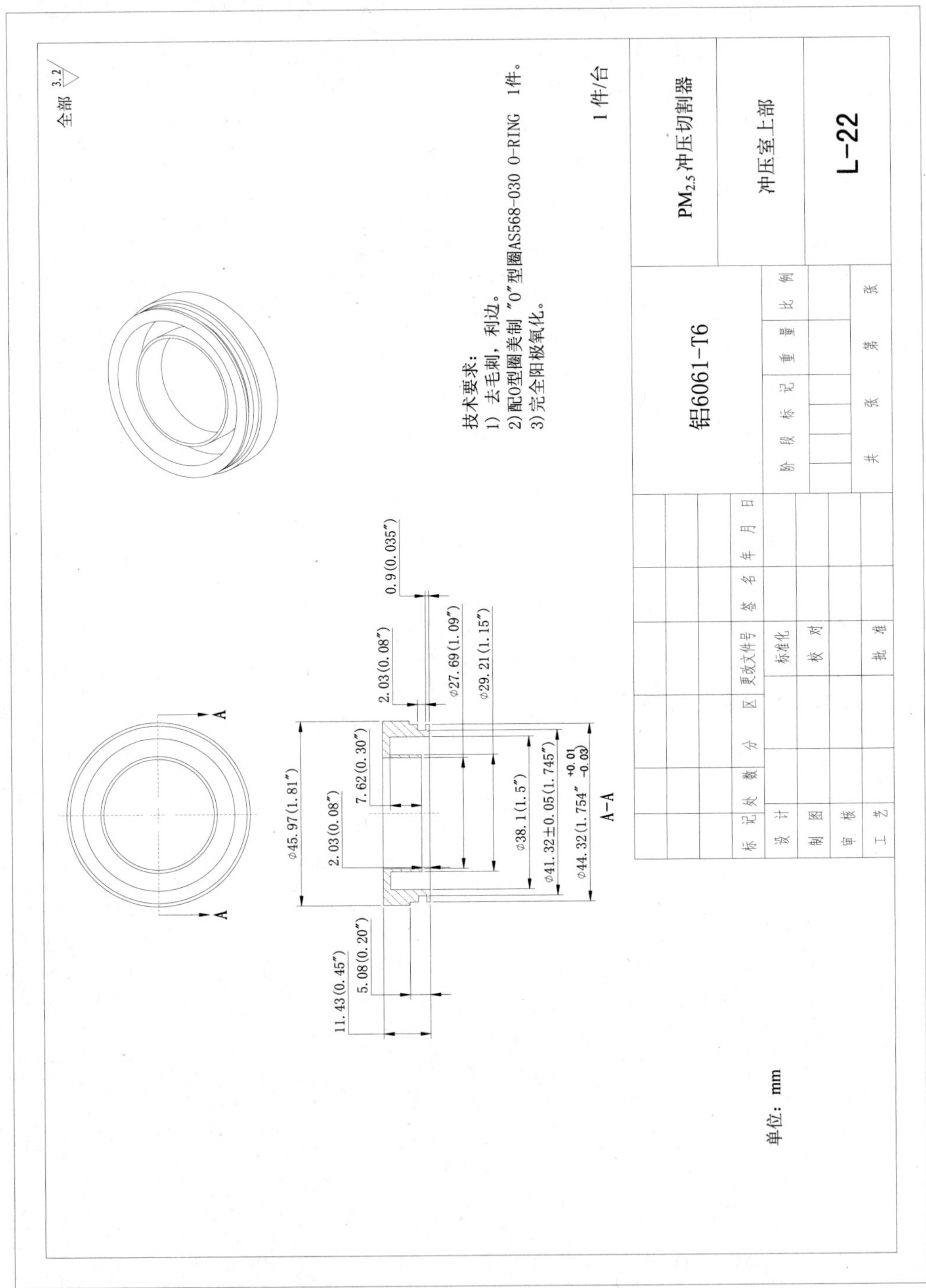
全部 3.2
技术要求：
1）去毛刺，利边。
2）配O型圈美制"O"型圈AS568-030 O-RING 1件。
3）完全阳极氧化。
1件/台
PM2.5冲压切割器
冲压室上部
L-22
铝6061-T6
A
A
A-A
φ45.97(1.81")
2.03(0.08")
7.62(0.30")
2.03(0.08")
0.9(0.035")
φ27.69(1.09")
φ29.21(1.15")
φ38.1(1.5")
φ41.32±0.05(1.745")
φ44.32(1.754" +0.01 -0.03)
11.43(0.45")
5.08(0.20")
单位：mm
标记 处数 分区 更改文件号 签名 年月日
设计 标准化
制图 校对
审核
工艺 批准
阶段标记 重量 比例
共 张 第 张

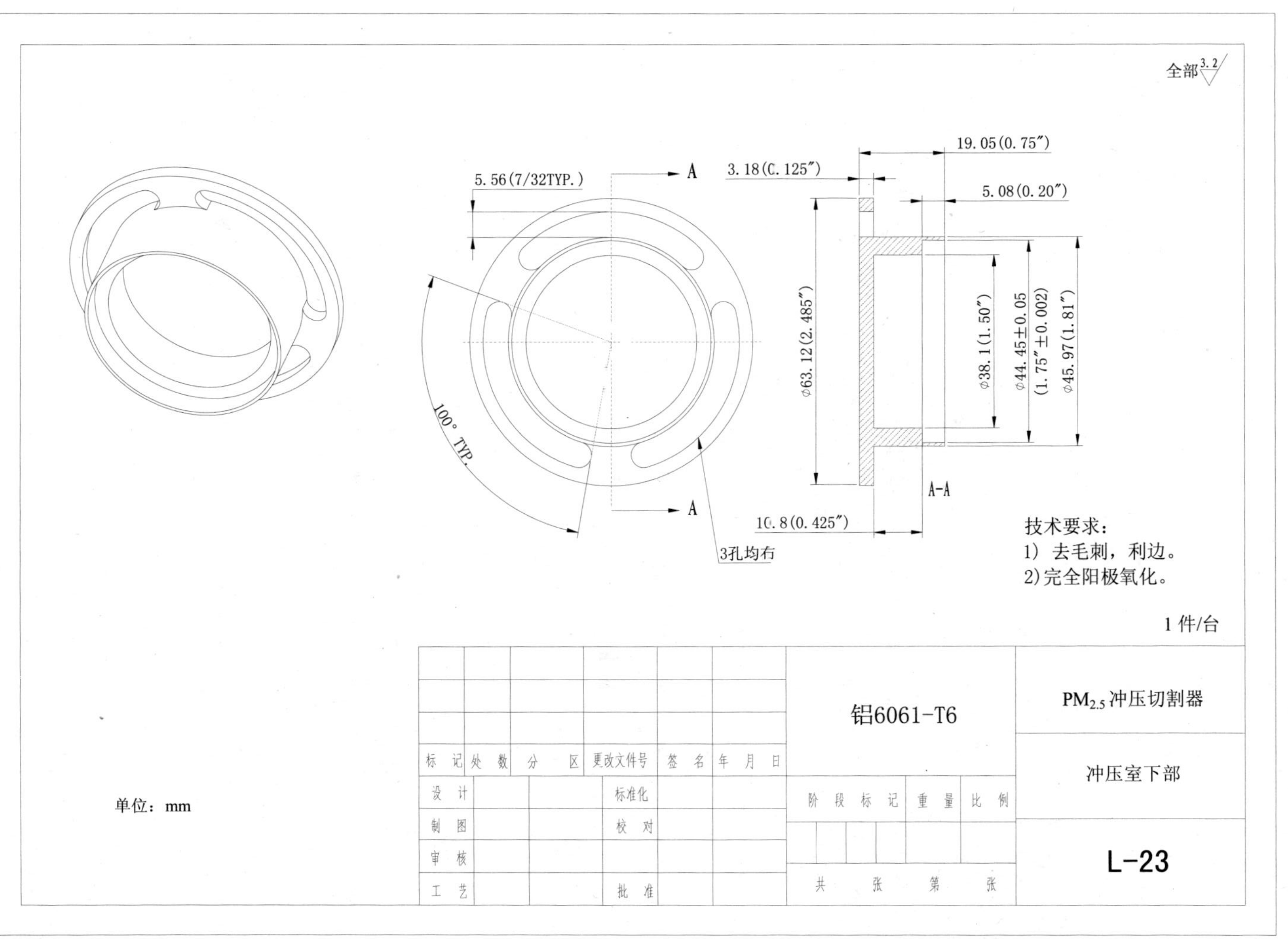

全部 3.2
5.56(7/32TYP.)
A
A
100° TYP.
3孔均布
3.18(0.125")
19.05(0.75")
5.08(0.20")
ϕ63.12(2.485")
ϕ38.1(1.50")
ϕ44.45±0.05
(1.75"±0.002)
ϕ45.97(1.81")
A-A
10.8(0.425")
技术要求：
1) 去毛刺，利边。
2)完全阳极氧化。
1件/台
铝6061-T6
PM2.5冲压切割器
冲压室下部
L-23
标记 处数 分区 更改文件号 签名 年月日
设计 标准化
制图 校对
审核
工艺 批准
阶段标记 重量 比例
共 张 第 张
单位：mm

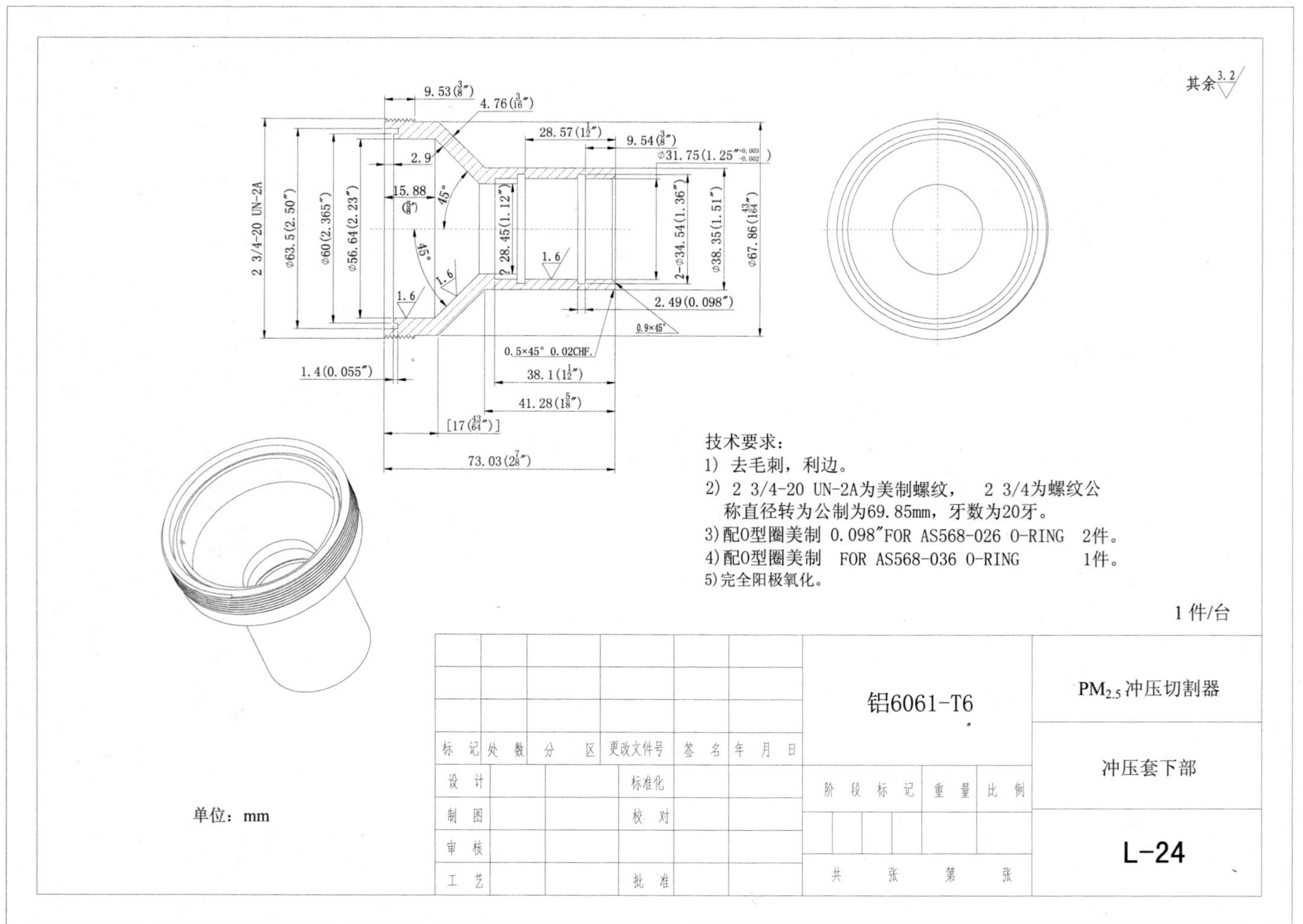
其余3.2
9.53(3/8″)
4.76(3/16″)
28.57(1 1/2″)
9.54(3/8″)
φ31.75(1.25″+0.003 -0.002)
2.9
15.88(5/8″)
45°
45°
2 3/4-20 UN-2A
φ63.5(2.50″)
φ60(2.365″)
φ56.64(2.23″)
2-28.45(1.12″)
1.6
1.6
1.6
2-φ34.54(1.36″)
φ38.35(1.51″)
φ67.86(1 43/64″)
2.49(0.098″)
0.9×45°
0.5×45° 0.02CHF.
1.4(0.055″)
38.1(1 1/2″)
41.28(1 5/8″)
[17(43/64″)]
73.03(2 7/8″)
技术要求：
1）去毛刺，利边。
2）2 3/4-20 UN-2A为美制螺纹，2 3/4为螺纹公称直径转为公制为69.85mm，牙数为20牙。
3）配O型圈美制 0.098″FOR AS568-026 O-RING 2件。
4）配O型圈美制 FOR AS568-036 O-RING 1件。
5）完全阳极氧化。
1件/台
铝6061-T6
PM2.5冲压切割器
冲压套下部
L-24
标记 处数 分区 更改文件号 签名 年月日
设计 标准化
制图 校对
审核
工艺 批准
阶段标记 重量 比例
共 张 第 张
单位：mm

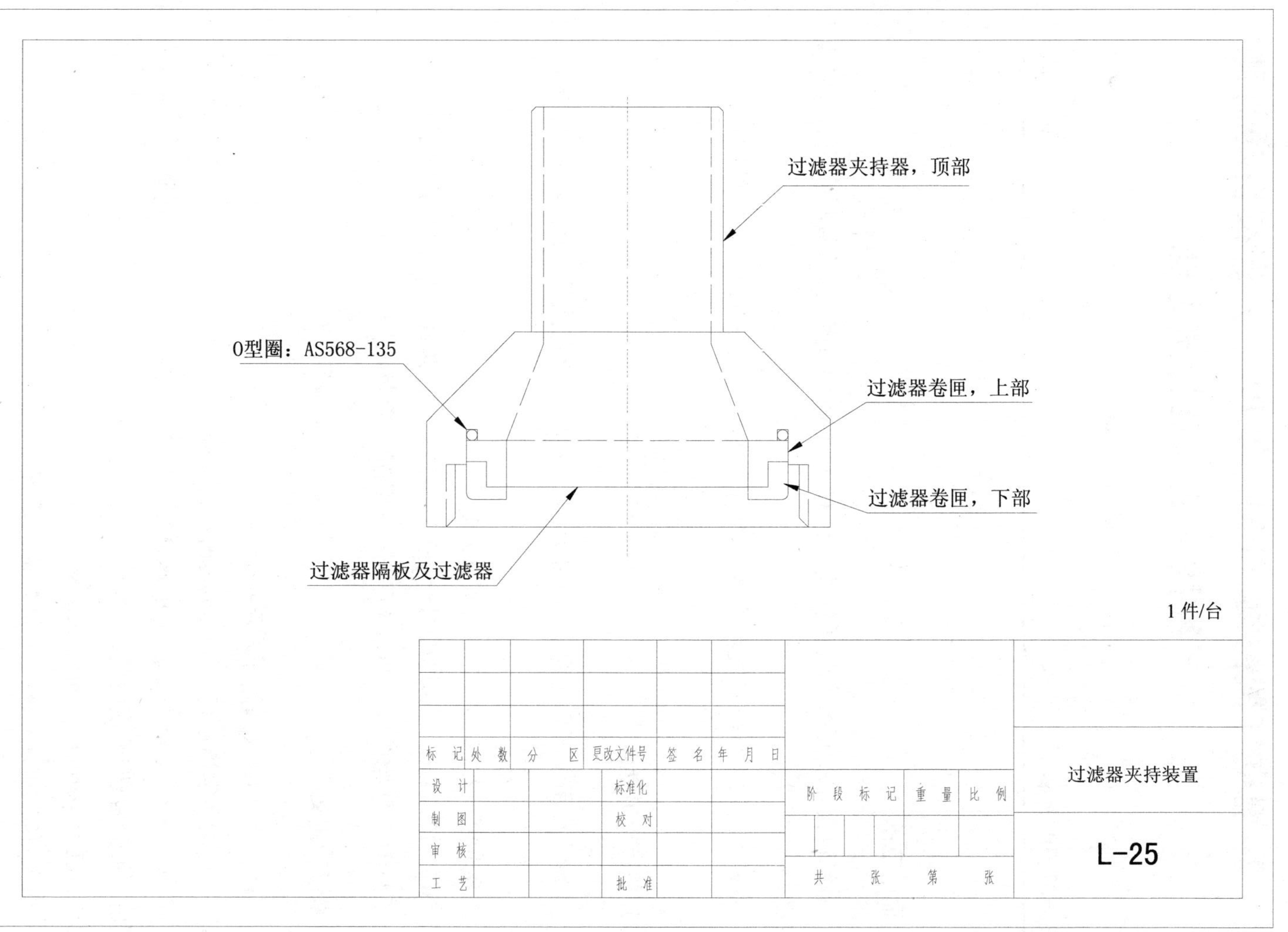
过滤器夹持器，顶部
O型圈：AS568-135
过滤器卷匣，上部
过滤器卷匣，下部
过滤器隔板及过滤器
1件/台
标记 处数 分区 更改文件号 签名 年月日
设计 标准化
制图 校对
审核
工艺 批准
阶段标记 重量 比例
共 张 第 张
过滤器夹持装置
L-25

环境空气颗粒物（PM_{10}和$PM_{2.5}$）连续自动监测系统技术要求及检测方法

HJ 653—2013

2013-07-30 发布　　2013-08-01 实施

1 适用范围

本标准规定了环境空气颗粒物（PM_{10}和$PM_{2.5}$）连续自动监测系统的技术要求、性能指标和检测方法。

本标准适用于环境空气颗粒物（PM_{10}和$PM_{2.5}$）连续自动监测系统的设计、生产和检测。

2 规范性引用文件

本标准引用了下列文件或其中的条款。凡是未注明日期的引用文件，其最新版本适用于本标准。

GB 3095—2012　环境空气质量标准

GB/T 17214.1　工业过程测量和控制装置　工作条件　第 1 部分：气候条件

HJ 618　环境空气　PM_{10}和$PM_{2.5}$的测定　重量法

3 术语和定义

下列术语和定义适用于本标准。

3.1　空气动力学当量直径　aerodynamic diameter

指单位密度（ρ_0=1 g/cm^3）的球体，在静止空气中作低雷诺数运动时，达到与实际粒子相同的最终沉降速度时的直径。

3.2　切割器　particle separate device

指具有将不同粒径粒子分离功能的装置。

3.3　50%切割粒径（Da_{50}）　50% cutpoint diameter

指切割器对颗粒物的捕集效率为 50%时所对应的粒子空气动力学当量直径。

3.4　颗粒物（粒径小于等于 10 μm）　particulate matter（PM_{10}）

指环境空气中空气动力学当量直径小于等于 10μm 的颗粒物，也称可吸入颗粒物。

3.5 颗粒物（粒径小于等于 2.5 μm） particulate matter（$PM_{2.5}$）

指环境空气中空气动力学当量直径小于等于 2.5 μm 的颗粒物，也称细颗粒物。

3.6 标准状态 standard state

指温度为 273 K，压力为 101.325 kPa 时的状态。本标准污染物浓度值均为标准状态下浓度值。

3.7 参比方法 reference method

国家发布的标准方法。

3.8 捕集效率的几何标准偏差（σ_g） geometric standard deviation of sampling efficiency

切割器对颗粒物的捕集效率有以下两种表述方法：

（1）捕集效率为 16%时对应的粒子空气动力学当量直径 Da_{16} 与捕集效率为 50%时对应的粒子空气动力学当量直径 Da_{50} 的比值；

（2）捕集效率为 50%时对应的粒子空气动力学当量直径 Da_{50} 与捕集效率为 84%时对应的粒子空气动力学当量直径 Da_{84} 的比值。

上述两个比值均应符合 σ_g=1.5±0.1（PM_{10} 连续监测系统）、σ_g=1.2±0.1（$PM_{2.5}$ 连续监测系统）的要求。计算公式见式（1）、式（2）：

$$\sigma_g = \frac{Da_{16}}{Da_{50}} \tag{1}$$

$$\sigma_g = \frac{Da_{50}}{Da_{84}} \tag{2}$$

式中：σ_g——捕集效率的几何标准偏差，%；

Da_{16}——切割器对颗粒物的捕集效率为 16%时对应的粒子空气动力学当量直径，μm；

Da_{50}——切割器对颗粒物的捕集效率为 50%时对应的粒子空气动力学当量直径，μm；

Da_{84}——切割器对颗粒物的捕集效率为 84%时对应的粒子空气动力学当量直径，μm。

3.9 仪器平行性 parallelism of monitors

指每一批次数据结果的均方根。

3.10 气溶胶传输效率 aerosol transport efficiency

指通过采样管进入监测仪的气溶胶量与进入采样管前气溶胶总量的百分比。

4 系统组成与原理

4.1 系统的组成

PM_{10} 和 $PM_{2.5}$ 连续监测系统包括样品采集单元、样品测量单元、数据采集和传输单元以及其他辅助设备。

4.1.1 样品采集单元

样品采集单元由采样入口、切割器和采样管等组成。将环境空气颗粒物进行切割分离，并将目标颗粒物输送到样品测量单元。

4.1.2 样品测量单元

样品测量单元对采集的环境空气 PM_{10} 或 $PM_{2.5}$ 样品进行测量。

4.1.3 数据采集和传输单元

数据采集和传输单元采集、处理和存储监测数据，并能按中心计算机指令传输监测数据和系统工作状态信息。

4.1.4 其他辅助设备

其他辅助设备包括安装仪器设备所需要的机柜或平台、安装固定装置、采样泵等。

4.2 方法原理

PM_{10} 和 $PM_{2.5}$ 连续监测系统所配置监测仪器的测量方法为 β 射线吸收法或微量振荡天平法。

5 技术要求

5.1 外观要求

5.1.1 PM_{10} 和 $PM_{2.5}$ 连续监测系统应有产品铭牌，铭牌上应标有仪器名称、型号、生产单位、出厂编号、制造日期等信息。

5.1.2 PM_{10} 和 $PM_{2.5}$ 连续监测系统外观应完好无损，无明显缺陷，各零、部件连接可靠，各操作键、按钮灵活有效。

5.2 工作条件

5.2.1 切割器在以下环境条件中应能正常工作：

环境温度：–30～50℃；

大 气 压：80～106 kPa。

5.2.2 监测仪在以下环境条件中应能正常工作：

环境温度：15～35℃；

相对湿度：≤85%；

大 气 压：80～106 kPa。

5.2.3 供电电压

AC（220±22）V，（50±1）Hz。

注：低温、低压等特殊环境条件下，仪器设备的配置应满足当地环境条件的使用要求。

5.3 安全要求

5.3.1 绝缘电阻

在环境温度为 15～35℃，相对湿度≤85%条件下，监测仪电源端子对地或机壳的绝缘电阻不小于 20 MΩ。

5.3.2 绝缘强度

在环境温度为 15～35℃，相对湿度≤85%条件下，监测仪在 1 500 V（有效值）、50 Hz 正弦波实验电压下持续 1 min，不应出现击穿或飞弧现象。

5.3.3 β射线源安全

PM_{10} 和 $PM_{2.5}$ 连续监测系统所配置监测仪器的测量方法为β射线吸收法时，使用的β射线源应符合放射性安全标准。

5.4 功能要求

5.4.1 滤膜要求

在规定膜面流速下，PM_{10} 采样滤膜要求对 0.3 μm 颗粒物的截留效率≥99%，$PM_{2.5}$ 采样滤膜要求对 0.3 μm 颗粒物的截留效率≥99.7%。

5.4.2 具备显示和设置系统时间的功能及时间标签功能，数据为设置时段的平均值。

5.4.3 具备记录或输出测量过程中的环境大气压、环境温度、流量和浓度等数据的功能。

5.4.4 具备数字信号输出功能，数据采集和存储记录要求应符合附录 A 的要求。

5.4.5 具备三个月以上数据的存储能力。

5.4.6 仪器掉电后，能自动保存数据；恢复供电后系统可自动启动，恢复运行状态并正常开始工作。

6 性能指标

6.1 PM_{10} 连续监测系统

6.1.1 浓度测量范围

0～1 000 μg/m^3 或 0～10 000 μg/m^3（可选），最小显示单位 0.1 μg/m^3。

6.1.2 切割性能

50%切割粒径：Da_{50}=（10±0.5）μm；

捕集效率的几何标准偏差：σ_g=1.5±0.1。

6.1.3 时钟误差

（1）在监测仪正常工作状态下测试 6 h，时钟误差±20 s。

（2）断开监测仪的供电总计 5 次（各次断电的持续时间分别为 20 s、40 s、2 min、7 min 和 20 min，且在每次断电之间应保证不少于 10 min 正常电力供应），测试 6 h，时钟误差±2 min。

6.1.4 温度测量示值误差

在−30～50℃范围内，温度测量示值误差±2℃。

6.1.5 大气压测量示值误差

在 80～106 kPa 范围内，大气压测量示值误差≤1 kPa。

6.1.6 流量稳定性

24 h 内，每一次测试时间点流量变化±10%设定流量，24 h 平均流量变化±5%设定流量。

6.1.7 校准膜重现性

监测仪校准膜重现性±2%（标称值）。

6.1.8 电压变化稳定性

供电电压变化±10%，监测仪标准膜测量值的变化±5%（标称值）。

6.1.9 仪器平行性

三台（套）仪器平行性≤10%。

6.1.10 参比方法比对测试

使用参比方法进行至少 10 组有效数据的比对测试，测试结果进行线性回归分析，符合以下要求：

斜率：1±0.15；

截距：（0±10）μg/m^3；

相关系数≥0.95。

6.1.11 有效数据率

连续运行至少 90 d，有效数据率不低于 85%。

6.2 $PM_{2.5}$连续监测系统

6.2.1 浓度测量范围

0～1 000 μg/m^3 或 0～10 000 μg/m^3（可选），最小显示单位 0.1 μg/m^3。

6.2.2 切割性能

50%切割粒径：Da_{50}=（2.5±0.2）μm；

捕集效率的几何标准偏差：σ_g=1.2±0.1。

6.2.3 时钟误差

（1）在监测仪正常工作状态下测试 6 h，时钟误差±20 s。

（2）断开监测仪的供电总计 5 次（各次断电的持续时间分别为 20 s、40 s、2 min、7 min 和 20 min，且在每次断电之间应保证不少于 10 min 正常电力供应），测试 6 h，时钟误差±2 min。

6.2.4 温度测量示值误差

在–30～50℃范围内，温度测量示值误差±2℃。

6.2.5 大气压测量示值误差

在 80～106 kPa 范围内，大气压测量示值误差≤1 kPa。

6.2.6 流量测试

在监测仪正常工作条件下，使用标准流量计在采样入口处检测流量，符合以下指标：

（1）平均流量偏差±5%设定流量；

（2）流量相对标准偏差≤2%；

（3）平均流量示值误差≤2%。

6.2.7 校准膜重现性

监测仪校准膜重现性±2%（标称值）。

6.2.8 环境气压、环境温度及供电电压变化的影响

监测仪分别在不同的气压、温度和供电电压等 6 种环境条件下进行测试，其流量性能指标符合 6.2.6 的要求。

6.2.9 气溶胶传输效率

采样管气溶胶传输效率≥97%。

6.2.10 切割器加载测试

在一个维护周期内，加载后的切割器切割性能指标符合 6.2.2 的要求。

6.2.11 仪器平行性

三台（套）仪器平行性≤15%。

6.2.12 参比方法比对测试

使用参比方法进行至少 23 组有效数据的比对测试，测试结果进行线性回归分析，符合以下要求：

斜率：1±0.15；

截距：（0±10）$\mu g/m^3$；

相关系数≥0.93。

6.2.13 有效数据率

连续运行至少 90 d，有效数据率不低于 85%。

7 检测方法

7.1 PM_{10}连续监测系统

7.1.1 切割性能

切割性能测试可使用分流测试法或静态箱测试法。

7.1.1.1 分流测试法

发生单一粒径、均匀、稳定的气溶胶粒子，分别测试待测切割器上游的气溶胶浓度和切割器下游的气溶胶浓度，计算不同粒径气溶胶的捕集效率；拟合捕集效率与粒径的关系得到该切割器的 50%切割粒径和捕集效率的几何标准偏差。

（1）气溶胶的生成。通过单分散固态气溶胶发生器发生单分散固态的气溶胶颗粒。采用气溶胶检测仪器（例如气溶胶粒径谱仪）测量单分散固态气溶胶的粒径和浓度。实验粒子的粒径要求见表1。

表1 PM_{10}实验粒子的粒径要求

实验粒子的空气动力学当量直径 *Da*/μm							
3±0.5	5±0.5	7±0.5	9±0.5	11±1.0	13±1.0	15±1.0	17±1.0

（2）分流法测试。

a）将待测切割器去除进气部件，通过分流管连接流量适配器、待测切割器和气溶胶检测仪器，切割器应竖直放置。

b）采用单分散固态气溶胶发生器，发生表1中空气动力学当量直径（3±0.5）μm的雾化单分散固态气溶胶颗粒。

c）采用气溶胶检测仪器测量单分散固态气溶胶的粒径，确认其稳定、均匀，符合要求。

d）采用气溶胶检测仪器分别测定切割器上、下游的气溶胶浓度。记录为C_{111}和C_{211}。

e)分别依次生成表1中所列的8种粒径的雾化单分散固态气溶胶颗粒。重复以上c)～d)的操作，直至8种粒径的雾化单分散固态气溶胶颗粒测试完毕，得到C_{1ij}和C_{2ij}。

f）重复e）的操作三次，按式（3）计算得到8组24个捕集效率的数据。

$$\eta_{ij}=\frac{C_{2ij}}{C_{1ij}}\times 100\% \tag{3}$$

式中：η_{ij}——每个粒径点单次测量的捕集效率，%；

C_{1ij}——切割器上游固态单分散颗粒物单次测量浓度；

C_{2ij}——切割器下游固态单分散颗粒物单次测量浓度；

i——发生的气溶胶粒径点（i=1～8）；

j——每个粒径点测量的次数（j=1～3）。

g）按式（4）分别计算得到8个粒径点捕集效率的平均值。

$$\overline{\eta_i}=\frac{\sum_{j=1}^{3}\eta_{ij}}{3}\times 100\% \tag{4}$$

式中：$\overline{\eta_i}$——每个粒径点捕集效率的平均值（i=1～8），%。

h）按式（5）计算每个粒径点的捕集效率相对标准偏差C_{vi}，如果C_{vi}超过10%，则该粒径点的捕集效率测试无效。

$$C_{vi}=\frac{1}{\overline{\eta_i}}\times\sqrt{\frac{\sum_{j=1}^{3}(\eta_{ij}-\overline{\eta_i})^2}{2}}\times 100\% \tag{5}$$

式中：C_{vi}——每个粒径点捕集效率的相对标准偏差（i=1～8），%。

（3）数据处理。将得到的 8 个捕集效率平均值与对应的气溶胶空气动力学粒径进行拟合，得出捕集效率与气溶胶空气动力学粒径之间的回归方程和曲线。通过回归曲线得出切割器捕集效率分别为 16%、50%、84%时对应的空气动力学当量直径 Da_{16}、Da_{50}、Da_{84}，按照式（1）、式（2）计算切割器捕集效率的几何标准偏差σ_g，Da_{50} 和σ_g应符合 6.1.2 的要求。

7.1.1.2 静态箱测试法

将待测切割器安装到静态箱中，在静态箱中发生单一粒径、均匀、稳定的气溶胶粒子，用气溶胶检测仪器测量气溶胶浓度和均匀性；确保箱内的气溶胶浓度稳定，分布均匀。用气溶胶检测仪器测量经待测切割器切割后的气溶胶浓度。计算不同粒径颗粒物的捕集效率，拟合捕集效率与粒径的关系得到该切割器 50%切割粒径和捕集效率的几何标准偏差。

（1）安装待测切割器。将至少一台待测切割器安装到静态箱中，保证箱体密闭。

（2）气溶胶的生成。通过单分散固态气溶胶发生器发生单分散固态的气溶胶颗粒。采用气溶胶检测仪器（例如气溶胶粒径谱仪）测量单分散固态气溶胶的粒径和浓度。实验粒子的粒径要求见表 1。

（3）静态箱法测试：

a）将生成的空气动力学当量直径（3±0.5）μm 的雾化单分散固态气溶胶颗粒通入静态箱并充分混合，使用气溶胶检测仪器测量静态箱中三个以上点位抽取的气溶胶样品粒径和浓度，确保静态箱内气溶胶浓度均匀。三个点的气溶胶浓度相对标准偏差≤10%，记录三点的气溶胶平均浓度 C_{111}。

b）启动待测监测仪的采样泵，运行一段时间后，停止采样；使用气溶胶检测仪器测量待测采样器采集的气溶胶粒子浓度 C_{211}，按式（3）计算该粒径下气溶胶捕集效率η_{11}。

c）分别依次生成表 1 中所列的 8 种粒径的雾化单分散固态气溶胶颗粒。重复以上 a）～b）的操作，直至 8 种粒径的雾化单分散固态气溶胶颗粒测试完毕，得到 C_{1ij} 和 C_{2ij}。

d）重复 c）的操作三次，计算得到 8 组 24 个捕集效率的数据。

e）按式（4）分别计算得到 8 个粒径点捕集效率的平均值。

f）按式（5）计算每个空气动力学粒径点的捕集效率相对标准偏差 C_{vi}，如果 C_{vi} 超过 10%，则该粒径点的捕集效率测试无效。

（4）数据处理。将得到的 8 个捕集效率平均值与对应的气溶胶空气动力学粒径进行拟合，得出捕集效率与气溶胶空气动力学粒径之间的回归方程和曲线。通过回归曲线得出切割器捕集效率分别为 16%、50%、84%时对应的空气动力学当量直径 Da_{16}、Da_{50}、Da_{84}，按照式（1）、式（2）计算切割器捕集效率的几何标准偏差σ_g，Da_{50} 和σ_g 应符合 6.1.2 的要求。

7.1.2 时钟误差

7.1.2.1 监测仪正常工作过程条件下时钟误差

在待测监测仪正常工作过程中，读取并记录显示时间（时-分-秒）记为开始时间 t_0，同时启动秒表开始计时，当运行 6 h±60 s 时，分别读取和记录待测监测仪显示时间 t_1 和秒表显示时间 t_2。按公式（6）计算时钟误差。检测结果 Δt 应符合 6.1.3（1）的要求。

$$\Delta t = t_1 - t_0 - t_2 \tag{6}$$

式中：Δt——时钟误差，s；

t_0——待测监测仪开始时间，（时-分-秒）；

t_1——待测监测仪结束时间，（时-分-秒）；

t_2——秒表显示时间，（时-分-秒）。

7.1.2.2 监测仪断电条件下时钟误差

在待测监测仪正常工作过程中，读取并记录显示的时间（时-分-秒）记为开始时间 t_0，同时启动秒表开始计时。断电条件测试总时长为 6 h，在这期间要求断电总计 5 次，各次断电的持续时间分别为 20 s、40 s、2 min、7 min 和 20 min 左右，且在每次断电之间应保证不少于 10 min 正常供电。当运行 6 h±60 s 时，分别读取和记录待测监测仪显示时间 t_1 和秒表显示时间 t_2。按式（6）计算时钟误差。检测结果应符合 6.1.3（2）的要求。

7.1.3 温度测量示值误差

将待测监测仪或温度检测单元放入恒温环境中，在–30～50℃温度范围内分别设置 4 个温度测试点：（–20，0，20，50）℃，恒温装置的实际控制温度与上述设定温度允许偏差±2℃。待恒温装置温度稳定后，分别读取并记录标准温度值 t_{si} 和待测监测仪显示温度值 t_{pi}。按式（7）计算待测监测仪的温度测量示值误差Δt_i。重复测量 3 次，每个测试点的平均值应符合 6.1.4 的要求。

$$\Delta t_i = t_{pi} - t_{si} \tag{7}$$

式中：Δt_i——第 i 个测试点温度测量示值误差，℃；

t_{pi}——第 i 个测试点待测监测仪的环境温度示值，℃；

t_{si}——第 i 个测试点标准温度值，℃；

i——测试点序号，（i=1～4）。

7.1.4 大气压测量示值误差

将待测监测仪或压力检测单元放入气压舱中，在大气压测量的范围 80～106 kPa 内，选取以下 5 个检测点：80 kPa，90 kPa，100 kPa，106 kPa 和当前环境气压，各检测点的实际稳定值与上述规定值允许偏差±0.5 kPa。待气压舱的压力稳定后，分别读取并记录标准压力值 B_i 和待测监测仪显示压力值 P_i。按式（8）计算待测监测仪的大气压测量示值误差 δ_{pi}。重复测量 3 次，每个检测点的平均值应符合 6.1.5 的要求。

$$\delta_{pi} = \left| B_i - P_i \right| \tag{8}$$

式中：δ_{pi}——第 i 个测试点待测监测仪大气压测量示值误差，kPa；

P_i——第 i 个测试点标准压力值，kPa；

B_i——第 i 个测试点待测监测仪压力测量值，kPa；

i——测试点序号，（i=1～5）。

7.1.5 流量稳定性

待测监测仪预热稳定后，调整系统初始进样流量为设定流量值 $F_{(i)(0)}$，待测监测仪连续运行，分别在待测监测仪运行 6 h、12 h、18 h 和 24 h 时记录采样流量值，将每天记录的 4 个采样流量值进行算术平均，计算待测监测仪 24 h 采样流量的平均值，按式（9）计算待测监测仪 24 h 采样流量偏差ΔF_i，按式（10）计算待测监测仪当天每个测试时间点的采样流量偏差$\Delta F_{(i)(t)}$。每天测试结束后可对待测监测仪采样流量进行重新调整，测试 7 d，重复上述操作，每天的ΔF_i 和$\Delta F_{(i)(t)}$应符合 6.1.6 的要求。

$$\Delta F_i = \frac{\overline{F_i} - F_{(i)(0)}}{F_{(i)(0)}} \times 100\% \tag{9}$$

式中：ΔF_i——待测监测仪 24 h 采样流量偏差，%；

$\overline{F_i}$——待测监测仪 24 h 采样流量平均值，L/min；

$F_{(i)(0)}$——待测监测仪每天采样流量初始设定值，L/min；

i——测试天数，（i=1～7 d）。

$$\Delta F_{(i)(t)} = \frac{F_{(i)(t)} - F_{(i)(0)}}{F_{(i)(0)}} \tag{10}$$

式中：$\Delta F_{(i)(t)}$——待测监测仪每个测试时间点采样流量偏差，%；

$F_{(i)(t)}$——待测监测仪每天每个测试时间点的采样流量值，L/min；

t——每天的测试次数，（t=1～4）。

7.1.6 校准膜重现性

待测监测仪预热稳定后，按照操作规程插入校准膜片，待读数稳定后记录显示值，重复上述操作两次，计算标准膜读数的平均值。重复上述操作，测试 3 d，按式（11）计算每天的标准膜重现性 S_{Ci}，每天的 S_{Ci} 应符合 6.1.7 的要求。

$$S_{Ci} = \frac{\overline{C_i} - C_0}{C_0} \times 100\% \tag{11}$$

式中：S_{Ci}——待测监测仪第 i 天标准膜重现性，%；

$\overline{C_i}$——待测监测仪第 i 天标准膜测量平均值，μg/cm²，μg；

C_0——校准膜的标称值，μg/cm²，μg；

i——测试天数，（i=1～3）。

7.1.7 电压变化稳定性

待测监测仪预热稳定后，在正常电压条件下，放入校准膜，稳定后记录待测监测仪读数 W；调节电压为高于原初始电压值 10%，放入同一校准膜，稳定后记录待测监测仪读数 X；同样调节待测监测仪电压为低于原初始电压值 10%，放入同一校准膜，稳定后记录待测监测仪读数 Y。按式（12）计算电压变化的稳定性 V，应符合 6.1.8 的要求。

$$V=\frac{X-W}{R}\times 100\%\text{或}\frac{Y-W}{R}\times 100\% \tag{12}$$

式中：V——电压变化稳定性，%；

W——初始电压条件下校准膜测量值，μg/cm²（μg）；

X——调节电压为高于初始电压+10%时，校准膜测量值，μg/cm²（μg）；

Y——调节电压为低于初始电压–10%时，校准膜测量值，μg/cm²（μg）；

R——校准膜的标称值，μg/cm²（μg）。

7.1.8 仪器平行性

在同一试验环境条件下，将三台待测监测仪的采样器入口调整到同一高度，待测监测仪之间的距离为 2～4 m，分别进行采样流量校准和设置后，进行仪器平行性测试。测试环境大气中的 PM_{10} 浓度，每组样品连续测试 24 h，共测试 10 组样品；记录每台待测监测仪每次测量浓度值 C_{ij}，i 为待测监测仪的编号（i=1～3），j 为检测样品的序号（j=1～10），每个样品三台待测监测仪测量结果的平均值为 $\overline{C_j}$。当 $\overline{C_j}$ <30 μg/m³ 时，测试结果无效。按式（13）计算 3 台待测监测仪测试结果的相对标准偏差 P_j，按式（14）计算 3 台待测监测仪平行性 P，应符合 6.1.9 的要求。

$$P_j=\frac{\sqrt{\dfrac{\sum_{i=1}^{3}\left(C_{ij}-\overline{C_j}\right)^2}{2}}}{\overline{C_j}}\times 100\% \tag{13}$$

式中：P_j——3 台待测监测仪第 j 个样品测量结果的相对标准偏差，%；

C_{ij}——第 i 台待测监测仪测量第 j 个样品的 PM_{10} 质量浓度值，μg/m³；

$\overline{C_j}$——3 台待测监测仪测量第 j 个样品的 PM_{10} 质量浓度平均值，μg/m³。

$$P=\sqrt{\frac{1}{10}\times\sum_{j=1}^{10}(P_j)^2}\times 100\% \tag{14}$$

式中：P——仪器平行性，%。

7.1.9 参比方法比对测试

参比方法参照 HJ 618。参比方法使用的采样器至少 3 台，待测监测仪自动监测与参比方法测试同步进行，采样器与待测监测仪安放位置相距 2～4 m（当采样流量低于 200 L/min 时，距离应在 1 m 左右），采样入口位于同一高度。取相同采样时间段内的自动监测数据 $C_{i,j}$ 和参比方法测试数据 $R_{i,j}$ 作为一个数据对，i 是仪器的序号（i=1～3），j 是有效样品的个数（j=1～10），每组样品的采样时间为（24±1）h，共测试 10 组样品。

（1）按式（15）计算 3 台采样器参比方法测试每组 PM_{10} 样品质量浓度的平均值 $\overline{R_j}$，$\overline{R_j}$ 应尽量选择在 15～300 μg/m³。

$$\overline{R_j} = \frac{\sum_{i=1}^{3} R_{i,j}}{3} \tag{15}$$

式中：$\overline{R_j}$——3 台采样器测量第 j 组样品质量浓度的平均值，μg/m³；

$R_{i,j}$——第 i 台采样器测量第 j 个样品的质量浓度值，μg/m³。

（2）分别计算每组采样器参比方法测试结果的标准偏差或相对标准偏差，应小于等于 5 μg/m³ 或 7%，则该组参比测试数据有效。

（3）按式（16）计算 3 台待测监测仪测试对应时间段内 PM_{10} 质量浓度的平均值 $\overline{C_j}$。按 7.1.8 计算 10 组待测监测仪测试结果的平行性，应符合 6.1.9 的要求。

$$\overline{C_j} = \frac{\sum_{i=1}^{3} C_{i,j}}{3} \tag{16}$$

式中：$\overline{C_j}$——3 台待测监测仪测量第 j 组样品质量浓度的平均值，μg/m³；

$C_{i,j}$——第 i 台待测监测仪测量第 j 个样品的质量浓度值，μg/m³。

（4）当参比测试数据和自动监测数据都有效时，组成一组有效数据对。每一批次比对至少取得 10 组有效数据对，$\overline{R_j}$ ≤100 μg/m³ 和＞100 μg/m³ 的有效数据对数均应≥3。将参比测试数据与相应的自动监测数据进行线性回归分析，以参比测试数据为横轴，待测监测仪数据为纵轴，按式（17）计算回归曲线的斜率 k。

$$k = \frac{\sum_{j=1}^{10} (\bar{R}_j - \bar{R}) \times (\bar{C}_j - \bar{C})}{\sum_{j=1}^{10} (\bar{R}_j - \bar{R})^2} \tag{17}$$

式中：k——比对测试回归曲线斜率；

$\bar{C}$——10 组待测监测仪测量质量浓度的平均值，μg/m³；

$\bar{R}$——10 组参比采样器测量质量浓度的平均值，μg/m³。

（5）按式（18）计算回归曲线的截距 b。

$$b = \bar{C} - k \times \bar{R} \tag{18}$$

式中：b——比对测试回归曲线截距，μg/m³。

（6）按式（19）计算回归曲线的相关系数 r。

$$r = \frac{\sum_{j=1}^{10}(\bar{R}_j - \bar{R}) \times (\bar{C}_j - \bar{C})}{\sqrt{\sum_{j=1}^{10}(\bar{R}_j - \bar{R})^2 \times \sum_{j=1}^{10}(\bar{C}_j - \bar{C})^2}} \tag{19}$$

式中：r——比对测试回归曲线相关系数。

（7）比对测试回归曲线的斜率 k、截距 b 和相关系数 r 均应符合 6.1.10 的要求。

7.1.10 有效数据率

待测监测仪在通过调试后，开始连续至少 90 d 的运行，测试有效数据率。期间要对每次维护时间、维修时间及内容进行详细记录，同时考核 3 台待测监测仪 90 d 运行监测数据日均值。在完成 90 d 的运行后，有效数据率 D 应符合 6.1.11 的要求。

（1）统计记录全部 90 d 内待测监测仪正常维护时间的小时数 T_1。

（2）采集系统的日均值浓度数据，计算除正常维护日外 3 台待测监测仪每天测试数据的标准偏差 SD 和相对标准偏差 RSD，当满足 SD＞10 μg/m³，同时 RSD＞20%时，记录为数据异常，出现 1 d，异常数据时间记为 24 h，统计全部待测监测仪数据异常的天数，计算 90 d 内三台待测监测仪数据异常时间的小时数 T_2。

（3）待测监测仪运行出现故障时，记录从开始维修到结束维修，待测监测仪正常运行的时间 t_3，当 t_3＞4 h，无法统计当日日均浓度值，则此次维修时间记为 24 h。统计记录全部 90 d 内待测监测仪故障维修时间的小时数 T_3。

（4）按式（20）计算有效数据率。

$$D = \left(1 - \frac{T_1 + T_2 + T_3}{90 \times 24}\right) \times 100\% \tag{20}$$

式中：D——有效数据率，%；

T_1——测试期间待测监测仪正常维护时间的小时数，h；

T_2——测试期间待测监测仪数据异常时间的小时数，h；

T_3——测试期间待测监测仪故障维修的小时数，h。

7.2 $PM_{2.5}$ 连续监测系统

7.2.1 切割性能

切割性能测试可使用分流测试法或静态箱测试法。

单分散固态气溶胶发生器发生单分散固态的气溶胶颗粒，气溶胶检测仪器（例如气溶胶粒径谱仪）测量单分散固态气溶胶的粒径和浓度。实验粒子的粒径要求见表 2。

表 2 $PM_{2.5}$实验粒子的粒径要求

实验粒子的空气动力学当量直径 Da/μm							
1.5±0.25	2.0±0.25	2.2±0.25	2.5±0.25	2.8±0.25	3.0±0.25	3.5±0.25	4.0±0.5

分流测试法的操作步骤见 7.1.1.1 中（2）。

静态箱测试法的操作步骤见 7.1.1.2 中（1）、（3）。

将得到的 8 个捕集效率平均值与对应的气溶胶空气动力学粒径进行拟合，得出捕集效率与气溶胶空气动力学粒径之间的回归方程和曲线。通过回归曲线得出切割器捕集效率分别为 16%、50%、84%时对应的空气动力学当量直径 Da_{16}、Da_{50}、Da_{84}，按照式（1）、式（2）计算切割器捕集效率的几何标准偏差σ_g，Da_{50} 和σ_g 应符合 6.2.2 的要求。

7.2.2 时钟误差

检测方法见 7.1.2，检测结果应符合 6.2.3 的要求。

7.2.3 温度测量示值误差

检测方法见 7.1.3，检测结果应符合 6.2.4 的要求。

7.2.4 大气压测量示值误差

检测方法见 7.1.4，检测结果应符合 6.2.5 的要求。

7.2.5 流量测试

取下采样入口和切割器，将标准流量计的出气口通过流量测量适配器连接到待测监测仪的进气口。开启待测监测仪，预热后进入流量检测界面，待测监测仪显示的流量稳定后开始测试。测试连续进行 6 h，至少每隔 5 min 记录一次标准流量计和待测监测仪的瞬时流量值（工况）。测试完成后，按照式（21）、式（22）、式（23）、式（24）、式（25）计算流量测试的相关指标。测试结果应符合 6.2.6 的要求。

$$\bar{Q}_R = \frac{1}{n}\sum_{i=1}^{n} Q_{Ri} \tag{21}$$

式中：$\bar{Q}_R$——测试期间标准流量计平均流量值，L/min；

Q_{Ri}——测试期间标准流量计瞬时流量值，L/min；

i——测试期间记录瞬时时间点的序号，（i=1～n）；

n——测试期间记录瞬时时间点的总个数。

$$\bar{Q}_C = \frac{1}{n}\sum_{i=1}^{n} Q_{Ci} \tag{22}$$

式中：$\bar{Q}_C$——测试期间待测监测仪平均流量值，L/min；

Q_{Ci}——测试期间待测监测仪瞬时流量值，L/min。

$$\Delta Q_R = \frac{\bar{Q}_R - Q_s}{Q_s} \times 100\% \tag{23}$$

式中：ΔQ_R——平均流量偏差，%；

Q_s——待测监测仪设定的采样流量，L/min。

$$Cv_R = \frac{\sqrt{\frac{\sum_{i=1}^{n}\left(Q_{Ri} - \bar{Q}_R\right)^2}{n-1}}}{\bar{Q}_R} \times 100\% \tag{24}$$

式中：Cv_R——流量相对标准偏差，%。

$$Q_{diff} = \frac{\left|\bar{Q}_R - \bar{Q}_C\right|}{\bar{Q}_R} \times 100\% \tag{25}$$

式中：Q_{diff}——流量示值误差，%。

7.2.6 校准膜重现性

检测方法见 7.1.6，检测结果应符合 6.2.7 的要求。

7.2.7 环境气压、环境温度及供电电压变化的影响

7.2.7.1 环境气压变化的影响

（1）依次连接待测监测仪、采样泵和标准流量计，将其全部置于气压舱内。调整设置气压测试舱内气压为 80 kPa。在舱内气压达到（80±1）kPa 后至少稳定 30 min，保证待测监测仪内的压力达到均衡状态。

（2）在此状态下进行 6 h 连续测试，测试期间至少每隔 5 min 记录一次舱内气压值、标准流量计流量值和待测监测仪瞬时流量值。

（3）缓慢调节气压测试舱内的气压至 106 kPa。在舱内气压达到（106±1）kPa 后至少稳定 30 min，保证待测监测仪内的压力达到均衡状态。重复进行（2）的测试步骤。

（4）完成测试后，缓慢调节气压测试舱内气压至实验现场气压值，当舱内气压指示达到实验现场气压时，方可打开气压舱门取出待测监测仪。

（5）按照式（21）、式（22）、式（23）、式（24）、式（25）分别计算两种气压状态下的流量测试指标。测试结果应符合 6.2.8 的要求。

7.2.7.2 环境温度和供电电压变化的影响

（1）依次连接调压器、待测监测仪、采样泵和标准流量计将其置于恒温环境中，分别在如下 4 种条件下进行测试：

a）环境温度（35±2）℃，交流电压为（198±2）V；

b）环境温度（35±2）℃，交流电压为（242±2）V；

c）环境温度（15±2）℃，交流电压为（198±2）V；

d）环境温度（15±2）℃，交流电压为（242±2）V。

（2）设置环境温度为（35±2）℃，调压器输出交流电压为（198±2）V。稳定至少 30 min，保证待测监测仪内的温度达到均衡状态。

（3）在此状态下进行 6 h 连续测试，测试期间至少每隔 5 min 记录一次环境温度值、交流电压值、标准流量计和待测监测仪瞬时流量值。

（4）依次缓慢调节环境温度设定值和调压器输出电压值分别为 b）、c）、d）三种条件。每种条件至少稳定 30 min，保证待测监测仪内的温度达到均衡状态，重复进行（3）的测试步骤。

（5）完成测试后，缓慢调节环境温度至实验现场温度值，取出待测监测仪。

（6）按照式（21）、式（22）、式（23）、式（24）、式（25）分别计算四种条件下的流量测试指标。测试结果应符合 6.2.8 的要求。

7.2.8 气溶胶传输效率

（1）依次连接静态箱出口分流管、待测监测仪采样管、流量适配器和气溶胶检测仪器，采样管应竖直放置。

（2）采用单分散固态气溶胶发生器在静态箱内生成空气动力学直径为（3±0.25）μm 的雾化单分散固态气溶胶颗粒。使用气溶胶检测仪器测量单分散固态气溶胶颗粒的粒径，确认其符合要求。

（3）气溶胶发生稳定后，使用气溶胶检测仪器分别测量箱体内和待测采样管出口的单分散固态气溶胶颗粒浓度，记录为σ_1和σ_2。

（4）按照式（26）计算采样管的气溶胶传输率 T，重复测量三次，平均值应符合 6.2.9 的要求。

$$T=\frac{\sigma_2}{\sigma_1}\times 100\% \tag{26}$$

式中：T——气溶胶传输效率，%；

σ_1——静态箱内气溶胶浓度值；

σ_2——待测采样管出口气溶胶浓度值。

7.2.9 切割器加载测试

切割器加载测试可采用静态箱加载测试法或实际样品加载测试法。

7.2.9.1 静态箱加载测试法

（1）待测切割器安装。将至少一台待测监测仪的切割器安装到静态箱中，保证箱体密闭。

（2）气溶胶发生。使用多分散灰尘发生器，发生浓度为（150±10）μg/m^3 的颗粒物。

（3）加载测试：

a）将生成的颗粒物通入静态箱并充分混合，为确保静态箱内颗粒物浓度均匀，使用气溶胶检测仪器测量静态箱中三个以上点位的颗粒物浓度，其相对标准偏差应≤10%。

b）启动待测监测仪，连续运行一个维护周期（运行时间≥7 d，每天≥20 h），进行加载。

c）加载运行完成后，将待测切割器按 7.2.1 进行切割性能测试。待测切割器切割性能指标 Da_{50} 和 σ_g 均应符合 6.2.2 的要求。

7.2.9.2 实际样品加载测试法

（1）将待测 $PM_{2.5}$ 连续监测系统置于 $PM_{2.5}$ 浓度为 100～150 μg/m³ 的环境中连续运行一个维护周期（运行时间≥7 d，每天≥20 h），进行加载。

（2）加载运行完成后，将待测切割器按 7.2.1 进行切割性能测试。待测切割器切割性能指标 Da_{50} 和 σ_g 均应符合 6.2.2 的要求。

7.2.10 仪器平行性

在同一试验环境条件下，将三台待测监测仪的采样器入口调整到同一高度，待测监测仪之间的距离为 2～4 m，分别进行采样流量校准和设置后，进行仪器平行性测试。测试环境大气中的 $PM_{2.5}$ 浓度，每组样品连续测试 24 h，检测样品数为至少 23 组。记录每台待测监测仪测得每个 $PM_{2.5}$ 样品浓度值 C_{ij}，i 为待测监测仪的编号（i=1～3），j 为检测样品的序号（j=1～23），三台待测监测仪每个样品测量结果的平均值为 $\overline{C_j}$。当 $\overline{C_j}$ <6 μg/m³ 时，测试结果无效。按式（27）计算 3 台待测监测仪测试结果的相对标准偏差 P_j，按式（28）计算 3 台待测监测仪平行性 P，应符合 6.2.11 的要求。

$$P_j = \frac{\sqrt{\frac{\sum_{i=1}^{3}\left(C_{ij} - \overline{C_j}\right)^2}{2}}}{\overline{C_j}} \times 100\% \tag{27}$$

式中：P_j——3 台待测监测仪第 j 个样品测量结果的相对标准偏差，%；

C_{ij}——第 i 台待测监测仪测量第 j 个样品的 $PM_{2.5}$ 浓度值，μg/m³；

$\overline{C_j}$——3 台待测监测仪测量第 j 个样品的 $PM_{2.5}$ 浓度平均值，μg/m³。

$$P = \sqrt{\frac{1}{23} \times \sum_{j=1}^{23}(P_j)^2} \tag{28}$$

式中：P——仪器平行性，%。

7.2.11 参比方法比对测试

参比方法参照 HJ 618。参比方法使用的采样器至少 3 台，待测监测仪自动监测与参比方法测试同步进行，采样器与待测监测仪安放位置应相距 2～4 m（当采样流量低于 200 L/min 时，距离应在 1 m 左右），采样入口位于同一高度。取相同采样时间段内的自动监测数据 $C_{i,j}$ 和参比方法测试数据 $R_{i,j}$ 作为一个数据对，i 是仪器的序号（i=1～3），j 是有效样品的个数（j=1～23），每组样品的采样时间为（24±1）h，共测试 23 组样品。

（1）按式（15）计算 3 台采样器参比方法测试每组 $PM_{2.5}$ 样品的平均值 $\overline{R_j}$ ，$\overline{R_j}$ 应尽量选择在 3～200 μg/m³。

（2）分别计算每组采样器参比方法测试结果的标准偏差或相对标准偏差，应小于等于 5 μg/m³ 或 5%，否则该组参比测试数据无效。

（3）按式（16）计算 3 台待测监测仪测试对应时间段内 $PM_{2.5}$ 浓度的平均值 $\overline{C_j}$ 。按 7.2.10 计算 23 组待测监测仪测试结果的平行性，应符合 6.2.11 的要求。

（4）当参比测试数据和自动监测数据都有效时，组成一个有效数据对。每一批次比对至少取得 23 组有效数据对。将参比测试数据与相应的自动监测数据进行线性回归分析，以参比测试数据为横轴，待测监测仪数据为纵轴，按式（29）计算回归曲线的斜率 k。

$$k = \frac{\sum_{j=1}^{23}(\bar{R}_j - \bar{R}) \times (\bar{C}_j - \bar{C})}{\sum_{j=1}^{23}(\bar{R}_j - \bar{R})^2} \tag{29}$$

式中：k——比对测试回归曲线斜率；

$\bar{C}$——23 组待测监测仪测量质量浓度的平均值，μg/m³；

$\bar{C}_j$——3 台待测监测仪测量第 j 组样品质量浓度的平均值，μg/m³；

$\bar{R}$——23 组参比采样器测量质量浓度的平均值，μg/m³；

$\bar{R}_j$——3 台采样器测量第 j 组样品质量浓度的平均值，μg/m³。

（5）按式（30）计算回归曲线的截距 b。

$$b = \bar{C} - k \times \bar{R} \tag{30}$$

式中：b——比对测试回归曲线截距，μg/m³。

（6）按式（31）计算回归曲线的相关系数 r。

$$r = \frac{\sum_{j=1}^{23}(\bar{R}_j - \bar{R}) \times (\bar{C}_j - \bar{C})}{\sqrt{\sum_{j=1}^{23}(\bar{R}_j - \bar{R})^2 \times \sum_{j=1}^{23}(\bar{C}_j - \bar{C})^2}} \tag{31}$$

式中：r——比对测试回归曲线相关系数。

（7）比对测试线性回归曲线的斜率 k、截距 b 和相关系数 r 均应符合 6.2.12 的要求。

7.2.12 有效数据率

检测方法见 7.1.10，检测结果应符合 6.2.13 的要求。

8 检测项目

PM_{10} 和 $PM_{2.5}$ 连续监测系统检测项目见表 3。

表 3 PM_{10}和$PM_{2.5}$连续监测系统检测项目

检测项目	PM_{10}连续监测系统	$PM_{2.5}$连续监测系统
测量范围	0～1 000 μg/m³或0～10 000 μg/m³（可选）	0～1 000 μg/m³或0～10 000 μg/m³（可选）
最小显示单位	0.1 μg/m³	0.1 μg/m³
切割器性能	Da_{50}=（10±0.5）μm； σ_g=1.5±0.1	Da_{50}=（2.5±0.2）μm； σ_g =1.2±0.1
时钟误差	正常条件下±20 s； 断电条件下±2 min	正常条件下±20 s； 断电条件下±2 min
温度测量示值误差	±2℃	±2℃
大气压测量示值误差	≤1 kPa	≤1 kPa
流量测试	每一次测试时间点流量变化±10%设定流量； 24 h平均流量变化±5%设定流量	平均流量偏差±5%设定流量； 流量相对标准偏差≤2%； 平均流量示值误差≤2%
校准膜重现性	±2%（标称值）	±2%（标称值）
环境条件影响测试	供电电压变化±10%，监测仪标准膜测量值的变化±5%（标称值）	监测仪分别在不同的气压、温度和供电电压等6种环境条件下进行测试，应符合流量测试指标
平行性	≤10%	≤15%
参比方法比对测试	斜率：1±0.15； 截距：（0±10）μg/m³； 相关系数≥0.95	斜率：1±0.15； 截距：（0±10）μg/m³； 相关系数≥0.93
气溶胶传输效率	—	≥97%
加载测试	—	在一个维护周期内，加载后的切割器应符合切割性能指标
有效数据率	连续运行至少 90 d，有效数据率不低于85%	连续运行至少 90 d，有效数据率不低于85%

附 录 A

（规范性附录）

PM_{10}和$PM_{2.5}$连续监测系统数据采集和处理要求

A.1 数据格式要求

PM_{10}和$PM_{2.5}$连续监测系统处理实时数据和定时段数据时，应采用的数据格式见下表。

表 A.1 数据格式一览表

序号	项目名称	单位	小数位
1	颗粒物标况质量浓度	$\mu g/m^3$	1
2	颗粒物工况质量浓度	$\mu g/m^3$	1
3	标况累积体积	L（或 m^3）	1（3）
4	环境温度	℃	1
5	环境大气压	kPa	1
6	进气工况流量	L/min（或 L/h）	2（或 0）

表 A.2 数据时间标签一览表

数据时间类型	时间标签	定义	描述与示例
分钟数据	YYYYMMDDHHMM	时间标签为数据采集的时刻，数据为相应时刻采集的瞬时值或 1 min 测量均值	201203210916 为 2012 年 3 月 21 日 9 时 16 分 00 秒的瞬时值或 9 时 15 分 01 秒至 9 时 16 分 00 秒的测量均值
小时数据	YYYYMMDDHH	时间标签为测量截止时间，数据为此时刻前一小时的测量均值	2012032107 为 2012 年 3 月 21 日 06 时 01 分至 07 时 00 分的测量均值
日均值数据	YYYYMMDD	时间标签为测量开始时间，数据为当日 1 时至 24 时（第二天 0 时）的测量均值	20120321 为 2012 年 3 月 21 日 1 时至 22 日 0 时的测量均值

A.2 数据记录要求

A.2.1 系统应至少能显示记录颗粒物的标况浓度、工况浓度、工况流量，标况累积体积以及环境温度、环境大气压等实时数据。

A.2.2 小时数据应至少记录该时间段内 PM_{10}或 $PM_{2.5}$的标况浓度、工况浓度以及标况累积体积的测量值；环境温度和环境大气压的平均值。

A.2.3 分钟数据应至少记录该时刻的环境温度、环境大气压、工况流量的测量值。

A.2.4 应统计记录当日小时数据的最大值、最小值和日均值。

A.3 数据处理要求

A.3.1 颗粒物标况浓度小时数据

颗粒物标况浓度小时数据按式（A1）计算：

$$C_{\mathrm{sn},i}=\frac{m_i\times 1\,000}{V_{\mathrm{sn},i}} \tag{A1}$$

式中：$C_{\mathrm{sn},i}$——监测仪第 i 小时颗粒物标况质量浓度，μg/m³；

m_i——监测仪第 i 小时所采集到的颗粒物质量，μg；

$V_{\mathrm{sn},i}$——监测仪第 i 小时的标况累积体积，L。

A.3.2 颗粒物工况浓度小时数据

颗粒物工况浓度小时数据按式（A2）计算：

$$C_{s,i}=\frac{m_i\times 1\,000}{V_{s,i}} \tag{A2}$$

式中：$C_{s,i}$——监测仪第 i 小时颗粒物工况质量浓度，μg/m³；

$V_{s,i}$——监测仪第 i 小时的工况累积体积，L。

A.3.3 采样流量转换计算

采样流量转换计算按式（A3）计算：

$$Q_{\mathrm{sn}}=Q\times\frac{273}{273+t}\times\frac{B_a}{101.325} \tag{A3}$$

式中：Q_{sn}——标况流量，L/min；

Q——工况流量，L/min；

B_a——环境大气压力，kPa；

t——环境温度，℃。

A.3.4 颗粒物标况浓度日均值

颗粒物标况浓度日均值按式（A4）计算：

$$\overline{C}=\frac{\sum_{i=1}^{n}C_{\mathrm{sn},i}}{n} \tag{A4}$$

式中：$\overline{C}$——监测仪日均值质量浓度，μg/m³；

$C_{\mathrm{sn},i}$——监测仪当日第 i 小时标况质量浓度，μg/m³；

n——当日监测小时数（20≤n≤24）。

环境空气气态污染物（SO_2、NO_2、O_3、CO）连续自动监测系统技术要求及检测方法

HJ 654—2013

2013-07-30 发布　　　　2013-08-01 实施

1 适用范围

本标准规定了环境空气气态污染物（SO_2、NO_2、O_3、CO）连续自动监测系统的组成结构、技术要求、性能指标和检测方法。

本标准适用于环境空气气态污染物（SO_2、NO_2、O_3、CO）连续自动监测系统的设计、生产和检测。

2 规范性引用文件

本标准引用了下列文件或其中的条款。凡是未注明日期的引用文件，其最新版本适用于本标准。

GB 3095—2012　环境空气质量标准

GB 4793.1　测量、控制和试验室用电气设备的安全要求　第 1 部分：通用要求（IEC 61010-1：2001，IDT）

3 术语和定义

下列术语和定义适用于本标准。

3.1　环境空气质量连续监测　ambient air quality continuous monitoring

在监测点位采用连续监测仪器对环境空气质量进行连续的样品采集、处理、分析的过程。

3.2　点式分析仪器　point analyzer

在固定点上通过采样系统将环境空气采入并测定空气污染物浓度的监测分析仪器。

3.3　开放光程分析仪器　open path analyzer

采用从发射端发射光束经开放环境到接收端的方法测定该光束光程上平均空气污染物浓度的仪器。

3.4 零点漂移 zero drift

在未进行维修、保养或调节的前提下，仪器按规定的时间运行后，仪器的读数与零输入之间的偏差。

3.5 量程漂移 span drift

在未进行维修、保养或调节的前提下，仪器按规定的时间运行后，仪器的读数与已知参考值之间的偏差。

3.6 无人值守工作时间 period of unattended operation

仪器在无手动维护和校准的前提下，长期漂移（≥7 d）符合指标要求的时间间隔。

3.7 转换效率 converter efficiency

NO_2转换为 NO 的效率。

3.8 标准状态 standard state

温度为 273 K，压力为 101.325 kPa 时的状态。本标准中的污染物浓度均为标准状态下的浓度。

3.9 ppm parts per million

百万分之一（体积分数）。

3.10 ppb parts per billion

十亿分之一（体积分数）。

3.11 光程 optical path

开放光程分析仪器的监测光束由光源发射端到接收端所经过的路径长度。

3.12 零光程 zero optical path

开放光程分析仪器处于校准状态下，光从光源发射端到接收端的光程，远小于实际测量时的光程，被称为零光程。

3.13 等效浓度 equivalent concentration

在仪器测量光路中放置校准池，通入标准气体，根据测量光程与校准池长度的比例将标准气体浓度值转化为实际校准浓度值，该浓度为等效浓度。本标准中所有适用于开放光程仪器技术指标检测方法的标准气体浓度值均为等效浓度值。

4 系统组成与原理

监测系统分为点式连续监测系统和开放光程连续监测系统。监测系统分析方法见表 1。

表 1 监测系统的分析方法

监测项目	点式分析仪器	开放光程分析仪器
NO_2	化学发光法	差分吸收光谱法
SO_2	紫外荧光法	差分吸收光谱法

监测项目	点式分析仪器	开放光程分析仪器
O_3	紫外吸收法	差分吸收光谱法
CO	非分散红外吸收法、气体滤波相关红外吸收法	—

4.1 点式连续监测系统

4.1.1 系统组成

监测系统由采样装置、校准设备、分析仪器、数据采集和传输设备组成，如图 1 所示。

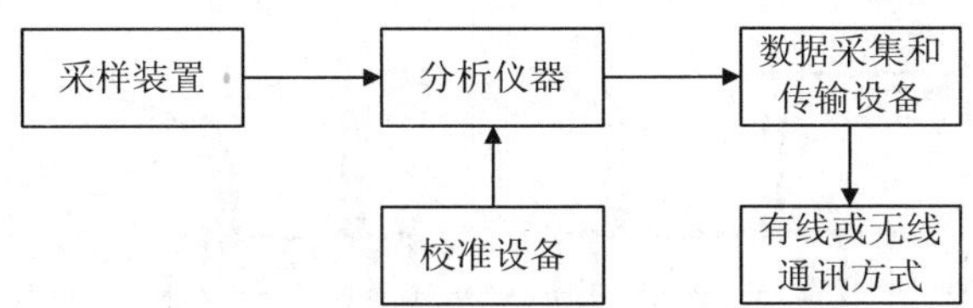

图 1 点式连续监测系统组成示意图

4.1.2 采样装置

多台点式分析仪器可共用一套多支路采样装置进行样品采集。采样装置的材料和安装应不影响仪器测量。采样装置的具体要求见 5.1.4.1。

4.1.3 校准设备

校准设备主要由零气发生器和多气体动态校准仪组成。校准设备用于对分析仪器进行校准。校准设备的具体要求见 5.1.4.2。

4.1.4 分析仪器

分析仪器用于对采集的环境空气气态污染物样品进行测量。

4.1.5 数据采集和传输设备

数据采集和传输设备用于采集、处理和存储监测数据，并能按中心计算机指令传输监测数据和设备工作状态信息。

4.2 开放光程连续监测系统

4.2.1 系统组成

监测系统由开放的测量光路、校准单元、分析仪器、数据采集和传输设备等组成，如图 2 所示。

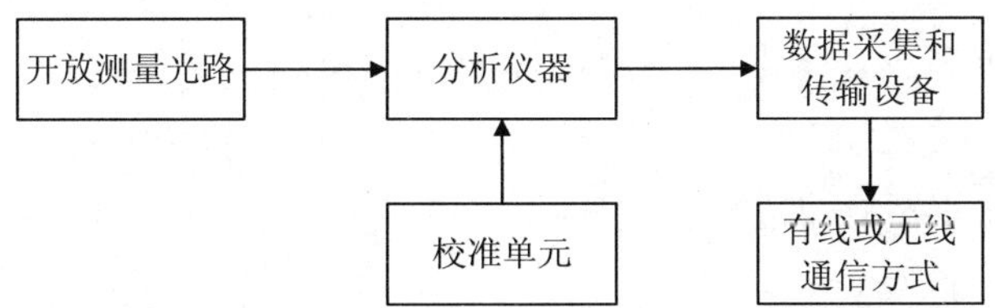

图 2 开放光程连续监测系统组成示意图

4.2.2 开放测量光路

光源发射端到接收端之间的路径。

4.2.3 校准单元

运用等效浓度原理，通过在测量光路上架设不同长度的校准池，来等效不同浓度的标准气体，以完成校准工作。

校准单元结构如图 3 所示。

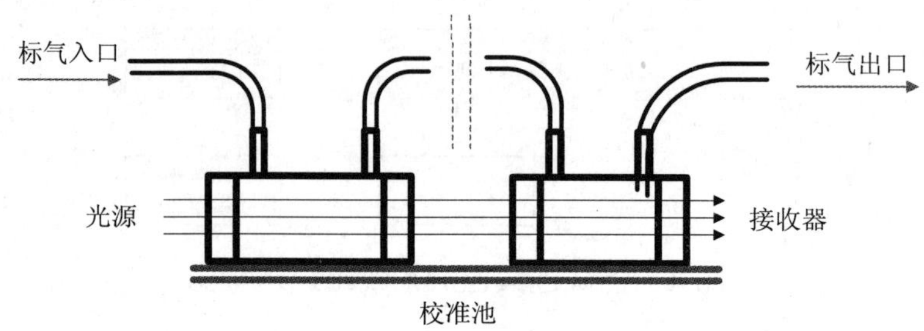

图 3 校准单元结构示意图

4.2.4 分析仪器

分析仪器用于对开放光路上的环境空气气态污染物进行测量。

4.2.5 数据采集和传输设备

数据采集和传输设备用于采集、处理和存储监测数据，并能按中心计算机指令传输监测数据和设备工作状态信息。

5 技术要求

5.1 点式连续监测系统

5.1.1 外观要求

5.1.1.1 监测系统应具有产品铭牌，铭牌上应标有仪器名称、型号、生产单位、出厂编号、制造日期等信息。

5.1.1.2 监测系统仪器表面应完好无损，无明显缺陷，各零、部件连接可靠，各操作键、按钮灵活有效。

5.1.1.3 仪器主机面板显示清晰，字符、标识易于识别。

5.1.2 工作条件

监测系统在以下条件中应能正常工作。

（1）环境温度：15～35℃；

（2）相对湿度：≤85%；

（3）大气压：80～106 kPa；

（4）供电电压：AC（220±22）V，（50±1）Hz。

注 1：低温、低压等特殊环境条件下，仪器设备的配置应满足当地环境条件的使用要求。

5.1.3 安全要求

5.1.3.1 绝缘电阻

在环境温度为 15～35℃，相对湿度≤85%条件下，仪器电源端子对地或机壳的绝缘电阻不小于 20 MΩ。

5.1.3.2 绝缘强度

在环境温度为 15～35℃，相对湿度≤85%条件下，仪器在 1 500 V（有效值）、50 Hz 正弦波实验电压下持续 1 min，不应出现击穿或飞弧现象。

5.1.4 功能要求

5.1.4.1 采样装置

（1）采样装置一般包括两种结构，结构示意图参见图 4 和图 5。

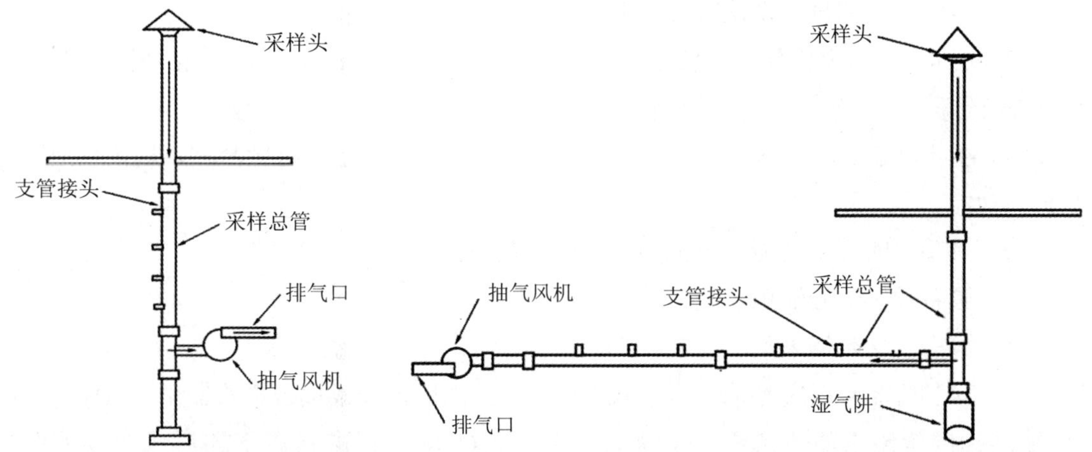

图 4 采样装置结构示意图（1）　　**图 5 采样装置结构示意图（2）**

（2）采样装置应连接紧密，避免漏气。采样装置总管入口应防止雨水和粗大的颗粒物进入，同时应避免鸟类、小动物和大型昆虫进入。采样头的设计应保证采样气流不受风向影响，稳定进入采样总管。

（3）采样装置的制作材料，应选用不与被监测污染物发生化学反应和不释放有干扰物质的材料。一般以聚四氟乙烯或硼硅酸盐玻璃等为制作材料；对于只用于监测 NO_2 和 SO_2 的采样总管，也可选用不锈钢材料。

（4）采样总管内径范围 1.5～15 cm，总管内的气流应保持层流状态，采样气体在总管内的滞留时间应小于 20 s，同时所采集气体样品的压力应接近大气压。支管接头应设置于采样总管的层流区域内，各支管接头之间间隔距离大于 8 cm。

（5）为了防止因室内外空气温度的差异而致使采样总管内壁结露对监测污染物吸附，采样总管应加装保温套或加热器，加热温度一般控制在 30～50℃。

（6）分析仪器与支管接头连接的管线应选用不与被监测污染物发生化学反应和不释放有干扰物质的材料；长度不应超过 3 m，同时应避免空调机的出风直接吹向采样总管和支管。

（7）分析仪器与支管接头连接的管线应安装孔径≤5 μm 的聚四氟乙烯滤膜。

（8）分析仪器与支管接头连接的管线，连接总管时应伸向总管接近中心的位置。

（9）在不使用采样总管时，可直接用管线采样，但是采样管线应选用不与被监测污染物发生化学反应和不释放有干扰物质的材料，采样气体滞留在采样管线内的时间应小于 20 s。

5.1.4.2 校准设备

（1）监测系统的校准设备应具备自动校准功能。

（2）零气发生器发生零气质量应符合附录 A 的要求。

5.1.4.3 分析仪器与数据采集和传输设备

（1）能够显示和设置系统时间。

（2）能够显示仪器内部工作状态的参数信息，并至少每 5 min 记录系统的采样流量等工作状态信息。

（3）能够显示实时数据，并能够记录存储至少 3 个月以上的有效数据，具备查询历史数据的功能。

（4）具备时间标签功能，数据为设置时段的平均值。

（5）具备数字信号输出功能。

（6）具有中文数据采集和控制软件。

（7）对各监测数据实时采集、存储、计算，并能以报表或报告形式输出，SO_2、NO_2、O_3 输出标准状态下的质量浓度单位为μg/m^3，CO 输出标准状态下的质量浓度单位为 mg/m^3，并具有质量浓度和体积浓度单位切换功能。

（8）仪器掉电后，能自动保存数据；恢复供电后系统可自动启动，恢复运行状态并正常开始工作。

5.2 开放光程连续监测系统

5.2.1 外观要求

外观要求见 5.1.1。

5.2.2 工作条件

监测系统在以下条件中应能正常工作。

5.2.2.1 室外部件

环境温度：−30～50℃。

5.2.2.2　室内部件

（1）环境温度：15～35℃；

（2）相对湿度：≤85%；

（3）大 气 压：80～106 kPa。

5.2.2.3　供电电压

AC（220±22）V，（50±1）Hz。

注 2：低温、低压等特殊环境条件下，仪器设备的配置应满足当地环境条件的使用要求。

5.2.3　安全要求

安全要求见 5.1.3。

5.2.4　功能要求

5.2.4.1　校准单元

（1）监测系统应具有自动记录测量灯谱的功能；

（2）等效校准装置应至少配备 4 种不同长度的校准池，校准池材质应选用高紫外透过率的材质。标定架与光源发射装置应连接牢固。

5.2.4.2　分析仪器与数据采集和传输设备

（1）能够显示和设置系统时间；

（2）能够显示仪器内部工作状态的参数信息，并至少每 5 min 记录系统的工作状态信息；

（3）仪器能够显示实时数据，并能够记录存储至少 3 个月以上的有效数据，具备查询历史数据的功能；

（4）具备时间标签功能，数据为设置时段的平均值；

（5）具备数字信号输出功能；

（6）具有中文数据采集和控制软件；

（7）对各监测数据实时采集、存储、计算，并能以报表或报告形式输出，输出标准状态下的质量浓度单位为μg/m^3，并具有质量浓度和体积浓度单位切换功能。

（8）仪器掉电后，能自动保存数据；恢复供电后系统可自动启动，恢复运行状态并正常开始工作。

6　性能指标

6.1　点式连续监测系统

6.1.1　分析仪器

6.1.1.1　测量范围

SO_2、NO_2、O_3分析仪器测量范围：0～500 ppb，最小显示单位 0.1 ppb 或 0.1 μg/m^3；

CO 分析仪器测量范围：0～50 ppm，最小显示单位 0.1 ppm 或 0.1 mg/m^3。

6.1.1.2 零点噪声

SO_2、NO_2、O_3分析仪器零点噪声：≤1 ppb；

CO 分析仪器零点噪声：≤0.25 ppm。

6.1.1.3 最低检出限

SO_2、NO_2、O_3分析仪器最低检出限：≤2 ppb；

CO 分析仪器最低检出限：≤0.5 ppm。

6.1.1.4 量程噪声

SO_2、NO_2、O_3分析仪器 80%量程噪声：≤5 ppb；

CO 分析仪器 80%量程噪声：≤1 ppm。

6.1.1.5 示值误差

SO_2、NO_2、CO 分析仪器示值误差：±2%满量程；

O_3分析仪器示值误差：±4%满量程。

6.1.1.6 量程精密度

SO_2、NO_2、O_3分析仪器 20%量程精密度：≤5 ppb；

SO_2、NO_2、O_3分析仪器 80%量程精密度：≤10 ppb；

CO 分析仪器 20%量程精密度：≤0.5 ppm；

CO 分析仪器 80%量程精密度：≤0.5 ppm。

6.1.1.7 24 h 零点漂移

SO_2、NO_2、O_3分析仪器 24 h 零点漂移：±5 ppb；

CO 分析仪器 24 h 零点漂移：±1 ppm。

6.1.1.8 24 h 量程漂移

SO_2、NO_2、O_3分析仪器 24 h 20%量程漂移：±5 ppb；

SO_2、NO_2、O_3分析仪器 24 h 80%量程漂移：±10 ppb；

CO 分析仪器的 24 h 20%量程漂移：±1 ppm；

CO 分析仪器的 24 h 80%量程漂移：±1 ppm。

6.1.1.9 响应时间（上升时间/下降时间）

SO_2、NO_2、O_3分析仪器响应时间（上升时间/下降时间）：≤5 min；

CO 分析仪器响应时间（上升时间/下降时间）：≤4 min。

6.1.1.10 电压稳定性

供电电压变化±10%，分析仪器读数的变化：±1%满量程。

6.1.1.11 流量稳定性

流量稳定性：±10%。

6.1.1.12 环境温度变化的影响

15～35℃环境温度范围内：

SO_2 分析仪器温度变化的影响≤1 ppb/℃；

NO_2 分析仪器温度变化的影响≤3 ppb/℃；

O_3 分析仪器温度变化的影响≤1 ppb/℃；

CO 分析仪器温度变化的影响≤0.3 ppm/℃。

6.1.1.13 干扰成分的影响

分析仪器干扰成分的影响指标见表 2。

表 2 分析仪器干扰成分的影响指标

SO_2 分析仪器	NO_2 分析仪器	O_3 分析仪器	CO 分析仪器
±4% F.S.（2% H_2O）	±4% F.S.（2.5% H_2O）	±4% F.S.（2% H_2O）	±5% F.S.（2.5% H_2O）
±4% F.S.（0.1 ppm 甲苯）	±4% F.S.（1 ppm NH_3）	±4% F.S.（1 ppm 甲苯）	±5% F.S.（1 000 ppm CO_2）
±4% F.S.（3 000 ppm CH_4）	±4% F.S.（200 ppb O_3）	±4% F.S.（0.2 ppm SO_2）	—
—	±4% F.S.（500 ppb SO_2）	±6% F.S.（0.5 ppm NO/NO_2）	—

注 3：F.S.表示满量程。

6.1.1.14 采样口和校准口浓度偏差

分析仪器采样口和校准口浓度偏差：±1%。

6.1.1.15 转换效率

NO_2 分析仪器中 NO_2-NO 转化器的转换效率：≥96%。

6.1.1.16 无人值守工作时间

（1）长期（≥7 d）零点漂移

SO_2、NO_2、O_3 分析仪器长期（≥7 d）零点漂移：±10 ppb；

CO 分析仪器长期（≥7 d）零点漂移：±2 ppm。

（2）长期（≥7 d）量程漂移

SO_2、NO_2、O_3 分析仪器长期（≥7 d）量程漂移：±20 ppb；

CO 分析仪器的长期（≥7 d）量程漂移：±2 ppm。

（3）连续运行 60 d，平均故障间隔天数：≥7 d。

6.1.2 多气体动态校准仪

（1）稀释比率：1∶100～1∶1 000；

（2）流量线性误差：±1%；

（3）臭氧发生浓度误差：±2%。

6.2　开放光程连续监测系统

6.2.1　测量范围

SO_2、NO_2、O_3分析仪器测量范围：（0～500）ppb，最小显示单位 0.1 ppb 或 0.1 μg/m^3。

6.2.2　零点噪声

SO_2、NO_2、O_3分析仪器零点噪声：≤1 ppb。

6.2.3　最低检出限

SO_2、NO_2、O_3分析仪器最低检出限：≤2 ppb。

6.2.4　量程噪声

SO_2、NO_2、O_3分析仪器 80%量程噪声：≤5 ppb。

6.2.5　示值误差

SO_2、NO_2分析仪器示值误差：±2%满量程；

O_3分析仪器示值误差：±4%满量程。

6.2.6　量程精密度

SO_2、NO_2、O_3分析仪器 20%量程精密度：≤5 ppb；

SO_2、NO_2、O_3分析仪器 80%量程精密度：≤10 ppb。

6.2.7　24 h 零点漂移

SO_2、NO_2、O_3分析仪器 24 h 零点漂移：±5 ppb。

6.2.8　24 h 量程漂移

SO_2、NO_2、O_3分析仪器 24 h 20%量程漂移：±5 ppb；

SO_2、NO_2、O_3分析仪器 24 h 80%量程漂移：±10 ppb。

6.2.9　响应时间（上升时间/下降时间）

SO_2、NO_2、O_3分析仪器响应时间（上升时间/下降时间）：≤5 min。

6.2.10　电压稳定性

供电电压变化±10%，分析仪器读数的变化：±1%满量程。

6.2.11　环境温度变化的影响

（15～35）℃环境温度范围内：

SO_2分析仪器温度变化的影响≤1 ppb/℃；

NO_2分析仪器温度变化的影响≤3 ppb/℃；

O_3分析仪器温度变化的影响≤1 ppb/℃。

6.2.12　干扰成分的影响

分析仪器干扰成分的影响指标见表 3。

表 3 分析仪器干扰成分的影响指标

SO_2 分析仪器	NO_2 分析仪器	O_3 分析仪器
±3% F.S.（0.035 ppm 苯）	±2% F.S.（0.33 ppm NH_3）	±5% F.S.（0.035 ppm 苯）
±2% F.S.（3 000 ppm CH_4）	±2% F.S.（200 ppb O_3）	±2% F.S.（0.3 ppm SO_2）
—	±2% F.S.（300 ppb SO_2）	±2% F.S.（0.35 ppm NO/NO_2）

6.2.13 校准池长度的影响

SO_2、NO_2、O_3 分析仪器校准池长度的影响±2%。

6.2.14 光源强度的影响

SO_2、NO_2 分析仪器光源强度的影响±2%满量程；

O_3 分析仪器光源强度的影响±4%满量程。

6.2.15 无人值守工作时间

（1）长期（≥7 d）零点漂移

SO_2、NO_2、O_3 分析仪器长期（≥7 d）零点漂移：±10 ppb。

（2）长期（≥7 d）量程漂移

SO_2、NO_2、O_3 分析仪器长期（≥7 d）量程漂移：±20 ppb。

（3）连续运行 60 d，平均故障间隔天数≥7 d。

7 检测方法

7.1 点式连续监测系统

7.1.1 零点噪声

待测分析仪器运行稳定后，将零点标准气体通入分析仪器，每 2 min 记录该时间段数据的平均值 r_i（记为 1 个数据），获得至少 25 个数据。按式（1）计算所取得数据的标准偏差 S_0，即为该分析仪器的零点噪声，应符合 6.1.1.2 的要求。

$$S_0=\sqrt{\frac{\sum_{i=1}^{n}\left(r_i-\bar{r}\right)^2}{n-1}} \tag{1}$$

式中：S_0——待测分析仪器零点噪声，ppb（ppm）；

$\bar{r}$——待测分析仪器测量值的平均值，ppb（ppm）；

r_i——待测分析仪器第 i 次测量值，ppb（ppm）；

i——记录数据的序号（i=1～n）；

n——记录数据的总个数（$n \geqslant 25$）。

7.1.2　最低检出限

按式（2）计算待测分析仪器的最低检出限 R_{DL}，应符合 6.1.1.3 的要求。

$$R_{DL} = 2S_0 \tag{2}$$

式中：R_{DL}——待测分析仪器最低检出限，ppb（ppm）；

S_0——待测分析仪器零点噪声值，ppb（ppm）。

7.1.3　量程噪声

待测分析仪器运行稳定后，将 80%量程标准气体通入分析仪器，每 2 min 记录该时间段数据的平均值 r_i（记为 1 个数据），获得至少 25 个数据。按式（3）计算所取得数据的标准偏差 S，即为该分析仪器的量程噪声，应符合 6.1.1.4 的要求。

$$S = \sqrt{\frac{\sum_{i=1}^{n}\left(r_i - \bar{r}\right)^2}{n-1}} \tag{3}$$

式中：S——待测分析仪器量程噪声，ppb（ppm）；

$\bar{r}$——待测分析仪器测量值的平均值，ppb（ppm）；

r_i——待测分析仪器第 i 次测量值，ppb（ppm）；

i——记录数据的序号（i=1～n）；

n——记录数据的总个数（$n \geqslant 25$）。

7.1.4　示值误差

待测分析仪器运行稳定后，分别进行零点校准和满量程校准后，通入浓度约为 50%量程的标准气体，读数稳定后记录显示值；再通入零点校准气体，重复测试 3 次，按式（4）计算待测分析仪器的示值误差 L_e，应符合 6.1.1.5 的要求。

$$L_e = \frac{\left(\overline{C_d} - C_s\right)}{R} \times 100\% \tag{4}$$

式中：L_e——待测分析仪器示值误差，%；

C_s——标准气体浓度标称值，ppb（ppm）；

$\overline{C_d}$——待测分析仪器 3 次测量浓度平均值，ppb（ppm）；

R——待测分析仪器满量程值，ppb（ppm）。

7.1.5　量程精密度

待测分析仪器运行稳定后，分别通入 20%量程标准气体和 80%量程标准气体，待读数稳定后分别记录 20%量程标准气体显示值 x_i 和 80%量程标准气体显示值 y_i，重复上述测试操作至少 6 次以上，分别按式（5）和式（6）计算待测分析仪器 20%量程精密度 P_{20} 和 80%量程精密度 P_{80}，量程精密度应符合 6.1.1.6 的要求。

$$P_{20}=\sqrt{\frac{\sum_{i=1}^{n}\left(x_i-\overline{x}\right)^2}{n-1}} \tag{5}$$

式中：P_{20}——待测分析仪器20%量程精密度，ppb（ppm）；

x_i——20%量程标准气体第 i 次测量值，ppb（ppm）；

$\overline{x}$——20%量程标准气体测量平均值，ppb（ppm）；

i——记录数据的序号（i=1～n）；

n——测量次数（n≥6）。

$$P_{80}=\sqrt{\frac{\sum_{i=1}^{n}\left(y_i-\overline{y}\right)^2}{n-1}} \tag{6}$$

式中：P_{80}——待测分析仪器80%量程精密度，ppb（ppm）；

y_i——80%量程标准气体第 i 次测量值，ppb（ppm）；

$\overline{y}$——80%量程标准气体测量平均值，ppb（ppm）。

7.1.6 24 h零点漂移和24 h量程漂移

待测分析仪器运行稳定后，通入零点标准气体，记录分析仪器零点稳定读数为 Z_0；然后通入20%量程标准气体，记录稳定读数 M_{20}；继续通入80%量程标准气体，记录稳定读数 M_{80}。通气结束后，待测分析仪器连续运行24 h（期间不允许任何维护和校准）后重复上述操作，并分别记录稳定后读数。分别按式（7）、式（8）、式（9）计算待测分析仪器的24 h零点漂移ZD、24 h 20%量程漂移MSD和24 h 80%量程漂移USD，然后可对待测分析仪器进行零点和量程校准。重复测试7次，24 h零点漂移值ZD、24 h 20%量程漂移MSD和24 h 80%量程漂移USD均应分别符合6.1.1.7和6.1.1.8的要求。

$$\mathrm{ZD}_n=Z_n-Z_{n-1} \tag{7}$$

式中：ZD_n——待测分析仪器第 n 次的24 h零点漂移，ppb（ppm）；

Z_n——待测分析仪器第 n 次的零点标准气体测量值，ppb（ppm）；

n——测试序号，（n=1～7）。

$$\mathrm{MSD}_n=M_{20n}-M_{20(n-1)} \tag{8}$$

式中：MSD_n——待测分析仪器第 n 次的24 h 20%量程漂移，ppb（ppm）；

M_{20n}——待测分析仪器第 n 次的20%量程标准气体测量值，ppb（ppm）。

$$\mathrm{USD}_n=M_{80n}-M_{80(n-1)} \tag{9}$$

式中：USD_n——待测分析仪器第 n 次的24 h 80%量程漂移，ppb（ppm）；

M_{80n}——待测分析仪器第 n 次的80%量程标准气体测量值，ppb（ppm）。

7.1.7 响应时间（上升时间/下降时间）

待测分析仪器运行稳定后，通入零点标准气体，待读数稳定后通入 80%量程标准气体，同时用秒表开始计时；当待测分析仪器显示值上升至标准气体浓度标称值 90%时，停止计时；记录所用时间为待测分析仪器的上升时间。待 80%量程标准气体测量读数稳定后，通入零点标准气体，同时用秒表开始计时，当待测分析仪器显示值下降至 80%量程标准气体浓度标称值 10%时，停止计时；记录所用时间为待测分析仪器的下降时间。

响应时间每天测试 1 次，重复测试 3 d，平均值应符合 6.1.1.9 的要求。

7.1.8 电压稳定性

待测分析仪器运行稳定后，在正常电压条件下，通入 80%量程标准气体，稳定后记录待测分析仪器读数 W；调节待测分析仪器供电电压高于正常电压值 10%，通入同一浓度标准气体，稳定后记录待测分析仪器读数 X；调节待测分析仪器供电电压低于正常电压值 10%，通入同一浓度标准气体，稳定后记录待测分析仪器读数 Y。按式（10）计算待测分析仪器的电压稳定性 V，应符合 6.1.1.10 的要求。

$$V=\frac{X-W}{R}\times 100\% \text{或} \frac{Y-W}{R}\times 100\% \tag{10}$$

式中：V——待测分析仪器电压稳定性，%；

W——正常电压条件下 80%量程标准气体测量值，ppb（ppm）；

X——供电电压高于正常电压 10%时，80%量程标准气体测量值，ppb（ppm）；

Y——供电电压低于正常电压 10%时，80%量程标准气体测量值，ppb（ppm）；

R——待测分析仪器满量程值，ppb（ppm）。

7.1.9 流量稳定性

待测分析仪器运行稳定后，记录初始进样流量值 $\mathrm{RM_0}$，连续运行 8 d，每天定时记录待测分析仪器进样流量值 RC_i，按式（11）计算待测分析仪器进样流量与初始流量值的相对偏差 d_{Qi}；每天的测试结果均应符合 6.1.1.11 的要求。

$$d_{Qi}=\frac{\mathrm{RC}_i-\mathrm{RM_0}}{\mathrm{RM_0}}\times 100\% \tag{11}$$

式中：d_{Qi}——待测分析仪器第 i 天的流量稳定性，%；

RC_i——待测分析仪器第 i 天的进样流量值，mL/min；

$\mathrm{RM_0}$——待测分析仪器初始进样流量值，mL/min；

i———测试天数的序号（i=1～8）。

7.1.10 环境温度变化的影响

（1）待测分析仪器在恒温环境中运行后，设置温度为（25±1）℃，稳定至少 30 min，记录标准温度值 t_0，通入零点标准气体，记录待测分析仪器读数 Z_0；通入 80%量程标准气体，记录待测分析仪器读数 M_0；

（2）缓慢调节恒温环境温度为（35±1）℃，稳定至少 30 min，记录标准温度值 t_1，通入零点标准气体，记录待测分析仪器读数 Z_1；通入 80%量程标准气体，记录待测分析仪器读数 M_1；

（3）缓慢调节恒温环境温度为（25±1）℃，稳定至少 30 min，记录标准温度值 t_2，通入零点标准气体，记录待测分析仪器读数 Z_2；通入 80%量程标准气体，记录待测分析仪器读数 M_2；

（4）缓慢调节恒温环境温度为（15±1）℃，稳定至少 30 min，记录标准温度值 t_3，通入零点标准气体，记录待测分析仪器读数 Z_3；通入 80%量程标准气体，记录待测分析仪器读数 M_3；

（5）缓慢调节恒温环境温度为（25±1）℃，稳定至少 30 min，记录标准温度值 t_4，通入零点标准气体，记录待测分析仪器读数 Z_4；通入 80%量程标准气体，记录待测分析仪器读数 M_4；

（6）按式（12）计算待测分析仪器环境温度变化的影响 b_{st}，应符合 6.1.1.12 的要求。

$$b_{st}=\left|\frac{(M_3-Z_3)-\dfrac{(M_2-Z_2)+(M_4-Z_4)}{2}}{t_3-\dfrac{t_2+t_4}{2}}\right| \text{或} \left|\frac{(M_1-Z_1)-\dfrac{(M_0-Z_0)+(M_2-Z_2)}{2}}{t_3-\dfrac{t_0+t_2}{2}}\right| \tag{12}$$

式中：b_{st}——待测分析仪器环境温度变化的影响，ppb/℃（ppm/℃）；

M_0——环境温度 t_0，待测分析仪器 80%量程标准气体测量值，ppb（ppm）；

M_1——环境温度 t_1，待测分析仪器 80%量程标准气体测量值，ppb（ppm）；

M_2——环境温度 t_2，待测分析仪器 80%量程标准气体测量值，ppb（ppm）；

M_3——环境温度 t_3，待测分析仪器 80%量程标准气体测量值，ppb（ppm）；

M_4——环境温度 t_4，待测分析仪器 80%量程标准气体测量值，ppb（ppm）；

Z_0——环境温度 t_0，待测分析仪器零点标准气体测量值，ppb（ppm）；

Z_1——环境温度 t_1，待测分析仪器零点标准气体测量值，ppb（ppm）；

Z_2——环境温度 t_2，待测分析仪器零点标准气体测量值，ppb（ppm）；

Z_3——环境温度 t_3，待测分析仪器零点标准气体测量值，ppb（ppm）；

Z_4——环境温度 t_4，待测分析仪器零点标准气体测量值，ppb（ppm）；

t_0——恒温环境第一次设置温度为（25±1）℃时，标准温度值，℃；

t_1——恒温环境设置温度为（35±1）℃时，标准温度值，℃；

t_2——恒温环境第二次设置温度为（25±1）℃时，标准温度值，℃；

t_3——恒温环境设置温度为（15±1）℃时，标准温度值，℃；

t_4——恒温环境第三次设置温度为（25±1）℃时，标准温度值，℃。

7.1.11　干扰成分的影响

干扰气体见表 2。待测分析仪器运行稳定后，通入零点标准气体，记录待测分析仪器读数 a；通入规定浓度的干扰气体，记录待测分析仪器读数 b。每种干扰气体按上述操作重复测试 3 次，计算平均值 $\overline{a}$ 和 $\overline{b}$，按式（13）计算待测分析仪器干扰成分的影响 IE，应符合 6.1.1.13 的要求。

$$IE = \frac{\overline{b} - \overline{a}}{R} \times 100\% \tag{13}$$

式中：IE——待测分析仪器干扰成分的影响，%；

$\overline{b}$——每种干扰气体 3 次测量平均值，ppb（ppm）；

$\overline{a}$——零点标准气体 3 次测量平均值，ppb（ppm）。

7.1.12　采样口和校准口浓度偏差

待测分析仪器运行稳定后，将 80%量程标准气体分别经仪器的采样口和校准口通入待测分析仪器，显示稳定后，分别记录 80%量程标准气体经采样口通入待测分析仪器的读数 A 和经校准口通入待测分析仪器的读数 B。重复测量 3 次，按式（14）计算两种状态下读数平均值的相对偏差 d，应符合 6.1.1.14 的要求。

$$d = \frac{\overline{B} - \overline{A}}{\overline{A}} \times 100\% \tag{14}$$

式中：d——待测分析仪器校准口和采样口浓度偏差，%；

$\overline{A}$——80%量程标准气体经采样口通入分析仪器 3 次测量平均值，ppb（ppm）；

$\overline{B}$——80%量程标准气体经校准口通入分析仪器 3 次测量平均值，ppb（ppm）。

7.1.13　转换效率

转换效率检测可采用以下三种方式进行。

（1）待测分析仪器运行稳定后，使用 NO_2 标准渗透管（使用前应将渗透管放入渗透管恒温装置中平衡 48 h，渗透室控温精度±0.1℃）产生 20%～60%量程标准气体，通入待测分析仪器，读数稳定后记录显示值 C_{NO_2}。重复测试 3 次，计算平均值 $\overline{C_{NO_2}}$，按式（15）计算待测分析仪器转换效率 η，应符合 6.1.1.15 的要求。

$$\eta = \frac{\overline{C_{NO_2}}}{C_0} \times 100\% \tag{15}$$

式中：η——待测分析仪器转换效率，%；

$\overline{C_{NO_2}}$——NO_2 标准气体 3 次测量平均值，ppb；

C_0——NO_2 标准气体体积分数值，ppb。

（2）待测分析仪器运行稳定后，通入 20%～60%量程 NO_2 标准气体，读数稳定后记录待测分析仪器显示值 C_{NO_2}。重复测试 3 次，计算平均值 $\overline{C_{NO_2}}$，按式（15）计算待测分析仪器转换效率η，应符合 6.1.1.15 的要求。

（3）检测过程操作步骤如下：

a）待测分析仪器运行稳定后，通入 80%量程 NO 标准气体，分别记录待测分析仪器 NO 和 NO_x 稳定读数；重复操作 3 次，分别计算 NO 和 NO_x 读数的平均值$[NO]_{orig}$和$[NO_x]_{orig}$；

b）启动监测系统校准设备中的臭氧发生器，产生一定浓度的臭氧，在相同实验条件下通入与 a）中同一浓度的 NO 标准气体，分别记录待测分析仪器 NO 和 NO_x 稳定读数；重复操作 3 次，计算 NO 和 NO_x 读数的平均值$[NO]_{rem}$和$[NO_x]_{rem}$；

生成的 NO_2 气体的标准浓度值$[NO_2]_{标准}$等于$[NO]_{orig}$与$[NO]_{rem}$的差值，浓度范围应控制在 20%～60%满量程。

c）按式（16）计算待测分析仪器转换效率η，应符合 6.1.1.15 的要求。

$$\eta=\frac{\left([NO_x]_{rem}-[NO]_{rem}\right)-\left([NO_x]_{orig}-[NO]_{orig}\right)}{[NO]_{orig}-[NO]_{rem}}\times 100\% \tag{16}$$

式中：η——待测分析仪器转换效率，%；

$[NO]_{orig}$——未启动臭氧发生器时通入 NO 标准气体 NO 测量平均值，ppb；

$[NO_x]_{orig}$——未启动臭氧发生器时通入 NO 标准气体 NO_x 测量平均值，ppb；

$[NO]_{rem}$——启动臭氧发生器后通入 NO 标准气体 NO 测量平均值，ppb；

$[NO_x]_{rem}$——启动臭氧发生器后通入 NO 标准气体 NO_x 测量平均值，ppb。

7.1.14 无人值守工作时间

待测监测系统连续运行 60 d，期间进行长期漂移（≥7 d）测试和平均故障间隔天数考核。

（1）长期漂移（≥7 d）测试

待测监测系统运行稳定后，通入零点标准气体，记录待测分析仪器零点稳定读数 Z_0；通入 80%量程标准气体，记录稳定读数 M_{80}。通气结束后，待测监测系统连续运行至少 7 d（期间不允许任何手动维护和校准），重复上述操作，并分别记录稳定后读数。按式（17）、式（18）计算待测分析仪器的长期零点漂移 LZD、长期量程漂移 LSD；测试完成后可对待测监测系统进行维护和校准。长期漂移至少重复测试 7 次，长期零点漂移 LZD 和长期量程漂移 LSD 均应符合 6.1.1.16（1）和（2）的要求。

$$\mathrm{LZD}_n=Z_n-Z_{n-1} \tag{17}$$

式中：LZD_n——待测分析仪器第 n 次的长期零点漂移，ppb（ppm）；

Z_n——待测分析仪器第 n 次的零点标准气体测量值，ppb（ppm）；

n——测试序号，（n=1～7）。

$$\mathrm{LSD}_n=M_{80n}-M_{80(n-1)} \tag{18}$$

式中：LSD_n——待测分析仪器第 n 次的长期量程漂移，ppb（ppm）；

M_{80n}——待测分析仪器第 n 次的 80%量程标准气体测量值，ppb（ppm）。

（2）平均故障间隔天数考核

待测监测系统运行期间，记录监测系统出现故障次数 k。按式（19）计算待测监测系统平均故障间隔天数 D。应符合 6.1.1.16（3）的要求。

$$D=\frac{60}{k} \tag{19}$$

式中：D——待测监测系统平均故障间隔天数，d；

k——待测监测系统运行期间的故障数。

7.1.15 多气体动态校准仪

7.1.15.1 流量线性误差

待测监测系统运行稳定后，将标准流量测量装置串联到多气体动态校准仪气路中，使校准设备产生流量计 20%～80%满量程流量，分别记录校准设备流量值和标准流量计测量流量值，计算两者的相对误差；重复测试 3 次，平均值应符合 6.1.2（2）的要求。

7.1.15.2 臭氧发生浓度误差

待测监测系统运行稳定后，使用标准臭氧发生器发生 80%量程臭氧标准气体，对臭氧分析仪器进行校准，记录臭氧浓度值。校准完成后，使用待测监测系统多气体动态校准仪中的臭氧发生器发生 80%量程臭氧标准气体，通入上述已校准的臭氧分析仪器，读取并记录臭氧浓度值；重复测试 3 次，按式（20）计算臭氧发生浓度误差 E_i。按照上述操作步骤，在臭氧浓度为 20%和 50%量程臭氧标准气体点进行同样测试，测试结果均应符合 6.1.2（3）的要求。

$$E_i=\frac{RF_i-\overline{R_i}}{\overline{R_i}}\times 100\% \tag{20}$$

式中：E_i——第 i 种浓度臭氧发生浓度误差，%；

$\overline{R_i}$——第 i 种浓度臭氧测量平均值，ppb；

RF_i——第 i 种浓度臭氧发生值，ppb；

i——浓度序号（i=1～3）。

7.2 开放光程连续监测系统

7.2.1 零点噪声

使待测分析仪器处于零光程测量状态，检测方法见 7.1.1，待测分析仪器零点噪声应符合 6.2.2 的要求。

7.2.2 最低检出限

使待测分析仪器处于零光程测量状态，检测方法见 7.1.2，待测分析仪器最低检出限应符合 6.2.3 的要求。

7.2.3 量程噪声

使待测分析仪器处于零光程测量状态，检测方法见 7.1.3，待测分析仪器量程噪声应符合 6.2.4 的要求。

7.2.4 示值误差

使待测分析仪器处于零光程测量状态，检测方法见 7.1.4，待测分析仪器示值误差应符合 6.2.5 的要求。

7.2.5 量程精密度

使待测分析仪器处于零光程测量状态，检测方法见 7.1.5，待测分析仪器量程精密度应符合 6.2.6 的要求。

7.2.6 24 h 零点漂移和 24 h 量程漂移

使待测分析仪器处于零光程测量状态，检测方法见 7.1.6，待测分析仪器 24 h 零点漂移应符合 6.2.7 的要求，24 h 量程漂移应符合 6.2.8 的要求。

7.2.7 响应时间（上升时间/下降时间）

使待测分析仪器处于零光程测量状态下，向校准池中通入浓度约为 80%满量程的标准气体，稳定后将校准池放入仪器光路中，同时用秒表开始计时，待测分析仪器显示值上升至标准气体浓度标称值 90%时，停止计时；记录所用时间为待测分析仪器的上升时间。待 80%量程标准气体测量读数稳定后，迅速取下校准池，同时用秒表开始计时，当待测分析仪器显示值下降至 80%量程标准气体浓度标称值 10%时，停止计时；记录所用时间为待测分析仪器的下降时间。

响应时间每天测试 1 次，重复测试 3 d，平均值应符合 6.2.9 的要求。

7.2.8 电压稳定性

使待测分析仪器处于零光程测量状态，检测方法见 7.1.8，待测分析仪器电压稳定性应符合 6.2.10 的要求。

7.2.9 环境温度变化的影响

使待测分析仪器处于零光程测量状态，检测方法见 7.1.10，待测分析仪器环境温度变化的影响应符合 6.2.11 的要求。

7.2.10 干扰成分的影响

干扰气体见表 3。使待测分析仪器处于零光程测量状态，检测方法见 7.1.11，待测分析仪器干扰成分的影响应符合 6.2.12 的要求。

7.2.11 校准池长度的影响

使待测分析仪器处于零光程测量状态，在待测分析仪器测量光路上放置最大长度的校准池，通入 80%量程标准气体，读数稳定后记录测量值 C_L；在待测分析仪器测量光路上放置最小长度的校准池，通入同一浓度标准气体，读数稳定后记录测量值 C_S。按式（21）计算校准池长度的影响，应符合 6.2.13 的要求。

$$\eta = \frac{C_L - (C_S \times \frac{L_1}{L_2})}{C_L} \times 100\% \tag{21}$$

式中：η——待测分析仪器校准池长度的影响，%；

C_L——使用最大长度校准池时标准气体体积测量值，ppb；

C_S——使用最小长度校准池时标准气体体积测量值，ppb；

L_1——最大长度校准池长度，mm；

L_2——最小长度校准池长度，mm。

7.2.12 光源强度的影响

使待测分析仪器处于零光程状态，通入零点标准气体，读数稳定后记录待测分析仪器显示值 C_{h1} 和光源强度；通入 80%量程标准气体，读数稳定后记录待测分析仪器显示值 C_{h2}。在测量光路上放置消光装置，使待测分析仪器显示光源强度至少衰减 15%，再次通入零点标准气体，读数稳定后记录待测分析仪器显示值 C_{L1}；通入 80%量程标准气体，读数稳定后记录待测分析仪器显示值 C_{L2}。

按式（22）和式（23）分别计算零点和量程光源强度的影响，应符合 6.2.14 的要求。

$$Z_0 = \frac{C_{h1} - C_{L1}}{R} \times 100\% \tag{22}$$

式中：Z_0——待测分析仪器零点光源强度的影响，%；

C_{h1}——正常光源强度时零点标准气体测量值，ppb；

C_{L1}——光源强度衰减时零点标准气体测量值，ppb；

R——待测分析仪器满量程值，ppb。

$$Z_1 = \frac{C_{h2} - C_{L2}}{R} \times 100\% \tag{23}$$

式中：Z_1——待测分析仪器量程光源强度的影响，%；

C_{h2}——正常光源强度时量程标准气体测量值，ppb；

C_{L2}——光源强度衰减时量程标准气体测量值，ppb。

7.2.13 无人值守工作时间

待测监测系统连续运行 60 d，期间进行长期漂移（≥7 d）测试和平均故障间隔天数考核。

（1）长期漂移（≥7 d）测试

使待测分析仪器处于零光程测量状态，检测方法见 7.1.14（1），待测分析仪器长期零点漂移 LZD 和长期量程漂移 LSD 均应符合 6.2.15（1）和（2）的要求。

（2）平均故障间隔天数考核

检测方法见 7.1.14（2），待测监测系统平均故障间隔天数应符合 6.2.15（3）的要求。

8 检测项目

环境空气气态污染物（SO_2、NO_2、O_3、CO）连续自动监测系统检测项目见表 4、表 5 和表 6。

表 4 点式连续监测系统检测项目

<table>
<tr><th colspan="2">项目</th><th>SO_2 分析仪器</th><th>NO_2 分析仪器</th><th>O_3 分析仪器</th><th>CO 分析仪器</th></tr>
<tr><td colspan="2">测量范围</td><td>（0～500）ppb</td><td>（0～500）ppb</td><td>（0～500）ppb</td><td>（0～50）ppm</td></tr>
<tr><td colspan="2">零点噪声</td><td>≤1 ppb</td><td>≤1 ppb</td><td>≤1 ppb</td><td>≤0.25 ppm</td></tr>
<tr><td colspan="2">最低检出限</td><td>≤2 ppb</td><td>≤2 ppb</td><td>≤2 ppb</td><td>≤0.5 ppm</td></tr>
<tr><td colspan="2">量程噪声</td><td>≤5 ppb</td><td>≤5 ppb</td><td>≤5 ppb</td><td>≤1 ppm</td></tr>
<tr><td colspan="2">示值误差</td><td>±2% F.S.</td><td>±2% F.S.</td><td>±4% F.S.</td><td>±2% F.S.</td></tr>
<tr><td colspan="2">20%量程精密度</td><td>≤5 ppb</td><td>≤5 ppb</td><td>≤5 ppb</td><td>≤0.5 ppm</td></tr>
<tr><td colspan="2">80%量程精密度</td><td>≤10 ppb</td><td>≤10 ppb</td><td>≤10 ppb</td><td>≤0.5 ppm</td></tr>
<tr><td colspan="2">24 h 零点漂移</td><td>±5 ppb</td><td>±5 ppb</td><td>±5 ppb</td><td>±1 ppm</td></tr>
<tr><td colspan="2">24 h 20%量程漂移</td><td>±5 ppb</td><td>±5 ppb</td><td>±5 ppb</td><td>±1 ppm</td></tr>
<tr><td colspan="2">24 h 80%量程漂移</td><td>±10 ppb</td><td>±10 ppb</td><td>±10 ppb</td><td>±1 ppm</td></tr>
<tr><td colspan="2">响应时间</td><td>≤5 min</td><td>≤5 min</td><td>≤5 min</td><td>≤4 min</td></tr>
<tr><td colspan="2">电压稳定性</td><td>±1% F.S.</td><td>±1% F.S.</td><td>±1% F.S.</td><td>±1% F.S.</td></tr>
<tr><td colspan="2">流量稳定性</td><td>±10%</td><td>±10%</td><td>±10%</td><td>±10%</td></tr>
<tr><td colspan="2">环境温度变化的影响</td><td>≤1 ppb/℃</td><td>≤3 ppb/℃</td><td>≤1 ppb/℃</td><td>≤0.3 ppm/℃</td></tr>
<tr><td colspan="2">转换效率</td><td>—</td><td>>96%</td><td>—</td><td>—</td></tr>
<tr><td colspan="2" rowspan="4">干扰成分的影响</td><td>±4% F.S.
（2% H_2O）</td><td>±4% F.S.
（2.5% H_2O）</td><td>±4% F.S.
（2% H_2O）</td><td>±5% F.S.
（2.5% H_2O）</td></tr>
<tr><td>±4% F.S.
（0.1 ppm 甲苯）</td><td>±4% F.S.
（1 ppm NH_3）</td><td>±4% F.S.
（1 ppm 甲苯）</td><td>±5% F.S.
（1 000 ppm CO_2）</td></tr>
<tr><td>±4% F.S.
（3 000 ppm CH_4）</td><td>±4% F.S.
（200 ppb O_3）</td><td>±4% F.S.
（0.2 ppm SO_2）</td><td>—</td></tr>
<tr><td>—</td><td>±4% F.S.
（500 ppb SO_2）</td><td>±6% F.S.
（0.5 ppm
NO/NO_2）</td><td>—</td></tr>
<tr><td colspan="2">采样口和校准口浓度偏差</td><td>±1%</td><td>±1%</td><td>±1%</td><td>±1%</td></tr>
<tr><td rowspan="3">无人值守工作时间</td><td>长期零点漂移</td><td>±10 ppb</td><td>±10 ppb</td><td>±10 ppb</td><td>±2 ppm</td></tr>
<tr><td>长期量程漂移</td><td>±20 ppb</td><td>±20 ppb</td><td>±20 ppb</td><td>±2 ppm</td></tr>
<tr><td>平均故障间隔天数</td><td>≥7 d</td><td>≥7 d</td><td>≥7 d</td><td>≥7 d</td></tr>
</table>

表 5 多气体动态校准装置检测项目

项目	性能指标
稀释比率	1/100～1/1 000
流量线性误差	±1%
臭氧发生浓度误差	±2%

表 6 开放光程连续监测系统检测项目

<table>
<tr><th colspan="2">项目</th><th>SO_2 分析仪器</th><th>NO_2 分析仪器</th><th>O_3 分析仪器</th></tr>
<tr><td colspan="2">测量范围</td><td>（0～500）ppb</td><td>（0～500）ppb</td><td>（0～500）ppb</td></tr>
<tr><td colspan="2">零点噪声</td><td>≤1 ppb</td><td>≤1 ppb</td><td>≤1 ppb</td></tr>
<tr><td colspan="2">最低检出限</td><td>≤2 ppb</td><td>≤2 ppb</td><td>≤2 ppb</td></tr>
<tr><td colspan="2">量程噪声</td><td>≤5 ppb</td><td>≤5 ppb</td><td>≤5 ppb</td></tr>
<tr><td colspan="2">示值误差</td><td>±2% F.S.</td><td>±2% F.S.</td><td>±4% F.S.</td></tr>
<tr><td colspan="2">20%量程精密度</td><td>≤5 ppb</td><td>≤5 ppb</td><td>≤5 ppb</td></tr>
<tr><td colspan="2">80%量程精密度</td><td>≤10 ppb</td><td>≤10 ppb</td><td>≤10 ppb</td></tr>
<tr><td colspan="2">24 h 零点漂移</td><td>±5 ppb</td><td>±5 ppb</td><td>±5 ppb</td></tr>
<tr><td colspan="2">24 h 20%量程漂移</td><td>±5 ppb</td><td>±5 ppb</td><td>±5 ppb</td></tr>
<tr><td colspan="2">24 h 80%量程漂移</td><td>±10 ppb</td><td>±10 ppb</td><td>±10 ppb</td></tr>
<tr><td colspan="2">响应时间</td><td>5 min</td><td>5 min</td><td>5 min</td></tr>
<tr><td colspan="2">电压稳定性</td><td>±1% F.S.</td><td>±1% F.S.</td><td>±1% F.S.</td></tr>
<tr><td colspan="2">环境温度变化的影响</td><td><1 ppb/℃</td><td><3 ppb/℃</td><td><1 ppb/℃</td></tr>
<tr><td colspan="2" rowspan="3">干扰成分的影响</td><td>±3% F.S.
（0.035 ppm 苯）</td><td>±2% F.S.
（0.33 ppm NH_3）</td><td>±5% F.S.
（0.035 ppm 苯）</td></tr>
<tr><td>±2% F.S.
（3 000 ppm CH_4）</td><td>±2% F.S.
（200 ppb O_3）</td><td>±2% F.S.
（0.3 ppm SO_2）</td></tr>
<tr><td>—</td><td>±2% F.S.
（300 ppb SO_2）</td><td>±2% F.S.
（0.35 ppm NO/NO_2）</td></tr>
<tr><td colspan="2">校准池长度的影响</td><td>±2%</td><td>±2%</td><td>±2%</td></tr>
<tr><td colspan="2">光源强度的影响</td><td>±2%F.S.</td><td>±2%F.S.</td><td>±4%F.S.</td></tr>
<tr><td rowspan="3">无人值守工作时间</td><td>长期零点漂移</td><td>±10 ppb</td><td>±10 ppb</td><td>±10 ppb</td></tr>
<tr><td>长期量程漂移</td><td>±20 ppb</td><td>±20 ppb</td><td>±20 ppb</td></tr>
<tr><td>平均故障间隔天数</td><td>≥7 d</td><td>≥7 d</td><td>≥7 d</td></tr>
</table>

附 录 A
（规范性附录）
零气发生器性能指标

表 A.1 监测系统零气发生器发生零气的性能指标

项目	性能指标
SO_2	＜0.5 ppb
NO	＜0.5 ppb
NO_2	＜0.5 ppb
O_3	＜0.5 ppb
CO	＜20 ppb
HC 化合物	不含

附 录 B
（规范性附录）
监测系统数据采集和处理要求

B.1 数据格式要求

监测系统处理实时数据和定时段数据时，应采用的数据格式见下列表格和说明。

表 B.1 数据格式一览表

序号	项目名称	单位	小数位
1	SO_2、NO_2、O_3 质量浓度	$\mu g/m^3$	1
2	CO 质量浓度	mg/m^3	1
3	采样流量	mL/min（或 L/min）	0（或 2）

表 B.2 污染物浓度数据有效性的最低要求

污染物项目	平均时间	数据有效规定
二氧化硫（SO_2）、二氧化氮（NO_2）、臭氧（O_3）、氮氧化物（NO_x）	年平均	每年至少有 324 个日平均浓度值。每月至少有 27 个日平均浓度值（2 月至少有 25 个日平均浓度值）
一氧化碳（CO）、二氧化硫（SO_2）、二氧化氮（NO_2）、氮氧化物（NO_x）	24 h 平均	每日至少有 20 h 平均浓度值或采样时间
臭氧（O_3）	8 h 平均	每 8 h 至少有 6 h 平均浓度值
一氧化碳（CO）、二氧化硫（SO_2）、二氧化氮（NO_2）、臭氧（O_3）、氮氧化物（NO_x）	1 h 平均	每小时至少有 45 min 的采样时间

表 B.3 数据时间标签一览表

数据时间类型	时间标签	定义	描述与示例
分钟数据	YYYYMMDDHHMM	时间标签为数据采集的截止时刻，数据为此时刻前一分钟的测量均值	201203210916 为 2012 年 3 月 21 日 9 时 15 分 01 秒至 9 时 16 分 00 秒的测量均值
小时数据	YYYYMMDDHH	时间标签为测量截止时刻，数据为此时刻前一小时的测量均值	2012032107 为 2012 年 3 月 21 日 6 时 01 分至 7 时 0 分的测量均值
日均值数据	YYYYMMDD	时间标签为测量开始时间，数据为当日 1 时至 24 时（第二天 0 时）的测量均值	20120321 为 2012 年 3 月 21 日 1 时至 22 日 0 时的测量均值

B.2 数据记录要求

B.2.1 监测系统应至少能显示记录气态污染物的质量浓度、体积分数、采样流量等实时数据。

B.2.2 小时数据应至少记录该时间段内气态污染物的质量浓度、体积分数的平均值。

B.2.3 分钟数据应至少记录该时间段内气态污染物的质量浓度、体积分数的平均值。

B.2.4 应统计记录当日小时数据的最大值、最小值和日均值。

B.3 数据处理要求

B.3.1 气态污染物质量浓度小时数据按式（B.1）计算：

$$C_i = \frac{\sum_{j=1}^{k} m_{ij}}{k} \tag{B.1}$$

式中：C_i——监测系统第 i 小时气态污染物质量浓度，μg/m^3（mg/m^3）；

m_{ij}——监测系统第 i 小时第 j 分钟气态污染物质量浓度，μg/m^3（mg/m^3）；

k——监测系统在该小时内有效测量分钟数（$45 \leqslant k \leqslant 60$）。

B.3.2 气态污染物质量浓度日均值数据按式（B.2）计算：

$$\overline{C_m} = \frac{\sum_{i=1}^{n} C_{m,i}}{n} \tag{B.2}$$

式中：$\overline{C_m}$——监测系统第 m 天气态污染物质量浓度日均值，μg/m^3（mg/m^3）；

$C_{m,i}$——监测系统的第 m 天第 i 小时气态污染物质量浓度，μg/m^3（mg/m^3）；

n——监测系统在该天内有效测量小时数（$20 \leqslant n \leqslant 24$）。

B.3.3 气态污染物体积分数与质量浓度单位的换算

$$C_Q = \frac{M}{22.4} \times C_V \tag{B.3}$$

式中：C_Q——污染物的质量浓度，μg/m³（mg/m³）；

M——污染物的摩尔质量，g/mol；

C_V——污染物的体积分数，ppb（ppm）。

B.3.4 氮氧化物（NO_x）单位换算

氮氧化物以 NO_2 计，可按照式（B.4）或式（B.5）计算氮氧化物质量浓度。

$$C_{NO_x}=C_{NO}\times\frac{M_{NO_2}}{M_{NO}}+C_{NO_2} \tag{B.4}$$

式中：C_{NO_x}——氮氧化物质量浓度，μg/m³；

C_{NO}——一氧化氮质量浓度，μg/m³；

C_{NO_2}——二氧化氮质量浓度，μg/m³；

M_{NO_2}——二氧化氮摩尔质量，g/mol；

M_{NO}——一氧化氮摩尔质量，g/mol。

$$C_{NO_x}=(C_{NOV}+C_{NO_2V})\times\frac{M_{NO_2}}{22.4} \tag{B.5}$$

式中：C_{NOV}——一氧化氮的体积分数，ppb；

C_{NO_2V}——二氧化氮的体积分数，ppb。

附 录 C
（资料性附录）
监测系统性能测试原始数据记录表

表 C.1 环境空气气态污染物连续监测系统零点和量程漂移检测原始记录表

生产厂家________ 测试地点________ 型号、编号________ 气体名称________

标准气体生产厂________ 浓度________ 仪器量程________ 分析原理________

<table>
<tr><th rowspan="3">日期</th><th rowspan="3">时间</th><th colspan="9">测量结果（μg/m³/ppb）或（mg/m³/ppm）</th><th rowspan="3">室内温度/℃</th></tr>
<tr><th colspan="2">零点读数</th><th>零点漂移</th><th colspan="2">20%量程读数</th><th>20%量程漂移</th><th colspan="2">80%量程读数</th><th>80%量程漂移</th></tr>
<tr><th>起始</th><th>最终</th><th>ZD</th><th>起始</th><th>最终</th><th>MSD</th><th>起始</th><th>最终</th><th>USD</th></tr>
<tr><td></td><td></td><td></td><td></td><td></td><td></td><td></td><td></td><td></td><td></td><td></td><td></td></tr>
<tr><td></td><td></td><td></td><td></td><td></td><td></td><td></td><td></td><td></td><td></td><td></td><td></td></tr>
<tr><td></td><td></td><td></td><td></td><td></td><td></td><td></td><td></td><td></td><td></td><td></td><td></td></tr>
<tr><td></td><td></td><td></td><td></td><td></td><td></td><td></td><td></td><td></td><td></td><td></td><td></td></tr>
<tr><td></td><td></td><td></td><td></td><td></td><td></td><td></td><td></td><td></td><td></td><td></td><td></td></tr>
<tr><td></td><td></td><td></td><td></td><td></td><td></td><td></td><td></td><td></td><td></td><td></td><td></td></tr>
<tr><td colspan="2">零点漂移</td><td colspan="3"></td><td colspan="2">20%量程漂移</td><td></td><td colspan="2">80%量程漂移</td><td colspan="2"></td></tr>
</table>

表 C.2 环境空气气态污染物连续监测系统噪声、最低检出限原始记录表

生产厂家________________ 检测时间、地点________________

型号、编号________________ 气体名称________________

原理________________ 计量单位________________

检测次数	测量值	
	零点	量程
1		
2		
3		
4		
5		
6		
7		
8		
9		
10		
11		
12		
13		
14		
15		
16		
17		
18		
19		
20		
21		
22		
23		
24		
25		
平均值		
噪声	$S_0 =$	$S_{80} =$
最低检出限		—

表 C.3 环境空气气态污染物连续监测系统响应时间原始记录表

生产厂家______________________________ 检测地点__________________

型号、编号____________________________ 计量单位__________________

<table>
<tr><td rowspan="2">气体名称</td><td rowspan="2">测试时间</td><td rowspan="2">气体浓度</td><td colspan="4">测量结果</td></tr>
<tr><td>上升时间</td><td>平均值</td><td>下降时间</td><td>平均值</td></tr>
<tr><td rowspan="3"></td><td></td><td></td><td></td><td rowspan="3"></td><td></td><td rowspan="3"></td></tr>
<tr><td></td><td></td><td></td><td></td></tr>
<tr><td></td><td></td><td></td><td></td></tr>
</table>

表 C.4 环境空气气态污染物连续监测系统量程精密度原始记录表

生产厂家______________________________ 检测地点__________________

型号、编号____________________________ 计量单位__________________

<table>
<tr><td colspan="2" rowspan="3">量程精密度</td><td colspan="2">测量结果</td></tr>
<tr><td colspan="2">□SO_2 □NO_2 □O_3 □CO</td></tr>
<tr><td>20%</td><td>80%</td></tr>
<tr><td rowspan="10">测量次数</td><td>1</td><td></td><td></td></tr>
<tr><td>2</td><td></td><td></td></tr>
<tr><td>3</td><td></td><td></td></tr>
<tr><td>4</td><td></td><td></td></tr>
<tr><td>5</td><td></td><td></td></tr>
<tr><td>6</td><td></td><td></td></tr>
<tr><td>7</td><td></td><td></td></tr>
<tr><td>8</td><td></td><td></td></tr>
<tr><td>9</td><td></td><td></td></tr>
<tr><td>10</td><td></td><td></td></tr>
<tr><td colspan="2">平均值</td><td></td><td></td></tr>
<tr><td colspan="2">标准偏差</td><td></td><td></td></tr>
</table>

表 C.5 环境空气气态污染物连续监测系统示值误差原始记录表

生产厂家______________________ 检测时间、地点________________________

型号、编号____________________ 计量单位______________________________

<table>
<tr><td>检测日期</td><td>标气名称</td><td colspan="2">标准气体</td><td>测量值</td></tr>
<tr><td rowspan="7"></td><td rowspan="7"></td><td colspan="2">标称值</td><td></td></tr>
<tr><td rowspan="4">实测值</td><td>1</td><td></td></tr>
<tr><td>2</td><td></td></tr>
<tr><td>3</td><td></td></tr>
<tr><td>平均值</td><td></td></tr>
<tr><td colspan="2">相对误差/%</td><td></td></tr>
<tr><td colspan="2">示值误差/%</td><td></td></tr>
</table>

表 C.6 环境空气气态污染物连续监测系统电压稳定性原始记录表

生产厂家__________ 检测时间、地点__________
型号、编号__________ 计量单位__________

检测日期	名称	测量结果		
		正常电压下测量值	高于正常电压 10%测量值	低于正常电压 10%测量值
电压稳定性				

表 C.7 环境空气气态污染物连续监测系统环境温度的影响原始记录表

生产厂家________ 测试地点______ 型号、编号______ 气体名称______
标准气体生产厂________ 浓度______ 仪器量程______ 分析原理______

日期	环境温度/℃	测量结果					
		零点测量值			80%量程测量值		
	25						
	35						
	25						
	15						
	25						
零点温度影响				80%量程温度影响			

表 C.8 环境空气气态污染物连续监测系统流量稳定性原始记录表

生产厂家__________ 污染物__________
型号、编号__________ 计量单位__________

检测时间	天数	进样流量值	相对误差
	0	$RM_0=$	—
	1		
	2		
	3		
	4		
	5		
	6		
	7		
流量稳定性			

表 C.9　环境空气气态污染物连续监测系统干扰成分测试原始记录表

生产厂家＿＿＿＿＿＿＿＿＿＿＿＿＿＿＿＿　检测地点＿＿＿＿＿＿＿＿＿＿＿＿

型号、编号＿＿＿＿＿＿＿＿＿＿＿＿＿＿＿　计量单位＿＿＿＿＿＿＿＿＿＿＿＿

检测日期	测试气体名称	干扰气体名称和浓度	检测记录		测量结果
			零气测量值	干扰测量值	
	SO_2	0.1 ppm 甲苯			
		3 000 ppm CH_4			
		2% H_2O			
	NO_x	1 ppm NH_3			
		200 ppb O_3			
		500 ppb SO_2			
		2.5% H_2O			
	O_3	1 ppm 甲苯			
		0.2 ppm SO_2			
		0.5 ppm NO/NO_2			
		2% H_2O			
	CO	1 000 ppm CO_2			
		2.5% H_2O			

表 C.10　环境空气气态污染物连续监测系统采样口与校准口测量误差原始记录表

生产厂家＿＿＿＿＿＿＿＿＿＿＿＿＿＿＿＿　检测地点＿＿＿＿＿＿＿＿＿＿＿＿

型号、编号＿＿＿＿＿＿＿＿＿＿＿＿＿＿＿　计量单位＿＿＿＿＿＿＿＿＿＿＿＿

检测日期	测试气体名称	标气浓度	检测记录		测量结果
			校准口测量值	采样口测量值	
	CO				
	SO_2				
	NO_2				
	O_3				

环境空气颗粒物（PM_{10} 和 $PM_{2.5}$）连续自动监测系统安装和验收技术规范

HJ 655—2013 部分代替 HJ/T 193—2005

2013-07-30 发布 2013-08-01 实施

1 适用范围

本标准规定了环境空气颗粒物（PM_{10} 和 $PM_{2.5}$）连续自动监测系统安装、调试、试运行和验收的技术要求。

本标准适用于环境空气颗粒物（PM_{10} 和 $PM_{2.5}$）连续自动监测系统的安装和验收活动。

2 规范性引用文件

本标准引用了下列文件或其中的条款。凡是未注明日期的引用文件，其最新版本适用于本标准。

GB 3095—2012 环境空气质量标准

GB 50168 电气装置安装工程电缆线路施工及验收规范

GB/T 17214.1 工业过程测量和控制装置 工作条件 第 1 部分：气候条件

HJ 618 环境空气 PM_{10} 和 $PM_{2.5}$ 的测定 重量法

HJ/T 212 污染源在线自动监控（监测）系统数据传输标准

YD 5098 通信局（站）防雷与接地工程设计规范

3 术语和定义

下列术语和定义适用于本标准。

3.1 环境空气质量连续监测 ambient air quality continuous monitoring

在监测点位采用连续监测仪器对环境空气质量进行连续的样品采集、处理、分析的过程。

3.2 环境空气质量手工监测 ambient air quality manual monitoring

在监测点位用采样装置采集一定时段的环境空气样品，将采集的样品在实验室用分析仪器分析、处理的过程。

3.3 颗粒物（粒径小于等于 10 μm）particulate matter（PM_{10}）

指环境空气中空气动力学当量直径小于等于 10μm 的颗粒物，也称可吸入颗粒物。

3.4 颗粒物（粒径小于等于 2.5 μm）particulate matter（$PM_{2.5}$）

指环境空气中空气动力学当量直径小于等于 2.5 μm 的颗粒物，也称细颗粒物。

3.5 切割器 particle separate device

具有将不同粒径粒子分离功能的装置。

3.6 标准状态 standard state

指温度为 273.15 K，压力为 101.325 kPa 时的状态。本标准中污染物浓度均为标准状态下的浓度。

3.7 参比方法 reference method

国家发布的标准方法。

4 系统的组成与原理

4.1 系统的组成

PM_{10} 或 $PM_{2.5}$ 连续监测系统包括样品采集单元、样品测量单元、数据采集和传输单元以及其他辅助设备。

4.1.1 样品采集单元

样品采集单元由采样入口、切割器和采样管等组成，将环境空气颗粒物进行切割分离，并将目标颗粒物输送到样品测量单元。

4.1.2 样品测量单元

样品测量单元对采集的环境空气 PM_{10} 或 $PM_{2.5}$ 样品进行测量。

4.1.3 数据采集和传输单元

数据采集和传输单元采集、处理和存储监测数据，并能按中心计算机指令传输监测数据和设备工作状态信息。

4.1.4 其他辅助设备

其他辅助设备包括安装仪器设备所需要的机柜或平台、安装固定装置、采样泵等。

4.2 方法原理

PM_{10} 或 $PM_{2.5}$ 连续监测系统所配置监测仪器的测量方法为β射线吸收法和微量振荡天平法。

5 安装

5.1 监测点位

5.1.1 监测点位置要求

5.1.1.1 监测点位置的确定应首先进行周密的调查研究，采用间断性的监测，对本地区空气污染状况有粗略的概念后再选择监测点的位置，点位应符合相关技术规范要求。监测点的位置一经确定后应能长期使用，不宜轻易变动，以保证监测资料的连续性和可比性。

5.1.1.2 在监测点周围，不能有高大建筑物、树木或其他障碍物阻碍环境空气流通。从监测点采样口到附近最高障碍物之间的水平距离，至少是该障碍物高出采样口垂直距离的两倍以上。

5.1.1.3 监测点周围建设情况相对稳定，在相当长的时间内不能有新的建筑工地出现。

5.1.1.4 监测点应地处相对安全和防火措施有保障的地方。

5.1.1.5 监测点附近应无强电磁干扰，周围有稳定可靠的电力供应，通信线路方便安装和检修。

5.1.1.6 监测点周围应有合适的车辆通道以满足设备运输和安装维护需要。

5.1.1.7 不同功能监测点的具体位置要求应根据监测目的按照相关技术规范确定。

5.1.2 仪器采样口位置要求

5.1.2.1 采样口距地面的高度应在 3～15 m 范围内。

5.1.2.2 在采样口周围 270°捕集空间范围内环境空气流动应不受任何影响。

5.1.2.3 针对道路交通的污染监控点，其采样口离地面的高度应在 2～5 m 范围内。

5.1.2.4 在保证监测点具有空间代表性的前提下，若所选点位周围半径 300～500 m 范围内建筑物平均高度在 20 m 以上，无法满足 5.1.2.1 和 5.1.2.3 的高度要求时，其采样口高度可以在 15～25 m 范围内选取。

5.1.2.5 采样口离建筑物墙壁、屋顶等支撑物表面的距离应大于 1 m，若支撑物表面有实体围栏，采样口应高于实体围栏至少 0.5 m 以上。

5.1.2.6 当设置多个采样口时，为防止其他采样口干扰颗粒物样品的采集，颗粒物采样口与其他采样口之间的水平距离应大于 1 m。

5.1.2.7 进行比对监测时，若参比采样器的流量≤200 L/min，采样器和监测仪的各个采样口之间的相互直线距离应在 1 m 左右；若参比采样器的流量＞200 L/min，其相互直线距离应在 2～4 m；使用高真空大流量采样装置进行比对监测，其相互直线距离应在 3～4 m。

5.2 监测站房及辅助设施

5.2.1 一般要求

5.2.1.1 新建监测站房房顶应为平面结构，坡度不大于 10°，房顶安装护栏，护栏高度不低于 1.2 m，并预留采样管安装孔。站房室内使用面积应不小于 15 m^2。监测站房应做到专室专用。

5.2.1.2 监测站房应配备通往房顶的 Z 字形梯或旋梯，房顶平台应有足够的空间放置参比方法比对监测的采样器，满足 5.1.2.7 比对监测的需求，房顶承重应大于等于 250 kg/m^2。

5.2.1.3 站房室内地面到天花板高度应不小于 2.5 m，且距房顶平台高度不大于 5 m。

5.2.1.4 站房应有防水、防潮、隔热、保温措施，一般站房内地面应离地表（或建筑房顶）有 25 cm 以上的距离。

5.2.1.5 站房应有防雷和防电磁干扰的设施，防雷接地装置的选材和安装应参照 YD 5098 标准的相关要求。

5.2.1.6 站房为无窗或双层密封窗结构，有条件时，门与仪器房之间可设有缓冲间，以保持站房内温湿度恒定，防止将灰尘和泥土带入站房内。

5.2.1.7 采样装置抽气风机排气口和监测仪器排气口的位置，应设置在靠近站房下部的墙壁上，排气口离站房内地面的距离应在 20 cm 以上。

5.2.1.8 在已有建筑物上建立站房时，应首先核实该建筑物的承重能力。

5.2.1.9 监测站房如采用彩钢夹芯板搭建，应符合相关临时性建（构）筑物设计和建造要求。

5.2.1.10 监测站房的设置应避免对企业安全生产和环境造成影响。

5.2.1.11 站房内环境条件

1）温　　度：15～35℃；

2）相对湿度：≤85%；

3）大 气 压：80～106 kPa。

注 1：低温、低压等特殊环境条件下，仪器设备的配置应满足当地环境条件的使用要求。

5.2.2 配电要求

5.2.2.1 站房供电系统应配有电源过压、过载保护装置，电源电压波动不超过 AC（220±22）V，频率波动不超过（50±1）Hz。

5.2.2.2 站房应采用三相五线供电，入室处装有配电箱，配电箱内连接入室引线应分别装有三个单相 15A 空气开关作为三相电源的总开关，分相使用。

5.2.2.3 站房灯具安装以保证操作人员工作时有足够的亮度为原则，开关位置应方便使用。

5.2.2.4 站房应依照电工规范中的要求制作保护地线，用于机柜、仪器外壳等的接地保护，接地电阻应小于 4 Ω。

5.2.2.5 站房的线路要求走线美观，布线应加装线槽。

5.2.3 辅助设施要求

5.2.3.1 空调

（1）站房内安装的冷暖式空调机出风口不能正对仪器和采样管。

（2）空调应具有来电自启动功能。

5.2.3.2 其他配套设施

（1）站房应配备自动灭火装置。

（2）站房应安装有排气风扇，排风扇要求带防尘百叶窗。

5.2.4 站房示意图

站房示意图见图 1。

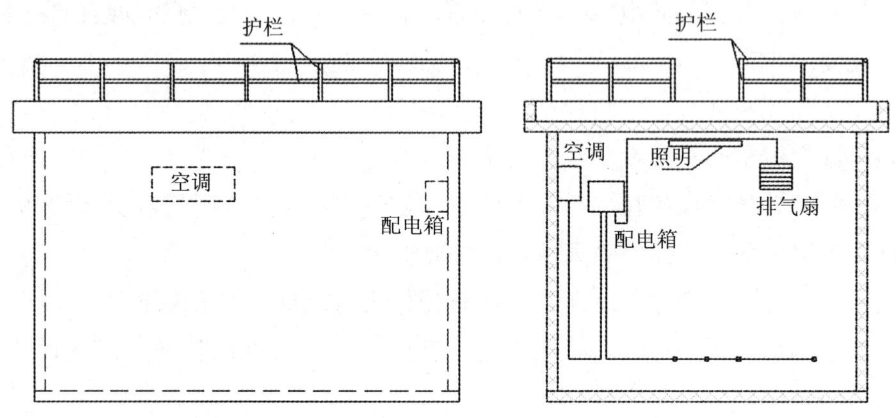

图 1 站房示意图

5.3 监测仪安装

5.3.1 一般要求

5.3.1.1 仪器铭牌上应标有仪器名称、型号、生产单位、出厂编号和生产日期等信息。

5.3.1.2 仪器各零部件应连接可靠，表面无明显缺陷，各操作按键使用灵活，定位准确。

5.3.1.3 仪器各显示部分的刻度、数字清晰，涂色牢固，不应有影响读数的缺陷。

5.3.1.4 仪器具备数字信号输出功能。

5.3.1.5 仪器电源引入线与机壳之间的绝缘电阻应不小于 20 MΩ。

5.3.1.6 电缆和管路以及电缆和管路的两端作上明显标识。电缆线路的施工还应满足 GB 50168 的相关要求。

5.3.2 具体要求

5.3.2.1 依照设备清单进行检查，要求所有零配件配备齐全。

5.3.2.2 仪器应安装在机柜内或平台上，确保安装水平，并符合以下要求：

（1）后方空间：仪器设备安装完毕后，确保仪器后方有 0.8 m 以上的操作维护空间。

（2）顶端空间：仪器设备安装完毕后，确保仪器采样入口和站房天花板的间距不少于 0.4 m。

5.3.2.3 采样管安装

（1）采样管应竖直安装。

（2）保证采样管与各气路连接部分密闭不漏气。

（3）保证采样管与屋顶法兰连接部分密封防水。

（4）采样管长度不超过 5 m。

（5）采样管应接地良好，接地电阻应小于 4 Ω。

5.3.2.4 切割器安装

（1）切割器入口位置应符合 5.1.2 的要求。

（2）切割器出口与采样管或等流速流量分配器连接应密封良好。

（3）切割器应方便拆装、清洗。

5.3.2.5 辅助设备安装

（1）采样管支撑部件与房顶和采样管的连接应牢固、可靠，防止采样管摇摆。

（2）采样辅助设备与采样管应连接可靠。

（3）环境温度或大气压传感器应安装在采样入口附近，不干扰切割器正常工作。

（4）环境温度或大气压传感器信号传输线与站房连接处应符合防水要求。

5.4 数据采集和传输设备安装

5.4.1 设备应采用有线或无线通信方式。

5.4.2 设备应安装在机柜内或平台上，确保设备与机柜或平台的安装牢固、可靠。

5.4.3 设备应能正确记录、存储、显示采集到的数据和状态。

6 调试

PM_{10}和 $PM_{2.5}$连续监测系统在现场安装并正常运行后，在验收前须进行调试，调试完成后 PM_{10}和 $PM_{2.5}$连续监测系统性能指标应符合附录 A 调试检测的指标要求。调试检测可由系统制造者、供应者、用户或受委托的有检测能力的部门承担。

6.1 调试检测一般要求

6.1.1 在现场完成 PM_{10}和 $PM_{2.5}$连续监测系统安装、调试后，系统投入试运行。

6.1.2 系统连续运行 168 h 后，进行调试检测。

6.1.3 如果因系统故障、断电等原因造成调试检测中断，则需要重新进行调试检测。

6.1.4 调试检测后应编制安装调试报告，报告格式参见附录 B。

6.1.5 参比方法比对调试可依据环境保护行政主管部门的要求抽样完成，调试检测方法见 6.2.5。

6.2 调试检测指标和检测方法

6.2.1 温度测量示值误差

使用标准温度计读取并记录环境温度值，同时观察并记录仪器显示的环境温度值，两者之间的差值为系统的温度测量示值误差。重复测量三次，平均值应符合附录 A 表 A.1 的要求。

6.2.2 大气压测量示值误差

使用标准气压计读取并记录环境大气压值，同时观察并记录仪器显示的环境大气压值，两者之间的差值为系统的大气压测量示值误差。重复测量三次，平均值应符合附录 A 表 A.1 的要求。

6.2.3 流量测试

6.2.3.1 PM_{10}连续监测系统

监测仪稳定运行后，记录仪器显示流量值 $F_{(i)(0)}$为仪器初始流量，仪器连续运行，分别在仪器运行 6 h、12 h、18 h 和 24 h 时记录采样流量值，将每天记录的 4 个采样流量值进行算术平均计算仪器 24 h 采样流量的平均值，按式（1）计算仪器 24 h 采样流量偏差 ΔF_i，按式（2）计算仪器当天每个测试时间点的采样流量偏差$\Delta F_{(i)(t)}$。重复测试 3 d，每天的ΔF_i和$\Delta F_{(i)(t)}$应符合附录 A 表 A.1 的要求。

$$\Delta F_i = \frac{\overline{F_i} - F_{(i)(0)}}{F_{(i)(0)}} \times 100\% \quad (1)$$

式中：ΔF_i——仪器 24 h 采样流量偏差，%；

$\overline{F_i}$——仪器 24 h 采样流量平均值，L/min；

$F_{(i)(0)}$——仪器每天采样流量初始设定值，L/min；

i——测试天数，（i=1～3）。

$$\Delta F_{(i)(t)} = \frac{F_{(i)(t)} - F_{(i)(0)}}{F_{(i)(0)}} \quad (2)$$

式中：$\Delta F_{(i)(t)}$——待测监测仪每个测试时间点采样流量偏差，%；

$F_{(i)(t)}$——待测监测仪每天每个测试时间点的采样流量值，L/min；

t——每天的测试次数，（t=1～4）。

6.2.3.2 $PM_{2.5}$连续监测系统

取下采样入口，将标准流量计的出气口通过流量测量适配器连接到监测仪的进气口。待监测仪显示的流量稳定后开始本次测试。测试连续进行 6 h，至少每隔 5 min 记录一次标准流量计和监测仪的瞬时流量值（工况）。测试完成后，使用式（3）、式（4）、式（5）、式（6）、式（7）计算流量测试的相关指标。测试结果应符合附录 A 表 A.1 的要求。

$$\bar{Q}_R = \frac{1}{n}\sum_{i=1}^{n} Q_{R_i} \quad (3)$$

式中：$\bar{Q}_R$——测试期间标准流量计平均流量值，L/min；

Q_{R_i}——测试期间标准流量计瞬时流量值，L/min；

i——测试期间记录瞬时时间点的序号，（i=1～n）；

n——测试期间记录瞬时时间点的总个数。

$$\bar{Q}_C = \frac{1}{n}\sum_{i=1}^{n} Q_{C_i} \tag{4}$$

式中：$\bar{Q}_C$——测试期间监测仪平均流量值，L/min；

Q_{C_i}——测试期间监测仪瞬时流量值，L/min。

$$\Delta Q_R = \frac{\bar{Q}_R - Q_s}{Q_s} \times 100\% \tag{5}$$

式中：ΔQ_R——平均流量偏差，%；

Q_s——监测仪设定的采样流量，L/min。

$$Cv_R = \frac{\sqrt{\frac{\sum_{i=1}^{n}\left(Q_{R_i} - \bar{Q}_R\right)^2}{n-1}}}{\bar{Q}_R} \times 100\% \tag{6}$$

式中：Cv_R——流量相对标准偏差，%。

$$Q_{diff} = \frac{\left|\bar{Q}_R - \bar{Q}_C\right|}{\bar{Q}_R} \times 100\% \tag{7}$$

式中：Q_{diff}——流量示值误差，%。

6.2.4 校准膜重现性

仪器稳定运行后，按照操作规程插入校准膜片，待读数稳定后记录显示值，重复上述操作两次，计算标准膜读数的平均值；重复上述操作，测试 3 d，按式（8）计算每天的标准膜重现性 S_{C_i}，应符合附录 A 表 A.1 的要求。

$$S_{C_i} = \frac{\overline{C_i} - C_0}{C_0} \times 100\% \tag{8}$$

式中：S_{C_i}——仪器第 i 天测量的标准膜重现性，%；

$\overline{C_i}$——仪器第 i 天插入标准膜后的读数平均值，μg/cm², μg；

C_0——校准膜的标称值，μg/cm²，μg；

i——测试天数，（i=1～3）。

6.2.5 参比方法比对调试

6.2.5.1 PM_{10}连续监测系统

参比方法测试参照 HJ 618。参比方法使用的采样器至少 3 台，自动监测仪器与参比方法测试同步进行，采样器与自动监测仪器安放位置应相距 2～4 m（当采样流量低于 200 L/min 时，距离应在 1 m 左右），采样入口位于同一高度。取相同采样时间段内的自动监测数据 C_j 和参比方法测试数据 $R_{i,j}$ 作为一个数据对，i 是采样器的序号（i=1～3），j 是比对样品的个数（j=1～10），每组样品的采样时间为（24±1）h。共测试 10 组样品。

（1）按式（9）计算 3 台采样器参比方法测试每组 PM_{10} 样品浓度的平均值 $\overline{R_j}$ 。

$$\overline{R_j}=\frac{\sum_{i=1}^{3}R_{i,j}}{3} \tag{9}$$

式中：$\overline{R_j}$ ——3 台采样器测量第 j 组样品质量浓度的平均值，μg/m³；

$R_{i,j}$ ——第 i 台采样器测量第 j 个样品的质量浓度值，μg/m³。

（2）分别计算每组采样器参比方法测试结果的标准偏差或相对标准偏差，应小于等于 5 μg/m³ 或 7%，则该组参比测试数据有效。

（3）当参比测试数据 $\overline{R_j}$ 有效时，与 C_j 组成一组有效数据对。每一批次比对至少取得 10 组有效数据对，应尽量选择 $\overline{R_j}$ ≤100 μg/m³ 和＞100 μg/m³ 的有效数据对数均≥3。将参比测试数据与相应的自动监测数据进行线性回归分析，以自动监测仪数据为横轴，参比测试数据为纵轴，按式（10）计算回归曲线的斜率 k。

$$k=\frac{\sum_{j=1}^{10}(\overline{R}_j-\overline{R})\times(C_j-\overline{C})}{\sum_{j=1}^{10}(C_j-\overline{C})^2} \tag{10}$$

式中：k——比对调试回归曲线斜率；

$\overline{C}$ ——10 组自动监测仪测量质量浓度的平均值，μg/m³；

$\overline{R}$ ——10 组采样器测量质量浓度的平均值，μg/m³；

C_j——自动监测仪测量第 j 个样品的质量浓度值，μg/m³。

（4）按式（11）计算回归曲线的截距 b。

$$b=\overline{R}-k\times\overline{C} \tag{11}$$

式中：b——比对调试回归曲线截距，μg/m³。

（5）按式（12）计算回归曲线的相关系数 r。

$$r=\frac{\sum_{j=1}^{10}(\overline{R}_j-\overline{R})\times(C_j-\overline{C})}{\sqrt{\sum_{j=1}^{10}(\overline{R}_j-\overline{R})^2\times\sum_{j=1}^{10}(C_j-\overline{C})^2}} \tag{12}$$

式中：r——比对调试回归曲线相关系数。

（6）比对调试回归曲线的斜率 k、截距 b 和相关系数 r 应符合附录 A 表 A.1 的要求。

6.2.5.2 $PM_{2.5}$ 连续监测系统

参比方法测试参照 HJ 618。参比方法使用的采样器至少 3 台，自动监测仪器与参比方法测试同步进行，采样器与自动监测仪器安放位置应相距 2～4 m（当采样流量低于 200 L/min 时，距离应在 1 m 左右），采样入口位于同一高度。取相同采样时间段内的自动监测数据 C_j 和参比方法测试数据 $R_{i,j}$ 作为一个数据对，i 是采样器的序号（i=1～3），j 是比对样品的个数（j=1～23），每组样品的采样时间为（24±1）h。共测试 23 组样品。

（1）按式（9）计算 3 台采样器参比方法测试每组 $PM_{2.5}$ 样品浓度的平均值 $\overline{R_j}$ 。

（2）分别计算每组采样器参比方法测试结果的标准偏差或相对标准偏差，应小于等于 5 μg/m³ 或 5%，则该组参比测试数据有效。

（3）当参比测试数据 $\overline{R_j}$ 有效时，与 C_j 组成一组有效数据对。每一批次比对至少取得 23 组有效数据对。将参比测试数据与相应的自动监测数据进行线性回归分析，以自动监测仪数据为横轴，参比测试数据为纵轴，按式（13）计算回归曲线的斜率 k。

$$k=\frac{\sum_{j=1}^{23}(\bar{R}_j-\bar{R})\times(C_j-\bar{C})}{\sum_{j=1}^{23}(C_j-\bar{C})^2} \tag{13}$$

式中：k——比对调试回归曲线斜率；

$\bar{C}$——23 组自动监测仪测量质量浓度的平均值，μg/m³；

$\bar{R}$——23 组采样器测量质量浓度的平均值，μg/m³；

C_j——自动监测仪测量第 j 个样品的质量浓度值，μg/m³。

（4）按式（14）计算回归曲线的截距 b。

$$b=\bar{R}-k\times\bar{C} \tag{14}$$

式中：b——比对调试回归曲线截距，μg/m³。

（5）按式（15）计算回归曲线的相关系数 r。

$$r=\frac{\sum_{j=1}^{23}(\bar{R}_j-\bar{R})\times(C_j-\bar{C})}{\sqrt{\sum_{j=1}^{23}(\bar{R}_j-\bar{R})^2\times\sum_{j=1}^{23}(C_j-\bar{C})^2}} \tag{15}$$

式中：r——比对调试回归曲线相关系数。

（6）比对调试回归曲线的斜率 k、截距 b 和相关系数 r 应符合附录 A 表 A.1 的要求。

7　试运行

7.1　PM_{10} 和 $PM_{2.5}$ 连续监测系统试运行至少 60 d。

7.2 因系统故障等造成运行中断，恢复正常后，重新开始试运行。

7.3 试运行结束时，按式（16）、式（17）计算系统数据获取率，应大于等于 90%。

数据获取率（%）=（系统正常运行小时数÷试运行总小时数）×100% （16）

系统正常运行小时数 = 试运行总小时数 – 系统故障小时数 （17）

7.4 根据试运行结果，编制试运行报告。试运行报告格式参见附录 C。

8 验收

PM_{10} 和 $PM_{2.5}$ 连续监测系统验收的内容包括：性能指标验收、联网验收及相关制度、记录和档案验收等，验收通过后由环境保护行政主管部门出具验收报告。

8.1 验收准备与申请

8.1.1 验收准备

8.1.1.1 提供环境保护部环境监测仪器质量监督检验中心出具的产品适用性检测合格报告。

8.1.1.2 提供 PM_{10} 和 $PM_{2.5}$ 连续监测系统的安装调试报告、试运行报告。

8.1.1.3 提供环境保护行政主管部门出具的联网证明。

8.1.1.4 提供质量控制和质量保证计划文档。

8.1.1.5 PM_{10} 和 $PM_{2.5}$ 连续监测系统已至少连续稳定运行 60 d，出具日报表和月报表。其数据应符合 GB 3095—2012 中关于污染物浓度数据有效性的最低要求。

8.1.1.6 建立完整的 PM_{10} 和 $PM_{2.5}$ 连续监测系统的技术档案。

8.1.2 验收申请

PM_{10} 和 $PM_{2.5}$ 连续监测系统完成安装、调试及试运行后提出验收申请，验收申请材料上报责任环境保护部门受理，经核准符合验收条件，由责任环境保护部门组织实施验收。

8.2 验收内容

8.2.1 性能指标验收

8.2.1.1 流量测试

测试方法见 6.2.3.1 和 6.2.3.2，测试时间为 1 d，测试结果应符合表 1 要求。

8.2.1.2 校准膜重现性

测试方法见 6.2.4，测试时间为 1 d，测试结果应符合表 1 要求。

表 1 验收技术指标

项目	PM_{10} 连续监测系统	$PM_{2.5}$ 连续监测系统
流量要求	每一次测试时间点流量变化±10%设定流量； 24 h 平均流量变化±5%设定流量	平均流量偏差±5%设定流量； 流量相对标准偏差≤2%； 平均流量示值误差≤2%
校准膜重现性	±2%（标称值）	±2%（标称值）

8.2.2 联网验收

联网验收由通信及数据传输验收、现场数据比对验收和联网稳定性验收三部分组成。

8.2.2.1 通信及数据传输验收

按照 HJ/T 212 的规定检查通信协议的正确性。数据采集和传输设备与监测仪之间的通信应稳定，不出现经常性的通信连接中断、报文丢失、报文不完整等通信问题。为保证监测数据在公共数据网上传输的安全性，所采用的数据采集和传输设备应进行加密传输。

8.2.2.2 现场数据比对验收

对数据进行抽样检查，随机抽取试运行期间 7 d 的监测数据，对比上位机接收到的数据和现场机存储的数据，数据传输正确率应大于等于 95%。

8.2.2.3 联网稳定性验收

在连续一个月内，数据采集和传输设备能稳定运行，不出现除通信稳定性、通信协议正确性、数据传输正确性以外的其他联网问题。

8.2.2.4 联网验收技术指标要求

联网验收技术指标见表 2。

表 2 联网验收技术指标

验收检测项目	考核指标
通信稳定性	1. 现场机在线率为 90%以上； 2. 正常情况下，掉线后，应在 5 min 之内重新上线； 3. 单台数据采集传输仪每日掉线次数在 5 次以内； 4. 报文传输稳定性在 99%以上，当出现报文错误或丢失时，启动纠错逻辑，要求数据采集传输仪重新发送报文
数据传输安全性	1. 对所传输的数据应按照 HJ/T 212 中规定的加密方法进行加密处理传输，保证数据传输的安全性； 2. 服务器端对请求连接的客户端进行身份验证
通信协议正确性	现场机和上位机的通信协议应符合 HJ/T 212 中的规定，正确率 100%
数据传输正确性	随机抽取试运行期间 7 d 的监测数据，对比上位机接收到的数据和现场机存储的数据，数据传输正确率应大于等于 95%
联网稳定性	在连续一个月内，不出现除通信稳定性、通信协议正确性、数据传输正确性以外的其他联网问题

8.2.3 相关制度、记录和档案验收

8.2.3.1 设备操作和使用制度

（1）设备使用管理说明。

（2）系统运行操作规程。

8.2.3.2 设备质量保证和质量控制计划

（1）日常巡检制度及巡检内容。

（2）定期维护制度及定期维护内容。

（3）定期校验和校准制度及内容。

（4）易损、易耗品的定期检查和更换制度。

8.3 验收报告

8.3.1 验收报告格式参见附录 D。

8.3.2 验收报告应附安装调试报告、试运行报告和联网证明。

附 录 A

（规范性附录）

PM_{10}和$PM_{2.5}$连续监测系统调试检测项目

表 A.1 PM_{10}和$PM_{2.5}$连续监测系统的调试检测项目

序号	检测项目	PM_{10}连续监测系统	$PM_{2.5}$连续监测系统
1	温度测量示值误差	±2℃	±2℃
2	大气压测量示值误差	±1 kPa	±1 kPa
3	流量测试	每一次测试时间点流量变化±10%设定流量； 24 h 平均流量变化±5%设定流量	平均流量偏差±5%设定流量； 流量相对标准偏差≤2%； 平均流量示值误差≤2%
4	校准膜重现性	±2%（标称值）	±2%（标称值）
5	参比方法比对调试	斜率：1±0.15； 截距：（0±10）$\mu g/m^3$； 相关系数≥0.95	斜率：1±0.15； 截距：（0±10）$\mu g/m^3$； 相关系数≥0.93

附 录 B

（资料性附录）

PM_{10}和$PM_{2.5}$连续监测系统安装调试报告

环境空气颗粒物（PM_{10}和$PM_{2.5}$）连续监测系统安装调试报告

安装点位：______________________________

设备名称：______________________________

单位名称： （公章）

年 月 日

表 B.1　环境空气颗粒物（PM_{10} 和 $PM_{2.5}$）连续监测系统站点基本信息

<table>
<tr><td>站点名称</td><td colspan="3"></td></tr>
<tr><td>点位类型</td><td></td><td>站点建设性质
（新、改建）</td><td></td></tr>
<tr><td>管理（托管）单位</td><td></td><td>主管部门</td><td></td></tr>
<tr><td rowspan="6">监测项目</td><td></td><td rowspan="6">分析方法</td><td></td></tr>
<tr><td></td><td></td></tr>
<tr><td></td><td></td></tr>
<tr><td></td><td></td></tr>
<tr><td></td><td></td></tr>
<tr><td></td><td></td></tr>
<tr><td>站房面积</td><td></td><td>站房结构</td><td></td></tr>
<tr><td>采样入口距地面高度</td><td></td><td>采样入口距站房
房顶高度</td><td></td></tr>
<tr><td colspan="4">站点周围情况简述：</td></tr>
<tr><td>站点地理位置</td><td colspan="3">省　　市　　县（区）　　路（乡，镇）　　号（村）
东经：　　　　北纬：</td></tr>
<tr><td>仪器供应商</td><td colspan="3"></td></tr>
<tr><td>建设开工日期</td><td colspan="3">年　　月　　日</td></tr>
<tr><td>建设项目投入试运行日期</td><td colspan="3">年　　月　　日</td></tr>
</table>

表 B.2 环境空气颗粒物（PM_{10}和 $PM_{2.5}$）连续监测系统点位和采样口周边情况表

站点名称			
站点地址			
项目	具体要求	是否符合	
		是√	否×
点位周边情况	监测仪器监测点周围没有阻碍环境空气流通的高大建筑物、树木或其他障碍物		
	从监测点到附近最高障碍物之间的水平距离，是否至少为该障碍物高出采样口垂直距离的两倍以上		
	监测点周围建设情况是否稳定		
	监测点是否能长期使用，且不会改变位置		
	监测点是否地处相对安全和防火措施有保障的地方		
	监测点附近是否没有强电磁干扰		
	监测点附近是否具备稳定可靠的电源供给		
	监测点的通信线路是否方便安装和检修		
	监测点周边是否有便于出入的车辆通道		
采样口位置情况	采样口距地面的高度是否在 3～15 m 范围内		
	在采样口周围 270° 捕集空间范围内环境空气流动是否不受任何影响		
	采样口离建筑物墙壁、屋顶等支撑物表面的距离是否大于 1 m		
	采样口是否高于实体围栏至少 0.5 m 以上		
	当设置多个采样口时，采样口之间的水平距离是否大于 1 m		
其他情况			
小结			

表 B.3 环境空气颗粒物（PM_{10}和$PM_{2.5}$）连续监测系统站房建设和仪器安装情况表

<table>
<tr><td>站点名称</td><td colspan="5"></td></tr>
<tr><td>站点地址</td><td colspan="5"></td></tr>
<tr><td>仪器编号</td><td colspan="2"></td><td>安装人员</td><td colspan="2"></td></tr>
<tr><td rowspan="2">项目</td><td colspan="3" rowspan="2">具体要求</td><td colspan="2">是否符合</td></tr>
<tr><td>是√</td><td>否×</td></tr>
<tr><td rowspan="8">一般要求</td><td colspan="3">站房面积不小于 15 m^2</td><td></td><td></td></tr>
<tr><td colspan="3">房顶平台是否有足够的放置参比方法比对监测的空间</td><td></td><td></td></tr>
<tr><td colspan="3">站房室内地面到天花板高度不小于 2.5 m</td><td></td><td></td></tr>
<tr><td colspan="3">站房室内地面距房顶平台高度不大于 5 m</td><td></td><td></td></tr>
<tr><td colspan="3">站房是否有防水、防潮、隔热、保温措施</td><td></td><td></td></tr>
<tr><td colspan="3">站房是否有符合要求的防雷和防电磁干扰设施</td><td></td><td></td></tr>
<tr><td colspan="3">站房排气口离站房内地面的距离是否在 20 cm 以上</td><td></td><td></td></tr>
<tr><td colspan="3">站房内环境条件：温度：15～35℃；相对湿度：≤85%；大气压：80～106 kPa</td><td></td><td></td></tr>
<tr><td rowspan="3">配电要求</td><td colspan="3">站房供电系统是否配有电源过压、过载保护装置</td><td></td><td></td></tr>
<tr><td colspan="3">站房内是否采用三相五线供电，分相使用</td><td></td><td></td></tr>
<tr><td colspan="3">站房内布线是否加装线槽</td><td></td><td></td></tr>
<tr><td rowspan="4">辅助设施</td><td rowspan="2">空调</td><td colspan="2">空调机出风口未正对仪器和采样管</td><td></td><td></td></tr>
<tr><td colspan="2">空调是否具有来电自启动功能</td><td></td><td></td></tr>
<tr><td rowspan="2">配套设施</td><td colspan="2">站房是否配备自动灭火装置</td><td></td><td></td></tr>
<tr><td colspan="2">站房是否安装有带防尘百叶窗的排气风扇</td><td></td><td></td></tr>
<tr><td rowspan="8">仪器设备安装</td><td colspan="3">仪器安装完成后，后方空间是否大于等于 0.8 m</td><td></td><td></td></tr>
<tr><td colspan="3">仪器安装完成后，顶部空间是否大于等于 0.4 m</td><td></td><td></td></tr>
<tr><td colspan="3">采样管是否竖直安装</td><td></td><td></td></tr>
<tr><td colspan="3">采样管与屋顶法兰连接部分密封防水</td><td></td><td></td></tr>
<tr><td colspan="3">采样管长度不超过 5 m</td><td></td><td></td></tr>
<tr><td colspan="3">切割器应方便拆装、清洗</td><td></td><td></td></tr>
<tr><td colspan="3">采样管支撑部件与房顶和采样管的连接应牢固、可靠，防止采样管摇摆</td><td></td><td></td></tr>
<tr><td colspan="3">数据采集和传输设备是否能正确记录、存储、显示采集到的数据和状态</td><td></td><td></td></tr>
<tr><td>其他情况</td><td colspan="5"></td></tr>
</table>

表 B.4 环境空气颗粒物（PM_{10}和 $PM_{2.5}$）连续监测系统调试检测记录表

站点名称				仪器编号		
调试检测日期				检测人员		
项目		检测结果		是否符合要求		
				是√	否×	备注/其他
温度测量示值误差		环境温度值/℃				
		仪器温度显示值/℃				
		示值误差/℃				
大气压测量示值误差		环境大气压值/kPa				
		仪器大气压显示值/kPa				
		示值误差/kPa				
流量测试	PM_{10}	每一次测试时间点流量变化/%				
		24 h 平均流量变化/%				
	$PM_{2.5}$	标准流量计平均值/（L/min）				
		仪器流量平均值/（L/min）				
		平均流量偏差/%				
		流量相对标准偏差/%				
		平均流量示值误差/%				
校准膜重现性		校准膜重现性/%				
参比方法比对调试	PM_{10}	斜率				
		截距/（$\mu g/m^3$）				
		相关系数				
	$PM_{2.5}$	斜率				
		截距/（$\mu g/m^3$）				
		相关系数				
调试检测结论						

报告编制： 审核： 批准：

日期： 日期： 日期：

附 录 C

（资料性附录）

PM_{10}和$PM_{2.5}$连续监测系统试运行报告

环境空气颗粒物（PM_{10}和$PM_{2.5}$）连续监测系统试运行报告

安装点位：____________________________

设备名称：____________________________

单位名称：　　　　　　（公章）

年　　月　　日

表 C.1　环境空气颗粒物（PM_{10} 和 $PM_{2.5}$）连续监测系统试运行情况记录表

站点名称				
站点地址				
开始时间		结束时间		
故障次数	故障出现时间	故障现象	故障小时数	签名
1				
2				
3				
4				
5				
……				
合计	—	—		
数据获取率/%				

编制人员：　　　　审核：　　　　批准：

日期：　　　　日期：　　　　日期：

附　录　D

（资料性附录）

PM_{10} 和 $PM_{2.5}$ 连续监测系统验收报告

环境空气颗粒物（PM_{10} 和 $PM_{2.5}$）连续监测系统验收报告

安装点位：________________

设备名称：________________

单位名称：　　　　（公章）

年　　月　　日

表 D.1 基本情况

环境空气颗粒物（PM_{10} 和 $PM_{2.5}$）连续监测系统安装单位：	
联系人：	单位地址：
邮政编码：	联系电话：
安装点位：	
系统名称及型号：	
监测项目：	
系统生产单位：	
系统试运行单位：	
试运行完成时间：	
环境保护部环境监测仪器质量监督检验中心出具的产品适用性检测合格报告	
PM_{10} 和 $PM_{2.5}$ 连续监测系统的安装调试报告、试运行报告（含试运行日报表、月报表）	
环境保护行政主管部门出具的联网证明	
质量控制和质量保证计划文档	
PM_{10} 和 $PM_{2.5}$ 连续监测系统的技术档案	
备注：	

表 D.2 验收记录表

<table>
<tr><td colspan="2">仪器名称</td><td></td><td>仪器编号</td><td colspan="3"></td></tr>
<tr><td colspan="2">验收监测日期</td><td></td><td>监测人员</td><td colspan="3"></td></tr>
<tr><td colspan="2" rowspan="2">性能指标验收</td><td colspan="2" rowspan="2">检测结果</td><td colspan="3">是否符合要求</td></tr>
<tr><td>是√</td><td>否×</td><td>备注/其他</td></tr>
<tr><td rowspan="7">流量测试</td><td rowspan="2">PM_{10}</td><td>每一次测试时间点流量变化/%</td><td></td><td rowspan="2"></td><td rowspan="2"></td><td rowspan="2"></td></tr>
<tr><td>24 h 平均流量变化/%</td><td></td></tr>
<tr><td rowspan="5">$PM_{2.5}$</td><td>标准流量计平均值/（L/min）</td><td></td><td rowspan="5"></td><td rowspan="5"></td><td rowspan="5"></td></tr>
<tr><td>仪器流量平均值/（L/min）</td><td></td></tr>
<tr><td>平均流量偏差/%</td><td></td></tr>
<tr><td>流量相对标准偏差/%</td><td></td></tr>
<tr><td>平均流量示值误差/%</td><td></td></tr>
<tr><td colspan="2">校准膜重现性</td><td>校准膜重现性/%</td><td></td><td></td><td></td><td></td></tr>
<tr><td colspan="2">联网验收</td><td colspan="2">联网证明主要内容：</td><td></td><td></td><td></td></tr>
<tr><td colspan="2" rowspan="2">相关制度、记录和档案验收</td><td colspan="2">设备操作和使用制度</td><td></td><td></td><td></td></tr>
<tr><td colspan="2">设备质量保证和质量控制计划</td><td></td><td></td><td></td></tr>
<tr><td colspan="2">验收结论</td><td colspan="5">验收组成员（签字）：
年 月 日</td></tr>
</table>

环境空气气态污染物（SO_2、NO_2、O_3、CO）连续自动监测系统安装验收技术规范

HJ 193—2013 部分代替 HJ/T 193—2005

2013-07-30 发布 2013-08-01 实施

1 适用范围

本标准规定了环境空气气态污染物（SO_2、NO_2、O_3、CO）连续自动监测系统的安装、调试、试运行和验收的技术要求。

本标准适用于环境空气气态污染物（SO_2、NO_2、O_3、CO）连续自动监测系统的安装和验收活动。

2 规范性引用文件

本标准引用了下列文件或其中的条款。凡是未注明日期的引用文件，其最新版本适用于本标准。

GB 3095—2012 环境空气质量标准

GB 50168 电气装置安装工程电缆线路施工及验收规范

HJ/T 212 污染源在线自动监控（监测）系统数据传输标准

YD 5098 通信局（站）防雷与接地工程设计规范

3 术语和定义

下列术语和定义适用于本标准。

3.1 环境空气质量连续监测 ambient air quality continuous monitoring

在监测点位采用连续监测仪器对环境空气质量进行连续的样品采集、处理、分析的过程。

3.2 点式分析仪器 point analyzers

指在固定点上通过采样系统将环境空气采入并测定空气污染物浓度的监测分析仪器。

3.3 开放光程分析仪器 open path analyzers

采用从发射端发射光束经开放环境到接收端的方法测定该光束光程上平均空气污染物浓度的仪器。

3.4 零点漂移 zero drift

在未进行维修、保养或调节的前提下，仪器按规定的时间运行后，仪器的读数与零输入之间的偏差。

3.5 量程漂移 span drift

在未进行维修、保养或调节的前提下，仪器按规定的时间运行后，仪器的读数与已知参考值之间的偏差。

3.6 无人值守工作时间 period of unattended operation

仪器在无手动维护和校准的前提下，长期漂移（≥7 d）符合指标要求的时间间隔。

3.7 标准状态 standard state

温度为 273 K，压力为 101.325 kPa 时的状态。本标准中的污染物浓度均为标准状态下的浓度。

3.8 ppm parts per million

百万分之一体积浓度。

3.9 ppb parts per billion

十亿分之一体积浓度。

3.10 光程 optical path

开放光程分析仪器的监测光束由光源发射端到接收端所经过的路径长度。

3.11 零光程 zero optical path

开放光程分析仪器处于校准状态下，光从光源发射端到接收端的光程，远小于实际测量时的光程，被称为零光程。

3.12 等效浓度 equivalent concentration

在仪器测量光路中放置校准池，通入标准气体，根据测量光程与校准池长度的比例将标准气体浓度值转化为实际校准浓度值，该浓度为等效浓度。本标准中所有适用于开放光程仪器技术指标检测方法的标准气体浓度值均为等效浓度值。

4 系统组成和原理

监测系统分为点式连续监测系统和开放光程连续监测系统。监测系统分析方法见表 1。

表 1 分析仪器推荐选择的分析方法

监测项目	点式分析仪器	开放光程分析仪器
NO_2	化学发光法	差分吸收光谱法
SO_2	紫外荧光法	差分吸收光谱法
O_3	紫外吸收法	差分吸收光谱法
CO	非分散红外吸收法、气体滤波相关红外吸收法	—

4.1 点式连续监测系统

4.1.1 系统组成

监测系统由采样装置、校准设备、分析仪器、数据采集和传输设备组成，如图 1 所示。

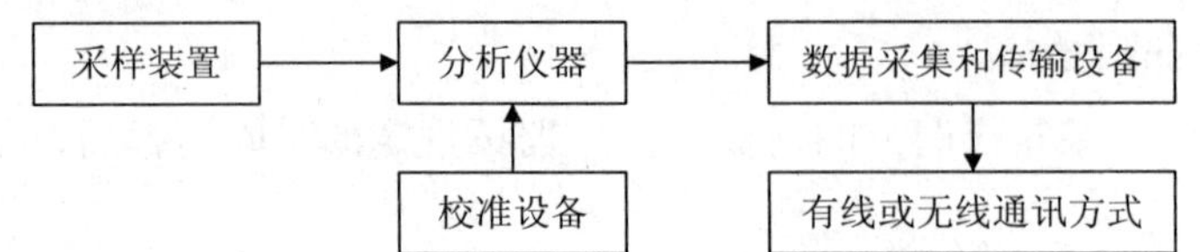

图 1 点式连续监测系统组成示意图

4.1.2 采样装置

多台点式分析仪器可共用一套多支路采样装置进行样品采集。采样装置的材料和安装应不影响仪器测量。

4.1.3 校准设备

校准设备主要由零气发生器和多气体动态校准仪组成。校准设备用于对分析仪器进行校准。

4.1.4 分析仪器

分析仪器用于对采集的环境空气气态污染物样品进行测量。

4.1.5 数据采集和传输设备

数据采集和传输设备用于采集、处理和存储监测数据，并能按中心计算机指令传输监测数据和设备工作状态信息。

4.2 开放光程连续监测系统

4.2.1 系统组成

监测系统由开放测量光路、校准单元、分析仪器、数据采集和传输设备等组成，结构如图 2 所示。

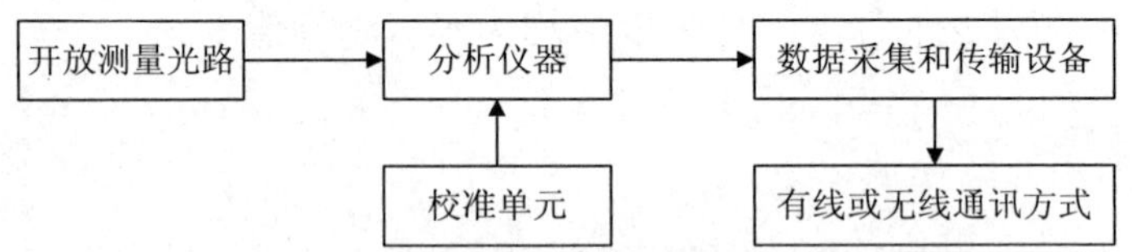

图 2 开放光程连续监测系统组成示意图

4.2.2 开放测量光路

光源发射端到接收端之间的路径。

4.2.3 校准单元

运用等效浓度原理，通过在测量光路上架设不同长度的校准池，来等效不同浓度的标准气体，以完成校准工作。等效浓度计算方法参见附录 B。

校准单元结构如图 3 所示。

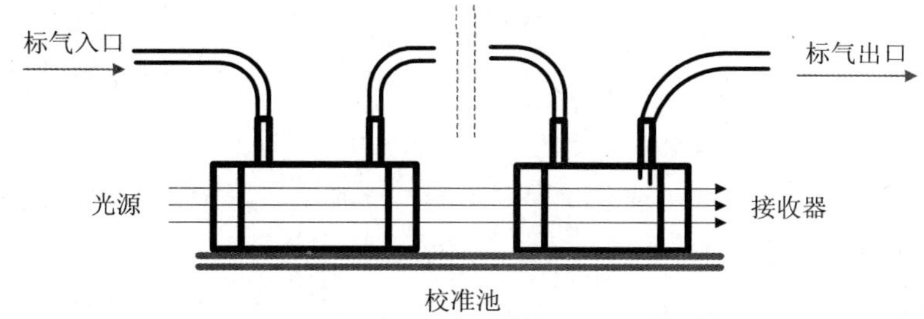

图 3 校准单元结构示意图

4.2.4 分析仪器

分析仪器用于对开放光路上的环境空气气态污染物进行测量。

4.2.5 数据采集和传输设备

数据采集和传输设备用于采集、处理和存储监测数据，并能按中心计算机指令传输监测数据和设备工作状态信息。

5 安装

5.1 监测点位

5.1.1 监测点位置的确定应首先进行周密的调查研究，采用间断性的监测，对本地区空气污染状况有粗略的概念后再选择监测点的位置，点位应符合相关技术规范要求。监测点的位置一经确定后应能长期使用，不宜轻易变动，以保证监测资料的连续性和可比性。

5.1.2 在监测点周围，不能有高大建筑物、树木或其他障碍物阻碍环境空气流通。从监测点采样口到附近最高障碍物之间的水平距离，至少是该障碍物高出采样口垂直距离的两倍以上。

5.1.3 监测点周围建设情况应相对稳定，应尽量选择在规划建设完成的区域，在相当长的时间内不能有新的建筑工地出现。

5.1.4 监测点应地处相对安全和防火措施有保障的地方。

5.1.5 监测点位附近应无强电磁干扰，周围有稳定可靠的电力供应，通信线路方便安装和检修。开放光程监测系统监测点应远离振动源。

5.1.6 监测点周围应有合适的车辆通道以满足设备运输和安装维护需要。

5.1.7 不同的功能监测点的具体位置要求应根据监测目的按相关技术规范确定。

5.2 监测站房及辅助设施

5.2.1 一般要求

5.2.1.1 新建监测站房房顶应为平面结构，坡度不大于 10°，房顶安装防护栏，防护栏高度不低于 1.2 m，并预留采样总管安装孔。站房室内使用面积应不小于 15 m^2。监测站房应做到专室专用。

5.2.1.2 监测站房应配备通往房顶的 Z 字形梯或旋梯，房顶承重要求大于等于 250 kg/m^2。

5.2.1.3 站房室内地面到天花板高度应不小于 2.5 m，且距房顶平台高度不大于 5 m。

5.2.1.4 站房应有防水、防潮、隔热、保温措施，一般站房内地面应离地表（或建筑房顶）有 25 cm 以上的距离。

5.2.1.5 站房应有防雷和防电磁干扰的设施，防雷接地装置的选材和安装应参照 YD 5098 的相关要求。

5.2.1.6 站房为无窗或双层密封窗结构，有条件时，门与仪器房之间可设有缓冲间，以保持站房内温湿度恒定，防止将灰尘和泥土带入站房内。

5.2.1.7 采样装置抽气风机排气口和监测仪器排气口的位置，应设置在靠近站房下部的墙壁上，排气口离站房内地面的距离应在 20 cm 以上。

5.2.1.8 使用开放光程监测系统的站房，开放光程监测系统的光源发射端和接收端应固定在安装基座上。基座应采用实心砖平台结构或混凝土水泥桩结构，建在受环境变化影响不大的建筑物主承重混凝土结构上，离地高度 0.6～1.2 m，长度和宽度尺寸应比发射端和接收端底座四个边缘宽 15 cm 以上。

5.2.1.9 使用开放光程监测系统的站房，应在墙面预留圆形通孔，通孔直径应大于光源发射端的外径。

5.2.1.10 在已有建筑物屋顶上建立站房时，应首先核实该建筑物的承重能力。

5.2.1.11 监测站房如采用彩钢夹芯板搭建，应符合相关临时性建（构）筑物设计和建造要求。

5.2.1.12 监测站房的设置应避免对企业安全生产和环境造成影响。

5.2.1.13 站房内环境条件：

（1）温　　度：15～35℃；

（2）相对湿度：≤85%；

（3）大 气 压：80～106 kPa。

注 1：低温、低压等特殊环境条件下，仪器设备的配置应满足当地环境条件的使用要求。

5.2.2 配电要求

5.2.2.1 站房供电系统应配有电源过压、过载保护装置，电源电压波动不超过 AC（220±22）V，频率波动不超过（50±1）Hz。

5.2.2.2 站房应采用三相五线供电，入室处装有配电箱，配电箱内连接入室引线应分别装有三个单相 15A 空气开关作为三相电源的总开关，分相使用。

5.2.2.3 站房灯具安装以保证操作人员工作时有足够的亮度为原则，开关位置应方便使用。

5.2.2.4 站房应依照电工规范中的要求制作保护地线，用于机柜、仪器外壳等的接地保护，接地电阻应小于 4 Ω。

5.2.2.5 站房的线路要求走线美观，布线应加装线槽。

5.2.3 辅助设施

5.2.3.1 空调

（1）站房内安装的冷暖式空调机出风口不能正对仪器和采样总管。

（2）空调应具有来电自启动功能。

5.2.3.2 其他配套设施

（1）站房应配备自动灭火装置。

（2）站房应安装有排气风扇，排风扇要求带防尘百叶窗。

5.2.4 站房示意图

点式连续监测系统站房示意图见图 4，开放光程连续监测系统站房示意图见图 5。

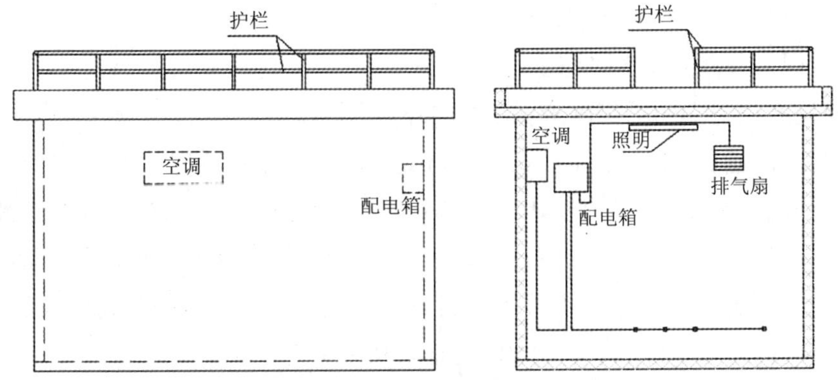

图 4 点式连续监测系统站房示意图

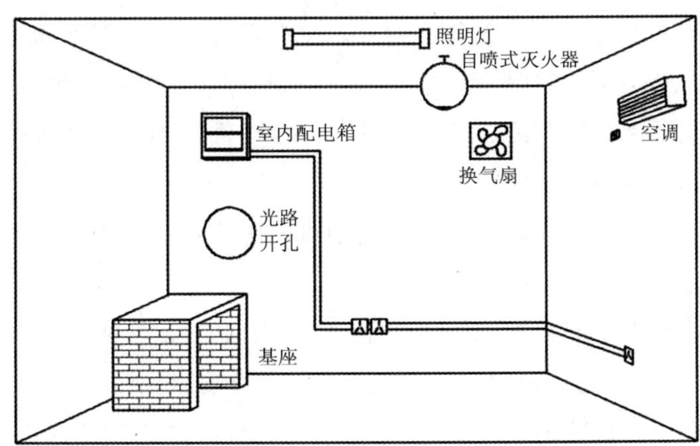

图 5 开放光程连续监测系统站房示意图

5.3 点式连续监测系统采样装置安装要求

（1）采样总管应竖直安装。

（2）采样总管与屋顶法兰连接部分密封防水。

（3）采样总管各支路连接部分密闭不漏气。

（4）采样总管支撑部件与房顶和采样总管的连接应牢固、可靠。

（5）在采样口周围270°捕集空间范围内环境空气流动应不受任何影响。

（6）加热器与采样总管的连接应牢固，加热温度一般控制在30～50℃。

（7）采样总管接地良好，接地电阻应小于4 Ω。

（8）采样口离地面的高度应在3～15 m范围内。

（9）在保证监测点具有空间代表性的前提下，若所选点位周围半径300～500 m范围内建筑物平均高度在20 m以上，无法按满足5.3（8）高度要求设置时，其采样口高度可以在15～25 m范围内选取。

（10）采样口离建筑物墙壁、屋顶等支撑物表面的距离应大于1 m，若支撑物表面有实体围栏，采样口应高于实体围栏至少0.5 m。

5.4 开放光程连续监测系统光路

（1）监测光束离地面的高度应在3～15 m范围内。

（2）在保证监测点具有空间代表性的前提下，若所选点位周围半径300～500 m范围内建筑物平均高度在20 m以上，其监测光束离地面高度可以在15～25 m范围内选取。

（3）监测光束能完全通过的情况下，允许监测光束从日平均机动车流量少于10 000辆的道路上空、对监测结果影响不大的小污染源和少量未达到间隔距离要求的树木或建筑物上空穿过，穿过的合计距离，不能超过监测光束总光程的10%。

5.5 分析仪器安装要求

5.5.1 一般要求

（1）产品铭牌上应标有仪器名称、型号、生产单位、出厂编号和生产日期等信息。

（2）分析仪器各零部件应连接可靠，表面无明显缺陷，各操作按键使用灵活，定位准确。

（3）仪器各显示部分的刻度、数字清晰，涂色牢固，不应有影响读数的缺陷。

（4）具备数字信号通讯功能。

（5）分析仪器电源引入线与机壳之间的绝缘电阻应不小于20 MΩ。

5.5.2 点式分析仪器

（1）分析仪器应水平安装在机柜内或平台上，有必要的防震措施。

（2）分析仪器与支管接头连接的管线应选用不与被监测污染物发生化学反应和不释放有干扰物质的材料；长度不应超过3 m，同时应避免空调机的出风直接吹向采样总管和支管。

（3）为防止颗粒物进入分析仪器，应在分析仪器与支管气路之间安装孔径不大于 5 μm 聚四氟乙烯滤膜。

（4）为防止结露水流和管壁气流波动的影响，分析仪器与支管接头连接的管线，连接总管时应伸向总管接近中心的位置。

（5）分析仪器的排气口应通过管线与站房的总排气管连接。

（6）电缆和管路以及电缆和管路的两端作上明显标识。电缆线路的施工还应满足 GB 50168 的相关要求。

5.5.3 开放光程分析仪器

（1）分析仪器应安装在机柜内或平台上，确保仪器后方有 0.8 m 以上的操作维护空间。

（2）分析仪器光源发射、接收装置应与站房墙体密封。

（3）分析仪器光程大于等于 200 m 时，光程误差应不超过±3 m；当光程小于 200 m 时，光程误差应不超过±1.5%。

（4）光源发射端和接收端（反射端）应在同一直线上，与水平面之间俯仰角不超过 15°。

（5）光源接收端（反射端）应避光安装，同时注意尽量避免将其安装在住宅区或窗户附近以免造成杂散光干扰。

（6）光源发射端、接收端（反射端）应在光路调试完毕后固定在基座上。

（7）电缆和管路以及电缆和管路的两端作上明显标识。电缆线路的施工还应满足 GB 50168 的相关要求。

5.6 数据采集和传输设备

（1）设备应采用有线或无线通讯方式。

（2）设备应安装在机柜内或平台上，确保设备与机柜或平台的连接牢固、可靠。

（3）设备应能正确记录、存储、显示采集到的数据和状态。

6 调试

监测系统在现场安装并正常运行后，在验收前须进行调试，调试完成后监测系统性能指标应符合附录 A 调试检测的指标要求。调试检测可由系统制造者、供应者、用户或受委托的有检测能力的部门承担。

6.1 调试检测的一般要求

（1）现场完成系统安装、调试后，监测系统投入试运行。

（2）监测系统连续运行 168 h 后，进行调试检测。

（3）如果因系统故障、断电等原因造成调试检测中断，则需要重新进行调试检测。

（4）点式监测系统与开放光程监测系统调试检测项目相同。检测时开放光程仪器应处于零光程状态。

（5）调试检测后应编制安装调试报告。报告格式参见附录 C。

6.2 调试检测指标和检测方法

6.2.1 零点噪声

监测系统运行稳定后，将零点标准气体通入分析仪器，每 2 min 记录该时间段数据的平均值 r_i（记为 1 个数据），获得至少 25 个数据。按式（1）计算所取得数据的标准偏差 S_0，即为该分析仪器的零点噪声，应符合附表 A.1 的要求。

$$S_0 = \sqrt{\frac{\sum_{i=1}^{n}\left(r_i - \bar{r}\right)^2}{n-1}} \tag{1}$$

式中：S_0——分析仪器零点噪声，ppb（ppm）；

$\bar{r}$——分析仪器测量值的平均值，ppb（ppm）；

r_i——分析仪器第 i 次测量值，ppb（ppm）；

i——记录数据的序号（i=1～n）；

n——记录数据的总个数（n≥25）。

6.2.2 最低检出限

按式（2）计算分析仪器最低检出限 R_{DL}，应符合附表 A.1 的要求。

$$R_{\mathrm{DL}} = 2S_0 \tag{2}$$

式中：R_{DL}——分析仪器最低检出限，ppb（ppm）；

S_0——分析仪器零点噪声值，ppb（ppm）。

6.2.3 量程噪声

监测系统运行稳定后，将 80%量程标准气体通入分析仪器，每 2 min 记录该时间段数据的平均值 r_i（记为 1 个数据），获得至少 25 个数据。按式（3）计算所取得数据的标准偏差 S，即为该分析仪器的量程噪声，应符合附表 A.1 的要求。

$$S = \sqrt{\frac{\sum_{i=1}^{n}\left(r_i - \bar{r}\right)^2}{n-1}} \tag{3}$$

式中：S——分析仪器量程噪声，ppb（ppm）；

$\bar{r}$——分析仪器测量值的平均值，ppb（ppm）；

r_i——分析仪器第 i 次测量值，ppb（ppm）；

i——记录数据的序号（i=1～n）；

n——记录数据的总个数（n≥25）。

6.2.4 示值误差

监测系统运行稳定后，分别进行零点校准和满量程校准后，通入浓度约为 50%量程的标准气体，读数稳定后记录显示值；再通入零点校准气体，重复测试 3 次，按式（4）计算分析仪器的示值误差 L_e，应符合附表 A.1 的要求。

$$L_e = \frac{\left(\overline{C_d} - C_s\right)}{R} \times 100\% \tag{4}$$

式中：L_e——分析仪器示值误差，%；

C_s——标准气体质量浓度标称值，ppb（ppm）；

$\overline{C_d}$——分析仪器 3 次测量质量浓度平均值，ppb（ppm）；

R——分析仪器满量程值，ppb（ppm）。

6.2.5 量程精密度

监测系统运行稳定后，分别通入 20%量程标准气体和 80%量程标准气体，待读数稳定后分别记录 20%量程标准气体显示值 x_i 和 80%量程标准气体显示值 y_i，重复上述测试操作至少 6 次以上，分别按式（5）和式（6）计算分析仪器 20%量程精密度 P_{20} 和 80%量程精密度 P_{80}，量程精密度应符合附表 A.1 的要求。

$$P_{20} = \sqrt{\frac{\sum_{i=1}^{n}\left(x_i - \bar{x}\right)^2}{n-1}} \tag{5}$$

式中：P_{20}——分析仪器 20%量程精密度，ppb（ppm）；

x_i——20%量程标准气体第 i 次测量值，ppb（ppm）；

$\bar{x}$——20%量程标准气体测量平均值，ppb（ppm）；

i——记录数据的序号（i=1～n）；

n——测量次数（n≥6）。

$$P_{80} = \sqrt{\frac{\sum_{i=1}^{n}\left(y_i - \bar{y}\right)^2}{n-1}} \tag{6}$$

式中：P_{80}——分析仪器 80%量程精密度，ppb（ppm）；

y_i——80%量程标准气体第 i 次测量值，ppb（ppm）；

$\bar{y}$——80%量程标准气体测量平均值，ppb（ppm）。

6.2.6 24 h 零点漂移和 24 h 量程漂移

监测系统运行稳定后，通入零点标准气体，记录分析仪器零点稳定读数为 Z_0；然后通入 20%量程标准气体，记录稳定读数 M_{20}；继续通入 80%量程标准气体，记录稳定读数 M_{80}。通气结束后，监测系统连续运行 24 h（期间不允许任何维护和校准）后重复上述操作，并分别记录稳定后读数。分别按式（7）、式（8）、式（9）计算分析仪器的 24 h 零点漂移 ZD、24 h 20%量程漂移 MSD 和 24 h 80%量程漂移 USD，然后可对分析仪器进行零点和量程校准。重复测试 3 次，24 h 零点漂移值 ZD、24 h 20%量程漂移 MSD 和 24 h 80%量程漂移 USD 均应符合附表 A.1 的要求。

$$ZD_n = Z_n - Z_{n-1} \tag{7}$$

式中：ZD_n——分析仪器第 n 次的 24 h 零点漂移，ppb（ppm）；

Z_n——分析仪器第 n 次的零点标准气体测量值，ppb（ppm）；

n——测试序号，n=1～3。

$$MSD_n = M_{20n} - M_{20(n-1)} \tag{8}$$

式中：MSD_n——分析仪器第 n 次的 24 h 20%量程漂移，ppb（ppm）；

M_{20n}——分析仪器第 n 次的 20%量程标准气体测量值，ppb（ppm）。

$$USD_n = M_{80n} - M_{80(n-1)} \tag{9}$$

式中：USD_n——分析仪器第 n 次的 24 h 80%量程漂移，ppb（ppm）；

M_{80n}——分析仪器第 n 次的 80%量程标准气体测量值，ppb（ppm）。

7 试运行

7.1 监测系统试运行至少 60 d。

7.2 因故障等造成运行中断，监测系统恢复正常后，重新开始试运行。

7.3 试运行结束时，按式（10）、式（11）计算监测系统数据获取率，应大于等于 90%。

数据获取率（%）=（系统正常运行小时数÷试运行总小时数）×100%　　（10）

系统正常运行小时数=试运行总小时数 – 系统故障小时数　　（11）

7.4 根据试运行结果，编制试运行报告。试运行格式参见附录 D。

8 验收

点式连续监测系统与开放光程连续监测系统验收内容完全一致。验收内容包括：性能指标验收、联网验收及相关制度、记录和档案验收等，验收通过后由环境保护行政主管部门出具验收报告。

8.1 验收准备与申请

8.1.1 验收准备

（1）提供环境保护部环境监测仪器质量监督检测中心出具的产品适用性检测合格报告。

（2）提供监测系统安装调试报告、试运行报告。

（3）提供责任环保部门出具的联网证明。

（4）提供质量控制和质量保证计划文档。

（5）监测系统已至少连续稳定运行 60 d，出具日报表和月报表，其数据应符合 GB 3095—2012 中关于污染物浓度数据有效性的最低要求。

（6）建立完整的监测系统技术档案。

8.1.2 验收申请

在监测系统完成安装、调试及试运行后提出验收申请，验收申请材料上报环境保护行政主管部门受理，经核准符合验收条件，由环境保护行政主管部门组织实施验收。

8.2 验收内容

8.2.1 性能指标验收

8.2.1.1 示值误差

监测系统进行示值误差测试，检测方法见 6.2.4，测试结果应符合表 2 的要求。

8.2.1.2 24 h 零点漂移和 24 h 80%量程漂移

监测系统进行 24 h 零点漂移和 24 h 80%量程漂移测试，测试时间为 1 d，检测方法见 6.2.6，测试结果应符合表 2 的要求。

表 2 监测系统性能指标验收检测项目

项目	性能指标			
	SO_2 分析仪器	NO_2 分析仪器	O_3 分析仪器	CO 分析仪器
示值误差	±2%F.S.	±2%F.S.	±4%F.S.	±2%F.S.
24 h 零点漂移	±5 ppb	±5 ppb	±5 ppb	±1 ppm
24 h 80%量程漂移	±10 ppb	±10 ppb	±10 ppb	±1 ppm
注：F.S.表示满量程。				

8.2.2 联网验收

联网验收由通信及数据传输验收、现场数据比对验收和联网稳定性验收三部分组成。

8.2.2.1 通信及数据传输验收

按照 HJ/T 212 的规定检查通信协议的正确性。数据采集和传输设备与仪器之间的通信应稳定，不出现经常性的通信连接中断、报文丢失、报文不完整等通信问题。为保证监测数据在公共数据网上传输的安全性，所采用的数据采集和传输设备应进行加密传输。

8.2.2.2 现场数据比对验收

对数据进行抽样检查，随机抽取试运行期间 7 d 的监测数据，比对上位机接收到的数据和现场机存储的数据，数据传输正确率应大于等于 95%。

8.2.2.3 联网稳定性验收

在连续一个月内，数据采集和传输设备能稳定运行，不出现除通信稳定性、通信协议正确性、数据传输正确性以外的其他联网问题。

8.2.2.4 联网验收技术指标要求

监测系统联网验收技术指标见表 3。

表 3 监测系统联网验收技术指标

验收检测项目	考核指标
通信稳定性	1. 现场机在线率为 90%以上； 2. 正常情况下，掉线后，应在 5 min 之内重新上线； 3. 单台数据采集传输仪每日掉线次数在 5 次以内； 4. 报文传输稳定性在 99%以上，当出现报文错误或丢失时，启动纠错逻辑，要求数据采集传输仪重新发送报文
数据传输安全性	1. 对所传输的数据应按照 HJ/T 212 中规定的加密方法进行加密处理传输，保证数据传输的安全性； 2. 服务器端对请求连接的客户端进行身份验证
通信协议正确性	现场机和上位机的通信协议应符合 HJ/T 212 中的规定，正确率 100%
数据传输正确性	随机抽取试运行期间 7 d 的监测数据，对比上位机接收到的数据和现场机存储的数据，数据传输正确率应大于等于 95%
联网稳定性	在连续一个月内，不出现除通信稳定性、通信协议正确性、数据传输正确性以外的其他联网问题

8.2.3 相关制度、记录和档案验收

8.2.3.1 监测系统操作和使用制度

（1）系统使用管理说明。

（2）系统运行操作规程。

8.2.3.2 监测系统质量保证和质量控制计划

（1）日常巡检制度及巡检内容。

（2）定期维护制度及定期维护内容。

（3）定期校验和校准制度及内容。

（4）易损、易耗品的定期检查和更换制度。

8.3 验收报告

8.3.1 验收报告格式参见附录 E。

8.3.2 验收报告应附安装调试报告、试运行报告和联网证明。

附　录　A
（规范性附录）
环境空气气态污染物（SO_2、NO_2、O_3、CO）连续自动监测系统调试检测项目

表 A.1　监测系统调试检测项目

检测项目	性能指标			
	SO_2 分析仪器	NO_2 分析仪器	O_3 分析仪器	CO 分析仪器
零点噪声	≤1 ppb	≤1 ppb	≤1 ppb	≤0.25 ppm
最低检出限	≤2 ppb	≤2 ppb	≤2 ppb	≤0.5 ppm
量程噪声	≤5 ppb	≤5 ppb	≤5 ppb	≤1 ppm
示值误差	±2%F.S.	±2%F.S.	±4%F.S.	±2%F.S.
20%量程精密度	≤5 ppb	≤5 ppb	≤5 ppb	≤0.5 ppm
80%量程精密度	≤10 ppb	≤10 ppb	≤10 ppb	≤0.5 ppm
24 h 零点漂移	±5 ppb	±5 ppb	±5 ppb	±1 ppm
24 h 20%量程漂移	±5 ppb	±5 ppb	±5 ppb	±1 ppm
24 h 80%量程漂移	±10 ppb	±10 ppb	±10 ppb	±1 ppm

附　录　B
（资料性附录）
等效浓度的计算方法

B.1　等效浓度计算

按照式（B.1）计算标准气体的等效浓度。

$$C_e = C_t \times \frac{L_c}{L} \tag{B.1}$$

式中：C_e——标准气体等效体积分数，ppb；

C_t——标准气体体积分数标称值，ppm；

L——光程，m；

L_C——校准池长度，mm。

B.2　等效浓度气体的计算示例

在监测系统校准单元中放置不同长度的校准池或通入不同体积分数的标准气体，当光

程为 200 m 时，按照式（B.1）计算得到的等效浓度值见表 B.1。

表 B.1 等效浓度计算示例

序号	标准气体体积分数/ppm	光程/m	校准池长度/mm	等效体积分数/ppb
1	400	200	50	100
2	400	200	100	200
3	400	200	150	300
4	400	200	200	400
5	800	200	100	400

附 录 C

（资料性附录）

监测系统安装调试报告

环境空气气态污染物（SO_2、NO_2、O_3、CO）连续自动监测系统安装调试报告

安装点位：________________________

设备名称：________________________

单位名称：　　　　　　（公章）

年　　月　　日

表 C.1　环境空气气态污染物（SO_2、NO_2、O_3、CO）连续自动监测系统站点基本信息

站点名称			
点位类型		子站建设性质（新、改建）	
管理（托管）单位		主管部门	
监测项目		测量方法	
站房面积		站房结构	
采样口距地面高度		采样口距站房地面高度	
测量光路距地面高度		测量光路距站房地面高度	
站点周围情况简述：			
站点地理位置	省　市　县（区）　路（乡，镇）　号（村） 东经：　北纬：		
仪器供应商			
建设项目开工日期	年　月　日		
建设项目投入试运行日期	年　月　日		

表 C.2 环境空气气态污染物（SO_2、NO_2、O_3、CO）连续自动监测系统点位周边情况表

站点名称			
站点地址			
项目	具体要求	是否符合	
		是√	否×
点位周边情况	监测仪器监测点周围没有阻碍环境空气流通的高大建筑物、树木或其他障碍物		
	从监测点到附近最高障碍物之间的水平距离，是否至少为该障碍物高出采样口垂直距离的两倍以上		
	监测点周围建设情况是否稳定		
	监测点是否能长期使用，且不会改变位置		
	监测点是否地处相对安全和防火措施有保障的地方		
	监测点附近是否没有强电磁干扰		
	开放光程监测系统监测点是否远离振动源		
	监测点附近是否具备稳定可靠的电源供给		
	监测点的通信线路是否方便安装和检修		
	监测点周边是否有便于出入的车辆通道		
采样口位置情况	采样口距地面的高度是否在 3～15 m 范围内		
	在采样口周围 270°捕集空间范围内环境空气流动是否不受任何影响		
	采样口离建筑物墙壁、屋顶等支撑物表面的距离是否大于 1 m		
	采样口是否高于实体围栏至少 0.5 m 以上		
	监测光束穿过日平均机动车流量少于 10 000 辆的道路上空、对监测结果影响不大的小污染源和少量未达到间隔距离要求的树木或建筑物上空合计距离是否小于监测光束总光程的 10%		
其他情况			
小结			

表 C.3 环境空气气态污染物（SO_2、NO_2、O_3、CO）连续自动监测系统站房建设和仪器安装情况表

<table>
<tr><td>站点名称</td><td colspan="5"></td></tr>
<tr><td>站点地址</td><td colspan="5"></td></tr>
<tr><td>仪器编号</td><td colspan="2"></td><td>安装人员</td><td colspan="2"></td></tr>
<tr><td rowspan="2">项目</td><td colspan="3" rowspan="2">具体要求</td><td colspan="2">是否符合</td></tr>
<tr><td>是√</td><td>否×</td></tr>
<tr><td rowspan="8">一般要求</td><td colspan="3">站房面积不小于 15 m²</td><td></td><td></td></tr>
<tr><td colspan="3">站房室内地面到天花板高度不小于 2.5 m</td><td></td><td></td></tr>
<tr><td colspan="3">站房室内地面距房顶平台高度不大于 5 m</td><td></td><td></td></tr>
<tr><td colspan="3">站房是否有防水、防潮、隔热、保温措施</td><td></td><td></td></tr>
<tr><td colspan="3">站房是否有符合要求的防雷和防电磁干扰设施</td><td></td><td></td></tr>
<tr><td colspan="3">站房排气口离站房内地面的距离是否在 20 cm 以上</td><td></td><td></td></tr>
<tr><td colspan="3">监测站房应配备通往房顶的 Z 字形梯或旋梯</td><td></td><td></td></tr>
<tr><td colspan="3">站房内环境条件：温度：（15～35）℃；相对湿度：≤85%；大气压：（80～106）kPa</td><td></td><td></td></tr>
<tr><td rowspan="3">配电要求</td><td colspan="3">站房供电系统是否配有电源过压、过载保护装置</td><td></td><td></td></tr>
<tr><td colspan="3">站房内是否采用三相五线供电，分相使用</td><td></td><td></td></tr>
<tr><td colspan="3">站房内布线是否加装线槽</td><td></td><td></td></tr>
<tr><td rowspan="4">辅助设施</td><td rowspan="2">空调</td><td colspan="2">空调机出风口未正对仪器和采样管</td><td></td><td></td></tr>
<tr><td colspan="2">空调是否具有来电自启动功能</td><td></td><td></td></tr>
<tr><td rowspan="2">配套设施</td><td colspan="2">站房是否配备自动灭火装置</td><td></td><td></td></tr>
<tr><td colspan="2">站房是否安装有带防尘百叶窗的排气风扇</td><td></td><td></td></tr>
<tr><td rowspan="13">仪器设备安装</td><td colspan="3">仪器安装完成后，后方空间是否大于等于 0.8 m</td><td></td><td></td></tr>
<tr><td colspan="3">加热器与采样总管的连接应牢固，加热温度一般控制在（30～50）℃</td><td></td><td></td></tr>
<tr><td colspan="3">采样总管是否竖直安装</td><td></td><td></td></tr>
<tr><td colspan="3">采样总管与屋顶法兰连接部分密封防水</td><td></td><td></td></tr>
<tr><td colspan="3">采样总管接地良好，接地电阻应小于 4Ω</td><td></td><td></td></tr>
<tr><td colspan="3">分析仪器与支管接头连接的管线长度不应超过 3 m</td><td></td><td></td></tr>
<tr><td colspan="3">分析仪器与支管气路之间安装孔径不大于 5μm 聚四氟乙烯滤膜</td><td></td><td></td></tr>
<tr><td colspan="3">分析仪器的排气口应通过管线与站房的总排气管连接</td><td></td><td></td></tr>
<tr><td colspan="3">分析仪器光源发射、接收装置应与站房墙体密封</td><td></td><td></td></tr>
<tr><td colspan="3">分析仪器光程大于等于 200 m 时，光程误差应不超过±3 m；当光程小于 200 m 时，光程误差应不超过±1.5%</td><td></td><td></td></tr>
<tr><td colspan="3">光源发射端和接收端（反射端）应在同一直线上，与水平面之间俯仰角不超过 15°</td><td></td><td></td></tr>
<tr><td colspan="3">光源接收端（反射端）应避光安装</td><td></td><td></td></tr>
<tr><td colspan="3">数据采集和传输设备是否能正确记录、存储、显示采集到的数据和状态</td><td></td><td></td></tr>
<tr><td>其他情况</td><td colspan="5"></td></tr>
</table>

表 C.4 环境空气气态污染物（SO_2、NO_2、O_3、CO）连续自动监测系统调试检测记录表

<table>
<tr><td>站点名称</td><td colspan="2"></td><td>仪器编号</td><td colspan="3"></td></tr>
<tr><td>调试检测日期</td><td colspan="2"></td><td>检测人员</td><td colspan="3"></td></tr>
<tr><td rowspan="2">项目</td><td rowspan="2" colspan="3">检测结果</td><td colspan="3">是否符合要求</td></tr>
<tr><td>是√</td><td>否×</td><td>备注/其他</td></tr>
<tr><td rowspan="4">零点噪声</td><td>SO_2</td><td colspan="2"></td><td></td><td></td><td></td></tr>
<tr><td>NO_2</td><td colspan="2"></td><td></td><td></td><td></td></tr>
<tr><td>O_3</td><td colspan="2"></td><td></td><td></td><td></td></tr>
<tr><td>CO</td><td colspan="2"></td><td></td><td></td><td></td></tr>
<tr><td rowspan="4">最低检出限</td><td>SO_2</td><td colspan="2"></td><td></td><td></td><td></td></tr>
<tr><td>NO_2</td><td colspan="2"></td><td></td><td></td><td></td></tr>
<tr><td>O_3</td><td colspan="2"></td><td></td><td></td><td></td></tr>
<tr><td>CO</td><td colspan="2"></td><td></td><td></td><td></td></tr>
<tr><td rowspan="4">量程噪声</td><td>SO_2</td><td colspan="2"></td><td></td><td></td><td></td></tr>
<tr><td>NO_2</td><td colspan="2"></td><td></td><td></td><td></td></tr>
<tr><td>O_3</td><td colspan="2"></td><td></td><td></td><td></td></tr>
<tr><td>CO</td><td colspan="2"></td><td></td><td></td><td></td></tr>
<tr><td rowspan="4">示值误差</td><td>SO_2</td><td colspan="2"></td><td></td><td></td><td></td></tr>
<tr><td>NO_2</td><td colspan="2"></td><td></td><td></td><td></td></tr>
<tr><td>O_3</td><td colspan="2"></td><td></td><td></td><td></td></tr>
<tr><td>CO</td><td colspan="2"></td><td></td><td></td><td></td></tr>
<tr><td rowspan="4">20%量程精密度</td><td>SO_2</td><td colspan="2"></td><td></td><td></td><td></td></tr>
<tr><td>NO_2</td><td colspan="2"></td><td></td><td></td><td></td></tr>
<tr><td>O_3</td><td colspan="2"></td><td></td><td></td><td></td></tr>
<tr><td>CO</td><td colspan="2"></td><td></td><td></td><td></td></tr>
<tr><td rowspan="4">80%量程精密度</td><td>SO_2</td><td colspan="2"></td><td></td><td></td><td></td></tr>
<tr><td>NO_2</td><td colspan="2"></td><td></td><td></td><td></td></tr>
<tr><td>O_3</td><td colspan="2"></td><td></td><td></td><td></td></tr>
<tr><td>CO</td><td colspan="2"></td><td></td><td></td><td></td></tr>
<tr><td rowspan="4">24 h 零点漂移</td><td>SO_2</td><td colspan="2"></td><td></td><td></td><td></td></tr>
<tr><td>NO_2</td><td colspan="2"></td><td></td><td></td><td></td></tr>
<tr><td>O_3</td><td colspan="2"></td><td></td><td></td><td></td></tr>
<tr><td>CO</td><td colspan="2"></td><td></td><td></td><td></td></tr>
<tr><td rowspan="4">24 h 20%量程漂移</td><td>SO_2</td><td colspan="2"></td><td></td><td></td><td></td></tr>
<tr><td>NO_2</td><td colspan="2"></td><td></td><td></td><td></td></tr>
<tr><td>O_3</td><td colspan="2"></td><td></td><td></td><td></td></tr>
<tr><td>CO</td><td colspan="2"></td><td></td><td></td><td></td></tr>
<tr><td rowspan="4">24 h 80%量程漂移</td><td>SO_2</td><td colspan="2"></td><td></td><td></td><td></td></tr>
<tr><td>NO_2</td><td colspan="2"></td><td></td><td></td><td></td></tr>
<tr><td>O_3</td><td colspan="2"></td><td></td><td></td><td></td></tr>
<tr><td>CO</td><td colspan="2"></td><td></td><td></td><td></td></tr>
<tr><td>调试检测结论</td><td colspan="6"></td></tr>
</table>

附 录 D

（资料性附录）

监测系统试运行报告

环境空气气态污染物（SO_2、NO_2、O_3、CO）连续自动监测系统试运行报告

安装点位：______________________________

设备名称：______________________________

单位名称：　　　　　　（公章）

年　　月　　日

表 D.1 环境空气气态污染物（SO_2、NO_2、O_3、CO）连续自动监测系统试运行情况记录表

站点名称				
站点地址				
开始时间			结束时间	
故障次数	故障出现时间	故障现象	故障小时数	签名
1				
2				
3				
4				
5				
……				
合计	—	—		
数据获取率/%				

附　录　E

（资料性附录）

监测系统验收报告

环境空气气态污染物（SO_2、NO_2、O_3、CO）连续自动监测系统验收报告

安装点位：________________________

设备名称：________________________

单位名称：　　　　　（公章）

年　　月　　日

表 E.1　基本情况

环境空气气态污染物（SO_2、NO_2、O_3、CO）连续自动监测系统安装单位：	
联系人：	单位地址：
邮政编码：	联系电话：
安装点位：	
系统名称及型号：	
监测项目：	
系统生产单位：	
系统试运行单位：	

试运行完成时间：	
环境保护部环境监测仪器质量监督检验中心出具的产品适用性检测合格报告	
监测系统的安装调试报告、试运行报告（含试运行日报表、月报表）	
环境保护行政主管部门出具的联网证明	
质量控制和质量保证计划文档	
监测系统的技术档案	
备注：	

表 E.2 验收记录表

仪器名称			仪器编号			
验收日期			监测人员			
性能指标验收	检测结果			是否符合要求		
				是√	否×	备注/其他
示值误差	SO_2					
	NO_2					
	O_3					
	CO					
24 h 零点漂移	SO_2					
	NO_2					
	O_3					
	CO					
24 h 80%量程漂移	SO_2					
	NO_2					
	O_3					
	CO					
联网验收	联网证明主要内容：					
相关制度、记录和档案验收	设备操作和使用制度					
	设备质量保证和质量控制计划					
验收结论	验收组成员（签字）： 年 月 日					

环境空气　PM_{10}和$PM_{2.5}$的测定　重量法

HJ 618—2011　代替 GB 6921—86

2011-09-08 发布　　　　2011-11-01 实施

1　适用范围

本标准规定了测定环境空气中 PM_{10} 和 $PM_{2.5}$ 的重量法。

本标准适用于环境空气中 PM_{10} 和 $PM_{2.5}$ 浓度的手工测定。

本标准的检出限为 0.010 mg/m^3（以感量 0.1 mg 分析天平，样品负载量为 1.0 mg，采集 108 m^3 空气样品计）。

2　规范性引用文件

本标准内容引用了下列文件或其中的条款。凡是不注明日期的引用文件，其有效版本适用于本标准。

HJ/T 93　PM_{10} 采样器技术要求及检测方法

HJ/T 194　环境空气质量手工监测技术规范

3　术语和定义

下列术语和定义适用于本标准。

3.1　PM_{10}

指环境空气中空气动力学当量直径≤10 μm 的颗粒物，也称可吸入颗粒物。

3.2　$PM_{2.5}$

指环境空气中空气动力学当量直径≤2.5 μm 的颗粒物，也称细颗粒物。

4　方法原理

分别通过具有一定切割特性的采样器，以恒速抽取定量体积空气，使环境空气中 $PM_{2.5}$ 和 PM_{10} 被截留在已知质量的滤膜上，根据采样前后滤膜的重量差和采样体积，计算出 $PM_{2.5}$ 和 PM_{10} 的浓度。

5 仪器和设备

5.1 切割器

5.1.1 PM_{10}切割器、采样系统：切割粒径D_{a50}=（10±0.5）μm；捕集效率的几何标准差为σ_g=（1.5±0.1）μm。其他性能和技术指标应符合 HJ/T 93—2003 的规定。

5.1.2 $PM_{2.5}$切割器、采样系统：切割粒径D_{a50}=（2.5±0.2）μm；捕集效率的几何标准差为σ_g=（1.2±0.1）μm。其他性能和技术指标应符合 HJ/T 93—2003 的规定。

5.2 采样器孔口流量计或其他符合本标准技术指标要求的流量计

5.2.1 大流量流量计：量程（0.8～1.4）m^3/min；误差≤2%。

5.2.2 中流量流量计：量程（60～125）L/min；误差≤2%。

5.2.3 小流量流量计：量程＜30 L/min；误差≤2%。

5.3 滤膜：根据样品采集目的可选用玻璃纤维滤膜、石英滤膜等无机滤膜或聚氯乙烯、聚丙烯、混合纤维素等有机滤膜。滤膜对 0.3 μm 标准粒子的截留效率不低于 99%。空白滤膜按第 7 章分析步骤进行平衡处理至恒重，称量后，放入干燥器中备用。

5.4 分析天平：感量 0.1 mg 或 0.01 mg。

5.5 恒温恒湿箱（室）：箱（室）内空气温度在 15～30℃范围内可调，控温精度±1℃。箱（室）内空气相对湿度应控制在（50±5）%。恒温恒湿箱（室）可连续工作。

5.6 干燥器：内盛变色硅胶。

6 样品

6.1 样品采集

6.1.1 环境空气监测中采样环境及采样频率的要求，按 HJ/T 194 的要求执行。采样时，采样器入口距地面高度不得低于 1.5 m。采样不宜在风速大于 8 m/s 等天气条件下进行。采样点应避开污染源及障碍物。如果测定交通枢纽处 PM_{10} 和 $PM_{2.5}$，采样点应布置在距人行道边缘外侧 1 m 处。

6.1.2 采用间断采样方式测定日平均浓度时，其次数不应少于 4 次，累积采样时间不应少于 18 h。

6.1.3 采样时，将已称重的滤膜（5.3）用镊子放入洁净采样夹内的滤网上，滤膜毛面应朝进气方向。将滤膜牢固压紧至不漏气。如果测定任何一次浓度，每次需更换滤膜；如测日平均浓度，样品可采集在一张滤膜上。采样结束后，用镊子取出。将有尘面两次对折，放入样品盒或纸袋，并做好采样记录。

6.1.4 采样后滤膜样品称量按第 7 章分析步骤进行。

6.2 样品保存

滤膜采集后，如不能立即称重，应在 4℃条件下冷藏保存。

7 分析步骤

将滤膜放在恒温恒湿箱（室）中平衡 24 h，平衡条件为：温度取 15～30℃中任何一点，相对湿度控制在 45%～55%范围内，记录平衡温度与湿度。在上述平衡条件下，用感量为 0.1 mg 或 0.01 mg 的分析天平称量滤膜，记录滤膜重量。同一滤膜在恒温恒湿箱（室）中相同条件下再平衡 1 h 后称重。对于 PM_{10} 和 $PM_{2.5}$ 颗粒物样品滤膜，两次重量之差分别小于 0.4 mg 或 0.04 mg 为满足恒重要求。

8 结果计算与表示

8.1 结果计算

$PM_{2.5}$ 和 PM_{10} 质量浓度按下式计算：

$$\rho = \frac{w_2 - w_1}{V} \times 1\,000$$

式中：ρ——PM_{10} 或 $PM_{2.5}$ 质量浓度，mg/m^3；

w_2——采样后滤膜的重量，g；

w_1——空白滤膜的重量，g；

V——已换算成标准状态（101.325 kPa，273.15 K）下的采样体积，m^3。

8.2 结果表示

计算结果保留 3 位有效数字。小数点后数字可保留到第 3 位。

9 质量控制与质量保证

9.1 采样器每次使用前需进行流量校准。校准方法按附录 A 执行。

9.2 滤膜使用前均需进行检查，不得有针孔或任何缺陷。滤膜称量时要消除静电的影响。

9.3 取清洁滤膜若干张，在恒温恒湿箱（室），按平衡条件平衡 24 h，称重。每张滤膜非连续称量 10 次以上，求每张滤膜的平均值为该张滤膜的原始质量。以上述滤膜作为“标准滤膜”。每次称滤膜的同时，称量两张“标准滤膜”。若标准滤膜称出的重量在原始质量 ±5 mg（大流量），±0.5 mg（中流量和小流量）范围内，则认为该批样品滤膜称量合格，数据可用。否则应检查称量条件是否符合要求并重新称量该批样品滤膜。

9.4 要经常检查采样头是否漏气。当滤膜安放正确，采样系统无漏气时，采样后滤膜上颗粒物与四周白边之间界线应清晰，如出现界线模糊时，则表明应更换滤膜密封垫。

9.5 对电机有电刷的采样器，应尽可能在电机由于电刷原因停止工作前更换电刷，以免使采样失败。更换时间视以往情况确定。更换电刷后要重新校准流量。新更换电刷的采样器应在负载条件下运转 1 h，待电刷与转子的整流子良好接触后，再进行流量校准。

9.6 当 PM_{10} 或 $PM_{2.5}$ 含量很低时，采样时间不能过短。对于感量为 0.1 mg 和 0.01 mg 的分析天平，滤膜上颗粒物负载量应分别大于 1 mg 和 0.1 mg，以减少称量误差。

9.7 采样前后，滤膜称量应使用同一台分析天平。

附 录 A
（资料性附录）
采样器流量校准方法

新购置或维修后的采样器在启用前应进行流量校准；正常使用的采样器每月需进行一次流量校准。采用传统孔口流量计和智能流量校准器的操作步骤分别如下：

A.1 孔口流量计

（1）从气压计、温度计分别读取环境大气压和环境温度；

（2）将采样器采气流量换算成标准状态下的流量，计算公式如下：

$$Q_n = Q \times \frac{p_1 \times T_{\mathrm{n}}}{p_{\mathrm{n}} \times T_1}$$

式中：Q_{n}——标准状态下的采样器流量，m^3/min；

Q——采样器采气流量，m^3/min；

p_1——流量校准时环境大气压力，kPa；

T_{n}——标准状态下的热力学温度，273.15 K；

T_1——流量校准时环境温度，K；

p_{n}——标准状态下的大气压力，101.325 kPa。

（3）将计算的标准状态下流量 Q_{n} 代入下式，求出修正项 y：

$$y = b \times Q_n + a$$

式中斜率 b 和截距 a 由孔口流量计的标定部门给出。

（4）计算孔口流量计压差值 ΔH（Pa）：

$$\Delta H = \frac{y^2 \times p_{\mathrm{n}} \times T_1}{p_1 \times T_{\mathrm{n}}}$$

（5）打开采样头的采样盖，按正常采样位置，放一张干净的采样滤膜，将大流量孔口流量计的孔口与采样头密封连接。孔口的取压口接好 U 型压差计。

（6）接通电源，开启采样器，待工作正常后，调节采样器流量，使孔口流量计压差值达到计算的ΔH，并填定下面的记录表格。

表 A.1 采样器流量校准记录表

校准日期	采样器编号	采样器采气流量[注] Q	孔口流量计编号	环境温度 T_1/K	环境大气压 p_1/kPa	孔口压差计算值 ΔH/Pa	校准人

注：大流量采样器流量单位为 m^3/min，中、小流量采样器流量单位为 L/min。

A.2 智能流量校准器

A.2.1 工作原理：孔口取压嘴处的压力经硅胶管连至校准器取压嘴，传递给微压差传感器。微压差传感器输出压力电信号，经放大处理后由 A/D 转换器将模拟电压转换为数字信号。经单片机计算处理后，显示流量值。

A.2.2 操作步骤：

（1）从气压计、温度计分别读取环境大气压和环境温度；

（2）将智能孔口流量校准器接好电源，开机后进入设置菜单，输入环境温度和压力值（温度值单位是绝对温度，即温度=环境温度+273；大气压值单位为 kPa），确认后退出；

（3）选择合适流量范围的工作模式，距仪器开机超过 2 min 后方可进入测量菜单；

（4）打开采样器的采样盖，按正常采样位置，放一张干净的采样滤膜，将智能流量校准器的孔口与采样头密封连接，待液晶屏右上角出现电池符号后，将仪器的“-”取压嘴和孔口取压嘴相连后，按测量键，液晶屏将显示工况瞬时流量和标况瞬时流量。显示 10 次后结束测量模式，仪器显示此段时间内的平均值；

（5）调整采样器流量至设定值。

采用上述两种方法校准流量时，要确保气路密封连接。流量校准后，如发现滤膜上尘的边缘轮廓不清晰或滤膜安装歪斜等情况，表明可能造成漏气，应重新进行校准。校准合格的采样器，即可用于采样，不得再改动调节器状态。

环境空气颗粒物（$PM_{2.5}$）手工监测方法（重量法）技术规范

HJ 656—2013

2013-07-30 发布 2013-08-01 实施

1 适用范围

本标准规定了环境空气颗粒物（$PM_{2.5}$）手工监测方法（重量法）的采样、分析、数据处理、质量控制和质量保证等方面的技术要求。

本标准适用于手工监测方法（重量法）对环境空气颗粒物（$PM_{2.5}$）进行监测的活动。

2 规范性引用文件

本标准引用了下列文件或其中的条款，凡是未注明日期的引用文件，其最新版本适用于本标准。

GB 3095—2012 环境空气质量标准

HJ/T 93 环境空气颗粒物（PM_{10}和 $PM_{2.5}$）采样器技术要求及检测方法

JJG 1036 电子天平

3 术语和定义

下列术语和定义适用于本标准。

3.1 颗粒物（粒径小于等于 2.5 μm） particulate matter（$PM_{2.5}$）

指环境空气中空气动力学当量直径小于等于 2.5μm 的颗粒物，也称细颗粒物。

3.2 环境空气质量手工监测 ambient air quality manual monitoring

在监测点位用采样装置采集一定时段的环境空气样品，将采集的样品在实验室用分析仪器分析、处理的过程。

3.3 工作点流量 air flow rate

采样器在工作环境条件下，采气流量保持定值，并能保证切割器切割特性的流量称为采样器的工作点流量。

3.4 24 h 平均 24 hour average

指一个自然日 24 h 平均浓度的算术平均值，也称为日平均。

3.5 标准状态 standard state

指温度为 273.15 K，压力为 101.325 kPa 时的状态。本标准中的污染物浓度均为标准状态下的浓度。

3.6 检定分度值（*e*） Calibration scale

用于划分天平级别的以质量单位表示的值。

4 方法原理

采样器以恒定采样流量抽取环境空气，使环境空气中 $PM_{2.5}$ 被截留在已知质量的滤膜上，根据采样前后滤膜的质量变化和累积采样体积，计算出 $PM_{2.5}$ 浓度。

$PM_{2.5}$ 采样器的工作点流量不做必须要求，一般情况如下：

大流量采样器工作点流量为 1.05 m^3/min；

中流量采样器工作点流量为 100 L/min；

小流量采样器工作点流量为 16.67 L/min。

5 仪器和设备

5.1 $PM_{2.5}$ 采样器

$PM_{2.5}$ 采样器由切割器、滤膜夹、流量测量及控制部件、抽气泵等组成。

手工监测使用的 $PM_{2.5}$ 采样器性能和技术指标应符合 HJ 93 的要求，手工监测 $PM_{2.5}$ 使用的采样器应取得环境保护部环境监测仪器质量监督检验中心出具的产品适用性检测合格报告。

5.2 流量校准器

用于对不同流量的采样器进行流量校准。

大流量流量校准器：在 0.8～1.4 m^3/min 范围内，误差≤2%。

中流量流量校准器：在 60～125 L/min 范围内，误差≤2%。

小流量流量校准器：在 0～30 L/min 范围内，误差≤2%。

5.3 温度计

用于测量环境温度，校准采样器温度测量部件：测量范围 –30～50℃，精度：±0.5℃。

5.4 气压计

用于测量环境大气压，校准采样器大气压测量部件：测量范围 50～107 kPa，精度：±0.1 kPa。

5.5 湿度计

用于测量环境湿度，测量范围 10%～100%RH，精度：±5%RH。

5.6 滤膜

可根据监测目的选用玻璃纤维滤膜、石英滤膜等无机滤膜或聚四氟乙烯、聚氯乙烯、聚丙烯、混合纤维素等有机滤膜。滤膜对 0.3 μm 标准粒子的截留效率不低于 99.7%，滤膜的其他技术指标要求参见附录 C。

5.7 滤膜保存盒

用于存放滤膜或滤膜夹的滤膜桶或滤膜盒，应使用对测量结果无影响的惰性材料制造，应对滤膜不粘连，方便取放。

5.8 分析天平

用于对滤膜进行称量，检定分度值不超过 0.1 mg，分析天平技术性能应符合 JJG 1036 的规定。

5.9 恒温恒湿设备

用于对滤膜进行温度、湿度平衡。

（1）温度控制 15～30℃任意一点，控温精度±1℃。

（2）湿度控制（50±5）%RH。

6 采样

6.1 采样前准备

6.1.1 切割器清洗：切割器应定期清洗，清洗周期视当地空气质量状况而定。一般情况下累计采样 168 h 应清洗一次切割器，如遇扬尘、沙尘暴等恶劣天气，应及时清洗。

6.1.2 环境温度检查和校准：用温度计检查采样器的环境温度测量示值误差，每次采样前检查一次，若环境温度测量示值误差超过±2℃，应对采样器进行温度校准。

6.1.3 环境大气压检查和校准：用气压计检查采样器的环境大气压测量示值误差，每次采样前检查一次，若环境大气压测量示值误差超过±1 kPa，应对采样器进行压力校准。

6.1.4 气密性检查：应定期检查，操作方法参见附录 A。

6.1.5 采样流量检查：用流量校准器检查采样流量，一般情况下累计采样 168 h 检查一次，若流量测量误差超过采样器设定流量的±2%，应对采样流量进行校准。采样流量校准方法参见附录 B。

6.1.6 滤膜检查：滤膜应边缘平整、厚薄均匀、无毛刺，无污染，不得有针孔或任何破损。有机滤膜检查方法参见附录 C。

6.1.7 采样前空滤膜称量：按第 7 章将滤膜进行平衡处理至恒重，称量，记录称量环境条件和滤膜质量，将称量后的滤膜放入滤膜保存盒中备用。

6.2 样品采集

6.2.1 采样环境

6.2.1.1 采样器入口距地面或采样平台的高度不低于 1.5 m，切割器流路应垂直于地面。

6.2.1.2 当多台采样器平行采样时，若采样器的采样流量≤200 L/min 时，相互之间的距离为 1 m 左右；若采样器的采样流量＞200 L/min 时，相互之间的距离为 2～4 m。

6.2.1.3 如果测定交通枢纽的 $PM_{2.5}$ 浓度值，采样点应布置在距人行道边缘外侧 1 m 处。

6.2.2 采样时间

6.2.2.1 测定 $PM_{2.5}$ 日平均浓度，每日采样时间应不少于 20 h。

6.2.2.2 采样时间应保证滤膜上的颗粒物负载量不少于称量天平检定分度值的 100 倍。例如，使用的称量天平检定分度值为 0.01 mg 时，滤膜上的颗粒物负载量应不少于 1 mg。

6.2.3 采样操作

6.2.3.1 采样时，将已编号、称量的滤膜（6.1.7）用无锯齿状镊子放入洁净的滤膜夹内，滤膜毛面应朝向进气方向，将滤膜牢固压紧。

6.2.3.2 将滤膜夹正确放入采样器中，设置采样时间等参数，启动采样器采样。

6.2.3.3 采样结束后，用镊子取出滤膜，放入滤膜保存盒中，记录采样体积等信息，采样记录表参见附录 D 表 D.1。

6.2.4 样品保存

样品采集完成后，滤膜应尽快平衡称量；如不能及时平衡称量，应将滤膜放置在 4℃条件下密闭冷藏保存，最长不超过 30 d。

7 称量

7.1 将滤膜放在恒温恒湿设备中平衡至少 24 h 后进行称量。平衡条件为：温度应控制在 15～30℃范围内任意一点，控温精度±1℃；湿度应控制在（50±5）%RH。天平室温、湿度条件应与恒温恒湿设备保持一致。天平室的其他环境条件应符合 JJG 1036 标准中的有关要求。

7.2 记录恒温恒湿设备平衡温度和湿度，应确保滤膜在采样前后平衡条件一致。

7.3 滤膜平衡后用分析天平对滤膜进行称量，记录滤膜质量和编号等信息，记录表参见附录 D 表 D.2。

7.4 滤膜首次称量后，在相同条件平衡 1 h 后需再次称量。当使用大流量采样器时，同一滤膜两次称量质量之差应小于 0.4 mg；当使用中流量或小流量采样器时，同一滤膜两次称量质量之差应小于 0.04 mg；以两次称量结果的平均值作为滤膜称重值。同一滤膜前后两次称量之差超出以上范围则该滤膜作废。

8 结果计算与表述

8.1 结果计算

$PM_{2.5}$ 浓度按式（1）计算：

$$\rho = \frac{w_2 - w_1}{V} \times 1\,000 \tag{1}$$

式中：ρ——$PM_{2.5}$浓度，μg/m^3；

w_2——采样后滤膜的质量，mg；

w_1——采样前滤膜的质量，mg；

V——标准状态下的采样体积，m^3。

8.2 结果表示

$PM_{2.5}$浓度计算结果保留到整数位（单位：μg/m^3）。

8.3 记录要求

采样、分析人员应及时准确记录各项采样、分析条件参数，记录内容应完整，字迹清晰、书写工整、数据更正规范。

9 质量保证与质量控制

9.1 监测仪器管理

建立监测仪器管理制度，操作中使用的仪器设备应定期检定、校准和维护。检定、校准和维护周期参见附录 E。

9.2 采样过程质量控制

9.2.1 当滤膜安放正确，采样系统无漏气时，采样后滤膜上颗粒物与四周白边之间界线应清晰；如出现界线模糊时，则表明有漏气，应检查滤膜安装是否正确，或者更换滤膜密封垫、滤膜夹。该滤膜样品作废。

9.2.2 采样时，采样器的排气应不对 $PM_{2.5}$浓度测量产生影响。

9.2.3 向采样器中放置和取出滤膜时，应佩戴乙烯基手套等实验室专用手套，使用无锯齿状镊子。

9.2.4 采样过程中应配置空白滤膜，空白滤膜应与采样滤膜一起进行恒重、称量，并记录相关数据。空白滤膜应和采样滤膜一起被运送至采样地点，不采样并保持和采样滤膜相同的时间，与采样后的滤膜一起运回实验室，按第 7 章进行称量。空白滤膜前、后两次称量质量之差应远小于采样滤膜上的颗粒物负载量，否则此批次采样监测数据无效。

9.2.5 若采样过程中停电，导致累计采样时间未达到要求，则该样品作废。

9.2.6 采样过程中，所有有关样品有效性和代表性的因素，如采样器受干扰或故障、异常气象条件、异常建设活动、火灾或沙尘暴等，均应详细记录，并根据质量控制数据进行审查，判断采样过程有效性。

9.3 称量过程质量控制

9.3.1 天平校准质量控制

9.3.1.1 使用干净刷子清理分析天平的称量室，使用抗静电溶液或丙醇浸湿的一次性实验室抹布清洁天平附近的表层。每次称量前，清洗用于取放标准砝码和滤膜的非金属镊子，确保所有使用的镊子干燥。

9.3.1.2 称量前应检查分析天平的基准水平，并根据需要进行调节。为确保稳定性，分析天平应尽量处于长期通电状态。

9.3.1.3 每次称量前应按照分析天平操作规程校准分析天平。

9.3.1.4 分析天平校准砝码应保持无锈蚀，砝码需配置两组，一组作为工作标准，另外一组作为基准。

9.3.2 滤膜称量质量控制

9.3.2.1 滤膜称量前应有编号，但不能直接标记在滤膜上；如直接使用带编号（编码）的滤膜或使用带编号标识的滤膜保存盒，必须保持唯一性和可追溯性。

9.3.2.2 称量前应首先打开分析天平屏蔽门，至少保持 1 min，使分析天平称量室内温、湿度与外界达到平衡。

9.3.2.3 称量时应消除静电影响并尽量缩短操作时间。

9.3.2.4 称量过程中应同时称量标准滤膜进行称量环境条件的质量控制。

（1）标准滤膜的制作：使用无锯齿状镊子夹取空白滤膜若干张，在恒温恒湿设备中平衡 24 h 后称量；每张滤膜非连续称量 10 次以上，计算每张滤膜 10 次称量结果的平均值作为该张滤膜的原始质量，上述滤膜称为“标准滤膜”，标准滤膜的 10 次称量应在 30 min 内完成，称量记录参见附录 D 中表 D.3。

（2）标准滤膜的使用：每批次称量采样滤膜同时，应称量至少一张“标准滤膜”。若标准滤膜的称量结果在原始质量±5 mg（大流量采样）或±0.5 mg（中流量和小流量采样）范围内，则该批次滤膜称量合格；否则应检查称量环境条件是否符合要求并重新称量该批次滤膜。

9.3.2.5 为避免空气中的颗粒物影响滤膜称量，滤膜不应放置在空调管道、打印机或者经常开闭的门道等气流通道上进行平衡调节。每天应清洁工作台和称量区域，并在门道至天平室入口安装“黏性”地板垫，称量人员应穿戴洁净的实验服进入称量区域。

9.3.2.6 采样前后滤膜称量应使用同一台分析天平，操作天平应佩戴无粉末、抗静电、无硝酸盐、磷酸盐、硫酸盐的乙烯基手套。

附 录 A
（资料性附录）
气密性检查方法

A.1 方法一

（1）密封采样器连接杆入口。

（2）在抽气泵之前接入一个嵌入式三通阀门，阀门的另一接口接负压表。

（3）启动采样器抽气泵，抽取空气，使采样器处于部分真空状态，负压表显示为（30±5）kPa 的任一点。

（4）关闭三通阀，阻断抽气泵和流量计的流路。关闭抽气泵。

（5）观察负压表压力值，30 s 内变化小于等于 7 kPa 为合格。

（6）移除嵌入式三通阀门，恢复采样器。

A.2 方法二

（1）采样器滤膜夹中装载 1 张玻璃纤维滤膜，将流量校准器和滤膜夹紧密连接（干式流量计出气口和采样器进气口连接，进气口后依次为滤膜、流量测量和控制部件）。

（2）设定仪器采样工作流量，启动抽气泵，用流量校准器测量仪器的实际流量，并记录流量值。

（3）测试结束后，在采样器滤膜夹中同时装载 3 张玻璃纤维滤膜，按（1）连接流量校准器和采样器。设定仪器采样工作流量，启动抽气泵，用流量校准器测量仪器的实际流量，并记录流量值。

（4）若两次测量流量值的相对偏差小于±2%，则气密性检查通过。

A.3 方法三

（1）取下采样器采样入口，将标准流量计、阻力调节阀通过流量测量适配器接到采样器的连接杆入口。阻力调节阀保持完全开通状态。

（2）设定仪器采样工作流量，启动抽气泵。待仪器流量稳定后，读取标准流量计的流量值。

（3）用阻力调节阀调节阻力，使标准流量计流量显示值迅速下降到设定工作流量的80%左右。同时观察仪器和标准流量计的流量显示值，若标准流量计最终测量值稳定在98%～102%设定流量，则气密性检查通过。

附 录 B
（资料性附录）
采样器流量检查校准方法

新购置或维修后的采样器在使用前应进行流量校准；正常使用的采样器累计使用168 h需进行一次流量校准。

B.1 操作步骤

（1）使用温度计、气压计分别测量记录环境温度和大气压值。

（2）流量校准器连接电源，开机后输入环境温度和大气压值。

（3）在采样器中放置一张空滤膜，将流量校准器连接到采样器采样入口，确保连接处不漏气。

（4）启动采样器抽气泵，采样流量稳定后，分别记录流量校准器和采样器的工况流量值。

（5）按式（B.1）计算流量测量误差，如果流量测量误差超过±2%，对采样器采样流量进行校准。

$$Q_{diff}=\frac{Q_R-Q_S}{Q_S}\times 100\% \qquad \text{(B.1)}$$

式中：Q_{diff}——流量测量误差，%；

Q_R——流量校准器测量值，L/min（m^3/min）；

Q_S——采样器设定流量值，L/min（m^3/min）。

（6）流量校准完成后，如发现滤膜上尘的边缘轮廓不清晰或滤膜安装歪斜等情况，表明校准过程可能漏气，应重新进行校准。

B.2 流量校准计算说明

（1）工况流量与标况流量转换计算式（B.2）：

$$Q_{\mathrm{n}}=Q\times\frac{P\times 273.15}{101.325\times T} \qquad \text{(B.2)}$$

式中：Q_{n}——标况流量，L/min（m^3/min）；

Q——工况流量，L/min（m^3/min）；

P——环境大气压力，kPa；

T——环境温度，K。

（2）孔口流量计流量修正项计算式（B.3）：

$$y = b \times Q_n + a \tag{B.3}$$

式中：y——孔口流量计修正项；

a——孔口流量计修正截距；

b——孔口流量计修正斜率。

（3）孔口流量计压差计算式（B.4）：

$$\Delta H = \frac{y^2 \times 101.325 \times T}{P \times 273.15} \tag{B.4}$$

式中：ΔH——孔口流量计压差，Pa。

附 录 C
（资料性附录）
有机滤膜要求

C.1 滤膜尺寸

大流量采样滤膜：长方形，尺寸（200×250）mm；

中流量采样滤膜：圆形，直径为（90±0.25）mm；

小流量采样滤膜：圆形，直径为（47±0.25）mm。

C.2 材质

聚四氟乙烯、聚氯乙烯、聚丙烯、混合纤维素等有机滤膜。

C.3 孔径和厚度

滤膜孔径小于等于 2 μm。

滤膜厚度：0.2～0.25 mm。

C.4 空滤膜最大压降

在 0.45 m/s 的洁净空气流速时，压降应小于 3 kPa。

C.5 最大吸湿量（小流量采样滤膜）

暴露在湿度 40%RH 空气中 24 h 后与暴露在湿度 35%RH 空气中 24 h 后的质量增加值应不超过 10 μg。

C.6 滤膜重量稳定性（小流量采样滤膜）

取不少于各批次滤膜总数的 0.1%的滤膜（不少于 10 张），在实验室平衡稳定后称量，记录滤膜质量。分别按照 C.6.1 和 C.6.2 的操作方法进行测试，滤膜重量稳定性为该批次测试滤膜重量损失的平均值。

C.6.1 平衡称量后的滤膜放入滤膜夹，将该滤膜夹从 25 cm 高处自由跌落到平整的硬表面（例如无颗粒物的工作台），重复上述操作 2 次。从滤膜夹中取出测试滤膜，对其称量并记录质量值，跌落测试前后的平均质量变化应少于 20 μg。该测试应控制在 20 min 内完成，确保实验室环境温度和湿度变化对滤膜的影响可以忽略。

C.6.2 将平衡称量后的滤膜放入温度为（40±2）℃的烘箱中，放置时间不少于 48 h。取出测试滤膜，重新在实验室平衡稳定后称量，测试前后的平均质量变化应少于 20 μg。

附 录 D

（资料性附录）

记录表格

表 D.1 $PM_{2.5}$ 采样记录表

采样日期：______年______月______日　　采样地点：______________
相对湿度：______%RH　　天气情况：______________
采样器型号：______________　　出厂编号：______________
滤膜编号：______________
环境温度检查 采样器环境温度：__________℃　　实际环境温度：__________℃
环境大气压检查 采样器环境大气压：__________kPa　　实际环境大气压：__________kPa
流量检查 采样流量：__________L/min　　实际流量：__________L/min
采样开始时间：______________采样结束时间：______________
采样时间：__________累计工况体积：__________累计标况体积：__________
异常情况说明及处置： 记录人：
备注：

采样人：　　　　　　审核人：　　　　　　日期：

表 D.2 滤膜平衡及称量记录表

<table>
<tr><td colspan="3">日期：__________年________月________日　　　　　　地点：____________________</td></tr>
<tr><td colspan="3">天平型号：____________________　　　　天平编号：____________________</td></tr>
<tr><td colspan="3">滤膜材质：__________　采样滤膜编号：__________　空白滤膜编号：__________</td></tr>
<tr><td rowspan="3">标准滤膜检查</td><td>标准滤膜编号：____________________</td><td>检查结论</td></tr>
<tr><td>标准滤膜原始质量：____________________</td><td rowspan="2"></td></tr>
<tr><td>标准滤膜本次称量质量：____________________</td></tr>
<tr><td rowspan="2">采样前滤膜第一次平衡条件</td><td colspan="2">温度：__________℃　　湿度：__________%RH</td></tr>
<tr><td colspan="2">开始日期时间：__________　结束日期时间：__________</td></tr>
<tr><td colspan="3">采样前滤膜第一次质量：__________　天平室温度：________℃　天平室湿度：______%RH</td></tr>
<tr><td colspan="3">采样前空白滤膜第一次质量：__________天平室温度：________℃　天平室湿度：______%RH</td></tr>
<tr><td rowspan="2">采样前滤膜第二次平衡条件</td><td colspan="2">温度：__________℃　　湿度：__________%RH</td></tr>
<tr><td colspan="2">开始日期时间：__________　结束日期时间：__________</td></tr>
<tr><td colspan="3">采样前滤膜第二次质量：__________　天平室温度：________℃　天平室湿度：______%RH</td></tr>
<tr><td colspan="3">采样前空白滤膜第二次质量：__________天平室温度：________℃　天平室湿度：______%RH</td></tr>
<tr><td colspan="3">采样前两次滤膜称量平均值：__________mg</td></tr>
<tr><td colspan="3">采样前两次空白滤膜称量平均值：__________mg</td></tr>
<tr><td rowspan="2">采样后滤膜第一次平衡条件</td><td colspan="2">温度：__________℃　　湿度：__________%RH</td></tr>
<tr><td colspan="2">开始日期时间：__________结束日期时间：__________</td></tr>
<tr><td colspan="3">采样后滤膜第一次称量：__________mg　天平室温度：______℃　天平室湿度：______%RH
称量时间：__________</td></tr>
<tr><td colspan="3">采样后空白滤膜第一次称量：__________mg　天平室温度：______℃　天平室湿度：______%RH
称量时间：__________</td></tr>
<tr><td rowspan="2">采样后滤膜第二次平衡条件</td><td colspan="2">温度：__________℃　　湿度：__________%RH</td></tr>
<tr><td colspan="2">开始时间：__________　结束时间：__________</td></tr>
<tr><td colspan="3">采样后滤膜第二次称量：__________mg　天平室温度：______℃　天平室湿度：______%RH
称量时间：__________</td></tr>
<tr><td colspan="3">采样后空白滤膜第二次称量：__________mg　天平室温度：______℃　天平室湿度：______%RH
称量时间：__________</td></tr>
<tr><td colspan="3">采样后两次滤膜称量平均值：__________mg</td></tr>
<tr><td colspan="3">采样后两次空白滤膜称量平均值：__________mg</td></tr>
<tr><td colspan="3">备注：</td></tr>
</table>

称量人：　　　　　　　　　　审核人：　　　　　　　　　　日期：

表 D.3　标准滤膜称量记录表

日期：＿＿＿＿年＿＿＿月＿＿＿日					地点：＿＿＿＿＿＿＿＿					
天平型号：＿＿＿＿＿＿＿＿					天平编号：＿＿＿＿＿＿＿＿					
滤膜编号 / 称量次数										
1										
2										
3										
4										
5										
6										
7										
8										
9										
10										
平均值/mg										
滤膜平衡条件	温度：				湿度：					
	开始日期时间：				结束日期时间：					
天平室环境条件	温度：				湿度：					
备注：										

称量人：　　　　　　　　审核人：　　　　　　　　日期：

附　录　E

（资料性附录）

设备维护、校准周期表

表 E.1　采样器检查、校准和维护周期表

项目	检查、校准周期	维护周期
环境温度检查	每次采样前	一年
环境压力检查	每次采样前	一年
流量检查	累计运行 168 h	六个月
气密性检查	一个月	—
切割器清洗	—	累计运行 168 h 清洗一次，如遇恶劣天气及时清洗

表 E.2 设备校准周期表

设备	指标	校准周期
流量校准器	大流量：0.8～1.4 m^3/min，误差≤2% 中流量：60～125 L/min，误差≤2% 小流量：0～30 L/min，误差≤2%	不超过一年
温度计	–30～50℃，精度：±0.5℃	不超过一年
气压计	50～107 kPa，精度：±0.1 kPa	不超过一年
湿度计	（10%～100%）RH，精度：±5%RH	不超过一年
分析天平	检定分度值不超过 0.1 mg	不超过一年
恒温恒湿设备	15～30℃，控温精度±1℃；相对湿度（50±5）%RH	不超过一年

环境空气质量手工监测技术规范

HJ/T 194—2017

2017-12-29 发布　　2018-04-01 实施

1 适用范围

本标准规定了环境空气质量手工监测的点位布设、采样时间和频率、样品采集、样品运输和保存、数据处理、质量保证和质量控制等技术要求，适用于采用手工方法对环境空气质量进行监测的活动。

2 规范性引用文件

本标准引用了下列文件或其中的条款。凡是未注明日期的引用文件，其最新版本适用于本标准。

GB 3095　环境空气质量标准

GB/T 4883　数据的统计处理和解释　正态样本离群值的判断和处理

GB/T 8170　数值修约规则与极限数值的表示和判定

GB/T 14675　空气质量　恶臭的测定　三点比较式臭袋法

GB/T 15265　环境空气　降尘的测定　重量法

GB/T 15432　环境空气　总悬浮颗粒物的测定　重量法

HJ 93　环境空气颗粒物（PM_{10}和$PM_{2.5}$）采样器技术要求及检测方法

HJ 481　环境空气　氟化物的测定　石灰滤纸采样氟离子选择电极法

HJ 618　环境空气　PM_{10}和$PM_{2.5}$的测定　重量法

HJ 630　环境监测质量管理技术导则

HJ 656　环境空气颗粒物（$PM_{2.5}$）手工监测方法（重量法）技术规范

HJ 663　环境空气质量评价技术规范（试行）

HJ 664　环境空气质量监测点位布设技术规范（试行）

HJ 691　环境空气　半挥发性有机物采样技术导则

HJ 759　环境空气　挥发性有机物的测定　罐采样/气相色谱-质谱法

HJ/T 374　总悬浮颗粒物采样器技术要求及检测方法

HJ/T 375 环境空气采样器技术要求及检测方法

HJ/T 376 24 小时恒温自动连续环境空气采样器技术要求及检测方法

3 术语和定义

下列术语和定义适用于本标准。

3.1

环境空气质量手工监测 manual methods for ambient air quality monitoring

指在监测点位上用采样装置采集一定时段的环境空气样品，将采集的样品在实验室分析、处理的过程。

3.2

溶液吸收采样法 solvent absorption sampling

指利用空气中被测组分能迅速溶解于吸收液或能与吸收液迅速发生化学反应的原理，采集环境空气中气态污染物的采样方法。

3.3

吸附管采样法 adsorption tube sampling

指利用空气中被测组分通过吸附、溶解或化学反应等作用被阻留在固体吸附剂上的原理，采集环境空气中气态污染物的采样方法。

3.4

滤膜采样法 filter sampling

指采用不同材质滤膜采集空气中目标污染物的采样方法。

3.5

滤膜-吸附剂联用采样法 filter-sorbent sampling

指将滤膜和吸附剂联合使用，同时采集环境空气中以气态和颗粒物并存的污染物的采样方法。

3.6

直接采样法 direct sampling

指将空气样品直接采集在合适的气体收集器内的采样方法。

3.7

被动采样法 passive sampling

指将采样装置或气样捕集介质暴露于环境空气中，不需要抽气动力，依靠环境空气中待测污染物分子的自然扩散、迁移、沉降等作用而直接采集污染物的采样方法。

3.8

标准状态 standard state

指温度为 273.15 K，压力为 101.325 kPa 时的状态。本标准中的污染物浓度均为标准状态下的浓度。

4 点位布设

4.1 基本原则

采样点位应根据监测任务的目的、要求布设，必要时进行现场踏勘后确定。所选点位应具有较好的代表性，监测数据能客观反映一定空间范围内空气质量水平或空气中所测污染物浓度水平。监测点位的布设和数量应满足监测目的及任务要求，具体按照 HJ 664 相关要求执行。

4.2 监测点位布设技术要求

4.2.1 监测点应地处相对安全、交通便利、电源和防火措施有保障的地方。

4.2.2 监测点采样口周围水平面应保证有 270°以上的捕集空间，不能有阻碍空气流动的高大建筑、树木或其他障碍物；如果采样口一侧靠近建筑，采样口周围水平面应有 180º以上的自由空间。从采样口到附近最高障碍物之间的水平距离，应为该障碍物与采样口高度差的两倍以上，或从采样口到建筑物顶部与地平线的夹角小于 30°。

4.2.3 采样口距地面高度在 1.5～15 m 范围内，距支撑物表面 1 m 以上。有特殊监测要求时，应根据监测目的进行调整。

4.2.4 采样点位布设的其他技术要求按照 HJ 664 执行。

5 采样时间和频率

5.1 总体要求

环境空气中的二氧化硫（SO_2）、二氧化氮（NO_2）、氮氧化物（NO_x）、一氧化碳（CO）、臭氧（O_3）、总悬浮颗粒物（TSP）、可吸入颗粒物（PM_{10}）、细颗粒物（$PM_{2.5}$）、铅（Pb）、苯并[*a*]芘（BaP）等污染物的采样时间及采样频率，根据 GB 3095 中污染物浓度数据有效性规定的要求确定。其他污染物可参照执行，或者根据监测目的、污染物浓度水平及监测分析方法的检出限等因素确定。

5.2 小时浓度间断采样频率

获取环境空气污染物小时平均浓度时，如果污染物浓度过高，或者使用直接采样法采集瞬时样品，应在 1 h 内等时间间隔采集 3～4 个样品。

5.3 被动采样时间及频率

污染物被动采样时间及采样频率应根据监测点位周围环境空气中污染物的浓度水平、

分析方法的检出限及监测目的确定。监测结果可代表一段时间内待测环境空气中污染物的时间加权平均浓度或浓度变化趋势。通常，硫酸盐化速率及氟化物（长期）采样时间为 7～30 d；但要获得月平均浓度，样品的采样时间应不少于 15 d。降尘采样时间为（30±2）d。

6 样品采集、运输和保存

6.1 溶液吸收采样法

6.1.1 适用项目

溶液吸收采样法适用于二氧化硫、二氧化氮、氮氧化物、臭氧等气态污染物的样品采集。

6.1.2 采样系统

采样系统主要由采样管路、采样器、吸收装置等部分组成。采样器各组成部分的技术要求见 HJ/T 375 和 HJ/T 376。常见的吸收装置主要有气泡吸收管（瓶）、多孔玻板吸收管（瓶）和冲击式吸收管（瓶）等，结构如图 1 所示，吸收装置技术要求按相关监测方法标准规定执行。溶液吸收法的采样管路可用不锈钢、玻璃和聚四氟乙烯等材质，采集氧化性和酸性气体应避免使用金属材质采样管。

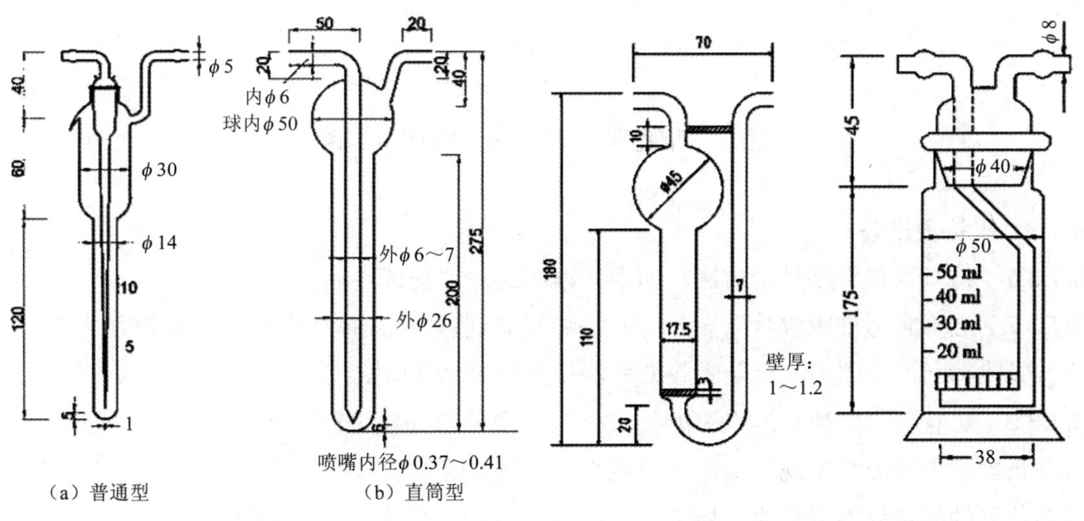

（a）普通型　（b）直筒型

（A）气泡吸收管

（B）多孔玻板吸收管（瓶）

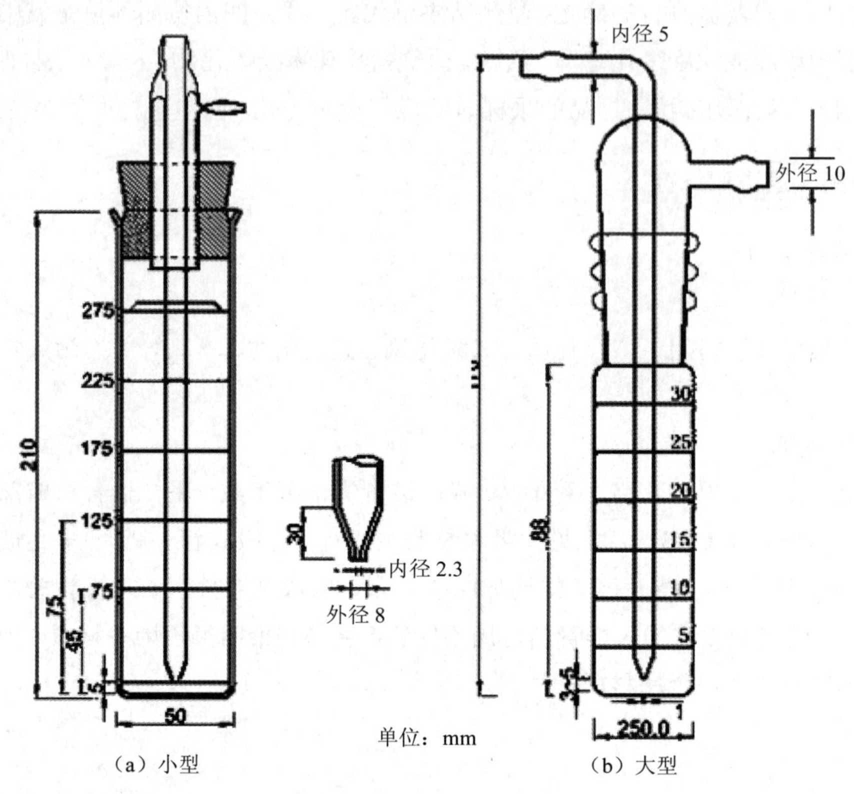

（a）小型
（b）大型

（C）冲击式吸收管

图 1 常见吸收管（瓶）结构示意图

6.1.3 采样前准备

6.1.3.1 检查采样管路是否洁净，如不洁净应进行清洗或更换。

6.1.3.2 选择合适的吸收管（瓶），装入相应的吸收液，具体要求见相关监测方法标准规定。吸收管（瓶）阻力测定及吸收效率测试见附录 A 和附录 B。

6.1.3.3 进行气密性检查：将吸收管（瓶）及必要的前处理装置正确连接到气体采样管路，打开仪器，调节流量至规定值，封闭吸收管（瓶）进气口，吸收管（瓶）内不应冒气泡，采样仪器的流量计不应有流量显示，或者按照 HJ/T 375 中相关要求执行。

6.1.3.4 采样前、后用经检定合格的标准流量计校验采样系统的流量，流量误差应小于 5%，采样流量校准见附录 C。观察恒流装置、仪器温控装置、采样器压力传感器、计时器是否正常。

6.1.4 采样

6.1.4.1 到达采样现场，观测并记录气象参数和天气状况。

6.1.4.2 正确连接采样系统，做好样品标识。注意吸收管（瓶）的进气方向不要接反，防止倒吸。采样过程中有避光、温度控制等要求的项目应按照相关监测方法标准的要求执行。

6.1.4.3 设置采样时间，调节流量至规定值，采集样品。

6.1.4.4 采样过程中，采样人员应观察采样流量的波动和吸收液的变化，出现异常时要及时停止采样，查找原因。

6.1.4.5 采样过程中应及时记录采样起止时间、流量，以及气温、气压等参数，记录内容应完整、规范。采样记录的内容及格式参见附录 D。

6.1.5 样品运输和保存

6.1.5.1 样品采集完成后，应将样品密封后放入样品箱，样品箱再次密封后尽快送至实验室分析，并做好样品交接记录。

6.1.5.2 应防止样品在运输过程中受到撞击或剧烈振动而损坏。

6.1.5.3 样品运输及保存中应避免阳光直射。需要低温保存的样品，在运输过程中应采取相应的冷藏措施，防止样品变质。

6.1.5.4 样品到达实验室应及时交接，尽快分析。如不能及时测定，应按各项目的监测方法标准要求妥善保存，并在样品有效期内完成分析。

6.2 吸附管采样法

6.2.1 适用项目

吸附管采样法适用于汞、挥发性有机物等气态污染物的样品采集。

6.2.2 采样系统

采样系统主要由采样管路、采样器、吸附管等部分组成。吸附管为装有各类吸附剂的普通玻璃管、石英管或不锈钢管等，吸附剂的类型、粒径、填装方式、填装量及吸附管规格需符合相关监测方法标准要求。常见的固体吸附剂有活性炭、硅胶和有机高分子等吸附材料。常见吸附管结构见图 2、图 3。

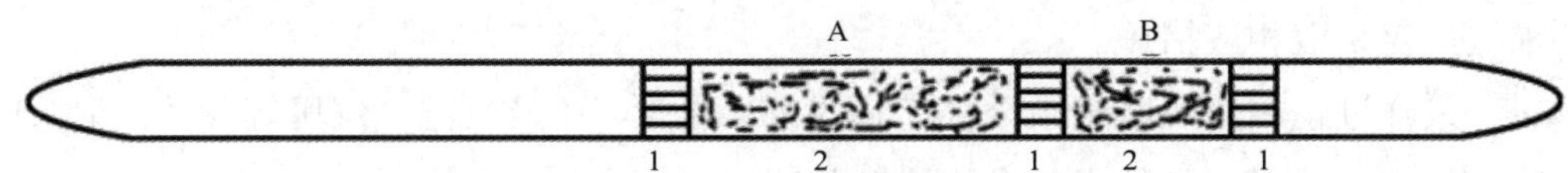

1—玻璃棉；2—活性炭；A—100 mg 活性炭；B—50 mg 活性炭。

图 2 活性炭吸附管

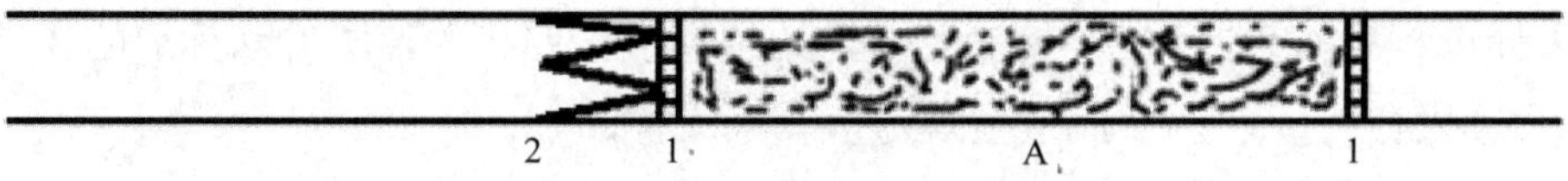

1—不锈钢网/滤膜；2—弹簧片；A—固体吸附剂。

图 3　高分子材料吸附管

6.2.3　采样前准备

6.2.3.1　检查所选采样设备是否运行正常。

6.2.3.2　按监测方法标准要求准备好相应的吸附管，密封两端。

6.2.3.3　吸附管在使用前应按比例抽取一定数量进行空白和吸附/解吸（脱附）效率测试，结果应符合各项目监测方法标准要求；新购和采集高浓度样品后的热脱附管在使用前需进行老化。

6.2.3.4　气密性检查时，选取与采样相同规格的吸附管，按采样要求正确连接到采样仪器上，打开采样泵，堵住吸附管进气端，流量计流量应归零，否则应对采样系统进行漏气检查。

6.2.3.5　采样前、后用经检定合格的标准流量计校验采样系统的流量，流量误差应小于5%，采样流量校准见附录 C。

6.2.4　采样

6.2.4.1　到达采样现场，观测并记录气象参数和天气状况。

6.2.4.2　正确连接采样系统，做好样品标识。注意吸附管的进气方向不可接反，分段填充的吸附管 2/3 填充物段为进气端。吸附管进气端朝向应符合监测方法标准的规定，垂直放置并进行固定。

6.2.4.3　设置采样时间，调节流量至规定要求，采集样品。采样过程中，对吸收温度有控制要求的，需采取相应措施。

6.2.4.4　采样过程中应及时记录采样起止时间、流量，以及气温、气压等参数，记录内容应完整、规范。采样记录的内容及格式参见附录 D。

6.2.5　样品运输和保存

参见 6.1.5，其他要求按各项目监测方法标准执行。

6.3　滤膜采样法

6.3.1　适用项目

滤膜采样法适用于总悬浮颗粒物、可吸入颗粒物、细颗粒物等大气颗粒物的质量浓度监测及成分分析，以及颗粒物中重金属、苯并[*a*]芘、氟化物（小时和日均浓度）等污染物的样品采集。

6.3.2 采样系统

采样系统由颗粒物切割器、滤膜夹、流量测量及控制部件、采样泵、温湿度传感器、压力传感器和微处理器等组成。

总悬浮颗粒物采样系统性能和技术指标应满足 HJ/T 374 的规定，可吸入颗粒物和细颗粒物采样器性能和技术指标应符合 HJ 93 的规定。

6.3.3 采样前准备

6.3.3.1 清洗颗粒物切割器，采用软性材料进行擦拭。采样期间如遇特殊天气，如扬沙、沙尘暴天气或重度及以上污染过程时应及时清洗。采样时长超过 7 d 时，也需定期清洗。

6.3.3.2 如果切割器对大颗粒物有去除要求（如需涂抹凡士林或硅脂），采样人员应严格按照仪器说明书执行。

6.3.3.3 使用经检定合格的温度计对采样器的温度测量示值进行检查，当误差超过±2℃时，应对采样器进行温度校准。

6.3.3.4 使用经检定合格的气压计对采样器压力传感器进行检查，当误差超过±1 kPa 时，应对采样器进行压力校准。

6.3.3.5 使用经检定合格的标准流量计对采样器流量进行检查，当流量示值误差超过采样流量 2%时，应对采样器进行流量校准。

6.3.3.6 进行采样系统气密性检查。

6.3.3.7 如果所使用仪器的说明书中对环境温度、气压、采样流量等校准方法和顺序有特别要求时，需按照仪器说明进行校准。

6.3.3.8 采样滤膜的材质、本底、均匀性、稳定性需符合所采项目监测方法标准要求。如有前处理需要，则根据监测方法标准要求对采样滤膜进行相应的前处理。使用前检查滤膜边缘是否平滑，薄厚是否均匀，且无毛刺、无污染、无碎屑、无针孔、无折痕、无损坏。

6.3.3.9 采样前应确保滤膜夹无污染、无损坏。

6.3.3.10 滤膜平衡及称重记录表、标准膜称重记录表参见 HJ 656 表 D.2、表 D.3。

6.3.3.11 采样前、后用经检定合格的标准流量计校验采样系统的流量，流量误差应小于 5%。

6.3.4 采样

6.3.4.1 到达采样现场后，观测并记录气象参数和天气状况。

6.3.4.2 正确连接好采样系统，核查滤膜编号，用镊子将采样滤膜平放在滤膜支撑网上并压紧，滤膜毛面或编号标识面朝进气方向，将滤膜夹正确放入采样器中；设置采样开始时间、结束时间等参数，启动采样器进行采样。

6.3.4.3 采样结束后，取下滤膜夹，用镊子轻轻夹住滤膜边缘，取下样品滤膜（如条件允许应尽量在室内完成装膜、取膜操作），并检查滤膜是否有破裂或滤膜上尘积面的边缘轮廓是否清晰、完整，否则该样品作废，需重新采样。整膜分析时样品滤膜可平放或向里均匀对折，放入已编号的滤膜盒（袋）中密封；非整膜分析时样品滤膜不可对折，需平放在滤膜盒中。记录采样起止时间、采样流量，以及气温、气压等参数。采样记录的内容及格式参见附录 D。

6.3.5 样品运输和保存

6.3.5.1 样品采集后，立即装盒（袋）密封，尽快送至实验室分析，并做好交接记录。

6.3.5.2 样品运输过程中，应避免剧烈振动。对于需平放的滤膜，保持滤膜采集面向上。

6.3.5.3 需要低温保存的样品，在运输过程中应有相应的保存措施以防样品损失。

6.3.5.4 样品到达实验室应及时交接，尽快分析。如不能及时称重及分析，应将样品放在4℃条件下冷藏保存，并在监测方法标准要求的时间内完成称量和分析；对分析有机成分的滤膜，采集后应按照监测方法标准要求进行保存至样品处理前，为防止有机物的损失，不宜进行称量。

6.4 滤膜-吸附剂联用采样法

6.4.1 适用项目

滤膜-吸附剂联用采样法适用于多环芳烃类等半挥发性有机物的样品采集。

6.4.2 采样系统

在 6.3.2 的基础上，增加气态污染物捕集装置，主要包括装填吸附剂的采样筒、采样筒架及密封圈等。

采样系统性能和技术指标应符合 HJ 691 的规定。

6.4.3 采样前准备

6.4.3.1 吸附剂的材质、本底、均匀性、稳定性、采样效率等需符合相应项目的监测方法标准要求，必要时按监测方法标准要求进行前处理。

6.4.3.2 采样筒的准备见 HJ 691，采样筒架及密封圈应确保无污染、无损坏。

6.4.3.3 按监测方法标准要求将吸附剂放于采样筒内，采样筒用洁净的铝箔包裹备用。

6.4.3.4 滤膜使用前应根据监测方法的要求进行高温灼烧等前处理，其他要求参见 6.3.3。

6.4.4 采样

6.4.4.1 根据仪器说明书把采样筒放入采样器的采样筒架内，确保密封圈安装正确。

6.4.4.2 采样结束后，将采样筒从采样筒架内取出，用洁净的铝箔包裹好，放入样品保存筒中，密封，贴上标签。

6.4.4.3 其他要求参见 6.3.4 及 HJ 691。

6.4.5 样品运输和保存

参见 6.2.5 和 6.3.5。

6.5 直接采样法

6.5.1 适用项目

直接采样法适用于一氧化碳、挥发性有机物、总烃等污染物的样品采集，常用于空气中被测组分浓度较高或所用分析方法灵敏度较高的情况。根据气态污染物的理化特性及分析方法的检出限，选择相应的采样装置，一般采用真空罐（瓶）、气袋、注射器等。

6.5.2 真空罐（瓶）

6.5.2.1 采样系统

真空罐一般由内表面经过惰性处理的金属材料制作，真空瓶一般由硬质玻璃制作，通常配有进气阀门和真空压力表，可重复使用。

6.5.2.2 采样前准备

采样前，真空罐（瓶）应先清洗或加热清洗 3～5 次，再抽真空，真空度应符合相关监测方法标准的要求。每批次真空罐（瓶）应进行空白测定。采样所用的辅助物品也应经过清洗，密封带到现场，或者事先在洁净的环境中安装好，封好进气口带到现场。其他具体技术操作参见 HJ 759、GB/T 14675。

6.5.2.3 采样

用真空罐（瓶）采集空气样品可分为瞬时采样和恒流采样两种方式。瞬时采样时在罐进气口处加过滤器，恒流采样时在罐进气口安装限流阀和过滤器。

真空罐采样参见 HJ 759，真空瓶采样参见 GB/T 14675。

6.5.2.4 样品运输和保存

样品运输和保存参见 HJ 759、GB/T 14675。

6.5.3 气袋

6.5.3.1 采样系统

气袋适用于采集化学性质稳定、不与气袋起化学反应的低沸点气态污染物。气袋常用的材质有聚四氟乙烯、聚乙烯、聚氯乙烯和金属衬里（铝箔）等。根据监测方法标准要求和目标污染物性质等选择合适的气袋。

气袋采样方式可分真空负压法和正压注入法。真空负压法采样系统由进气管、气袋、真空箱、阀门和抽气泵等部分组成；正压注入法用双联球、注射器、正压泵等器具通过连接管将样品气体直接注入气袋中。

6.5.3.2 采样前准备

采样前气袋应清洗干净，确保无残留气体干扰。采样前应检查气袋是否密封良好，是否有破裂损坏等情况，并进行气密性检查，确保采样系统不漏气。

6.5.3.3 采样

用现场空气清洗气袋 3～5 次后再正式采样，采样后迅速将进气口密封，做好标识，并记录采样时间、地点、气温、气压等参数。

6.5.3.4　样品运输和保存

采样后气袋应迅速放入运输箱内，防止阳光直射，并采取措施避免气袋破损；当环境温差较大时，应采取保温措施；样品存放时间不宜过长，应在最短的时间内送至实验室分析。

6.5.4　注射器

6.5.4.1　采样系统

注射器通常由玻璃、塑料等材质制成，采样前根据方法要求选择。一般用 50 ml 或 100 ml 带有惰性密封头的注射器。

6.5.4.2　采样前准备

将注射器按监测方法标准要求进行洗涤、干燥等处理后密封备用。采样前，所用注射器要通过气密性和空白检查，并保证内部无残留气体。

6.5.4.3　采样

采样时，移去注射器的密封头，抽吸现场空气 3～5 次，然后抽取一定体积的气样，密封后将注射器进口朝下、垂直放置，使注射器的内压略大于大气压。做好样品标识，记录采样时间、地点、气温、气压等参数。

6.5.4.4　样品运输和保存

采样后注射器应迅速放入运输箱内，并保持垂直状态运送；玻璃注射器应小心轻放，防止损坏；样品保温并避光保存，采样后尽快分析，在监测方法标准规定的时限内测定完毕。

6.6　被动采样法

6.6.1　适用项目

被动采样法适用于硫酸盐化速率、氟化物（长期）、降尘等污染物的样品采集。

6.6.2　硫酸盐化速率

将用碳酸钾溶液浸渍过的玻璃纤维滤膜（碱片）暴露于环境空气中，环境空气中的二氧化硫、硫化氢、硫酸雾等与浸渍在滤膜上的碳酸钾发生反应，生成硫酸盐而被固定的采样方法。

6.6.2.1　采样装置

采样装置由采样滤膜和采样架组成，采样架由塑料皿、塑料垫圈及塑料皿支架构成，如图 4 所示。

塑料皿，高 10 mm，内径 72 mm;

塑料垫圈，厚 1～2 mm，内径 50 mm，外径 72 mm;

塑料皿支架，由两块聚氯乙烯硬塑料板（120 mm×120 mm）成 90°焊接，下面再焊接一个高为 30 mm、内径为 78～80 mm 的聚氯乙烯短管，在其管壁上互成 120°处，钻三个螺栓眼，距支架面 15 mm，用三个螺栓固定塑料皿。

6.6.2.2　采样滤膜（碱片）制备

将玻璃纤维滤膜剪成直径 70 mm 的圆片，毛面向上，平放于 150 ml 的烧杯口上，用刻度吸管均匀滴加 30%碳酸钾溶液 1.0 ml 于每张滤膜上，使其扩散直径为 5 cm。将滤膜置于 60℃下烘干，贮存于干燥器内备用。

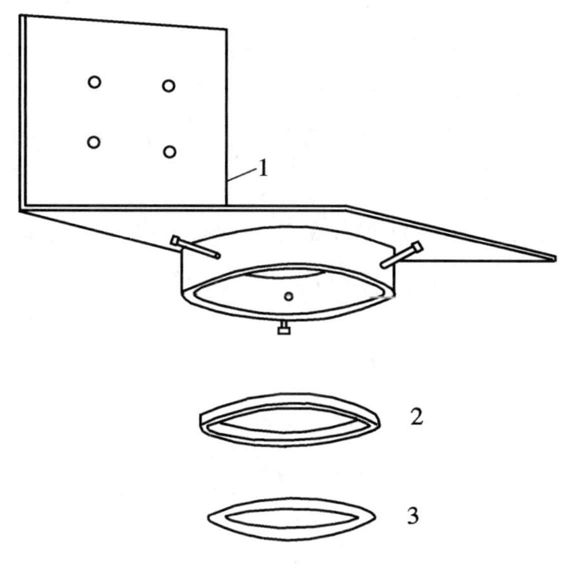

碱片采样架

1—塑料皿支架；2—塑料皿；3—塑料垫圈。

图 4　硫酸盐化速率被动采样装置示意图

6.6.2.3　采样

将滤膜毛面向外放入塑料皿中，用塑料垫圈压好边缘；将塑料皿中滤膜面向下，用螺栓固定在塑料皿支架上，并将塑料皿支架固定在距地面高 3～15 m 的支持物上，距基础面的相对高度应大于 1.5 m，记录采样点位、样品编号、放置时间等。

采样结束后，取出塑料皿，用锋利小刀沿塑料垫圈内缘刻下直径为 5 cm 的样品膜，将滤膜样品面向里对折后放入样品盒（袋）中。记录采样结束时间，并核对样品编号及采样点。

6.6.3　氟化物

空气中长期平均污染水平的氟化物的采样按 HJ 481 的相关要求进行。

6.6.4 降尘采样

降尘的采样按 GB/T 15265 的相关要求进行。

6.7 采样点气象参数观测

在采样过程中，应观测采样点环境温度和气压，有条件时可观测相对湿度、风向和风速等气象参数：

温度观测，所用温度计温度测量范围一般为−40～55℃，精度为±0.5℃。

压力观测，所用气压计测量范围一般为 50～107 kPa，精度为±0.1 kPa。

相对湿度观测，所用湿度计测量范围一般为 10%～100%，精度为±5%。

风向观测，所用风向仪测量范围一般为 0°～360°，精度为±5°。

风速观测，所用风速仪测量范围一般为 1～30 m/s，精度为±0.5 m/s。

6.8 采样记录及要求

采样人员应及时准确记录各项采样条件及参数，采样记录内容应完整，字迹清晰、书写工整、更正规范。污染物常用采样记录的内容及格式参见附录 D。

6.9 采样体积计算

采样体积计算方法如式（1）所示。

$$V_{\mathrm{n}} = Q_{\mathrm{n}} \times t = Q \times t \times \frac{P \times 273.15}{101.325 \times T} \tag{1}$$

式中：V_{n}——标准状况下采样体积，L；

Q_{n}——标准状况下的采样流量，L/min；

t——采样时间，min；

Q——实际采样流量，L/min；

P——采样时的环境大气压，kPa；

T——采样时环境的温度，K。

7 监测分析方法

7.1 原则上优先选择国家标准、环境保护标准和其他行业标准，也可采用国际标准和其他国家或地区标准。

7.2 无标准方法时，可选用公认权威的监测分析方法，所选用的方法应通过实验室验证。

7.3 环境空气中主要污染物的监测方法标准参见附录 E，当监测方法标准有新增和代替时，按照国家最新发布的方法标准执行。

8 数据处理

8.1 有效数字及数值修约

有效数字及数值修约相关要求按照 GB/T 8170、HJ 663 和监测项目的监测方法标准要求执行。

8.2 异常值的判断和处理

异常值的判断和处理按照 GB/T 4883 的要求执行。当出现异常值时，应查找原因，原因不明的异常值不应随意剔除。

8.3 数据校核及审核

数据校核及审核参见 HJ 630 的相关技术要求。

9 质量保证和质量控制

9.1 监测人员要求

凡承担现场采样、实验室分析等工作的监测人员，应具备相应的技术能力，持证上岗。

9.2 监测仪器管理

9.2.1 凡属于需强制检定的计量器具，应按计量法规定，定期送法定计量检定机构检定，检定合格后方可使用。

9.2.2 国家强制检定之外的计量器具，可送至有资质的计量机构进行校准，或自行校准、比对，合格后方可使用。

9.2.3 计量器具在日常使用过程中，应按照相关技术要求定期校验、核查和维护。

9.3 采样质量保证与质量控制

9.3.1 基本要求

9.3.1.1 每次采样前，应对采样系统的气密性进行检查，符合要求方可采样。

9.3.1.2 空白样品数量应按照项目监测方法标准规定执行；如方法标准中无规定，每个项目在同一批次内至少采集 1 个空白样品。

9.3.1.3 平行样的采集及要求按照各项目监测方法标准执行。

9.3.1.4 多点采样时，各采样点采样须同步进行，采样时间和采样频率均应相同。

9.3.1.5 采样前后的流量偏差应在规定范围内。

9.3.1.6 推荐优先使用恒流且具有累计采样体积功能的采样仪器。

9.3.1.7 每月至少清洗 1 次采样管路，每月至少对仪器进行 1 次流量检查校准，其误差应在规定范围内。长时间进行连续采样时，至少每周对采样系统进行 1 次流量检查校准。及时更换仪器防尘滤膜和干燥剂，一般干燥器硅胶有 1/2 变色则需更换。

9.3.1.8 采样结束后，检查仪器状态是否完好，清理仪器和附件，并填写仪器使用记录。

清点样品数量，核对无误后，将样品及时送交实验室分析。

9.3.1.9 遇到对监测影响较大的雨雪天气及风速大于 8 m/s 的天气条件时，不宜进行手工采样监测。

9.3.2 特殊要求

9.3.2.1 溶液吸收采样法

a）吸收管（瓶）的阻力、吸收效率、发泡的均匀性应符合监测方法标准要求，不符合要求的吸收管（瓶）不得使用。

b）夏季、冬季采样过程中要采取适当的保护措施，防止因温度过高、过低而导致吸收液蒸干、结冰、吸收管（瓶）冻裂等情况的发生。

9.3.2.2 吸附管采样法

a）若现场空气中含有较多颗粒物，可在采样管前连接过滤装置。为防止吸附剂颗粒进入采样器内部，采样器的进气口需有合适的过滤装置。

b）空气中水蒸气或水雾太大会影响采样效率，采样时空气相对湿度应小于 90%。

c）采样时流量应稳定，采样前后的流量相对偏差应不大于 10%。

d）吸附管采样法的实际采样体积应小于安全采样体积，必要时应在采样前按照监测方法标准要求进行穿透试验，以保证吸收效率，避免样品损失。

e）样品箱要有防震和防撞措施，防止样品在运输过程中发生损坏。

9.3.2.3 滤膜采样法

总悬浮颗粒物、可吸入颗粒物和细颗粒物手工监测方法的质量保证和质量控制要求分别见 GB/T 15432、HJ 618 和 HJ 656。颗粒物中重金属、有机物等污染物的质量保证和质量控制按照各项目监测方法标准要求执行。

9.3.2.4 滤膜-吸附剂联用采样法

质量保证和质量控制要求按照 HJ 691 和各项目监测方法标准执行。

9.3.2.5 直接采样法

a）真空罐（瓶）

1）真空罐（瓶）清洗后，每 20 只应至少取 1 只注入高纯氮气分析，确定是否清洗干净。每个采集过高浓度样品的真空罐（瓶）清洗后，在下一次使用前均应进行本底污染分析。

2）玻璃真空瓶易碎，不锈钢真空罐的内壁进行过惰性处理，强烈碰撞会导致内壁变形或涂层脱落，致使样品保存效率下降，因此在运输、保存、使用过程中需小心谨慎，做好保护。

b）气袋

1）进气管、接头或阀门等辅助装置需选用惰性材质，气袋体积应满足监测方法标准对采样量的要求。

2）使用前需对气袋进行吸附或渗透检查，稳定性差的不宜使用。

3）每批气袋使用前需进行空白实验和检漏试验。气袋的检漏方法：当气袋充满空气后，浸没在水中，不应冒气泡。

c）注射器

1）注射器气密性检查：注射器内芯与外筒间应滑动自如，先吸入空气至最大刻度，用配套密封头封好进气口，垂直放置 24 h，剩余空气应不少于 60%。

2）注射器及配套密封头的材质不能污染、吸附样品，不可与样品发生化学反应。

3）新的或使用过的注射器，需及时清洗、烘干，以排除可能的干扰。清洗后的注射器应排尽内部气体，密封保存在洁净环境中。

9.3.3 其他要求

其他质量保证和质量控制要求按照各污染物监测方法标准执行。

9.4 实验室及现场分析质量控制

原则上优先选择实验室分析。若分析过程确需在现场完成的监测项目，则需具备现场分析测试条件，分析过程质量控制按照 HJ 630 和污染物监测方法标准相关要求执行。

附 录 A

（规范性附录）

吸收管（瓶）阻力测定

吸收管（瓶）阻力测定装置如图 A.1 所示。

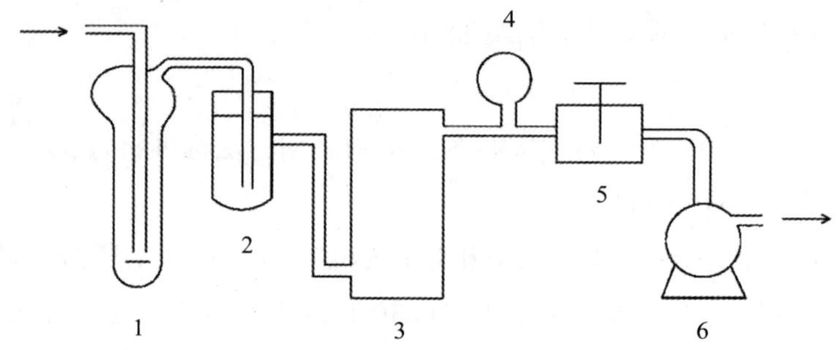

1—吸收管（瓶）；2—滤水井；3—干燥器；4—负压表；5—流量控制装置；6—抽气泵。

图 A.1 吸收管（瓶）阻力测定装置

向吸收管（瓶）内注入与采样吸收液等体积的水，按图 A.1 连接好测定装置，确定系统不漏气，开启抽气泵，按监测方法标准规定的采样流量采样，待流量稳定后，读取测定装置上负压表测值。

测试多孔玻板吸收管（瓶）阻力时，如监测方法标准对吸收管（瓶）阻力有明确规定的，应以其为准。如监测方法标准无明确规定的，一般按以下要求进行。

内装 50 ml 吸收液的大型多孔玻板吸收管（瓶），以 0.2 L/min 流量采样时，玻板阻力应为（6.7±0.7）kPa，通过玻板后的气泡应分散均匀。

内装 10 ml 吸收液多孔玻板吸收管（瓶），以 0.5 L/min 流量采样时，玻板阻力应为（4.7±0.7）kPa，通过玻板后的气泡应分散均匀。

附　录　B
（规范性附录）
吸收管（瓶）吸收效率测试

在有条件获取标准气体时，可将标气通入装有吸收液的吸收管（瓶），以正常采样流量采样，并分析吸收液中的气体浓度。采样时间可根据标气浓度、采样流量确定，保证吸收液中污染物浓度在方法检出下限 10 倍以上。将其与标气的标准值比较，按式（B.1）计算其吸收管（瓶）的吸收效率：

$$CE=\frac{c_1}{c_0}\times 100\% \tag{B.1}$$

式中：CE——吸收管（瓶）的吸收效率，%；

c_1——实验室分析的气体质量浓度，μg/m³；

c_0——标气质量浓度，μg/m³。

在没有条件获取标准气体时，可在采样系列中，串联安装两个装有吸收液的吸收管（瓶），进行正常采样后以分别分析两个吸收管（瓶）的污染物浓度的方式测定吸收管（瓶）的吸收效率。当空气中的污染物浓度较高时，可将空气直接通入装有吸收液的吸收管（瓶），以正常采样流量采样，并分析吸收液中的气体浓度。当空气中的污染物浓度较低时，应通过适当方法产生较高浓度的气体作为气源进行采样，以保证采样系统中第二个吸收管（瓶）吸收液中的气体浓度大于方法规定的检出下限。具体操作如下：

将两个吸收管（瓶）分别标记为 1 号和 2 号吸收管（瓶）。设 1 号吸收管（瓶）的吸收效率为 k_1；2 号吸收管（瓶）吸收效率为 k_2。

第一次测定时，使气样先通过 1 号吸收管（瓶）再进入 2 号吸收管（瓶），采样后测定出 1 号吸收管（瓶）样品浓度为 M_1；2 号吸收管（瓶）样品浓度为 M_2；计算比值：

$$A=\frac{M_2}{M_1} \tag{B.2}$$

第二次测定时，将 1 号和 2 号吸收管（瓶）对调，使气样先通过 2 号吸收管（瓶）再进入 1 号吸收管（瓶），采样后测定出 1 号吸收管（瓶）样品浓度为 N_1；2 号吸收管（瓶）样品浓度为 N_2；计算比值：

$$B = \frac{N_1}{N_2} \tag{B.3}$$

两次测定完成后，按式（B.4）、式（B.5）计算 1 号吸收管（瓶）的吸收效率 k_1 和 2 号吸收管（瓶）吸收效率 k_2。

$$k_1 = \frac{(1-A\times B)}{(1+A)}\times 100\% \tag{B.4}$$

$$k_2 = \frac{(1-A\times B)}{(1+B)}\times 100\% \tag{B.5}$$

在实际测定时，上述公式的浓度值 A 和 B 也可直接用仪器测定的吸光度值代替（注意，A 和 B 必须同时使用吸光度值）。

附　录　C

（规范性附录）

气体采样器采样流量校准-皂膜流量计法

C.1　转子流量计的校准

使用经计量机构检定合格的皂膜流量计作为流量标准，确保其在检定合格时间周期内。

使用秒表作为时间计时器，应定期以中央人民广播电台或其他整点报时信号作为时间标准，间隔 1 h 进行时间比对，标准偏差≤0.2%。

皂液由洗洁精与蒸馏水混合配制，比例为 1∶6～1∶8，皂液不宜长期连续使用，应定期更换。

校准不同流量时，选择皂膜通过皂膜流量计的计时体积应尽可能一致，且有合适的通过时间，以减少皂膜流量计不同刻度间的体积误差与测量时间误差。

使用皂膜流量计校准转子流量计步骤如下：

a）按图 C.1 将皂膜流量计连接至采样系统，检查并保证校准、采样系统不漏气；

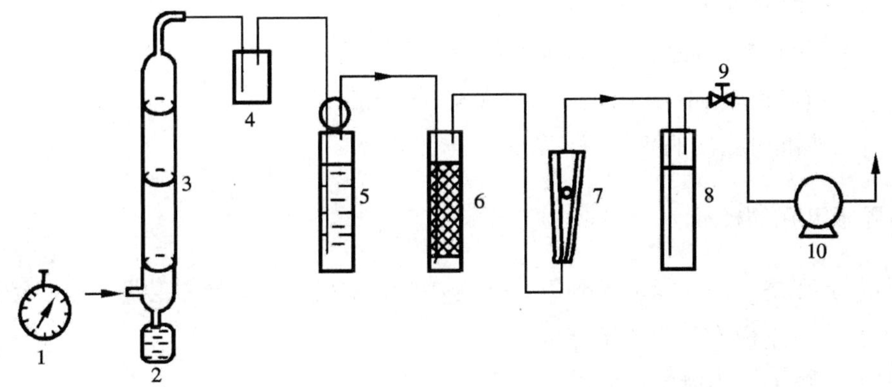

1—秒表；2—皂液；3—皂膜流量计；4—皂液捕集器；5—吸收管（瓶）；6—干燥器；7—转子流量器；8—缓冲瓶；9—针阀；10—抽气泵。

图 C.1　用皂膜流量计校准采样系统中的转子流量计

b）记录校准时的环境温度和气压；

c）启动采样泵，待系统运行稳定，多次按压皂膜生成器生成皂膜，直至流量计的管壁充分湿润后，方可进入测量状态；

d）调节采样流量使转子流量计的转子稳定在满量程 20%的刻度；

e）按压皂膜生成器产生单个皂膜，用秒表记录其通过皂膜流量计两个选定刻度间所用的时间；

f）重复测量三次，取其平均值，按式（C.1）、式（C.2）将皂膜流量计的实测流量值修正到标准状况下的体积流量；

g）依次调节采样流量，使转子流量计的转子稳定在满量程的 40%、60%、80%、100%刻度值位置（或使用采样流量对应的刻度值位置）。重复上述步骤 e）、f）。

皂膜流量计的体积换算成标准状况下的体积公式：

$$V_{\mathrm{n}}=V_{\mathrm{m}}\frac{P_{\mathrm{b}}-P_{\mathrm{v}}}{101.325}\times\frac{273.15+T_{\mathrm{s}}}{273.15+T_{\mathrm{m}}} \tag{C.1}$$

标准状况下的流量换算公式：

$$Q_{\mathrm{n}}=\frac{V_{\mathrm{n}}}{t} \tag{C.2}$$

式中：V_{n}——标准状况下皂膜流量计两刻度间的体积，ml；

V_{m}——校准时皂膜流量计两刻度的体积，ml；

P_{b}——校准时环境大气压力，kPa；

P_{v}——皂膜流量计内水的饱和蒸气压，kPa；

T_{m}——校准时环境温度，℃；

T_{s}——出厂标况温度，℃，如 0℃、20℃等；

Q_{n}——标准状况下转子流量计的流量，ml/min；

t——校准时三次的平均时间，s。

C.2 临界限流孔的校准

临界限流孔是一定孔径的毛细管，以控制小流量采样器的流量装置，使用经计量机构检定合格的皂膜流量计作为流量标准。

使用电子秒表作为时间计时器。

皂液由蒸馏水与洗洁精混合配制。

使用皂膜流量计校准临界限流孔的流量步骤如下：

a）按图 C.2 将皂膜流量计连接至采样系统，检查并保证采样系统不漏气；

b）记录校准时的环境温度和气压；

c）断开皂膜捕集器与吸收管（瓶）的连接管路；启动采样泵，堵住吸收管的进气口，常压下真空表的真空度应＞68 kPa，保证临界限流孔两端压力比 $P_{\mathrm{d}}/P_{\mathrm{u}}<0.5$（$P_{\mathrm{d}}$：下游压

力，P_u：上游压力），关闭采样泵；

d）恢复皂膜捕集器与吸收管（瓶）的连接管路；

e）启动采样泵，待系统运行稳定，多次按压皂膜生成器生成皂膜，直至流量计的管壁充分湿润后，方可进入测量状态；

f）按压皂膜生成器产生单个皂膜，用秒表记录其通过皂膜流量计相应体积所用的时间；

g）重复测量三次，计时误差应小于±0.2 s，取其平均值，按式（C.1）、式（C.2）将皂膜流量计的实测流量值修正到标准状况下的体积流量。

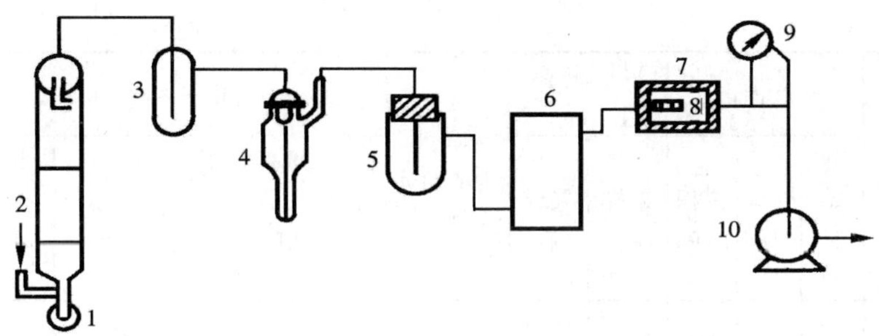

1—皂液；2—皂膜流量计；3—皂液捕集器；4—吸收管（瓶）；5—滤水井；6—干燥器；
7—恒温装置；8—临界限流孔；9—负压表；10—真空泵。

图 C.2　临界限流孔流量校准示意图

表 C.1　在 101.325 kPa 压力下，不同温度时空气中水的饱和蒸气压

温度 / ℃	水的饱和蒸气压		温度 / ℃	水的饱和蒸气压	
	mmHg	kPa		mmHg	kPa
9	8.60	1.15	23	21.1	2.81
10	9.20	1.23	24	22.4	2.99
11	9.80	1.31	25	23.8	3.17
12	10.5	1.40	26	25.2	3.36
13	11.2	1.49	27	26.7	3.56
14	12.0	1.60	28	28.3	3.77
15	12.8	1.71	29	30.0	4.00
16	13.6	1.81	30	31.8	4.24
17	14.5	1.93	31	33.7	4.49
18	15.5	2.07	32	35.7	4.76
19	16.5	2.20	33	37.7	5.03
20	17.5	2.33	34	39.9	5.32
21	18.7	2.49	35	42.2	5.62
22	19.8	2.64	36	44.6	5.94

附　录　D

（资料性附录）

污染物常用采样记录表

采样日期____________　采样地点____________　经度__________　纬度__________　天气状况________

监测项目	仪器型号及编号	样品编号	采样时间			采样流量/（L/min）		采样平均流量/（L/min）	气象五参数					累计实况体积/m^3	累计标准状态体积/m^3
			开始时间	结束时间	累积时间	采样前	采样后		气温/℃	气压/kPa	相对湿度/%	风速/（m/s）	主导风向		
备注：建议采集并留存采样期间点位周围环境图像信息。															

采样：　　　　　　　　　　　校对：　　　　　　　　　　　审核：

附 录 E

（资料性附录）

环境空气中主要污染物监测方法标准一览表

序号	污染物	标准编号	标准名称
1	二氧化硫	HJ 482	环境空气　二氧化硫的测定　甲醛吸收-副玫瑰苯胺分光光度法
		HJ 483	环境空气　二氧化硫的测定　四氯汞盐吸收-副玫瑰苯胺分光光度法
2	氮氧化物（一氧化氮和二氧化氮）	HJ 479	环境空气　氮氧化物（一氧化氮和二氧化氮）的测定　盐酸萘乙二胺分光光度法
3	二氧化氮	GB/T 15435	环境空气　二氧化氮的测定　Saltzman 法
4	臭氧	HJ 504	环境空气　臭氧的测定　靛蓝二磺酸钠分光光度法
5	一氧化碳	GB 9801	空气质量　一氧化碳的测定　非分散红外法
6	铅	GB/T 15264	环境空气　铅的测定　火焰原子吸收分光光度法
		HJ 539	环境空气　铅的测定　石墨炉原子吸收分光光度法
7	总悬浮颗粒物	GB/T 15432	环境空气　总悬浮颗粒物的测定　重量法
8	PM_{10}	HJ 618	环境空气　PM_{10} 和 $PM_{2.5}$ 的测定　重量法
9	$PM_{2.5}$	HJ 618	环境空气　PM_{10} 和 $PM_{2.5}$ 的测定　重量法
		HJ 656	环境空气颗粒物（$PM_{2.5}$）手工监测方法（重量法）技术规范
10	氟化物	HJ 480	环境空气　氟化物的测定　滤膜采样氟离子选择电极法
		HJ 481	环境空气　氟化物的测定　石灰滤纸采样氟离子选择电极法
11	苯并[*a*]芘	GB/T 15439	环境空气　苯并[*a*]芘测定　高效液相色谱法
12	氨	HJ 533	环境空气和废气　氨的测定　纳氏试剂分光光度法
		HJ 534	环境空气　氨的测定　次氯酸钠-水杨酸分光光度法
13	总烃	HJ 604	环境空气　总烃的测定　气相色谱法
14	苯系物	HJ 583	环境空气　苯系物的测定　固体吸附/热脱附-气相色谱法
		HJ 584	环境空气　苯系物的测定　活性炭吸附/二硫化碳解吸-气相色谱法
15	硝基苯（类）	HJ 738	环境空气　硝基苯类化合物的测定　气相色谱法
		HJ 739	环境空气　硝基苯类化合物的测定　气相色谱-质谱法

序号	污染物	标准编号	标准名称
16	多环芳烃	HJ 646	环境空气和废气　气相和颗粒物中多环芳烃的测定　气相色谱-质谱法
		HJ 647	环境空气和废气　气相和颗粒物中多环芳烃的测定　高效液相色谱法
17	挥发性卤代烃	HJ 645	环境空气　挥发性卤代烃的测定　活性炭吸附-二硫化碳解吸/气相色谱法
18	挥发性有机物	HJ 644	环境空气　挥发性有机物的测定　吸附管采样-热脱附/气相色谱-质谱法
		HJ 759	环境空气　挥发性有机物的测定　罐采样/气相色谱-质谱法
19	半挥发性有机物	HJ 691	环境空气　半挥发性有机物采样技术导则

续表

序号	污染物	标准编号	标准名称
20	酚类化合物	HJ 638	环境空气　酚类化合物的测定　高效液相色谱法
21	醛、酮类化合物	HJ 683	环境空气　醛、酮类化合物的测定　高效液相色谱法
22	汞	HJ 542	环境空气　汞的测定　巯基棉富集-冷原子荧光分光光度法（暂行）
23	降尘	GB/T 15265	环境空气　降尘的测定　重量法
24	锑、铝、砷、铅等 24 种金属元素	HJ 657	空气和废气　颗粒物中铅等金属元素的测定　电感耦合等离子体质谱法
25	六价铬	HJ 779	环境空气　六价铬的测定　柱后衍生离子色谱法
26	氯化氢	HJ 549	环境空气和废气　氯化氢的测定　离子色谱法
27	酰胺类	HJ 801	环境空气和废气　酰胺类化合物的测定　液相色谱法
28	颗粒物中水溶性阴离子	HJ 799	环境空气　颗粒物中水溶性阴离子(F^-、Cl^-、Br^-、NO_2^-、NO_3^-、PO_4^{3-}、SO_3^{2-}、SO_4^{2-}）的测定　离子色谱法
29	颗粒物中水溶性阳离子	HJ 800	环境空气　颗粒物中水溶性阳离子(Li^+、Na^+、NH_4^+、K^+、Ca^{2+}、Mg^{2+}）的测定　离子色谱法

环境空气质量评价技术规范（试行）

HJ 663—2013

2013-09-22 发布　　2013-10-01 实施

1 适用范围

本标准规定了环境空气质量评价的范围、评价时段、评价项目、评价方法及数据统计方法等内容。

本标准适用于全国范围内的环境空气质量评价与管理。

2 规范性引用文件

本标准引用下列文件或其中的条款。凡是未注明日期的引用文件，其最新版本适用于本标准。

GB 3095—2012　环境空气质量标准

HJ 664—2013　环境空气质量监测点位布设技术规范

GB/T 8170　数值修约规则与极限数值的表示和判定

3 术语和定义

下列术语和定义适用于本标准。

3.1　环境空气质量评价　ambient air quality assessment

以 GB 3095—2012 为依据，对某空间范围内的环境空气质量进行定性或定量评价的过程，包括环境空气质量的达标情况判断、变化趋势分析和空气质量优劣相互比较。

3.2　单点环境空气质量评价　ambient air quality assessment for single station

指针对某监测点位所代表空间范围的环境空气质量评价。监测点位包括城市点、区域点、背景点、污染监控点和路边交通点。

3.3　城市环境空气质量评价　ambient air quality assessment for urban

指针对城市建成区范围的环境空气质量评价。对地级及以上城市，评价采用国家环境空气质量监测网中的环境空气质量评价城市点（简称“国控城市点”）。对县级城市，评价采用地方监测网络中的空气质量评价城市点。城市不同功能区的环境空气质量评价可参照执行。

3.4 区域环境空气质量评价 ambient air quality assessment for regions

指针对由多个城市组成的连续空间区域范围的环境空气质量评价，包括城市建成区环境空气质量状况评价和非城市建成区（农村地区及 GB 3095—2012 中的一类区）环境空气质量状况评价。其中城市建成区评价采用环境空气质量评价城市点进行评价，非城市建成区评价采用环境空气质量评价区域点进行评价。

3.5 环境空气质量达标 attainment of the ambient air quality standards

污染物浓度评价结果符合 GB 3095—2012 和本标准规定，即为达标。所有污染物浓度均达标，即为环境空气质量达标。

3.6 超标倍数 exceeded multiples

污染物浓度超过 GB 3095—2012 中对应平均时间的浓度限值的倍数。

3.7 达标率 non-exceedence probability

指在一定时段内，污染物短期评价（小时评价、日评价）结果为达标的百分比。

4 评价范围和评价项目

4.1 评价范围

评价范围包括点位、城市以及区域，根据评价范围不同，环境空气质量评价分为单点环境空气质量评价、城市环境空气质量评价和区域环境空气质量评价。

4.2 评价项目

4.2.1 评价项目分为基本评价项目和其他评价项目两类。

4.2.2 基本评价项目包括二氧化硫（SO_2）、二氧化氮（NO_2）、一氧化碳（CO）、臭氧（O_3）、可吸入颗粒物（PM_{10}）、细颗粒物（$PM_{2.5}$）共 6 项。各项目的评价指标见表 1。

表 1 基本评价项目及平均时间

评价时段	评价项目及平均时间
小时评价	SO_2、NO_2、CO、O_3 的 1 小时平均
日评价	SO_2、NO_2、PM_{10}、$PM_{2.5}$、CO 的 24 小时平均，O_3 的日最大 8 小时平均
年评价	SO_2 年平均、SO_2 24 小时平均第 98 百分位数 NO_2 年平均、NO_2 24 小时平均第 98 百分位数 PM_{10} 年平均、PM_{10} 24 小时平均第 95 百分位数 $PM_{2.5}$ 年平均、$PM_{2.5}$ 24 小时平均第 95 百分位数 CO 24 小时平均第 95 百分位数 O_3 日最大 8 小时滑动平均值的第 90 百分位数

4.2.3 其他评价项目包括总悬浮颗粒物（TSP）、氮氧化物（NO_x）、铅（Pb）和苯并[*a*]

芘（BaP）共 4 项。各项目的评价指标见表 2。

表 2 其他评价项目及平均时间

评价时段	评价项目及平均时间
日评价	TSP、BaP、NO_x 的 24 小时平均
季评价	Pb 的季平均
年评价	TSP 年平均、TSP 24 小时平均第 95 百分位数 Pb 年平均 BaP 年平均 NO_x 年平均、NO_x 24 小时平均第 98 百分位数

5 评价方法

5.1 现状评价

5.1.1 单项目评价

5.1.1.1 单项目评价适用于对单点、城市和区域内不同评价时段各基本评价项目和其他评价项目的达标情况进行评价。

5.1.1.2 单点环境空气质量评价：以 GB 3095—2012 中污染物的浓度限值为依据，对表 1 和表 2 中各评价项目的评价指标进行达标情况判断，超标的评价项目计算其超标倍数。污染物年评价达标是指该污染物年平均浓度（CO 和 O_3 除外）和特定的百分位数浓度同时达标。进行年评价时，同时统计日评价达标率。数据统计方法见附录 A。

5.1.1.3 城市环境空气质量评价是针对城市建成区范围的评价，评价方法同 5.1.1.2，但需使用城市尺度的污染物浓度数据进行评价，数据统计方法见附录 A。

5.1.1.4 区域环境空气质量评价包括对城市建成区和非城市建成区范围内的环境空气质量状况评价。区域环境空气质量达标指区域范围内所有城市建成区达标且非城市建成区中每个空气质量评价区域点均达标，任一个城市建成区或区域点超标，即认为区域超标。统计方法见附录 A。

5.1.2 多项目综合评价

5.1.2.1 多项目综合评价适用于对单点、城市和区域内不同评价时段全部基本评价项目达标情况的综合分析。

5.1.2.2 多项目综合评价达标是指评价时段内所有基本评价项目均达标。多项目综合评价的结果包括：空气质量达标情况、超标污染物及超标倍数（按照大小顺序排列）。进行年度评价时，同时统计日综合评价达标天数和达标率，以及各项污染物的日评价达标天数和达标率。

5.2 变化趋势评价

5.2.1 变化趋势评价适用于评价污染物浓度或环境空气质量综合状况在多个连续时间周

期内的变化趋势，采用 Spearman 秩相关系数法评价。国家变化趋势评价以国家环境空气质量监测网点位监测数据为基础，评价时间周期一般为 5 年，趋势评价结果为上升趋势、下降趋势或基本无变化，同时评价 5 年内的环境空气质量变化率。省级及以下和其他时间周期内的变化趋势评价可参照执行。

5.2.2 Spearman 秩相关系数计算及判定方法见附录 B。

6 数据统计要求

6.1 数据统计的有效性规定

6.1.1 各评价项目的数据统计有效性要求按照 GB 3095—2012 中的有关规定执行。

6.1.2 自然日内 O_3 日最大 8 小时平均的有效性规定为当日 8 时至 24 时至少有 14 个有效 8 小时平均浓度值。当不满足 14 个有效数据时，若日最大 8 小时平均浓度超过浓度限值标准时，统计结果仍有效。

6.1.3 日历年内 O_3 日最大 8 小时平均的特定百分位数的有效性规定为日历年内至少有 324 个 O_3 日最大 8 小时平均值，每月至少有 27 个 O_3 日最大 8 小时平均值（2 月至少 25 个 O_3 日最大 8 小时平均值）。

6.1.4 日历年内 SO_2、NO_2、PM_{10}、$PM_{2.5}$、CO 日均值的特定百分位数统计的有效性规定为日历年内至少有 324 个日平均值，每月至少有 27 个日平均值（2 月至少 25 个日平均值）。

6.1.5 统计评价项目的城市尺度浓度时，所有有效监测的城市点必须全部参加统计和评价，且有效监测点位的数量不得低于城市点总数量的 75%（总数量小于 4 个时，不低于 50%）。

6.1.6 当上述有效性规定不满足时，该统计指标的统计结果无效。

6.2 数据统计的完整性要求

多项目综合评价时，所有基本评价项目必须全部参与评价。当已测评价项目全部达标但存在缺测或不满足数据统计有效性要求项目时，综合评价按不达标处理并注明该项目。当已测评价项目存在不达标情况时，无论是否存在缺测项目，综合评价按不达标处理。

6.3 数据修约要求

进行现状评价和变化趋势评价前，各污染物项目的数据统计结果按照 GB/T 8170 中规则进行修约，浓度单位及保留小数位数要求见表 3。污染物的小时浓度值作为基础数据单元，使用前也应进行修约。

表 3 污染物的浓度单位和保留小数位数要求

污染物	单位	保留小数位数
SO_2、NO_2、PM_{10}、$PM_{2.5}$、O_3、TSP 和 NO_x	μg/m^3	0
CO	mg/m^3	1

Pb	μg/m^3	2
BaP	μg/m^3	4
超标倍数	—	2
达标率	%	1

附　录　A
（规范性附录）
数据统计方法

A.1　点位污染物浓度统计方法

点位环境空气质量评价中，各评价时段内评价项目的统计方法如表 A.1 所示：

表 A.1　点位污染物浓度数据统计方法

评价项目	数据统计方法
点位 1 小时平均	整点时刻前 1 小时时段内点位污染物浓度的算术平均值，记为该时刻的点位 1 小时平均值。一个自然日内点位 1 小时平均的时标分别记为 1:00、2:00、3:00、…、23:00 和 24:00 时
点位 8 小时平均	使用滑动平均的方式计算。对于指定时间 X 的 8 小时均值，定义为：X-7、X-6、X-5、X-4、X-3、X-2、X-1、X 时的 8 个 1 小时平均值的算术平均值，称为 X 时的 8 小时平均值。一个自然日内有 24 个点位 8 小时平均值，其时标分别记为 1:00、2:00、3:00、…、23:00 和 24:00 时
点位日最大 8 小时平均	点位一个自然日内 8:00 时至 24:00 时的所有 8 小时滑动平均浓度中的最大值
点位 24 小时平均	点位一个自然日内各 1 小时平均浓度的算术平均值
点位季平均	点位一个日历季内各 24 小时平均浓度的算术平均值
点位年平均	点位一个日历年内各 24 小时平均浓度的算术平均值

A.2　城市污染物浓度统计方法

城市环境空气质量评价中，各评价时段内污染物的统计指标和统计方法见表 A.2 和表 A.3。

表 A.2　不同评价时段内基本评价项目的统计方法（城市范围）

评价时段	评价项目	统计方法
小时评价	城市 SO_2、NO_2、CO、O_3 的 1 小时平均	各点位* 1 小时平均浓度值的算术平均值
日评价	城市 SO_2、NO_2、CO、PM_{10}、$PM_{2.5}$ 的 24 小时平均	各点位* 24 小时平均浓度值的算术平均值
	城市 O_3 的日最大 8 小时平均	各点位*臭氧日最大 8 小时平均浓度值的算术平均值

评价时段	评价项目	统计方法
年评价	城市 SO_2、NO_2、PM_{10}、$PM_{2.5}$ 的年平均	一个日历年内城市 24 小时平均浓度值的算术平均值
	城市 SO_2、NO_2 24 小时平均第 98 百分位数	按附录 A.6 计算一个日历年内城市日评价项目的相应百分位数浓度
	城市 PM_{10}、$PM_{2.5}$ 24 小时平均第 95 百分位数	
	城市 CO 24 小时平均第 95 百分位数	
	城市 O_3 日最大 8 小时平均第 90 百分位数	
* 点位指城市点，不包括区域点、背景点、污染监控点和路边交通点。		

表 A.3　不同评价时段内其他评价项目的统计方法（城市范围）

评价时段	评价项目	统计方法
日评价	城市 NO_x、BaP、TSP 的 24 小时平均	各点位* 24 小时平均浓度值的算术平均值
季评价	城市 Pb 的季平均	日历季内城市 24 小时平均浓度的算术平均值，城市 24 小时平均浓度值为各点位* 24 小时平均浓度值的算术平均值
年评价	城市 NO_x、Pb、BaP、TSP 的年平均	一个日历年内城市 24 小时平均浓度值的算术平均值
	TSP 24 小时平均浓度第 95 百分位数、NO_x 24 小时平均浓度第 98 百分位数	按附录 A.6 计算一个日历年内城市 TSP、NO_x 的 24 小时平均浓度值的相应百分位数浓度
* 点位指城市点，不包括区域点、背景点、污染监控点和路边交通点。		

A.3　区域数据统计方法

区域内城市建成区的评价以区域内各个城市的评价结果为基础，评价项目与表 A.2 和表 A.3 相同，分别统计区域内各个城市的达标情况。国务院环境保护主管部门进行的区域环境空气质量评价，以区域内地级及以上城市建成区为参评城市。省级或地市级环境主管部门进行的区域环境空气质量评价可将区域内县级市共同作为参评城市。

区域内非城市建成区空气质量评价以各空气质量评价区域点为单元进行统计。

区域环境空气质量达标指区域范围内所有城市建成区达标且非城市建成区中每个区域点均达标。

A.4　超标倍数计算方法

超标项目 i 的超标倍数按式（A.1）计算：

$$B_i = (C_i - S_i)/S_i \qquad \text{(A.1)}$$

式中：B_i——表示超标项目 i 的超标倍数；

C_i——超标项目 i 的浓度值；

S_i——超标项目 i 的浓度限值标准，一类区采用一级浓度限值标准，二类区采用二级浓度限值标准。

在年度评价时，对于 SO_2、NO_2、PM_{10}、$PM_{2.5}$，分别计算年平均浓度和 24 小时平均的特定百分位数浓度相对于年均值标准和日均值标准的超标倍数；对于 O_3，计算日最大 8 小时平均的特定百分位数浓度相对于 8 小时平均浓度限值标准的超标倍数；对于 CO，计算 24 小时平均的特定百分位数浓度相对于浓度限值标准的超标倍数。

A.5 达标率计算方法

A.5.1 评价项目 i 的小时达标率、日达标率按式（A.2）计算

$$D_i = (A_i / B_i) \times 100 \tag{A.2}$$

式中：D_i——表示评价项目 i 的达标率，%；

A_i——评价时段内评价项目 i 的达标天（小时）数；

B_i——评价时段内评价项目 i 的有效监测天（小时）数。

A.5.2 多项目日综合评价的达标率参照式（A.2）计算。

A.6 百分位数计算方法

污染物浓度序列的第 p 百分位数计算方法如下：

（1）将污染物浓度序列按数值从小到大排序，排序后的浓度序列为 $\{X_{(i)}，i = 1,2,\cdots,n\}$。

（2）计算第 p 百分位数 m_p 的序数 k，序数 k 按式（A.3）计算

$$k = 1 + (n-1) \cdot p\% \tag{A.3}$$

式中：k——p%位置对应的序数；

n——污染物浓度序列中的浓度值数量。

（3）第 p 百分位数 m_p 按式（A.4）计算：

$$m_p = X_{(s)} + \left(X_{(s+1)} - X_{(s)}\right) \times (k - s) \tag{A.4}$$

式中：s——k 的整数部分，当 k 为整数时 s 与 k 相等。

附 录 B

（规范性附录）

Spearman 秩相关系数计算及判定方法

B.1 Spearman 秩相关系数计算方法

Spearman 秩相关系数按照式（B.1）计算

$$\gamma_s = 1 - \frac{6}{n(n^2-1)}\sum_{j=1}^{n}(X_j - Y_j)^2 \tag{B.1}$$

式中：γ_s——Spearman 秩相关系数；

n——时间周期的数量，$n \geqslant 5$；

X_j——周期 j 按时间排序的序号，$1 \leqslant X_j \leqslant n$；

Y_j——周期 j 内污染物浓度按数值升序排序的序号，$1 \leqslant Y_j \leqslant n$。

B.2 变化判定标准

将计算秩相关系数绝对值与表 B.1 中临界值相比较。如果秩相关系数绝对值大于表中临界值，表明变化趋势有统计意义。γ_s 为正值表示上升趋势，负值表示下降趋势。如果秩相关系数绝对值小于等于表中临界值，表示基本无变化。

表 B.1 Spearman 秩相关系数 γ_s 的临界值 γ（单侧检验的显著性水平为 0.05）

n	临界值 γ	n	临界值 γ
5	0.900	16	0.425
6	0.829	18	0.399
7	0.714	20	0.377
8	0.643	22	0.359
9	0.600	24	0.343
10	0.564	26	0.329
12	0.506	28	0.317
14	0.456	30	0.306

附 录 C

（资料性附录）

环境空气质量状况比较评价方法

当环境管理中需要对不同地区进行年度环境空气质量状况比较评价时，以单项目评价和多项目综合评价相结合，方法如下。进行月、季度比较评价时，可参照年度评价执行。

C.1 环境空气质量单项指数法

环境空气质量单项指数法适用于不同地区间单项污染物污染状况的比较。年评价时，污染物 i 的单项指数按式（C.1）计算：

$$I_i = \mathrm{MAX}\left(\frac{C_{i,\mathrm{a}}}{S_{i,\mathrm{a}}}, \frac{C_{i,\mathrm{d}}^{\mathrm{per}}}{S_{i,\mathrm{d}}}\right) \tag{C.1}$$

式中：I_i——污染物 i 的单项指数；

$C_{i,\mathrm{a}}$——污染物 i 的年均值浓度值，i 包括 SO_2、NO_2、PM_{10} 及 $PM_{2.5}$；

$S_{i,\mathrm{a}}$——污染物 i 的年均值二级标准限值，i 包括 SO_2、NO_2、PM_{10} 及 $PM_{2.5}$；

$C_{i,\mathrm{d}}^{\mathrm{per}}$——污染物 i 的 24 小时平均浓度的特定百分位数浓度，i 包括 SO_2、NO_2、PM_{10}、$PM_{2.5}$、CO 和 O_3（对于 O_3，为日最大 8 小时均值的特定百分位数浓度）；

$S_{i,\mathrm{d}}$——污染物 i 的 24 小时平均浓度限值二级标准（对于 O_3，为 8 小时均值的二级标准）。

C.2 环境空气质量最大指数法和环境空气质量综合指数法

C.2.1 环境空气质量最大指数法和环境空气质量综合指数法适用于对不同地区间多项污染物污染状况的比较，参评项目为表 1 中所有基本评价项目，分别按式（C.2）、式（C.3）计算：

$$I_{\mathrm{max}} = \mathrm{MAX}(I_i) \tag{C.2}$$

$$I_{\mathrm{sum}} = \mathrm{SUM}(I_i) \tag{C.3}$$

式中：I_{max}——环境空气质量最大指数；

I_{sum}——环境空气质量综合指数。

C.2.2 使用环境空气质量最大指数法和环境空气质量综合指数法进行环境空气质量状况比较时，需同时给出按各项污染物的环境空气质量单项指数法比较结果，为各地区环境管理提供明确导向。

环境空气质量指数（AQI）技术规定（试行）

HJ 633—2012

2012-02-29 发布　　2016-01-01 实施

1 适用范围

本标准规定了环境空气质量指数的分级方案、计算方法和环境空气质量级别与类别，以及空气质量指数日报和实时报的发布内容、发布格式和其他相关要求。

本标准适用于环境空气质量指数日报、实时报和预报工作，用于向公众提供健康指引。

2 规范性引用文件

本标准引用下列文件或其中的条款。凡是未注明日期的引用文件，其最新版本适用于本标准。

GB 3095　环境空气质量标准

HJ/T 193　环境空气质量自动监测技术规范

《环境空气质量监测规范（试行）》（国家环境保护总局公告　2007 年第 4 号）

3 术语和定义

下列术语和定义适用于本标准。

3.1　空气质量指数 air quality index（AQI）

定量描述空气质量状况的无量纲指数。

3.2　空气质量分指数 individual air quality index（IAQI）

单项污染物的空气质量指数。

3.3　首要污染物 primary pollutant

AQI 大于 50 时 IAQI 最大的空气污染物。

3.4　超标污染物 non-attainment pollutant

浓度超过国家环境空气质量二级标准的污染物，即 IAQI 大于 100 的污染物。

4 空气质量指数计算方法

4.1 空气质量分指数分级方案

空气质量分指数级别及对应的污染物项目浓度限值见表 1。

表 1 空气质量分指数及对应的污染物项目浓度限值

空气质量分指数（IAQI）	污染物项目浓度限值									
	二氧化硫（SO_2）24 h 平均/（μg/m³）	二氧化硫（SO_2）1 h 平均/（μg/m³）(1)	二氧化氮（NO_2）24 h 平均/（μg/m³）	二氧化氮（NO_2）1 h 平均/（μg/m³）(1)	颗粒物（粒径小于等于 10 μm）24 h 平均/（μg/m³）	一氧化碳（CO）24 h 平均/（mg/m³）	一氧化碳（CO）1 h 平均/（mg/m³）(1)	臭氧（O_3）1 h 平均/（μg/m³）	臭氧（O_3）8 h 滑动平均/（μg/m³）	颗粒物（粒径小于等于 2.5 μm）24 h 平均/（μg/m³）
0	0	0	0	0	0	0	0	0	0	0
50	50	150	40	100	50	2	5	160	100	35
100	150	500	80	200	150	4	10	200	160	75
150	475	650	180	700	250	14	35	300	215	115
200	800	800	280	1 200	350	24	60	400	265	150
300	1 600	(2)	565	2 340	420	36	90	800	800	250
400	2 100	(2)	750	3 090	500	48	120	1 000	(3)	350
500	2 620	(2)	940	3 840	600	60	150	1 200	(3)	500
说明：	(1) 二氧化硫（SO_2）、二氧化氮（NO_2）和一氧化碳（CO）的 1 h 平均浓度限值仅用于实时报，在日报中需使用相应污染物的 24 h 平均浓度限值。 (2) 二氧化硫（SO_2）1 h 平均浓度值高于 800 μg/m³ 的，不再进行其空气质量分指数计算，二氧化硫（SO_2）空气质量分指数按 24 h 平均浓度计算的分指数报告。 (3) 臭氧（O_3）8 h 平均浓度值高于 800 μg/m³ 的，不再进行其空气质量分指数计算，臭氧（O_3）空气质量分指数按 1 小时平均浓度计算的分指数报告。									

4.2 空气质量分指数计算方法

污染物项目 P 的空气质量分指数按式（1）计算：

$$\mathrm{IAQI}_P=\frac{\mathrm{IAQI_{Hi}}-\mathrm{IAQI_{Lo}}}{\mathrm{BP_{Hi}}-\mathrm{BP_{Lo}}}(C_P-\mathrm{BP_{Lo}})+\mathrm{IAQI_{Lo}} \tag{1}$$

式中：IAQI_P——污染物项目 P 的空气质量分指数；

C_P——污染物项目 P 的质量浓度值；

$\mathrm{BP_{Hi}}$——表 1 中与 C_P 相近的污染物浓度限值的高位值；

$\mathrm{BP_{Lo}}$——表 1 中与 C_P 相近的污染物浓度限值的低位值；

$\mathrm{IAQI_{Hi}}$——表 1 中与 $\mathrm{BP_{Hi}}$ 对应的空气质量分指数；

$\mathrm{IAQI_{Lo}}$——表 1 中与 $\mathrm{BP_{Lo}}$ 对应的空气质量分指数。

4.3 空气质量指数级别

空气质量指数级别根据表2规定进行划分。

表2 空气质量指数及相关信息

空气质量指数	空气质量指数级别	空气质量指数类别及表示颜色		对健康影响情况	建议采取的措施
0～50	一级	优	绿色	空气质量令人满意，基本无空气污染	各类人群可正常活动
51～100	二级	良	黄色	空气质量可接受，但某些污染物可能对极少数异常敏感人群健康有较弱影响	极少数异常敏感人群应减少户外活动
101～150	三级	轻度污染	橙色	易感人群症状有轻度加剧，健康人群出现刺激症状	儿童、老年人及心脏病、呼吸系统疾病患者应减少长时间、高强度的户外锻炼
151～200	四级	中度污染	红色	进一步加剧易感人群症状，可能对健康人群心脏、呼吸系统有影响	儿童、老年人及心脏病、呼吸系统疾病患者避免长时间、高强度的户外锻炼，一般人群适量减少户外运动
201～300	五级	重度污染	紫色	心脏病和肺病患者症状显著加剧，运动耐受力降低，健康人群普遍出现症状	儿童、老年人和心脏病、肺病患者应停留在室内，停止户外运动，一般人群减少户外运动
＞300	六级	严重污染	褐红色	健康人群运动耐受力降低，有明显强烈症状，提前出现某些疾病	儿童、老年人和病人应当留在室内，避免体力消耗，一般人群应避免户外活动

4.4 空气质量指数及首要污染物的确定方法

4.4.1 空气质量指数计算方法

空气质量指数按式（2）计算：

$$\mathrm{AQI}=\max\left\{\mathrm{IAQI}_1,\mathrm{IAQI}_2,\mathrm{IAQI}_3,\cdots,\mathrm{IAQI}_n\right\} \tag{2}$$

式中：IAQI——空气质量分指数；

n——污染物项目。

4.4.2 首要污染物及超标污染物的确定方法

AQI大于50时，IAQI最大的污染物为首要污染物。若IAQI最大的污染物为两项或两项以上时，并列为首要污染物。

IAQI大于100的污染物为超标污染物。

5 日报和实时报的发布

5.1 发布内容

5.1.1 空气质量监测点位日报和实时报的发布内容包括评价时段、监测点位置、各污染物的浓度及空气质量分指数、空气质量指数、首要污染物及空气质量级别，报告时说明监测指标和缺项指标。日报和实时报由地级以上（含地级）环境保护行政主管部门或其授权的环境监测站发布。

5.1.2 日报时间周期为 24 h，时段为当日零点前 24 h。日报的指标包括二氧化硫（SO_2）、二氧化氮（NO_2）、颗粒物（粒径小于等于 10 μm）、颗粒物（粒径小于等于 2.5 μm）、一氧化碳（CO）的 24 h 平均，以及臭氧（O_3）的日最大 1 h 平均、臭氧（O_3）的日最大 8 h 滑动平均，共计 7 个指标。

5.1.3 实时报时间周期为 1 h，每一整点时刻后即可发布各监测点位的实时报，滞后时间不应超过 1 h。实时报的指标包括二氧化硫（SO_2）、二氧化氮（NO_2）、臭氧（O_3）、一氧化碳（CO）、颗粒物（粒径小于等于 10 μm）和颗粒物（粒径小于等于 2.5 μm）的 1 h 平均，以及臭氧（O_3）8 h 滑动平均和颗粒物（粒径小于等于 10 μm）、颗粒物（粒径小于等于 2.5 μm）的 24 h 滑动平均，共计 9 个指标。

5.1.4 计算每个监测点位的空气质量指数时，各项污染物空气质量分指数和空气质量指数使用该点位的各项污染物浓度、表 1 中浓度限值、式（1）和式（2）进行计算。

5.1.5 日报和实时报数据由空气质量指数日报软件系统进行初步审核，实时报及日报数据仅为当天参考值，应在次月上旬将上月数据根据完整的审核程序进行修订和确认。

5.2 发布数据的格式

5.2.1 空气质量指数日报数据格式应符合表 3 的要求。

5.2.2 空气质量指数实时报数据格式应符合表 4 的要求。

6 其他要求

6.1 环境空气质量监测和评价工作涉及的监测点位布设与调整、监测频次的设定、监测数据的统计与处理等按《环境空气质量监测规范（试行）》和 HJ/T 193 等相关标准和其他规范性文件的要求执行。

6.2 环境空气质量指数及空气质量分指数的计算结果应全部进位取整数，不保留小数。

6.3 本标准与 GB 3095—2012 同步使用。

6.4 评价环境空气质量达标状况时，应依据 GB 3095 中的规定进行。

表 3　空气质量指数日报数据格式

<table>
<tr><td colspan="21">时间：20□□年□□月□□日</td></tr>
<tr><td rowspan="3">城市名称</td><td rowspan="3">监测点位名称</td><td colspan="14">污染物浓度及空气质量分指数（IAQI）</td><td rowspan="3">空气质量指数（AQI）</td><td rowspan="3">首要污染物</td><td rowspan="3">空气质量指数级别</td><td colspan="2">空气质量指数类别</td></tr>
<tr><td colspan="2">二氧化硫（SO_2）24 h 平均</td><td colspan="2">二氧化氮（NO_2）24 h 平均</td><td colspan="2">颗粒物（粒径小于等于 10 μm）24 h 平均</td><td colspan="2">一氧化碳（CO）24 h 平均</td><td colspan="2">臭氧（O_3）最大 1 h 平均</td><td colspan="2">臭氧（O_3）最大 8 h 滑动平均</td><td colspan="2">颗粒物（粒径小于等于 2.5 μm）24 h 平均</td><td rowspan="2">类别</td><td rowspan="2">颜色</td></tr>
<tr><td>浓度/（μg/m³）</td><td>分指数</td><td>浓度/（μg/m³）</td><td>分指数</td><td>浓度/（μg/m³）</td><td>分指数</td><td>浓度/（mg/m³）</td><td>分指数</td><td>浓度/（μg/m³）</td><td>分指数</td><td>浓度/（μg/m³）</td><td>分指数</td><td>浓度/（μg/m³）</td><td>分指数</td></tr>
<tr><td></td><td></td><td></td><td></td><td></td><td></td><td></td><td></td><td></td><td></td><td></td><td></td><td></td><td></td><td></td><td></td><td></td><td></td><td></td><td></td><td></td></tr>
<tr><td></td><td></td><td></td><td></td><td></td><td></td><td></td><td></td><td></td><td></td><td></td><td></td><td></td><td></td><td></td><td></td><td></td><td></td><td></td><td></td><td></td></tr>
<tr><td colspan="21">注：缺测指标的浓度及分指数均使用 NA 标识。</td></tr>
</table>

表 4　空气质量指数实时报数据格式

<table>
<tr><td colspan="23">时间：20□□年□□月□□日□□时</td></tr>
<tr><td rowspan="3">城市名称</td><td rowspan="3">监测点位名称</td><td colspan="16">污染物浓度及空气质量分指数（IAQI）</td><td rowspan="3">空气质量指数（AQI）</td><td rowspan="3">首要污染物</td><td rowspan="3">空气质量指数级别</td><td colspan="2">空气质量指数类别</td></tr>
<tr><td colspan="2">二氧化硫（SO_2）1 h 平均</td><td colspan="2">二氧化氮（NO_2）1 h 平均</td><td>颗粒物（粒径小于等于 10 μm）1 h 平均</td><td colspan="2">颗粒物（粒径小于等于 10 μm）24 h 滑动平均</td><td colspan="2">一氧化碳（CO）1 h 平均</td><td colspan="2">臭氧（O_3）1 h 平均</td><td colspan="2">臭氧（O_3）8 h 滑动平均</td><td>颗粒物（粒径小于等于 2.5 μm）1 h 平均</td><td colspan="2">颗粒物（粒径小于等于 2.5 μm）24 h 滑动平均</td><td rowspan="2">类别</td><td rowspan="2">颜色</td></tr>
<tr><td>浓度/（μg/m³）</td><td>分指数</td><td>浓度/（μg/m³）</td><td>分指数</td><td>浓度/（μg/m³）</td><td>浓度/（μg/m³）</td><td>分指数</td><td>浓度/（mg/m³）</td><td>分指数</td><td>浓度/（μg/m³）</td><td>分指数</td><td>浓度/（μg/m³）</td><td>分指数</td><td>浓度/（μg/m³）</td><td>浓度/（μg/m³）</td><td>分指数</td></tr>
<tr><td></td><td></td><td></td><td></td><td></td><td></td><td></td><td></td><td></td><td></td><td></td><td></td><td></td><td></td><td></td><td></td><td></td><td></td><td></td><td></td><td></td><td></td><td></td></tr>
<tr><td></td><td></td><td></td><td></td><td></td><td></td><td></td><td></td><td></td><td></td><td></td><td></td><td></td><td></td><td></td><td></td><td></td><td></td><td></td><td></td><td></td><td></td><td></td></tr>
<tr><td colspan="23">注：缺测指标的浓度及分指数均使用 NA 标识。</td></tr>
</table>

附 录 A
（规范性附录）
空气质量指数类别的表示颜色

空气质量指数类别的表示颜色应符合表 A.1 中的规定。

表 A.1 空气质量指数类别表示颜色的 RGB 及 CMYK 配色方案

颜色	R	G	B	C	M	Y	K
绿	0	228	0	40	0	100	0
黄	255	255	0	0	0	100	0
橙	255	126	0	0	52	100	0
红	255	0	0	0	100	100	0
紫	153	0	76	10	100	40	30
褐红	126	0	35	30	100	100	30

注：RGB 为电脑屏幕显示色彩，CMYK 为印刷色彩模式。

环境空气自动监测臭氧标准传递工作实施方案

（试行）

一、工作目的

规范国家环境空气臭氧自动监测量值溯源与传递工作程序，统一各级臭氧标准传递技术要求、核查技术要求和评价方法，强化对环境空气自动监测站运行维护机构（以下简称运维机构）臭氧标准传递工作监督，保证臭氧标准的溯源性和监测数据的准确性、可比性。

二、工作依据

（一）环境空气自动监测标准传递管理规定（试行）（环办监测函〔2017〕242 号）

（二）国家环境空气质量监测网城市站运行管理实施细则（环办监测函〔2017〕290 号）

（三）国家环境监测网环境空气臭氧自动监测现场核查技术规定（试行）（总站质管字〔2014〕228 号）

（四）环境空气气态污染物（SO_2、NO_2、O_3、CO）连续自动监测系统技术要求及检测方法（HJ 654—2013）

（五）环境空气臭氧一级校准作业指导书（试行）

（六）环境空气臭氧标准参考光度计间接比对作业指导书（试行）

（七）环境空气臭氧传递标准间逐级校准作业指导书（试行）

（八）环境空气臭氧自动监测现场比对核查作业指导书（试行）

三、工作程序

臭氧标准传递采取逐级或跨级传递方式（见附图）。各级标准传递具体工作程序如下：

（一）一级校准和比对

1. 中国环境监测总站（以下简称监测总站）和环境保护部标准样品研究所（以下简称标样所）的臭氧标准参考光度计（以下简称 SRP）为全国环保系统国家一级标准，每年溯源至中国计量科学研究院 SRP。

2. 监测总站每年组织全国环保系统的 SRP，按《环境空气臭氧标准参考光度计间接比对作业指导书（试行）》进行一次比对，比对合格后，有效期为 1 年。

3. 监测总站每年年初征集一级校准需求并发布工作计划，制定年度国家环境空气质量监测网（以下简称国控网）环境空气臭氧自动监测的标准传递工作计划，并据此开展一级校准相关工作。

4．监测总站按《环境空气臭氧一级校准作业指导书（试行）》对区域质控中心臭氧传递标准进行一级校准。一级校准有效期为1年。

5. 监测总站每年年底前向环境保护部提交环境空气臭氧自动监测标准传递工作报告，主要内容应包括：

（1）臭氧一级标准溯源情况；

（2）臭氧一级标准逐级或跨级传递情况；

（3）臭氧监测质量监督检查情况；

（4）全国环保系统SRP比对情况；

（5）年度工作计划；

（6）其他有关情况。

（二）二级校准

1．区域质控中心为二级标准传递机构，应确保其所有在用臭氧二级传递标准均经过一级校准或全国环保系统SRP比对，并在校准或比对有效期内。

2．区域质控中心应制定年度区域环境空气臭氧自动监测的标准传递工作计划，并上报监测总站。

3．区域质控中心按《环境空气臭氧传递标准间逐级校准作业指导书（试行）》对次一级臭氧传递标准进行二级校准。区域质控中心SRP二级校准有效期为一年，其他二级传递标准有效期为半年。

4．区域质控中心应配置两台或两台以上的臭氧传递标准，其中一台置于实验室，作为实验室控制标准，其余负责现场校准。使用臭氧传递标准外出工作前后应与实验室控制标准进行比对，并制定比对偏差控制要求，以检查运输等因素对其影响。

5. 区域质控中心向监测总站提交区域环境空气臭氧自动监测标准传递年度工作报告，主要内容应包括：

（1）臭氧标准传递情况；

（2）臭氧传递标准与实验室控制标准的比对情况；

（3）臭氧监测质量监督检查情况；

（4）年度工作计划；

（5）其他有关情况。

（三）三级及以下校准

1．国控网运维机构和不承担区域质控工作的其他省级环境监测机构为三级标准传递机构，应确保其所有在用的臭氧实验室控制标准和臭氧传递标准均经过一级或二级校准，并在校准有效期内。

2．三级标准传递机构应制订年度环境空气臭氧自动监测的标准传递工作计划，上报区域质控中心。

3．三级标准传递机构应配置两台或两台以上的臭氧传递标准，其中一台放在实验室，作为实验室控制标准，其余负责现场校准。使用臭氧传递标准进行外出传递后，应与实验室控制标准进行比对，制定比对偏差控制要求，以检查运输等因素对其影响。

4．国控网运维机构和不承担区域质控工作的其他省级环境监测机构按《环境空气臭氧传递标准间逐级校准作业指导书（试行）》分别对各运维机构所有在用和各省份所辖区域内在用的臭氧工作标准开展校准。对于分析型工作标准，校准有效期为 6 个月；对于发生型工作标准，校准有效期为 3 个月。

5．国控网运维机构每周按《国家环境空气质量监测网城市站运行管理实施细则》要求对国控网空气自动站的臭氧分析仪进行零跨检查和校准。地方环境空气质量监测网（以下简称地方网）空气自动站臭氧分析仪的零跨检查和校准参照国控网执行。

6．三级标准传递机构每半年向区域质控中心提交环境空气臭氧自动监测标准传递工作报告，主要内容应包括：

（1）臭氧标准传递情况；

（2）臭氧传递标准与实验室控制标准的比对情况；

（3）半年工作计划；

（4）其他有关情况。

四、地方网及其他监测机构臭氧标准传递要求

（一）不承担区域质控工作的各省、自治区、直辖市环境监测机构臭氧最高标准需溯源至一级或二级标准传递机构。

（二）国控网和地方网臭氧标准传递执行统一的技术要求，保证全国臭氧监测数据的准确性和可比性。

（三）地方网各级臭氧标准传递工作程序可参照国控网执行。地方网各级臭氧传递标准、臭氧工作标准和臭氧分析仪可根据工作需要溯源至国控网更高级别的臭氧传递标准。

（四）其他机构的臭氧传递标准、臭氧工作标准和臭氧分析仪可根据实际工作需要溯源至一级或者二级臭氧传递标准。

（五）各省级环境监测机构 SRP 经全国环保系统 SRP 比对后，用于地方网的臭氧传递标准。

五、监督核查

（一）监测总站制订年度臭氧监测质量监督检查计划，报送环境保护部。监测总站与

区域质控中心按计划共同开展臭氧监测质量监督检查。

（二）监测总站和区域质控中心按《环境空气臭氧自动监测现场比对核查作业指导书（试行）》开展臭氧自动监测数据质量专项检查工作。每年的监督检查比例不低于 20%，每 5 年完成一次国控网空气自动站的全面现场检查。

（三）监测总站和区域质控中心按环境保护部要求开展臭氧监测质量双随机检查等计划外监督检查。

（四）区域质控中心每季度、每年向监测总站提交区域臭氧监测质量监督检查季度、年度工作报告。

（五）监测总站每年向环境保护部提交国控网臭氧监测质量监督检查年度工作报告。

（六）标样所配合监测总站做好监督检查工作。

六、人员培训

（一）国控网臭氧标准传递及运维人员均须持证上岗，环境保护部负责国控网臭氧标准传递及运维人员的持证上岗考核，具体考核工作委托监测总站实施。

（二）监测总站组织开展技术培训。标样所配合监测总站实施常规或重点技术培训计划。

附图：环境空气臭氧标准传递工作程序图

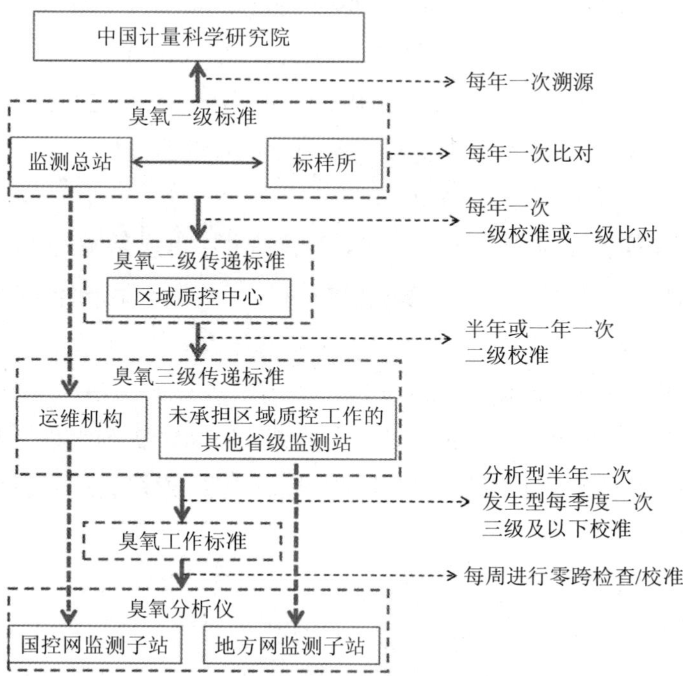

环境空气臭氧一级校准作业指导书

（试行）

1 适用范围

本指导书规定了作为臭氧一级标准的臭氧标准参考光度计开展臭氧一级校准的要求、臭氧一级标准校准臭氧二级标准或臭氧传递标准的方法及其质量保证与质量控制。

本指导书适用于作为臭氧一级标准的臭氧标准参考光度计对臭氧二级标准或臭氧传递标准的量值传递、一级校准及其质量保证与质量控制。

2 术语和定义

下列术语和定义适用于本指导书。

2.1 校准 calibration

指在规定条件下，为确定测量仪器或测量系统所指示的量值，或实物量具或参考物质所代表的量值，与对应的由标准所复现的量值之间关系的一组操作。

2.2 臭氧标准参考光度计 ozone standard reference photometer（SRP）

基于臭氧对特定波长（253.7 nm）的紫外线具有显著吸收的原理，采用紫外双光程检测技术，由美国国家标准与技术研究院（NIST）与美国环保局（EPA）共同研制开发的一套国际认可的臭氧量值基准，可作为臭氧监测的计量基准器具。

2.3 臭氧传递标准 ozone transfer standard

指依照相关操作规程，能够准确再现或者准确分析、可以溯源到更高级别或者更高权威标准臭氧浓度的可运输仪器设备。臭氧传递标准用于传递臭氧一级标准的权威性或者用于校准监测站点的臭氧分析仪器。

2.4 臭氧控制标准 ozone control standard

经臭氧标准参考光度计校准后的臭氧传递标准，是 SRP 的质量保证与质量控制仪器，通常放置在实验室内。主要用作臭氧标准参考光度计发生故障时的备用标准或者对臭氧一级校准存在质疑时的参考标准。

2.5 臭氧一级校准 ozone level 1 calibration

指作为臭氧一级标准的臭氧标准参考光度计校准臭氧二级标准或臭氧传递标准的操作，以确立臭氧二级标准或臭氧传递标准与臭氧一级标准之间臭氧浓度的定量关系。

2.6 零气 zero air

指不含臭氧、氮氧化物、碳氢化合物及任何能使臭氧光度计产生紫外吸收的其他物质的空气。

3 臭氧标准参考光度计校准设施的组成与要求

3.1 校准设施的组成

臭氧标准参考光度计校准设施由臭氧标准参考光度计、零气发生装置、辅助仪器设备、臭氧二级标准/臭氧传递标准/臭氧控制标准和数据采集传输设备组成。如图 1 所示。

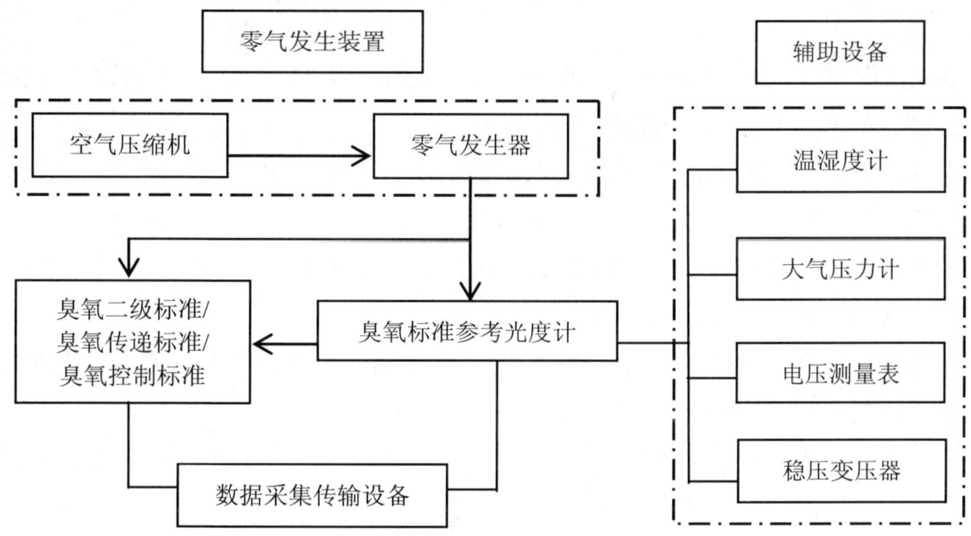

图 1 臭氧标准参考光度计校准设施的组成

3.2 校准的要求

3.2.1 环境要求

（1）温度保持在 15～30℃，温度波动应小于等于±1℃/h。选用适当型号的空调，空调系统能自动控制实验室内温度，并保持足够的空气循环，以平衡温度分布。勿使空调正对着仪器吹送。

（2）湿度在 10%～50%。当湿度不能满足要求时，需要配备抽湿机或加湿器，使用时避免抽湿机或者加湿器正对着仪器。

（3）配置良好的通风设备和废气排出口。在臭氧标准参考光度计的工作台面上设置抽风系统，排走校准过程所产生的臭氧。废气排出口应配置活性炭吸收过滤等相关设备，避免造成污染。

（4）供电系统应配有电源过压、过载、漏电保护装置，电源电压波动不能超过 220 V±10%，频率波动不超过（50±1）Hz。实验室应具有良好接地线路，接地电阻<4 Ω。臭氧标准

参考光度计的电压要求为110 V，需要配置稳压变压器，条件允许应配备不间断（UPS）电源。

（5）防止电磁波对仪器造成的干扰。

3.2.2 仪器设备要求

3.2.2.1 零气发生装置

主要由空气压缩机和零气发生器组成。零气发生装置用于为臭氧标准参考光度计提供稳定的零气源。零气发生器根据地区和季节的湿度差异，需配置气体干燥装置，且能够输出压力至少为172 kPa的纯净压缩气体。为保证输出零气质量，需定期比较和确认零气发生器的输出性能。零气发生器发生零气质量应符合附录A的要求。

3.2.2.2 辅助仪器设备

主要由温湿度计、大气压力计、电压测量表、稳压变压器等组成。辅助设备主要用于环境的温度、湿度、压力、电压的显示或调节。

（1）温湿度计应能够显示实时数据，具备数据存储和导出功能；温度计量程范围：0～50℃，准确度：±0.5℃；湿度计量程范围：0%～100%，准确度：±3%。

（2）大气压力计应能够显示实时数据，具备数据存储和导出功能，其压力单位包含“mbar”；大气压力计准确度：±0.1 mbar。

（3）电压测量表应能够显示实时数据，用于准确测量臭氧标准参考光度计内部电压；电压表量程范围：0～5 000 mV，准确度：±0.1 mV。

（4）稳压变压器应能够提供稳定交流电源，能够输出220 V/110 V的单相电压。稳压变压器输出电压：220 V/110 V±10%。

3.2.2.3 臭氧传递标准/臭氧控制标准

臭氧传递标准/臭氧控制标准应能准确产生、分析臭氧浓度，具备模拟信号或数字信号输出功能，可对臭氧发生器进行反馈调节。仪器性能指标见表1。

表1 臭氧传递标准/臭氧控制标准性能指标

项目	性能指标
量程范围	0～1 000 nmol/mol
零点噪声	≤1.0 nmol/mol
最低检出限	≤2.0 nmol/mol
示值误差	± 4% F.S.
响应时间	≤5 min
电压稳定性	± 1% F.S.
环境温度变化的影响（15～30℃温度范围）	≤1 nmol/（mol·℃）
20%量程精密度	≤5 nmol/mol
80%量程精密度	≤10 nmol/mol
24h 零点漂移	± 5 nmol/mol
24h 20%量程漂移	± 5 nmol/mol
24h 80%量程漂移	± 10 nmol/mol
臭氧发生稳定性	± 2%

3.2.2.4 数据采集和传输设备

主要用于采集、处理和存储数据。

4 臭氧一级校准的校准操作

4.1 仪器预热

臭氧标准参考光度计开机后预热稳定 48 h 以上。臭氧二级标准或臭氧传递标准根据其使用说明书充分预热稳定，使仪器达到最佳工作状态。尽量保持臭氧标准参考光度计处于通电待机状态，以维持内部电路的稳定性。

4.2 管路与信号连接

4.2.1 管路连接

按图 2 连接空气压缩机、零气发生器、臭氧标准参考光度计、臭氧二级标准或臭氧传递标准之间的管路。

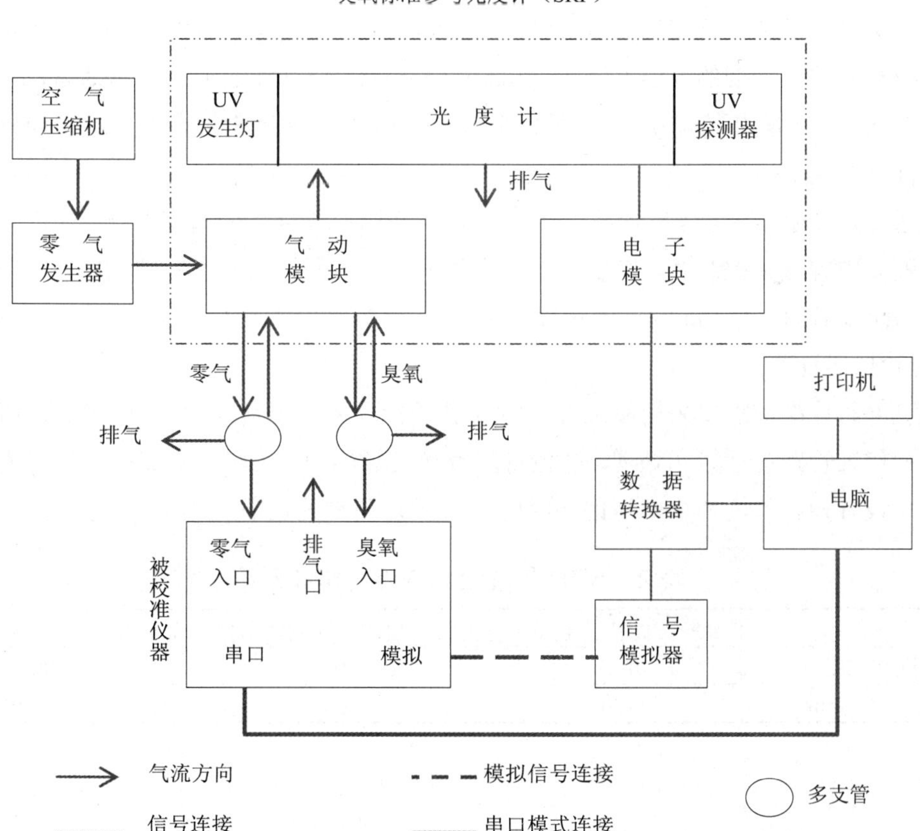

图 2 SRP 一级校准管路与信号连接图

注意：（1）管线的材质应采用不与臭氧发生化学反应的惰性材料，如硅硼玻璃、聚四氟乙烯等。连接到多支管的管线应等长，小于 1 m 较为合适。

（2）臭氧一级校准时应使用臭氧标准参考光度计自身配置的臭氧发生器。

（3）来源不同的零空气可能含有不同的残余物质从而产生不同的紫外吸收。因此，向臭氧二级标准或臭氧传递标准提供的零空气必须与臭氧标准参考光度计臭氧发生器所用的零气为同一来源。

4.2.2 信号连接

串口连接方式：用数据线连接臭氧二级标准或臭氧传递标准仪器端口和电脑端口。根据臭氧二级标准或臭氧传递标准的通信协议进行参数设置。

模拟信号连接方式：用信号线连接臭氧二级标准或臭氧传递标准仪器端口和臭氧标准参考光度计信号模拟器端口。根据臭氧二级标准或臭氧传递标准模拟信号的电压与量程范围进行参数设置。

4.3 臭氧二级标准或臭氧传递标准的校准参数设置

设置臭氧标准参考光度计校准臭氧二级标准或臭氧传递标准的相关参数，其中臭氧二级标准或臭氧传递标准的稳定性因子（Instrument Stability Factor）和数据质量因子（Data Quality Factor）通常设置为 0.7，最大不能超过 2.0。其他参数设置参考臭氧二级标准或臭氧传递标准说明书。

注意：臭氧标准参考光度计校准多台臭氧二级标准或臭氧传递标准时，注意臭氧标准参考光度计内置流量控制器，控制进入多支管的气体流量。调节流量控制器，保证多支管两排气口至少各有 1 L/min 的气流对外排出。

4.4 饱和仪器管路

臭氧一级校准前需要采用高浓度臭氧对臭氧标准参考光度计、臭氧二级标准或臭氧传递标准和校准管路进行饱和处理，避免管路等对臭氧的吸附。根据臭氧标准参考光度计使用频率，设置相应的饱和浓度与饱和时间，具体设置参见表 2。

表 2 SRP 校准饱和浓度与饱和时间

	更换新臭氧发生灯	待机时间超过一周或使用新管线	待机时间 24 h 以内
饱和浓度	90%	90%	90%
饱和时间/min	≥120	60	5～10

4.5 多点校准

在臭氧二级标准或臭氧传递标准满量程范围内，设置浓度点应不小于 7 个（包含一个零点和 6 个不同梯度的浓度点）。每个浓度点读值建议设置为 10 次重复读值的平均值。运行多点校准程序，进行至少 6 组多点校准循环，多组校准运行时间应大于等于 3 天。所有循环结束后应使用零空气吹扫至少 10 min，排除管路系统中残留的臭氧气体。

4.6　校准曲线的绘制

以臭氧标准参考光度计测定值为横坐标，臭氧二级标准或臭氧传递标准的响应值为纵坐标，用最小二乘法建立校准曲线。记录校准曲线的斜率和截距。

4.7　结果计算与分析

4.7.1　结果计算

多组校准循环的平均斜率与平均截距分别按公式（1）和公式（2）进行计算；多组校准循环斜率的相对标准偏差和截距的标准偏差分别按公式（3）和公式（4）进行计算。

$$\bar{m}=\frac{1}{n}\sum_{i=1}^{n}m_i \qquad (1)$$

$$\bar{I}\equiv\frac{1}{n}\sum_{i=1}^{n}I_i \qquad (2)$$

$$S_m=\frac{100}{\bar{m}}\sqrt{\frac{1}{5}\left[\sum_{i=1}^{6}(m_i)^2-\frac{1}{6}\left(\sum_{i=1}^{6}m_i\right)^2\right]}\% \qquad (3)$$

$$S_I=\sqrt{\frac{1}{5}\left[\sum_{i=1}^{6}(I_i)^2-\frac{1}{6}\left(\sum_{i=1}^{6}I_i\right)^2\right]} \qquad (4)$$

式中：$\bar{m}$——多组校准循环的平均斜率；

$\bar{I}$——多组校准循环的平均截距；

S_m——多组校准循环斜率的相对标准偏差；

S_I——多组校准循环截距的标准偏差；

m_i——第 i 组循环的斜率；

I_i——第 i 组循环的截距；

i——第 i 组循环；

n——循环总数。

4.7.2　结果分析

多组循环的单组斜率和平均斜率均应在 0.97～1.03，单组截距和平均截距应小于±3 nmol/mol；多组循环斜率的相对标准偏差 S_m≤3.7%，截距的标准偏差 S_I≤1.5 nmol/mol。否则查找原因，维修臭氧二级标准或臭氧传递标准后重新进行校准。臭氧标准参考光度计一级校准报告见附录 D。

4.8　校准周期

臭氧标准参考光度计一级校准应每年进行一次。有效期内，臭氧二级标准或臭氧传递标准若出现以下情况需再次进行校准：

（1）校准参数进行过调整。

（2）进行过影响臭氧浓度测量的相关维修。

（3）仪器量值出现明显偏差。

5 质量保证与质量控制

5.1 日/周核查

5.1.1 日核查

每日核查臭氧标准参考光度计实验室环境的温度、压力。

5.1.2 周核查

臭氧标准参考光度计工作期间，每周运行一次性能核查或校准前后各运行一次性能核查，以确认臭氧标准参考光度计运行正常。臭氧标准参考光度计性能核查方法见附录 B。臭氧标准参考光度计性能核查记录表见附录 C。

注意：臭氧标准参考光度计的性能核查需要在零气发生装置未打开的状态下进行。

5.2 半年核查

5.2.1 臭氧控制标准

（1）臭氧控制标准每 6 个月应通过臭氧标准参考光度计进行一次校准，校准操作按 4 的相同步骤进行参数设置、管路饱和、多点校准。评价方法同 4.7.2。

（2）臭氧标准参考光度计离开实验室前后应与臭氧控制标准进行比对，比对结果偏离一级校准指标时应开展与另一台臭氧标准参考光度计的比对。

5.2.2 零气发生装置

零气发生装置应每 6 个月进行一次质量核查，零气质量应符合附录 A 的要求。

5.3 年核查

（1）用于监控实验室环境和仪器设备工作状态的大气压力计、电压测量表等应定期检定。

（2）臭氧一级标准每年到中国计量科学研究院进行比对，以保证环境保护系统臭氧一级标准的溯源性。

附　录　A
（规范性附录）
零气的性能指标

表 A.1 零气发生器发生零气的性能指标

项目	性能指标
输出流量	20 L/min（172 kPa 时）
SO_2	＜0.5 nmol/mol
NO	＜0.5 nmol/mol
NO_2	＜0.5 nmol/mol
O_3	＜0.5 nmol/mol
CO	＜25 nmol/mol
碳氢化合物	＜20 nmol/mol

附　录　B
（规范性附录）
臭氧标准参考光度计的性能核查方法

1 运行软件程序

启动“Scaler Test”程序。

2 臭氧标准参考光度计的压力测试

2.1 零点调试

调节臭氧标准参考光度计电子模块的压力键至“校准”（CAL），待压力值稳定后，记录压力的零点测试读值，需要满足在 700.0±0.1 mb。否则调节压力零点电位计“Zero ADJ”使其满足要求。

2.2 跨度调试

调节电子模块的压力键至“运行”（RUN），待压力值稳定后，记录压力的跨度点测试值，需要满足在实验室大气压力计的标准值±0.2 mb。否则调节压力跨度点电位计“Span ADJ”使其满足要求。

2.3 重复调试

重复程序 2.1 和 2.2，直至两点的测试结果均满足要求。

3 臭氧标准参考光度计的温度测试

臭氧标准参考光度计的温度测试分为 STOLAB 电路卡的温度测试和臭氧标准参考光度计电路的测试两部分。

3.1 STOLAB 电路卡的温度测试

取下臭氧标准参考光度计的温度传感器，将 STOLAB 温度校准器连接到电子模块并调节至 100.0℃/30.0℃，稳定至少 15 min。

3.1.1 零点调试

调节 STOLAB 温度校准器至 0.0℃，调节臭氧标准参考光度计电子模块的温度键至“校准”（CAL），测量 STOLAB 电路卡上的 TP2（+）和 TP14（−）之间的电压，电压值应在 0.0±0.1 mV 之间。否则调节温度零点电位计直到零点电压读值满足要求。

3.1.2 跨度调试

调节 STOLAB 温度校准器至 100.0℃/30.0℃，调节臭氧标准参考光度计电子模块的温度键至“运行”（RUN），测量 STOLAB 电路卡上的 TP2（+）和 TP14（−）之间的电压，电压值应在 1 000.0±0.1 mV。否则调节温度跨度电位计直到跨度电压读值满足要求。

3.1.3 重复调试

重复程序 3.1.1 和 3.1.2，直至两点的测试结果均满足要求。

3.2 臭氧标准参考光度计电路的测试

3.2.1 零点调试

STOLAB 温度校准器在 100.0℃/30.0℃，调节臭氧标准参考光度计电子模块的温度键至“校准”（CAL），测量电子模块前面板红色测试点（+）和黑色测试点（−）之间的电压，调节温度零点电位计使得电压值在 0.1～1.0 mV。

3.2.2 跨度调试

STOLAB 温度校准器在 100.0℃/30.0℃，调节臭氧标准参考光度计电子模块的温度键至“运行”（RUN），测量电子模块前面板红色测试点（+）和黑色测试点（−）之间的电压，调节温度跨度电位计使得前面板读值在 100.000±0.010℃。

3.2.3 重复调试

重复程序 3.2.1 和 3.2.2，直至两点的测试结果均满足要求。

温度测试结束后，调节 STOLAB 温度校准器至 0.0℃，取下 STOLAB 温度校准器，连接臭氧标准参考光度计的温度传感器。

4 臭氧标准参考光度计的紫外（UV）灯源背景温度测试

打开臭氧标准参考光度计的电子模块机盖，记录 UV 灯源背景温度值，应满足 60℃

±2℃。否则调节电子模块的电流强度电位计使其满足要求。

5 臭氧标准参考光度计的紫外（UV）灯源强度测试

运行臭氧标准参考光度计测试软件，记录光路 1（Scaler1）和光路 2（Scaler2），需同时满足：

（1）Scaler1＞90000；

（2）Scaler2＞90000；

（3）Scaler1＞Scaler2。

如不满足要求，小心拧松 UV 灯的螺丝，手握 UV 灯尾部，旋转 UV 灯或者上下来回移动使 Scaler1 和 Scaler2 读值满足要求，迅速拧紧螺丝固定 UV 灯。

6 臭氧标准参考光度计的光度空白值

关闭臭氧标准参考光度计的“SRP Control”界面的“Shutter”，再次启动“Scaler Test”程序，通过检测器外罩的两个小孔调节主检测器电路板的电位计。SRP 光度空白值应满足：

（1）5≤Scaler1≤20；

（2）5≤Scaler2≤20。

7 臭氧标准参考光度计的稳定性测试

运行臭氧标准参考光度计的稳定性测试程序，运行 10 组循环，每组设置 20 个读值点。臭氧标准参考光度计稳定性测试报告中，10 组循环的后 4 组应满足：

（1）Scaler 1 的标准偏差≤25；

（2）Scaler 2 的标准偏差≤25；

（3）Scaler 1 与 Scaler 2 比值的标准偏差≤0.000030。

附录 C

（资料性附录）

臭氧标准参考光度计的性能核查记录表格

项目名称			实验日期	
实验室环境条件	室温		相对湿度	
仪器名称及型号			固定资产登记号	
预热				
SRP 开机时间		年　　月　　日　　时		
压力				
(1) 校准前压力值				

（a）SRP 电路零点校准（700.0±0.1 mb）			
目标值	700 mb	SRP 读值	mb
（b）SRP 电路跨度校准（实验室校准值±0.2 mb）			
实验室标准值	mb	SRP 读值	mb
（2）校准后压力值			
实验室标准值	mb		
SRP 零点读值	mb	SRP 跨度读值	mb
温度			
（1）STOLAB 电路卡　　STOLAB 温度校准器系列号：PL0/100 测定 TP2（+）和 0TP14（-）之间的电压			
（a）零点校准（0.0±0.1 mV）			
电压值	调节前	调节后	
	mV	mV	
（b）跨度校准（1 000.0±0.1 mV）			
电压值	调节前	调节后	
	mV	mV	
（2）SRP 电压			
（a）零点（0.1～1.0 mV）			
电压值	调节前	调节后	
	mV	mV	
（b）跨度（100.000±0.010℃）			
温度值	调节前	调节后	
	℃	℃	
UV 电源灯型号和背景温度			
UV 灯（型号和制造商）：BHK Ozone Free Quartz Lamp			
背景温度	调节前	调节后	
	℃	℃	
光强度值			
	调节前	调节后	
光路 1			
光路 2			
光强度空白值			
	调节前	调节后	
光路 1			
光路 2			
稳定性检查			
见附表			
备注			

检测人		审核人		审核日期	

附 录 D

（资料性附录）

臭氧标准参考光度计校准报告结果通知书内页格式

校 准 报 告

报告编号：

仪器名称 ____________________

使用单位 ____________________

型号/规格 ____________________

出厂编号 ____________________

生产厂商 ____________________

分析日期 ____________________

环境条件

温度：______℃　　　　　湿度：________%　　　　　大气压：_______mbar

主要仪器

基准仪器：臭氧标准参考光度计（SRP ##）；

测量范围：________nmol/mol

参考文件

《臭氧标准参考光度计一级校准作业指导书》

结果

校准前：斜率：______　截距：________nmol/mol

校准后：斜率：______　截距：________nmol/mol

校准组次	斜率	斜率不确定度	截距（nmol/mol）	截距不确定度（nmol/mol）
1				
2				
3				
4				
5				
6				
平均值				
相对标准偏差				
标准偏差				

关系式：

结论：

校准证书有效期内，使用单位严禁对臭氧二级标准或臭氧传递标准的斜率和截距进行更改。如更改，则此次校准结果无效。

环境空气臭氧标准参考光度计间接比对作业指导书

（试行）

1 目的

本指导书规范臭氧标准参考光度计（SRP）的间接比对工作，保障我国臭氧计量基准、计量标准测量量值一致性、准确性。

2 适用范围

本指导书适用于环境保护系统内臭氧标准参考光度计的间接比对，也适用于臭氧标准参考光度计的质量保证与质量控制。

3 比对原理

采用臭氧比对标准，通过间接比对的方式进行。间接比对包含 3 个比对过程：参比实验室的 SRPⅠ与臭氧比对标准第一次比对、主导实验室的 SRPⅡ与臭氧比对标准比对、SRPⅠ与臭氧比对标准第二次比对，可间接得到 SRPⅠ与 SRPⅡ的比对结果。间接比对示意图见图 1。

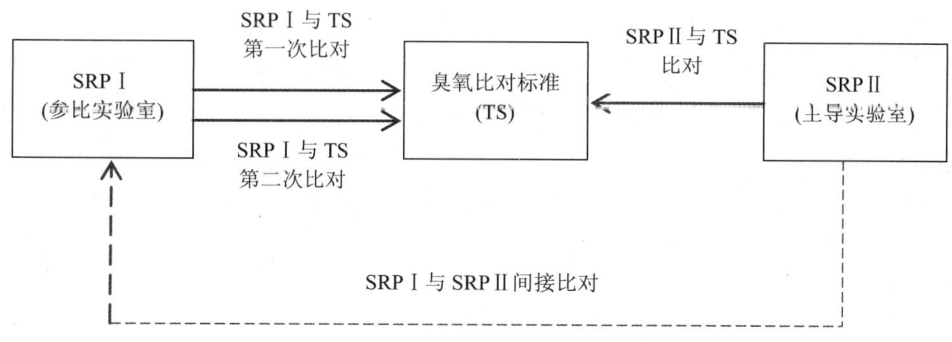

图 1 SRP 间接比对示意图

4 环境控制要求

4.1 温度保持在 15～30℃，温度波动应小于等于±1℃/h。选用适当型号的空调，空调系统能自动控制实验室内温度，并保持足够的空气循环，以平衡温度分布。勿使空调正对着仪器吹送。

4.2　湿度在 10%～50%。当湿度不能满足要求时，需要配备抽湿机或加湿器，使用时避免抽湿机或者加湿器正对着仪器。

4.3　配置良好的通风设备和废气排出口。在臭氧标准参考光度计的工作台面上设置排风系统，排走校准过程所产生的臭氧。废气排出口应配置活性炭吸收过滤等相关设备，避免造成污染。

4.4　供电系统应配有电源过压、过载、漏电保护装置，电源电压波动不能超过 220 V±10%，频率波动不超过（50 率波）Hz。实验室应具有良好接地线路，接地电阻＜4 Ω。臭氧标准参考光度计的电压要求为 110 V，需要配置稳压变压器，条件允许应配备不间断（UPS）电源。

4.5　防止电磁波对仪器造成的干扰。

5　试剂和材料

5.1　臭氧比对标准

间接比对使用的臭氧比对标准可以为臭氧标准参考光度计或臭氧校准仪。

5.2　零气

主要由空气压缩机和零气发生器组成。零气发生装置用于为臭氧标准参考光度计提供稳定的零气源。零气发生器根据地区和季节的湿度差异，需配置气体干燥装置，且能够输出压力至少为 172 kPa 的纯净压缩气体。为保证输出零气质量，需定期比较和确认零气发生器的输出性能。零气发生器发生零气质量应符合附录 A 的要求。

5.3　采样管线

管线的材质应采用不与臭氧发生化学反应的惰性材料，如硅硼玻璃、聚四氟乙烯等。连接到多支管的管线应等长，小于 1 m 较为合适。

5.4　数据采集方式

臭氧比对标准的数据采集方式应优先使用串口连接模式。

6　比对步骤

6.1　比对前的准备

臭氧标准参考光度计应开机预热 48 h 以上，仪器稳定后对其进行性能核查。臭氧比对标准应预热 24 h 以上。

6.2　比对实验

6.2.1　SRP Ⅰ与臭氧比对标准第一次比对

（1）根据要求连接好 SRP 和臭氧比对标准之间的管路和数据采集信号线。

（2）在 SRP 控制软件中设置臭氧比对标准的仪器参数，数据采集方式选择串口连接模式。

（3）打开空气压缩机和零气发生器，调节零气源压力在 20～30 psi。依次打开 SRP 泵、流量控制器、臭氧发生器和臭氧比对标准的泵。

（4）调节 SRP 臭氧发生器，产生浓度为 500 nmol/mol 的臭氧对 SRP、臭氧比对标准及管路饱和至少 2 h。

（5）设置 SRP 校准臭氧比对标准的相关参数，其中臭氧比对标准仪器的稳定性因子（Instrument Stability Factor）和数据质量因子（Data Quality Factor）通常设置为 0.7，最大不能超过 2.0。调节 SRP 臭氧发生器输出百分比，在 0～500 nmol/mol 内，至少发生 12 个浓度点的臭氧（包含前后两个零点和满量程点，各浓度点均匀分布在量程范围内），每个浓度点读值设置为 10 次重复读值的平均值。运行软件进行多点校准。

（6）校准程序运行结束之后，用零空气吹扫管路至少 10 min。吹扫完毕，先将臭氧比对标准设置为待机状态，然后依次关闭 SRP 臭氧发生器、流量控制器、SRP 泵、零气发生器和空气压缩机。

6.2.2 SRPⅡ与臭氧比对标准比对

比对实验步骤见 6.2.1。比对过程中不得对臭氧比对标准的校正因子和零点等参数进行调节，以保证臭氧比对标准的一致性。

6.2.3 SRPⅠ与臭氧比对标准第二次比对

比对实验步骤见 6.2.1。比对过程中不得对臭氧比对标准的校正因子和零点等参数进行调节，以保证臭氧比对标准的一致性。

6.3 比对时间间隔

SRPⅠ与臭氧比对标准的第一次比对应在 SRPⅡ与臭氧比对标准比对之前的六个星期内完成，SRPⅠ与臭氧比对标准的第二次比对应在 SRPⅡ与臭氧比对标准比对之后的六个星期内完成，且与第一次比对的时间间隔越短越好。

3 组比对过程均至少进行 15 组多点校准，且每组比对应在 6 天内完成。

7 结果计算

7.1 结果处理

7.1.1 臭氧比对标准与 SRP 比对

以臭氧比对标准的测量值对应臭氧标准参考光度计的测量值绘制校准曲线，通过最小二乘法计算得到校准曲线的斜率和截距。3 个比对过程分别按公式（1）和公式（2）计算多组校准循环的平均斜率（$\overline{m}$）与平均截距（$\overline{I}$），按公式（3）和公式（4）进行计算多组校准循环斜率的相对标准偏差（S_m）和截距的标准偏差（S_I）。

$$\overline{m}=\frac{1}{n}\sum_{i=1}^{n}m_i \tag{1}$$

$$\overline{I} \equiv \frac{1}{n}\sum_{i=1}^{n} I_i \tag{2}$$

$$S_m = \frac{100}{\overline{m}}\sqrt{\frac{1}{5}\left[\sum_{i=1}^{6}(m_i)^2 - \frac{1}{6}\left(\sum_{i=1}^{6} m_i\right)^2\right]}\% \tag{3}$$

$$S_I = \sqrt{\frac{1}{5}\left[\sum_{i=1}^{6}(I_i)^2 - \frac{1}{6}\left(\sum_{i=1}^{6} I_i\right)^2\right]} \tag{4}$$

式中：m_i —— 单组循环的斜率；

I_i —— 单组循环的截距；

n —— 循环组数，$n \geqslant 15$。

由 SRP Ⅰ与臭氧比对标准第一次比对所得结果，得到臭氧比对标准与 SRP Ⅰ的第一次比对关系式：

$$x_{TS} = a_{TS,SRPI}\, x_{SRPI} + b_{TS,SRPI} \tag{5}$$

式中：x_{TS} —— 臭氧比对标准的臭氧浓度值，nmol/mol；

$x_{SRP\,I}$ —— SRP Ⅰ的臭氧浓度值，nmol/mol；

$a_{TS,\ SRP\,I}$ —— SRP Ⅰ与臭氧比对标准第一次比对多组循环的斜率均值；

$b_{TS,\ SRP\,I}$ —— 多组循环的截距均值，nmol/mol。

由 SRP Ⅱ与臭氧比对标准比对所得结果，得到臭氧比对标准与 SRP Ⅱ的比对关系式：

$$x_{TS} = a_{TS,SRPII}\, x_{SRPII} + b_{TS,SRPII} \tag{6}$$

式中：x_{TS} —— 臭氧比对标准的臭氧浓度值，nmol/mol；

$x_{SRP\,II}$ —— SRP Ⅱ的臭氧浓度值，nmol/mol；

$a_{TS,\ SRP\,II}$ —— SRP Ⅱ与臭氧比对标准比对多组循环的斜率均值；

$b_{TS,\ SRP\,II}$ —— 多组循环的截距均值，nmol/mol。

由 SRP Ⅰ与臭氧比对标准第二次比对所得结果，得到臭氧比对标准与 SRP Ⅰ的第二次比对关系式：

$$x_{TS} = a'_{TS,SRPI}\, x_{SRPI} + b'_{TS,SRPI} \tag{7}$$

式中：x_{TS} —— 臭氧比对标准的臭氧浓度值，nmol/mol；

$x_{SRP\,I}$ —— SRP Ⅰ的臭氧浓度值，nmol/mol；

$a'_{TS,\ SRP\,I}$ —— SRP Ⅰ与臭氧比对标准第二次比对多组循环的斜率均值，

$b'_{TS,\ SRP\,I}$ —— 多组循环的截距均值，nmol/mol。

7.1.2 SRP Ⅰ与 SRP Ⅱ间接比对

由公式（5）和公式（6），按公式（8）计算 SRP Ⅰ与 SRP Ⅱ间接比对的第一个关系式：

$$x_{SRPI} = \left(\frac{a_{TS,SRPII}}{a_{TS,SRPI}}\right)x_{SRPII} + \left(\frac{b_{TS,SRPII} - b_{TS,SRPI}}{a_{TS,SRPI}}\right) \tag{8}$$

式中：$x_{SRP\,I}$、$x_{SRP\,II}$ —— SRP Ⅰ和 SRPⅡ的臭氧浓度值，nmol/mol；

$a_{TS,\ SRP\,I}$、$a_{TS,\ SRP\,II}$ —— 多组循环的斜率均值；

$b_{TS,\ SRP\,I}$、$b_{TS,\ SRP\,II}$ —— 多组循环的截距均值，nmol/mol。

SRP Ⅰ与 SRPⅡ间接比对第一个关系式的斜率不确定度[u（$a_{SRP\,I,\ SRP\,II}$）]和截距不确定度[u（$b_{SRP\,I,\ SRP\,II}$）]分别按公式（9）和（10）计算：

$$u(a_{SRPI,SRPII}) = \sqrt{u(a_{TS,SRPI})^2 + u(a_{TS,SRPII})^2} \tag{9}$$

式中，u（$a_{TS,\ SRP\,I}$）、u（$a_{TS,\ SRP\,II}$） —— 臭氧比对标准与 SRP Ⅰ第一次比对、臭氧比对标准与 SRPⅡ比对斜率均值的不确定度；

$$u(b_{SRPI,SRPII}) = \sqrt{u(b_{TS,SRPI})^2 + u(b_{TS,SRPII})^2} \tag{10}$$

式中，u（$b_{TS,\ SRP\,I}$）、u（$b_{TS,\ SRP\,II}$） —— 两次比对截距均值的不确定度，nmol/mol。

由公式（6）和公式（7），按公式（11）计算 SRP Ⅰ与 SRPⅡ间接比对的第二个关系式：

$$x_{SRPI} = \left(\frac{a_{TS,SRPII}}{a'_{TS,SRPI}}\right)x_{SRPII} + \left(\frac{b_{TS,SRPII} - b'_{TS,SRPI}}{a'_{TS,SRPI}}\right) \tag{11}$$

式中：$x_{SRP\,I}$、$x_{SRP\,II}$ —— SRP Ⅰ和 SRPⅡ的臭氧浓度值，nmol/mol；

$a'_{TS,\ SRP\,I}$、$a_{TS,\ SRP\,II}$ —— 多组循环的斜率均值；

$b'_{TS,\ SRP\,I}$、$b_{TS,\ SRP\,II}$ —— 多组循环的截距均值，nmol/mol。

SRP Ⅰ与 SRPⅡ间接比对第二个关系式的斜率不确定度[u（$a_{SRP\,I,\ SRP\,II}$）]和截距不确定度[u（$b_{SRP\,I,\ SRP\,II}$）]分别按公式（12）和（13）计算：

$$u(a_{SRPI,SRPII}) = \sqrt{u(a'_{TS,SRPI})^2 + u(a_{TS,SRPII})^2} \tag{12}$$

式中，u（$a'_{TS,\ SRP\,I}$）、u（$a_{TS,\ SRP\,II}$） —— 臭氧比对标准与 SRP Ⅰ第二次比对、臭氧比对标准与 SRPⅡ比对斜率均值的不确定度；

$$u(b_{SRPI,SRPII}) = \sqrt{u(b'_{TS,SRPI})^2 + u(b_{TS,SRPII})^2} \tag{13}$$

式中，u（$b'_{TS,\ SRP\,I}$）、u（$b_{TS,\ SRP\,II}$） —— 两次比对截距均值的不确定度，nmol/mol。

7.2 评价指标

SRP Ⅰ与 SRPⅡ间接比对所得两个关系式（8）、（11）的斜率应在 1.00±0.01，截距在 0.0±1.0 nmol/mol。臭氧标准参考光度计间接比对相关记录表见附录 D。

8 质量保证与质量控制

8.1 臭氧标准参考光度计

（1）比对期间，每日核查实验室环境的温度、湿度。

（2）臭氧标准参考光度计在比对前后均需进行性能核查，以确认臭氧标准参考光度计运行正常。性能核查需在零气发生装置未打开的状态下进行。臭氧标准参考光度计性能核查方法见附录 B。臭氧标准参考光度计性能核查记录表见附录 C。

（3）应密切关注 SRP 的光度空白值。如果超出要求范围，应停止比对实验，关闭 SRP 电源，检查探测器室内的硅胶是否变色，确定是否需要更换。如更换硅胶，重新开机后需要稳定 48 h 再进行 SRP 调试操作。

（4）性能核查时所用的大气压力计、电压测量表等应定期检定。

8.2 臭氧比对标准

（1）臭氧比对标准在间接比对之前应进行臭氧一级校准，校准结果需满足臭氧一级校准指标：多组循环的单组斜率和平均斜率均应在 0.97～1.03，单组截距和平均截距应小于±3 nmol/mol；多组循环斜率的相对标准偏差 S_m≤3.7%，截距的标准偏差 S_I≤1.5 nmol/mol。

（2）比对过程中不应对影响臭氧比对标准光度计测量的参数进行任何调整，也不应对影响臭氧检测的硬件模块进行更换或维修。

（3）比对过程中严禁使用臭氧比对标准的臭氧发生器，以免污染臭氧标准参考光度计。

（4）应尽可能采取完善的措施确保臭氧比对标准在运输过程中的稳定性，如防震、防高温、防低温等措施。

（5）参比实验室的臭氧标准参考光度计与臭氧比对标准两次比对所得多组校准斜率的相对标准偏差 S_m 均应≤3.7%，截距的标准偏差 S_I 均应≤1.5 nmol/mol，由此判断臭氧比对标准在整个比对过程中有无明显的漂移和变化。

9 附录

附录 A（规范性附录）零气的性能指标

附录 B（规范性附录）臭氧标准参考光度计的性能核查方法

附录 C（资料性附录）臭氧标准参考光度计的性能核查记录表格

附录 D（资料性附录）臭氧标准参考光度计间接比对相关记录表

附　录　A
（规范性附录）
零气的性能指标

表 A.1 零气发生器发生零气的性能指标

项目	性能指标
输出流量	20 L/min（172 kPa 时）
SO_2	＜0.5nmol/mol
NO	＜0.5nmol/mol
NO_2	＜0.5nmol/mol
O_3	＜0.5nmol/mol
CO	＜25 nmol/mol
碳氢化合物	＜20 nmol/mol

附　录　B
（规范性附录）
臭氧标准参考光度计的性能核查方法

1　运行软件程序

启动“Scaler Test”程序。

2　臭氧标准参考光度计的压力测试

2.1　零点调试

调节臭氧标准参考光度计电子模块的压力键至“校准”（CAL），待压力值稳定后，记录压力的零点测试读值，需要满足在 700.0±0.1 mb。否则调节压力零点电位计“Zero ADJ”使其满足要求。

2.2　跨度调试

调节电子模块的压力键至“运行”（RUN），待压力值稳定后，记录压力的跨度点测试值，需要满足在实验室大气压力计的标准值±0.2 mb。否则调节压力跨度点电位计“Span ADJ”使其满足要求。

2.3　重复调试

重复程序 2.1 和 2.2，直至两点的测试结果均满足要求。

3 臭氧标准参考光度计的温度测试

臭氧标准参考光度计的温度测试分为 STOLAB 电路卡的温度测试和臭氧标准参考光度计电路的测试两部分。

3.1 STOLAB 电路卡的温度测试

取下臭氧标准参考光度计的温度传感器，将 STOLAB 温度校准器连接到电子模块并调节至 100.0℃/30.0℃，稳定至少 15 min。

3.1.1 零点调试

调节 STOLAB 温度校准器至 0.0℃，调节臭氧标准参考光度计电子模块的温度键至“校准”（CAL），测量 STOLAB 电路卡上的 TP2（+）和 TP14（-）之间的电压，电压值应在 0.0±0.1 mV 之间。否则调节温度零点电位计直到零点电压读值满足要求。

3.1.2 跨度调试

调节 STOLAB 温度校准器至 100.0℃/30.0℃，调节臭氧标准参考光度计电子模块的温度键至“运行”（RUN），测量 STOLAB 电路卡上的 TP2（+）和 TP14（-）之间的电压，电压值应在 1 000.0±0.1 mV。否则调节温度跨度电位计直到跨度电压读值满足要求。

3.1.3 重复调试

重复程序 3.1.1 和 3.1.2，直至两点的测试结果均满足要求。

3.2 臭氧标准参考光度计电路的测试

3.2.1 零点调试

STOLAB 温度校准器在 100.0℃/30.0℃，调节臭氧标准参考光度计电子模块的温度键至“校准”（CAL），测量电子模块前面板红色测试点（+）和黑色测试点（-）之间的电压，调节温度零点电位计使得电压值在 0.1～1.0 mV。

3.2.2 跨度调试

STOLAB 温度校准器在 100.0℃/30.0℃，调节臭氧标准参考光度计电子模块的温度键至“运行”（RUN），测量电子模块前面板红色测试点（+）和黑色测试点（-）之间的电压，调节温度跨度电位计使得前面板读值在 100.000±0.010℃。

3.2.3 重复调试

重复程序 3.2.1 和 3.2.2，直至两点的测试结果均满足要求。

温度测试结束后，调节 STOLAB 温度校准器至 0.0℃，取下 STOLAB 温度校准器，连接臭氧标准参考光度计的温度传感器。

4 臭氧标准参考光度计的紫外（UV）灯源背景温度测试

打开臭氧标准参考光度计的电子模块机盖，记录 UV 灯源背景温度值，应满足 60℃

±2℃。否则调节电子模块的电流强度电位计使其满足要求。

5 臭氧标准参考光度计的紫外（UV）灯源强度测试

运行臭氧标准参考光度计测试软件，记录光路 1（Scaler1）和光路 2（Scaler2），需同时满足：

（1）Scaler1＞90000；

（2）Scaler2＞90000；

（3）Scaler1＞Scaler2。

如不满足要求，小心拧松 UV 灯的螺丝，手握 UV 灯尾部，旋转 UV 灯或者上下来回移动使 Scaler1 和 Scaler2 读值满足要求，迅速拧紧螺丝固定 UV 灯。

6 臭氧标准参考光度计的光度空白值

关闭臭氧标准参考光度计的“SRP Control”界面的“Shutter”，再次启动“Scaler Test”程序，通过检测器外罩的两个小孔调节主检测器电路板的电位计。SRP 光度空白值应满足：

（1）5≤Scaler1≤20；

（2）5≤Scaler2≤20。

7 臭氧标准参考光度计的稳定性测试

运行臭氧标准参考光度计的稳定性测试程序，运行 10 组循环，每组设置 20 个读值点。臭氧标准参考光度计稳定性测试报告中，10 组循环的后 4 组应满足：

（1）Scaler 1 的标准偏差≤25；

（2）Scaler 2 的标准偏差≤25；

（3）Scaler 1 与 Scaler 2 比值的标准偏差≤0.000 030。

附 录 C

（资料性附录）

臭氧标准参考光度计的性能核查记录表格

<table>
<tr><td>项目名称</td><td colspan="2"></td><td>实验日期</td><td></td></tr>
<tr><td>实验室环境条件</td><td>室温</td><td></td><td>相对湿度</td><td></td></tr>
<tr><td>仪器名称及型号</td><td colspan="2"></td><td>固定资产登记号</td><td></td></tr>
<tr><td colspan="5">预热</td></tr>
<tr><td colspan="2">SRP 开机时间</td><td colspan="3">年月日时</td></tr>
<tr><td colspan="5">压力</td></tr>
</table>

<table>
<tr><td colspan="4">（1）校准前压力值</td></tr>
<tr><td colspan="4">（a）SRP 电路零点校准（700.0±0.1 mb）</td></tr>
<tr><td>目标值</td><td>700 mb</td><td>SRP 读值</td><td>mb</td></tr>
<tr><td colspan="4">（b）SRP 电路跨度校准（实验室校准值±0.2 mb）</td></tr>
<tr><td>实验室标准值</td><td>mb</td><td>SRP 读值</td><td>mb</td></tr>
<tr><td colspan="4">（2）校准后压力值</td></tr>
<tr><td>实验室标准值</td><td colspan="3">mb</td></tr>
<tr><td>SRP 零点读值</td><td>mb</td><td>SRP 跨度读值</td><td>mb</td></tr>
<tr><td colspan="4">温度</td></tr>
<tr><td colspan="4">（1）STOLAB 电路卡 STOLAB 温度校准器系列号：PL0/100
测定 TP2（+）和 0TP14（-）之间的电压</td></tr>
<tr><td colspan="4">（a）零点校准（0.0±0.1 mV）</td></tr>
<tr><td rowspan="2">电压值</td><td colspan="2">调节前</td><td>调节后</td></tr>
<tr><td colspan="2">mV</td><td>mV</td></tr>
<tr><td colspan="4">（b）跨度校准（1000.0±0.1 mV）</td></tr>
<tr><td rowspan="2">电压值</td><td colspan="2">调节前</td><td>调节后</td></tr>
<tr><td colspan="2">mV</td><td>mV</td></tr>
<tr><td colspan="4">（2）SRP 电压</td></tr>
<tr><td colspan="4">（a）零点（0.1～1.0 mV）</td></tr>
<tr><td rowspan="2">电压值</td><td colspan="2">调节前</td><td>调节后</td></tr>
<tr><td colspan="2">mV</td><td>mV</td></tr>
<tr><td colspan="4">（b）跨度（100.000±0.010℃）</td></tr>
<tr><td rowspan="2">温度值</td><td colspan="2">调节前</td><td>调节后</td></tr>
<tr><td colspan="2">℃</td><td>℃</td></tr>
<tr><td colspan="4">UV 电源灯型号和背景温度</td></tr>
<tr><td colspan="4">UV 灯（型号和制造商）：BHK Ozone Free Quartz Lamp</td></tr>
<tr><td rowspan="2">背景温度</td><td colspan="2">调节前</td><td>调节后</td></tr>
<tr><td colspan="2">℃</td><td>℃</td></tr>
<tr><td colspan="4">光强度值</td></tr>
<tr><td></td><td colspan="2">调节前</td><td>调节后</td></tr>
<tr><td>光路 1</td><td colspan="2"></td><td></td></tr>
<tr><td>光路 2</td><td colspan="2"></td><td></td></tr>
<tr><td colspan="4">光强度空白值</td></tr>
<tr><td></td><td colspan="2">调节前</td><td>调节后</td></tr>
<tr><td>光路 1</td><td colspan="2"></td><td></td></tr>
<tr><td>光路 2</td><td colspan="2"></td><td></td></tr>
<tr><td colspan="4">稳定性检查</td></tr>
<tr><td colspan="4">见附表</td></tr>
<tr><td colspan="4">备注</td></tr>
<tr><td colspan="4"></td></tr>
</table>

检测人		审核人		审核日期	

附 录 D
（资料性附录）
臭氧标准参考光度计间接比对相关记录表

表 D.1 臭氧标准参考光度计信息记录表

单位	参比实验室（SRP Ⅰ）	主导实验室（SRP Ⅱ）
SRP 编号		
单位名称		
单位地址		
联系人		
联系方式		
最近比对时间		
比对斜率		
比对截距（nmol/mol）		

表 D.2 臭氧比对标准信息记录表

仪器型号	生产厂商	出厂编号	有效量程	最近溯源时间	与 SRP Ⅰ 第一次比对时间	与 SRP Ⅱ 比对时间	与 SRP Ⅰ 第二次比对时间

表 D.3 臭氧标准参考光度计间接比对结果记录表

类别	斜率	斜率 不确定度	截距/ （nmol/mol）	截距不确定度/ （nmol/mol）
SRP Ⅰ 与臭氧比对标准第一次比对				
SRP Ⅱ 与臭氧比对标准比对				
SRP Ⅰ 与臭氧比对标准第二次比对				
SRP Ⅰ 与 SRP Ⅱ 间接比对的第一个关系式				
SRP Ⅰ 与 SRP Ⅱ 间接比对的第二个关系式				
比对指标	1.00±0.01	—	0.0±1.0	—
是否符合指标		—		—

环境空气臭氧传递标准间逐级校准作业指导书

警告：本方法需要使用有毒的臭氧气体，过剩的臭氧应排出室外

1 适用范围

本指导书规定了校准环境空气紫外光度法臭氧传递标准的操作规程。

本指导书适用于操作经校准合格的臭氧传递标准对下级臭氧传递标准进行校准工作。

本指导书适用于校准有效量程在 1～500 nmol/mol 的臭氧传递标准。

2 规范性引用文件

本指导书引用了下列文件或其中的条款。凡未注明日期的引用文件，其有效版本适用于本规范。

HJ 590 环境空气 臭氧的测定 紫外光度法

HJ 193 环境空气气态污染物（SO_2、NO_2、O_3、CO）连续自动监测系统安装验收技术规范

HJ 654 环境空气气态污染物（SO_2、NO_2、O_3、CO）连续自动监测系统技术要求及检测方法

JJG 1077 臭氧气体分析仪检定规程

HJ XXX 环境空气气态污染物（SO_2、NO_2、O_3、CO）连续自动监测系统运行和质控技术规范（征求意见稿）

3 术语和定义

下列术语和定义适用于本标准。

3.1 臭氧传递标准

指依据相关操作规程，能够准确再现或者准确分析、可以溯源到更高级别或者更高权威标准臭氧浓度的可运输仪器设备。臭氧传递标准用于传递臭氧一级标准的权威性或者用于校准监测站点的臭氧分析仪器。

注：臭氧传递标准可根据工作原理分为发生型传递标准、分析型传递标准和带有臭氧发生器的分析型传递标准。可根据在臭氧量值逐级传递中的位置分为二级传递标准、三级传递标准和四级传递标准。

3.2 发生型传递标准

该类传递标准仅含有臭氧发生器、不含有臭氧光度计，通过调节发生器的功率调整发

生的臭氧浓度，不能对发生的臭氧浓度进行实时测定。发生型传递标准仅适用于校准现场臭氧分析仪，不适用于校准分析型传递标准。

3.3 分析型传递标准

该类传递标准含有臭氧光度计，能够实时测定臭氧发生器发生的臭氧浓度。分析型传递标准可用于校准分析型传递标准、发生型传递标准和现场臭氧分析仪。部分分析型传递标准自带有臭氧发生器，在发生臭氧的同时可实时测定发生的臭氧浓度，并对臭氧发生器进行实时的反馈调节。

3.4 臭氧量值逐级传递

臭氧一级标准的臭氧量值经过传递标准的逐级传递，最终传递至现场臭氧分析设备（图 1）。

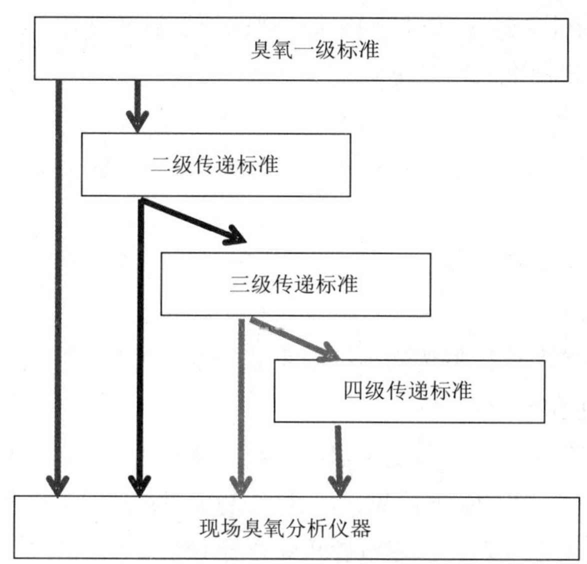

图 1 臭氧量值逐级传递链示意图

3.5 二级传递标准

由臭氧一级标准进行校准的传递标准，量值可直接溯源到一级标准。二级传递标准建议使用带有臭氧发生器的分析型传递标准[注]。

注：建议二级传递标准在专门的臭氧校准实验室中开展量值传递工作，除定期向上级标准溯源外，不外出进行量值传递工作。如因工作需要外出进行量值传递工作，应在外出后使用质控标准或一级标准对其量值进行检查，以保证量值稳定。

3.6 三级传递标准

由二级传递标准进行校准的传递标准，量值通过二级传递标准间接溯源到一级标准。三级传递标准建议使用分析型传递标准。

3.7 四级传递标准

由三级传递标准进行校准的传递标准，量值通过三级、二级传递标准间接溯源到一级标准。四级传递标准应带有臭氧发生器。

3.8 工作标准

日常用于校准下级传递标准或臭氧现场分析仪的臭氧传递标准。

3.9 质控标准

用于定期与工作标准进行质控比对的臭氧传递标准，其与被比对的工作标准应为同一级别的臭氧传递标准（一级标准的质控标准可为二级传递标准）。当同一级别的工作标准无法使用时，可使用质控标准校准下级传递标准或臭氧现场分析仪。

3.10 零气

指不含臭氧、氮氧化物、碳氢化合物及任何能使臭氧光度计产生紫外吸收的其他物质的空气。零气质量合格标准见附录 A。

3.11 标准状态

温度为 273K，压力为 101.325 kPa 时的状态。本标准中的污染物浓度均为标准状态下的浓度。

4 系统组成与原理

校准系统可分为校准分析型传递标准的系统和校准发生型传递标准的系统。

4.1 校准分析型传递标准的系统

校准系统由零气发生器、臭氧发生器、上级传递标准 A 的光度计（经更高级别臭氧标准校准合格）、待校准传递标准 B 的光度计等组成（图 2）。零气和臭氧样品空气分别通入零气和样品空气输出多支路管，零气输出多支路管气体出口分别连接至传递标准 A 光度计和 B 光度计前端的零气电磁阀、样品空气输出多支路管气体出口发分别连接至传递标准 A 和 B 光度计前端的样品空气电磁阀。在电磁阀的控制下，零气和样品空气交替进入传递标准的光度计，并根据朗伯-比尔定律（公式 1）计算，分别得到传递标准 A 和 B 测定的臭氧浓度 C_A 和 C_B，并将 C_A 回溯至臭氧标准参考光度计测定标准浓度 C_{srp}。通过比较 C_B 和 C_{srp}，对待校准传递标准 B 进行校准。

$$C=-\frac{1}{\sigma\times L_{\text{opt}}}\times\frac{T}{P}\times\frac{R}{N_A}\times\ln(D)\times10^{15} \tag{1}$$

式中：C —— 气体中臭氧浓度，nmol/mol；

D —— 样品的总透过率；

σ —— 标准状态下臭氧在 253.7nm 处的吸收系数，$1.147\,6\times10^{-17}$ cm^2/mol；

L_{opt} —— 光池总长度，cm；

T—— 光池温度，K；

P—— 光池气压，Pa；

R—— 气体常数，6.022 142×10^{23}；

N_A—— 阿佛加德罗常数，8.314472J/（mol·K）；

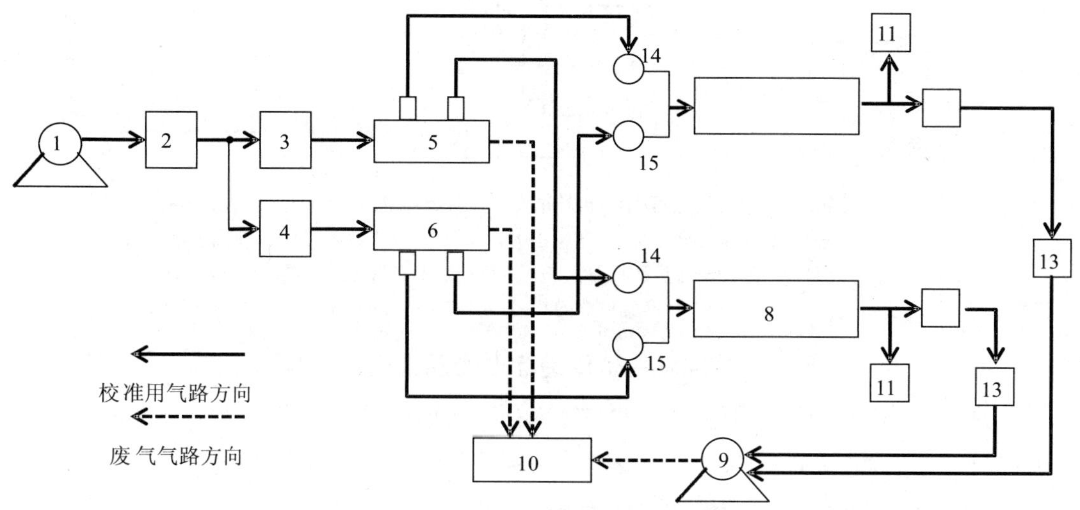

1—空压机；2—零气发生器；3—臭氧发生器；4—流量控制装置；5—样品空气输出多支路管；
6—零气输出多支路管；7—上级传递标准 A 光度计；8—被校准传递标准 B 光度计；9—采样泵；
10—排气管路；11—压力、温度传感器；12—流量传感器；13—流量控制器；14—样品空气电磁阀；
15—零空气电磁阀

图 2　校准分析型传递标准的系统气路示意图

注：来源不同的零气可能含有不同的残余物质从而产生不同的紫外吸收。因此，在校准过程中，向参与校准过程的各台紫外光度计提供的零气必须与臭氧发生器所用的零气为同一来源。

注：流量控制装置可为质量流量控制器、针阀等。

4.2　校准发生型传递标准的系统

校准系统由空压机、零气发生器、上级传递标准 A（经更高级别臭氧标准校准合格）的光度计、待校准发生型传递标准 B 等组成（图 3）。零气分别通入发生型传递标准 B 和零气输出多支路管中，发生型传递标准 B 产生的臭氧样品空气通入样品空气输出多支路管中。零气输出多支路管气体出口连接至上级传递标准 A 的零气电磁阀、样品空气输出多支路管气体出口连接至上级传递标准 A 的样品空气电磁阀。调节传递标准 B 中的紫外灯的功率，记录不同功率下上级传递标准 A 的测定的浓度 C_A，并将 C_A 回溯至臭氧标准参考光度计测定标准浓度 C_{srp}，对待校准传递标准 B 进行校准。

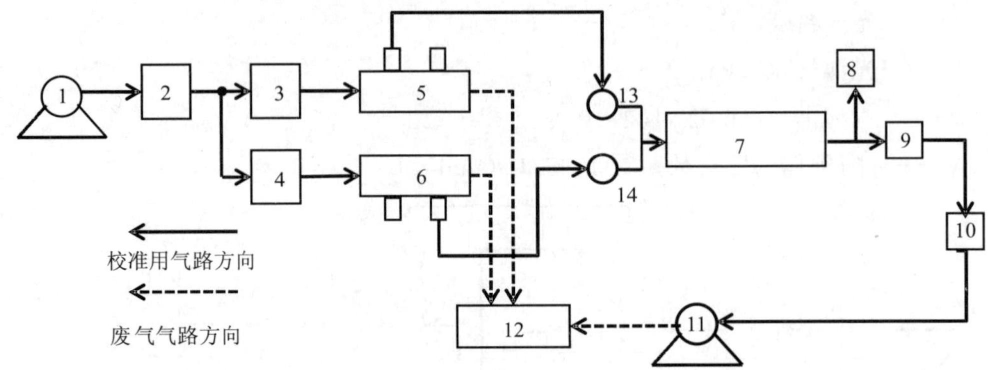

1—空压机；2—零气发生器；3—被校准发生型传递标准 B；4—流量控制装置；
5—样品空气输出多支路管；6—零气输出多支路管；7—上级传递标准 A 光度计；
8—压力、温度传感器；9—流量传感器；10—流量控制器；11—采样泵；12—排气管路；
13—样品气体电磁阀；14—零空气电磁阀

图 3　校准发生型传递标准的系统气路示意图

注：来源不同的零气可能含有不同的残余物质从而产生不同的紫外吸收。因此，在校准过程中，向参与校准过程的各台紫外光度计提供的零气必须与臭氧发生器所用的零气为同一来源。

注：流量控制装置可为质量流量控制器、针阀等。

5　干扰及消除

零气或样品空气中二氧化氮、二氧化硫和烃类化合物达到一定浓度是会对臭氧的测定产生干扰，影响校准。样品空气中一氧化氮在气体管路停留期间可能会与臭氧发生某种程度的反应，影响对臭氧校准。因此，在校准过程中，应保证零气质量满足本标准附录 A 中的要求。

零气中的颗粒物如未被去除，可能在气体管路中产生累积，影响校准结果，因此零气发生器中应装有颗粒物过滤设备。

零气中的水分会对臭氧的测定产生干扰。因此，在空气相对湿度较高的地区或时段，零气发生器应加装在线脱水装置。

6　试剂和材料

6.1　气路管线

气路管线需采用玻璃、聚四氟乙烯等不与臭氧起化学反应的惰性材料制造。气路管线应保证其各处均不存在泄露。

6.2　零气

符合附录 A 要求的零气由零气发生器产生，为保证零气质量，应按零气发生器说明书要求按时更换各类用于涤除各类干扰物质的耗材。

注：来源不同的零气可能含有不同的残余物质从而产生不同的紫外吸收。因此，在校准过程中，向参与校准过程的各台紫外光度计提供的零气必须与校准使用的臭氧发生器所用的零气为同一来源。

6.3 涤除罐

由于装填各类涤除用填料，需采用聚四氟乙烯等惰性材料制造，两端需加装 PE 棉以过滤涤除填料或空气中的颗粒物。

注：涤除罐需要承受较大的气压，使用前确认所用罐体能够承受空压机产生的气压。

6.4 氧化剂

装填于涤除罐中，组成氧化室，用于将空气中的一氧化氮氧化生成二氧化氮。可采用高锰酸钾氧化铝等作为填料，失效后需要及时更换。

6.5 吸附剂

装填与涤除罐中，组成清除室，用于清除空气中的二氧化硫、二氧化氮、烃类、臭氧等。常采用碘化活性炭等作为填料，失效后需要及时更换。

6.6 脱水装置

脱水装置可采用水汽分离器、罐装干燥剂（分子筛、变色硅胶）等，失效后需要及时更换。

注：使用水汽分离器前确认空压机产生的气压是否在其适用范围内。

7 仪器和设备

7.1 臭氧传递标准

7.1.1 不带有臭氧发生器的分析型传递标准

不带有臭氧发生器的分析型传递标准主要由以下部分组成。典型的不带有臭氧发生器的分析型传递标准见图 4。

（1）紫外光度计

紫外光度计由紫外吸收池、紫外光源灯和紫外检测器三部分构成，用于分别测定 253.7 nm 下样品空气和零气的光强度。紫外光源灯发射 253.7 nm 的紫外光，并屏蔽 185 nm 的紫外光。紫外吸收池由不与臭氧反应的惰性材料制成，具有良好的机械稳定性。紫外检测器能定量接收波长 253.7 nm 处辐射的 99.5%，电子组件和传感器的响应稳定。

（2）电磁阀

切换样品空气和零气交替进入紫外光度计中的紫外吸收池。

（3）采样泵

安装在气路的末端。

（4）流量控制器

安装在采样泵的前端，用于控制采样流量。

（5）流量传感器

安装在流量控制器前端，由于测定采样流量。

（6）温度传感器

测量紫外吸收池中的温度。

（7）压力传感器

测量紫外吸收池中的气压。

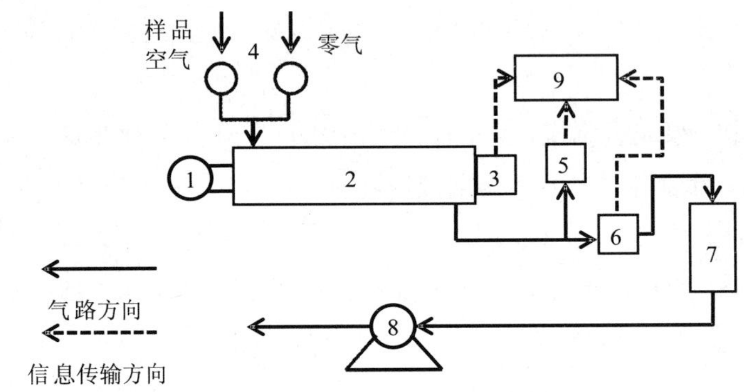

1—紫外光源灯；2—紫外吸收池；3—紫外检测器；4—电磁阀；5—温度、气压传感器；6—流量传感器；7—流量控制器；8—采样泵；9—信号处理器

图 4　典型的不带有臭氧发生器的分析型传递标准示意图

分析型臭氧传递标准的构造和原理与环境空气臭氧分析仪相似，但必须去除环境臭氧分析仪内置的臭氧涤除器，保证提供给分析型传递标准的零气与臭氧发生器的零气为同一来源。

注 1：分析型传递标准的紫外光度计用于臭氧量值传递工作，只允许使用洁净的经过零气发生器过滤合格的零气，禁止用于测定环境空气。

注 2：保证提供给紫外光度计的零气与供给臭氧发生模块的零气为同一来源。

7.1.2　发生型臭氧传递标准

发生型臭氧传递标准与零气发生器接通后，可通过调节其汞灯功率在量程范围内准确产生固定浓度的臭氧样品气体，臭氧发生浓度误差≤±2%或 2 nmol/mol。该类型传递标准多用于校准现场点位的环境空气臭氧分析仪。

发生型臭氧传递标准主要由以下部分组成。

（1）流量控制器

用于控制输入或输出的气体流量。

（2）流量传感器

安装在流量控制器后端，用于测量输入或输出的气体流量。

（3）臭氧发生腔

通过紫外汞灯等产生固定浓度的臭氧。

7.1.3 带有臭氧发生器的分析型臭氧传递标准

带有臭氧发生器的分析型臭氧传递标准可在产生固定浓度的臭氧的同时测定产生的臭氧浓度，是发生型臭氧传递标准和分析型臭氧传递标准的结合。该仪器通入零气后，可通过调节汞灯功率产生固定浓度的臭氧样品气体。产生的臭氧样品气体经过输出多支路管，一部分进入该仪器自带的紫外光度计用于测定产生的臭氧浓度，并根据测定的浓度对臭氧发生器进行反馈条件；另外一部分用于通入分析型传递标准、其他带有臭氧发生器的分析型臭氧传递标准或环境空气臭氧分析仪中的紫外光度计用于校准或比对。

带有臭氧发生器的分析型传递标准主要由以下部分组成。典型的带有臭氧发生器的分析型传递标准见图 5。

（1）臭氧发生模块

结构与发生型臭氧传递标准相同。

（2）臭氧浓度检测模块

结构与分析型臭氧传递标准相同。

（3）输出多支路管

详见 7.3 中内容。

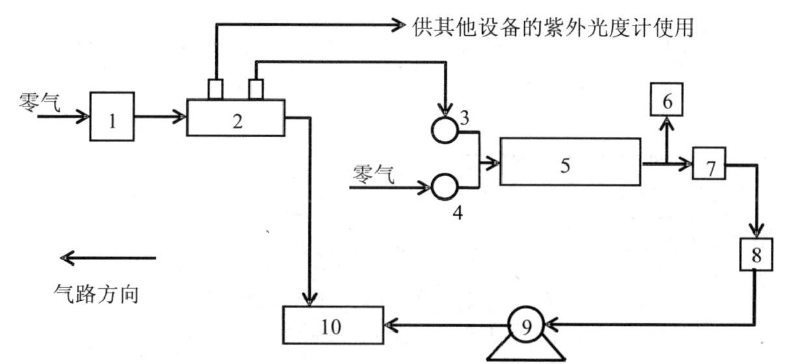

1—臭氧发生模块；2—输出多支路管；3—样品空气电磁阀；4—零气电磁阀；5—紫外光度计；6—压力、温度传感器；7—流量传感器；8—流量控制器；9—采样泵；10—排气管路

图 5 典型的带有臭氧发生器的分析型臭氧传递标准示意图

注 1：带有臭氧发生器的分析型传递标准的紫外光度计用于臭氧量值传递工作，只允许使用洁净的经过零气发生器过滤合格的零气，不得用于测定环境空气。

注 2：保证提供给紫外光度计的零气与供给臭氧发生模块的零气为同一来源。

7.2　零气发生系统

零气发生系统主要由以下部分构成。典型的零气发生系统见图 5。

7.2.1　空气压缩机

简称空压机，为校准提供足够流量的气流。

7.2.2　脱水装置

串联在空压机的后端，用于清除压缩机产生的气体中的水分。典型的脱水装置由水气分离器、分子筛涤除器和变色硅胶涤除器组成，结构见图 6。气候干燥的地区可不加装脱水装置，实验室空气相对湿度＞50%RH 的地区和时段需加装脱水装置。

7.2.3　零气发生器

串联在系统后端，用于清除空气中的 SO_2、NO_2、NO、O_3、CO 和化合物等干扰校准过程的气态污染物。典型的零气发生器由以下部分构成，结构见图 6。

（1）压力调节装置，可通过调节气压的大小进而调整输出的零气流速。

（2）氧化催化反应室，通过内部的高温催化反应将 CO 氧化成为 CO_2，将化合物及甲烷氧化成水和 CO_2

（3）氧化室，填装有氧化剂（如高锰酸钾氧化铝），将 NO 氧化成为 NO_2

（4）清除室，填装有吸附剂（如碘化活性炭），通过吸附作用清除 NO_2、SO_2、O_3、化合物等。

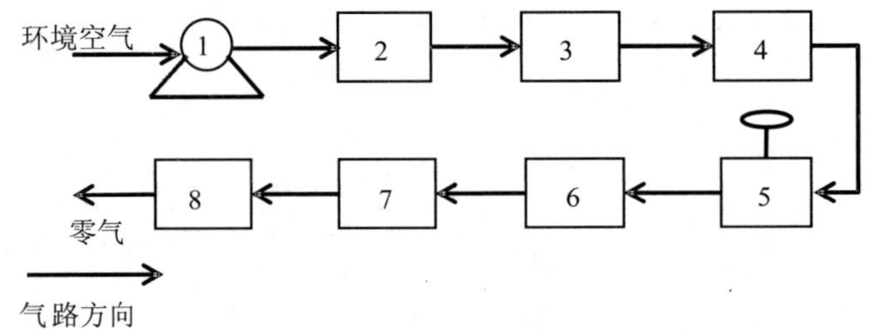

1—空压机；2—水气分离器；3—分子筛涤除器；4—变色硅胶涤除器；5—压力调节装置；6—氧化催化反应器；7—氧化室；8—清除室

图 6　典型的零气发生系统示意图

7.3　输出多支路管

零气发生系统与臭氧发生器产生的零气和臭氧样品气体分别通入不同的输出多支路管中，并经由输出多支路管的不同排气口分配给不同的臭氧紫外光度计，以保证不同的光度计同时使用相同的零气作为参比气体并测量相同的臭氧样品气体。

输出多支路管的材质应采用不与臭氧起反应的惰性材料，如硼硅酸盐玻璃、聚四氟乙烯等，多支路管应有足够的直径和排气口。为防止环境空气倒流如多支路管中，在校准过程中可封闭适当数量的空闲排气口。

8 技术要求

8.1 臭氧校准实验室要求

各省级环境监测站或运维单位应至少配备 1 间环境空气臭氧校准实验室，要求如下：

8.1.1 环境要求

臭氧校准实验室应满足以下环境要求：

（1）温度：15～30℃。

（2）相对湿度≤80% RH。

注：相对湿度＞50% RH 的时段或地方应在零气发生系统中加装脱水装置，详见 7.2.2。

（3）实验室温度和相对湿度应保持均匀、恒定，空调等设备的出气口不能直对设备。建议臭氧校准期间实验室内温度波动≤1℃/h。

（4）实验室应配置良好的通风设备和废气排出口，保持室内空气清洁。

8.1.2 供电要求

实验室应保证供电电压保持在 220V ± 10%，频率保持在 50±1 Hz。实验室供电系统应配有电源过压、过载和漏电保护装置，实验室要有良好的接地线路，接地电阻<4Ω。

8.1.3 仪器设备要求

实验室内建议至少配有一台工作标准和一台质控标准。工作标准和质控标准均应在校准有效期内。

实验室内应配有独立的零气发生系统，可产生足量、合格的零气供校准使用。

实验室内应配有适合的输出多支路管。

实验室内常用校准用设备见表 1。

表 1 臭氧校准实验室常用设备推荐清单

编号	仪器名称	技术要求	数量	用途
1	流量计	0～10 L/min（可溯源至国家标准）	1	测量各条气路流速
2	气压计	准确度±0.1 kPa 以内（可溯源至国家标准）	1	测量实验室气压 校准传递标准中的气压传感器
3	温湿度计	温度计：准确度±0.1℃以内 湿度计：准确度±1%以内	1	测量实验室温湿度 校准传递标准中的温度传感器

8.2 臭氧校准系统

8.2.1 外观要求

系统中各组成部分应满足以下要求：

（1）具有产品铭牌，铭牌上应标有仪器名称、型号、生产单位、出厂编号、制造日期等信息。

（2）表面完好无损，无明显缺陷，各零部件连接可靠，操作键、按钮灵活有效。

（3）各类型传递标准主机面板显示清晰，字符、标识易于识别。

8.2.2 工作条件

校准系统在以下条件应能正常工作：

（1）环境温度：15～30℃。

（2）相对湿度：≤80%。

（3）大气压：85～110 kPa。

注：个别高海拔地区应选择适应其低气压特殊环境的臭氧传递标准。

（4）供电电压：AC 220V ± 10%，50±1 Hz。

8.2.3 安全要求

8.2.3.1 绝缘电阻

在环境温度为 20～30℃，相对湿度≤80% RH 条件下，仪器电源端子对地或机壳的绝缘电阻不小于 20 MΩ。

8.2.3.2 绝缘强度

在环境温度为 20～30℃，相对湿度≤80% RH 条件下，仪器在 15 00 V（有效值）、50 Hz 正弦波实验电压下持续 1 min，不应出现击穿或飞弧现象。

8.2.4 气路连接要求

在连接臭氧校准系统的过程中，应遵循以下要求：

（1）各气路管线均应采用玻璃、聚四氟乙烯等不吸附臭氧且不与臭氧反应的惰性材料制作。

（2）应采用尽量短的气路管线以减少样品空气在管线中的保留时间。在内径为 13 mm 的玻璃或聚四氟乙烯管路中，保留时间≤10 s 不会对臭氧浓度产生显著影响。

（3）各连接处应连接紧密，不发生漏气、脱落现象。

8.2.5 功能要求

8.2.5.1 零气发生系统

零气发生系统应满足以下要求：

（1）零气发生系统的输出压力可调节。

（2）若实验室相对湿度＞50% RH，应在系统中加装脱水装置。

8.2.5.2 发生型传递标准（臭氧发生器）

臭氧发生器输出的流量、臭氧浓度在量程范围内可通过仪器面板进行调节。

8.2.5.3 分析型传递标准

分析型传递标准的紫外光度计与相关的数据显示、设定和传输设备应满足以下要求：

（1）仪器面板能够显示实时测定的臭氧浓度、所有校准参数（例如斜率、截距）、实时采样流速、吸收池内实时温度和压强、紫外灯实时温度、紫外检测器实时光强等状态参数，便于操作人员查询。

（2）通过仪器面板操作能够修改紫外光度计的校准参数（例如斜率、截距），便于操作人员进行校准操作。

（3）温度和气压传感器可校准。

（4）计算固定时间内臭氧浓度平均值的可设置的最小时间间隔应≤1 分钟。

（5）光度计前端零气和样品空气电磁阀可使用外部提供的零气和样品空气。

（6）实时测定的臭氧浓度可通过通讯线路实时传输至个人电脑。

9 性能要求

9.1 零气发生系统

零气发生系统发输出的零气流量应满足臭氧发生器和所有紫外光度计的用气需求，系统供给的零气总流量应≥臭氧发生器的设定流量+各台紫外光度计的采样流量总和+1 L/min。

发生的零气质量应符合附录 A 的要求。

9.2 发生型传递标准（臭氧发生器）

输出的臭氧流量应满足所有紫外光度计的用气需求，供给的臭氧样品空气总流量应≥参与校准的各台紫外光度计的采样流量总和+1 L/min。

量程范围：0～500 nmol/mol。

臭氧发生器基础性能应符合 HJ 654—2013 中 6.1.2 的要求。

9.3 分析型传递标准

测量范围：（0～500）nmol/mol，最小显示单位 1 nmol/mol。

臭氧分析仪基础性能应符合 HJ 654—2013 中 6.1.1 的要求。

9.4 带有臭氧发生器的分析型传递标准

输出的臭氧流量应满足所有紫外光度计的用气需求，供给的臭氧样品空气总流量应≥参与校准的各台紫外光度计的采样流量总和+1 L/min。

产生臭氧量程范围：0～500 nmol/mol。

测量范围：0～500 nmol/mol，最小显示单位 1 nmol/mol。

臭氧发生器基础性能应符合 HJ 654—2013 中 6.1.2 的要求。

臭氧分析仪基础性能应符合 HJ 654—2013 中 6.1.1 的要求。

10 分析型传递标准校准流程

分析型传递标准的校准流程如下，流程图见图 7。分析型传递标准校准气路连接参考 4.1。

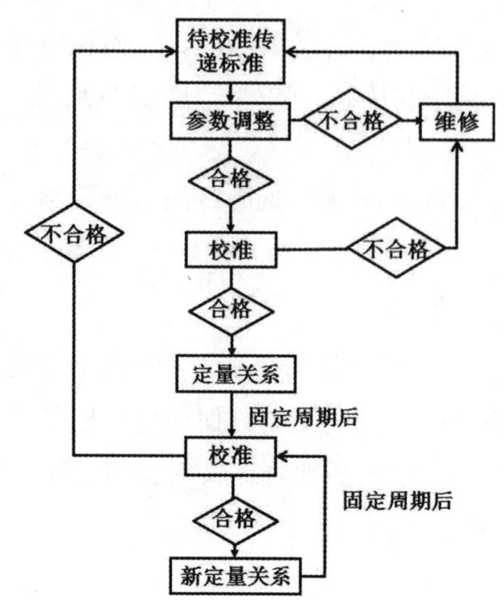

图 7 分析型传递标准的校准流程示意图

10.1 参数调整

参数调整一旦完成后，不允许被校准传递标准所属单位擅自调整校准参数。校准参数一旦发生改动，需重新对仪器进行校准。

10.1.1 零点校准

（1）开机预热、臭氧老化完成后，将臭氧发生器输出的臭氧浓度调为 0 nmol/mol，待上级传递标准 A 和被校准传递标准 B 示值均稳定后，记录 A 和 B 的测定的浓度 C_A 和 C_B。

（2）根据上级传递标准 A 示值与臭氧一级标准量值的线性关系，将 C_A 回溯至臭氧一级标准测定标准浓度 C_{srp}，参考 C_{srp}，调节传递标准 B 的相关校准参数（截距），零点偏移量应 $|C_B-C_{srp}|\leqslant 3$ nmol/mol。

10.1.2 跨度校准

（1）零点校准完成后，将臭氧发生器输出的臭氧浓度调为 400 nmol/mol 左右，待上级传递标准 A 和被校准传递标准 B 示值均稳定后，记录 A 和 B 的测定的浓度 C_A 和 C_B。

（2）根据传递标准 A 量值与标准参考光度计量值的线性关系，将 C_A 回溯至臭氧标准参考光度计测定标准浓度 C_{srp}，参考 C_{srp}。调节传递标准 B 的相关校准参数（斜率），跨度点偏移量应 $|C_B-C_{srp}|\leqslant 5$ nmol/mol。

10.1.3 零点检查

（1）跨度校准完成后，重新将臭氧发生器输出的臭氧浓度调为 0 nmol/mol，读数稳定后，重新计算零点偏移量。

（2）若新零点偏移量≤3 nmol/mol，零点检查合格，进入初校准。若新零点偏移量＞3 nmol/mol，重复 10.1.1 和 10.1.2 步骤，直至检查合格。

（3）多轮次校准后若仍零点检查仍不合格，检查气路连接，若气路连接无问题，则仪器需要维修或不适用于作为臭氧传递标准。

10.2 校准

10.2.1 校准操作要求

（1）校准由至少 1 轮次有效比对构成。每次有效比对之前，参与校准的各台传递标准需经过充分的预热和臭氧老化。

（2）每轮次比对至少包含 6 个浓度点，最低浓度点为 0 nmol/mol，最高浓度点为 400～450 nmol/mol（或量程的 80%～90%），其他浓度点均匀分布在最低和最高浓度点之间。

注：如仅包含 6 个浓度点，参考选择 0 nmol/mol、50 nmol/mol、150 nmol/mol、250 nmol/mol、350 nmol/mol、450 nmol/mol 浓度点进行校准操作。

（3）在进行每个浓度点的读数前，需稳定 5～20 min，待上级传递标准和被校准传递标准均示值稳定后再进行读数。每个浓度点至少进行 6 次重复读数，每次读数之间间隔 0.5～2 min，各台传递标准需同时读数。

10.2.2 校准各项指标的计算过程与合格标准

10.2.2.1 各浓度点示值的稳定性评价

在同一轮次的比对中，选择 m 个浓度点（$m \geqslant 6$），每个浓度点重复读数 n 次（$n \geqslant 6$）。计算第 i 个浓度点的平均浓度 C_i（公式 2）。

$$C_i = \frac{\sum_{j=1}^{n} C_{ij}}{n} \qquad \text{公式 2}$$

其中，C_{ij} —— 分析型传递标准第 i 个浓度点的第 j 次重复读数。

该浓度点通过其标准偏差 SD_i（公式 3）对其示值的稳定性进行评价，第 i 个浓度点的稳定性应符合 $SD_i \leqslant 2$ nmol/mol。若稳定性合格，则 C_i 为该浓度点的有效浓度。

$$SD_i = \sqrt{\frac{\sum_{j=1}^{n}\left(C_{ij} - C_i\right)^2}{n-1}} \qquad \text{公式 3}$$

注：若上级传递标准与被校准传递标准读数稳定性均不合格，建议对气路连接、臭氧发生器性能、零气质量、气体流量等校准系统的各个环节进行检查，寻找系统不稳定的原因。

10.2.2.2 校准曲线

该轮次的全部浓度点示值读取完毕后，若上级传递标准 A 与被校准传递标准 B 在各浓度点示值全部符合 10.2.2.1 的要求，通过最小二乘法建立该轮次被校准传递标准 B 示值与一级标准量值的线性关系，计算过程如下：

（1）根据上级传递标准 A 示值与一级标准量值的线性关系，将上级传递标准 A 在各

浓度点的平均浓度 C_{Ai} 回溯至一级标准在该浓度点的量值 C_{SRPi}。

（2）根据 C_{SRPi} 和被校准传递标准 B 在各浓度点的平均浓度 C_{Bi}，建立 $Y = aX + b$ 的校准曲线，其中 Y 为一级标准的量值，X 为传递标准 B 的示值，r 为相关系数。

（3）在该轮次（日）比对中，所获得校准曲线公式中的各项指标应符合以下要求：

相关系数 r ＞0.999；

0.95≤斜率 a ≤1.05；

−5 nmol/mol≤截距 b ≤5 nmol/mol。

10.2.2.3 传递标准示值与一级标准量值的量值关系

若校准曲线的符合 10.2.2.2 的要求，则被校准传递标准示值与一级标准量值的量值关系为：Y（一级标准臭氧浓度值，nmol/mol）$= a \times X$（被校准传递标准示值，nmol/mol）$+ b$（nmol/mol）。

10.2.3 校准的有效期

校准有效期为 6 个月，校准完成 6 个月之内，需进行再次校准。有效期内，若出现以下情况需重新进行校准：

（1）仪器校准参数进行过调整。

（2）仪器进行过影响量值的维修。

（3）使用单位通过内部质控活动（如工作标准-质控标准间的比对）后怀疑该标准量值出现了明显偏差。

注：对于外出对现场点位进行量值传递的传递标准，可加密校准频次，在一轮外出传递结束后对其重新进行校准；或采用上级标准或同级别质控标准对其进行期间核查，检查量值是否由于外出工作发生了重大变化。如量值发生了明显的变化，应及时对两次校准或期间核查之间由其传递的下级标准或现场臭氧分析仪及时进行重新传递。

11 发生型传递标准校准（标定）流程

发生型传递标准需要定期对其各输出浓度点进行校准（标定），标定过程中，需记录流速、环境压强、环境温度、紫外灯温度、海拔等参数。推荐在发生型传递标准的工作地点或附近环境差异较小的实验室进行。标定发生型传递标准气路连接参考 4.2。

11.1 初次校准（标定）

11.1.1 校准（标定）流程

（1）每轮次标定之前，参与校准的各台传递标准需经过充分的预热和臭氧老化。

（2）被标定的输出浓度点根据相关单位的实际工作需求进行选择。

（3）变更发生型传递标准输出浓度后，需稳定 5～20 分钟，待上级分析传递标准示值稳定后再进行读数。每个浓度点至少进行 6 次重复读数，每次读数之间间隔 0.5～2 分钟。

11.1.2 输出浓度点示值的稳定性评价

各输出浓度点示值的稳定评价方法与合格标准同 10.2.2.1。

11.1.3 不同轮次臭氧发生浓度重复性评价

标定流程需重复进行 3 轮次，每轮结束后应关机等待仪器冷却后再开机进行下一轮次标定。各轮次输出浓度点示值的稳定性均应满足 11.1.2 的要求。根据公式 4、5 计算 i 浓度点在 j 轮的臭氧发生浓度偏差 E_{ij} 与相对偏差 RE_{ij}：

$$E_{ij} = C_{ij} - \overline{C_i} \qquad \text{公式 4}$$

$$RE_{ij} = \frac{E_{ij}}{\overline{C_i}} \times 100\% \qquad \text{公式 5}$$

其中，C_{ij} 为 i 浓度点在 j 轮的臭氧发生浓度（一级标准浓度，非分析型传递标准示值），$\overline{C_i}$ 为 i 浓度点 3 轮次的平均浓度，计算方法参考公式 6：

$$\overline{C_i} = \frac{\sum_{j=1}^{3} C_{ij}}{3} \qquad \text{公式 6}$$

各轮次中，各浓度点的臭氧发生浓度偏差 E_{ij} 或相对偏差 RE_{ij} 应满足：

$$E_{ij} \leqslant \pm 2\ \text{nmol/mol} \quad 或\ RE_{ij} \leqslant \pm 2\%$$

11.1.4 实际输出浓度

如各轮次各浓度点臭氧发生浓度偏差满足 11.1.3 的需求，则将平均值 $\overline{C_i}$ 标定为发生型传递标准在 i 浓度点输出的实际浓度。发生型传递标准使用这些标定过的实际输出浓度对现场臭氧分析仪进行校准操作。

11.2 再校准（标定）

11.2.1 输出浓度点示值的稳定性评价

在校准有效期内，需对各输出浓度点进行再标定。再标定只进行一轮次，流程同 11.1，各浓度点示值的稳定评价方法与合格标准同 11.1.2。

11.2.2 不同轮次臭氧发生浓度重复性评价

若 11.2.1 合格，计算本轮校准中各浓度点臭氧输出浓度相对于上轮校准后各浓度点标定的实际输出浓度（$\overline{C_{i旧}}$）的误差与相对误差（公式 4、5），合格标准与 11.1.3 相同。

11.2.3 实际输出浓度

若 11.2.2 合格，计算 i 浓度点最新一轮次与最近两轮次的臭氧输出浓度的平均值（$\overline{C_{i新}}$ 公式 6），并将其标定为发生型传递标准在各浓度点的实际输出浓度。发生型传递标准使用这些新标定过的实际输出浓度对现场臭氧分析仪进行校准操作。

11.2.4 再校准（标定）不合格

若新一轮次 11.2.1 或 11.2.2 不合格。则对仪器性能进行检修后重新进行初次校准（标定），初校准流程参考 11.1，并对其校准的现场臭氧分析仪重新进行零跨检查/校准。

11.3 发生型臭氧传递标准校准（标定）有效期

校准（标定）有效期为 3 个月。有效期内，若出现以下情况需进行重新校准（标定）：

（1）气体流速、紫外灯温度、气压等重要参数发生显著改变。

（2）仪器进行过影响臭氧发生准确性的维修。

注：发生型臭氧传递标准量值波动较大，应尽可能加密其校准（标定）频次。

12 质量保证与质量控制

12.1 上级传递标准的校准

上级传递标准应能溯源至臭氧一级标准，且在校准有效期内。

12.2 开机预热与臭氧老化

校准操作开始前，传递标准需经开机预热至各项状态参数稳定[注]。开机预热完成后，需通入高浓度（≥400 nmol/mol）臭氧对系统进行老化。

注：大部分商品化的传递标准经过最多 1 h 充分预热后可达到稳定状态。

12.3 传递标准温度、气压传感器的校准

每年需要使用温度标准和气压标准对传递标准的温度和气压传感器进行校准，校准结果应满足：

温度传感器准确度≤±0.5℃。

压力传感器准确度≤±0.2 kPa。

流量传感器准确度合格标准参考 HJ/T 193—2005《环境空气质量自动监测规范》中附录 C 的相关要求。

12.4 零气

校准前需保证零气质量符合附录 A 的要求，零气流量满足校准需求，相对湿度较高的地区或时段应加装除湿装置：

12.4.1 排水

按照仪器说明书中规定的固定周期排出空压机积累的水分。

12.4.2 涤除器的更换

按照零气发生器要求的固定周期更换涤除器以保证零气质量。

12.5 流量检查

校准开始前，使用流量计对关键环节的气体流量进行测定，参考 9.1 和 9.4 的要求保证零气和臭氧样品空气的供应满足校准需求。

12.6 质控比对

周期性比对工作标准与质控标准（或上级标准）的量值[注 1]，如发现工作标准和质控标准

之间量值存在较大偏差，应及时将工作标准和质控标准送至上级臭氧标准处重新进行校准注2。

注 1：建议在工作标准外出工作前后与质控标准进行比对，以评估外出工作对工作标准量值的影响。

注 2：质控标准仅用来检查工作标准量值是否出现严重偏差，其与工作标准为同一级别的传递标准，不能使用其量值对工作标准进行校准。

附 录 A

（资料性附录）

零气发生器与臭氧发生器的 QA/QC

A.1 零气质量的合格标准

用于臭氧传递标准间校准的零气应符合如下标准：

（1）CO＜0.025 ppm、NO、NO_2、SO_2、O_3＜0.5 nmol/mol、化合物＜0.02 ppm；

（2）零气压力稳定，气压大小符合臭氧发生器的要求，零气流量满足校准系统需求。

A.2 零气质量的 QA/QC

A.2.1 设备

超高纯零气（钢瓶气）；待确认的零气发生系统；臭氧发生器；气体校准仪；高分辨率 CO、NO、NO_2、SO_2、O_3 分析仪各一台。

A.2.3 零气发生器中各类涤除器的检查

按照说明书的要求，按时检查、维护、更换零气发生器脱水装置（水气分离器、分子筛涤除器和变色硅胶涤除器）、氧化剂（高锰酸钾氧化铝）、吸附剂（碘化活性炭）等，保证零气发生器工作正常。

A.2.2 气态污染物含量的检查

如条件允许，可定期对零气中各类气态污染物含量进行检查。以超高纯零气为零气，以零气发生系统发生的零气为样品空气，将其通入可溯源的高分辨率气态污染物分析仪中监测零气中气态污染物的含量。

A.3 臭氧发生器稳定性的检查

臭氧发生器中发生高浓度的臭氧，通入 O_3 光度计中检测发生的臭氧浓度，气路连接参考 4.2。若光度计示值波动较大，可能为高浓度零气发生系统输出零气的压力不稳定或发生臭氧的紫外灯异常，需加装或更换气压调节装置，并对臭氧发生器紫外灯进行检查。

附　录　B

（资料型附录）

臭氧传递标准间校准记录表格（模板）

表 B.1 校准分析型传递标准用记录表格（模板）

被校准传递标准信息			
型号：	出厂编号：	生产厂家：	量程：
级别：	斜率：	截距：	最近溯源时间：
本次校准前与一级标准量值的定量关系： Y（一级标准臭氧浓度值，nmol/mol）=（　　）×X（传递标准示值，nmol/mol）+（　　）（nmol/mol）			

上级传递标准信息					
型号：	出厂编号：	生产厂家：	量程：	级别：	最近溯源时间：
与一级标准量值的定量关系： Y（一级标准臭氧浓度值，nmol/mol）=（　　）×X（传递标准示值，nmol/mol）+（　　）（nmol/mol）					

校准信息										
多点校准		重复读值						均值	示值稳定性	
		1	2	3	4	5	6		SD	是否合格
浓度点 1： （　） nmol/mol	被校准标准									
	上级标准									
	一级标准									
浓度点 2： （　） nmol/mol	被校准标准									
	上级标准									
	一级标准									
浓度点 3： （　） nmol/mol	被校准标准									
	上级标准									
	一级标准									
浓度点 4： （　） nmol/mol	被校准标准									
	上级标准									
	一级标准									
浓度点 5： （　） nmol/mol	被校准标准									
	上级标准									
	一级标准									
浓度点 6： （　） nmol/mol	被校准标准									
	上级标准									
	一级标准									

校准曲线斜率：	校准曲线截距：	校准曲线相关系数：	本次校准是否合格：
是否合格：	是否合格：	是否合格：	

校准结果					
本次校准后与一级标准量值的定量关系： Y（一级标准臭氧浓度值，nmol/mol）=（　　）×X（传递标准示值，nmol/mol）+（　　）（nmol/mol）					
校准地点：	温度：	气压：	相对湿度：	校准时间：	有效期至：
操作人： 日期：		校核人： 日期：		审核人： 日期：	

表 B.2 校准发生型传递标准用记录表格（模板）

被校准传递标准信息			
仪器型号：	出厂编号：	生产厂家：	发生流量：
量程：	级别：	最近溯源时间：	

历史标定浓度		电压 1：	电压 2：	电压 3：	电压 4：	电压 5：	电压 6：
	已标定的输出浓度	（ ）nmol/mol	（ ）nmol/mol	（ ）nmol/mol	（ ）nmol/mol	（ ）nmol/mol	（ ）nmol/mol
	本次校准前 1 轮浓度	（ ）nmol/mol	（ ）nmol/mol	（ ）nmol/mol	（ ）nmol/mol	（ ）nmol/mol	（ ）nmol/mol
	本次校准前 2 轮浓度	（ ）nmol/mol	（ ）nmol/mol	（ ）nmol/mol	（ ）nmol/mol	（ ）nmol/mol	（ ）nmol/mol

上级传递标准信息		
仪器型号：	出厂编号：	生产厂家：
有效量程：	级别：	最近溯源时间：
与一级标准量值的定量关系： Y（一级标准臭氧浓度值，nmol/mol）=（ ）×X（传递标准示值，nmol/mol）+（ ）（nmol/mol）		

校准信息														
多点校准		重复读值						本轮均值	示值稳定性		臭氧发生误差			更新后的标定浓度
		1	2	3	4	5	6		SD	是否合格	误差	相对误差	是否合格	
电压 1	上级标准示值													
	一级标准量值													
电压 2	上级标准示值													
	一级标准量值													
电压 3	上级标准示值													
	一级标准量值													
电压 4	上级标准示值													
	一级标准量值													
电压 5	上级标准示值													
	一级标准量值													
电压 6	上级标准示值													
	一级标准量值													

校准环境信息		
校准地点：	温度：	气压：
相对湿度：	校准时间：	有效期至：
操作人：	校核人：	审核人：
日期：	日期：	日期：

环境空气臭氧自动监测现场比对核查作业指导书

1 适用范围

本指导书规定了开展紫外光度法环境空气臭氧自动监测现场比对的方法和要求。

本指导书适用于对紫外光度法环境空气臭氧自动监测进行质量检查时开展的现场比对。

2 规范性引用文件

本指导书内容引用了下列文件中的条款，凡是未注明日期的引用文件，其有效版本适用于本指导书。

HJ 590 环境空气 臭氧的测定 紫外光度法

HJ XXX 环境空气气态污染物（SO_2、NO_2、O_3、CO）连续自动监测系统运行和质控技术规范

环境空气 臭氧传递标准间的逐级校准 紫外光度法（作业指导书）

3 术语和定义

下列术语和定义适用于本文件。

3.1 臭氧核查标准

指携带至自动监测现场，用于臭氧自动监测现场比对核查的臭氧校准仪，必须经过臭氧量值传递，且能发生臭氧。

3.2 臭氧传递标准

指依据相关操作规程，能够准确再现或者准确分析、可以溯源到更高级别或者更高权威标准臭氧浓度的可运输仪器设备。臭氧传递标准用于传递臭氧一级标准的权威性或者用于校准监测站点的臭氧分析仪器。

注：臭氧传递标准可根据工作原理分为发生型传递标准、分析型传递标准和带有臭氧发生器的分析型传递标准。可根据在臭氧量值传递链中的位置分为二级传递标准、三级传递标准和四级传递标准。

4 方法原理

采用经量值传递的臭氧核查标准，对正常工作状态的环境空气自动监测点位的臭氧分析仪进行现场比对，以分析仪测定值与核查标准测定值的相对误差评价臭氧分析仪的准确度。

5 试剂和材料

5.1 采样管线及接头：采样管线采用不与臭氧发生化学反应的聚四氟乙烯材料，接头包括三通、两通等常用接头。

5.2 臭氧核查标准运输箱：减少仪器运输过程中的物理震动、位移等。

6 仪器和设备

6.1 臭氧核查标准

可根据比对实施者的实验室条件，选择下列中的一种用于现场比对核查。

6.1.1 臭氧校准仪

经过臭氧标准参考光度计（SRP）直接校准或者逐级校准过的臭氧校准仪。

6.1.2 多种气体校准仪

经过臭氧传递标准校准过的多种气体校准仪。与零气源连接后，能够产生稳定的接近系统上限浓度的臭氧（0.5 μmol/mol 或 1.0 μmol/mol），能够准确控制进入臭氧发生器的零空气的流量。

6.2 空气压缩机

可以使用环境空气子站的空气压缩机，也可以使用比对实施者单独携带的空气压缩机，能稳定输出压力为 20～30 psi 的气体。

6.3 零气发生装置

能产生符合分析仪校准程序要求的零气。由核查实施者单独携带至现场，用于现场核查时向传递标准和分析仪通入零气。

注：零气质量的确认参见 HJ 590 附录 A。

7 现场比对

7.1 将臭氧核查标准运输至子站现场，连接好臭氧核查标准和臭氧分析仪等的电线、气体管路和数据传输线。打开电源，开机预热至少 2 h。

7.2 打开空气压缩机和零气发生装置，调节压力使其稳定输出 20～30 psi 的零空气。

7.3 设置臭氧核查标准产生浓度为 45 nmol/mol、75 nmol/mol 和 125 nmol/mol 的臭氧，依次通入臭氧分析仪 30 分钟，仪器自动记录分钟数据。

7.4 记录好臭氧核查标准和现场臭氧分析仪的基本信息，记录内容参见附件 1。

8 结果评价与处理

8.1 通过仪器软件调取臭氧核查标准和臭氧分析仪记录的数据。取每一浓度点最后 10 分钟的 10 个分钟数据，以 10 个分钟数据的平均值作为该浓度点的测定值。

8.2 按公式（1）计算每一浓度点核查标准测定值 C_s 和分析仪测定值 C_i 的相对误差 RE。

$$RE = \frac{C_i - C_s}{C_s} \times 100\% \tag{1}$$

8.3 所有浓度点的相对误差 RE 均小于±15%，视为分析仪合格；否则视为不合格，不能用于日常监测。

8.4 若比对结果显示现场臭氧分析仪不合格，应对点位的臭氧校准仪和分析仪进行检查与维修，检查或维修后，应将重新进行量值溯源与传递，具体方法参照 HJ XXX《环境空气气态污染物（SO_2、NO_2、O_3、CO）连续自动监测系统运行和质控技术规范》的附录 A 和《环境空气 臭氧传递标准间的逐级校准 紫外光度法》。

9 质量保证与质量控制

每次进行现场比对前和比对后，均应将臭氧核查标准与臭氧传递标准进行比对，确保臭氧核查标准的量值在比对核查前后无变化。如果发现核查标准量值在比对核查后发生变化，则本次比对核查数据无效，应对核查标准进行重新量值传递后使用。

附件 1：现场比对记录

比对点位						
环境条件	室温		相对湿度		大气压	
核查标准	名称及型号：		仪器编号：		生产厂家：	
分析仪	名称及型号：		仪器编号：		生产厂家：	
	采样流量： 斜率　： 其他参数：		截距： 仪器温度：		仪器压力：	
比对量程	0～500 nmol/mol					
现场比对原始数据及分析结果						
现场比对原始数据记录：					单位：nmol/mol	
浓度点	45		75		125	
测定值	核查标准	分析仪	核查标准	分析仪	核查标准	分析仪
第 1 次						
第 2 次						
第 3 次						
第 4 次						
第 5 次						
第 6 次						
第 7 次						
第 8 次						
第 9 次						
第 10 次						
平均值						
相对误差						
比对结果	□合格　□不合格					
判定标准	所有浓度点的相对误差均小于±15%，为合格；否则为不合格。					

操作人：＿＿＿＿＿＿＿　校核人：＿＿＿＿＿＿＿　审核人：＿＿＿＿＿＿＿

日　期：＿＿＿＿＿＿＿　日　期：＿＿＿＿＿＿＿　日　期：＿＿＿＿＿＿＿

环境空气气态污染物（SO_2、NO_2、O_3、CO）连续自动监测系统运行和质控技术规范

HJ 818—2018　部分代替 HJ/T 193—2005

2018-08-13 发布　　2018-09-01 实施

1　适用范围

本标准规定了环境空气气态污染物（SO_2、NO_2、O_3、CO）连续自动监测系统的构成与要求、日常运行维护要求、质量保证和质量控制以及数据有效性判断等技术要求。

本标准适用于各级环境监测站（中心）及其他环境监测机构（含社会环境监测机构）采用连续自动监测系统对环境空气气态污染物（SO_2、NO_2、O_3、CO）进行监测时的运行管理与质量控制。

2　规范性引用文件

本标准引用了下列文件或其中的条款。凡是未注明日期的引用文件，其最新版本适用于本标准。

GB 3095　环境空气质量标准

HJ 193　环境空气气态污染物（SO_2、NO_2、O_3、CO）连续自动监测系统安装验收技术规范

HJ 633　环境空气质量指数（AQI）技术规定（试行）

HJ 654　环境空气气态污染物（SO_2、NO_2、O_3、CO）连续自动监测系统技术要求及检测方法

HJ 663　环境空气质量评价技术规范（试行）

3　术语和定义

下列术语和定义适用于本标准。

3.1　环境空气质量连续自动监测 automated ambient air quality monitoring

指采用连续自动监测仪器对环境空气进行连续的样品采集、处理、分析的过程。

3.2 点式分析仪器 point analyzers

指通过采样系统将环境空气采入并测定空气污染物浓度的监测分析仪器。

3.3 开放光程分析仪器 open path analyzers

指采用从发射端发射光束经开放环境到接收端的方法测定该光束光程上平均空气污染物浓度的仪器。

3.4 连续自动监测系统性能审核 automatic analyzers performance audit

指对连续自动监测系统进行精密度审核和准确度审核的过程。

4 环境空气连续自动监测系统（气态污染物部分）的构成与要求

4.1 系统构成

环境空气气态污染物（SO_2、NO_2、O_3、CO）连续自动监测系统由空气质量监测子站、中心计算机室、质量保证实验室和系统支持实验室构成。

4.2 空气质量监测子站

4.2.1 主要功能和组成

对环境空气质量和气象状况（包括气温、气压、湿度、风向、风速等）进行连续自动监测，采集、处理和存储监测数据，定时向中心计算机传输监测数据和设备工作状态信息。

空气质量监测子站主要是由子站站房、采样装置、监测仪器、校准设备、数据采集与传输设备、辅助设备等组成。

4.2.2 基本要求

监测子站站房及周边环境应满足 HJ 193 相关要求。

4.2.3 仪器设备配置

监测子站的仪器设备配置应满足 HJ 654 相关要求。

4.3 中心计算机室

4.3.1 主要功能

通过有线或无线通信设备采集各监测子站的监测数据和设备工作状态信息，并对所采集监测数据进行自动判别和存储；对采集的监测数据进行统计处理、分析；对监测子站的监测仪器进行远程诊断和校准。

4.3.2 基本要求

a）中心计算机室的大小应能保证操作人员正常工作。

b）中心计算机室应采用密封窗结构。有条件时，门与机房间可设缓冲间，防止灰尘和泥土带入机房。

c）中心计算机室应安装温度和湿度控制设备，机房温度控制在 25℃±5℃，相对湿度控制在 80%以下。

d）中心计算机室供电电源电压为 220 V，电压波动不能超过±10%。供电系统应配有电源过压、过载和漏电保护装置，要有良好的接地线路，接地电阻≤4 Ω。有条件时，配备 UPS 电源。

e）中心计算机室应配备专用通信线路。

f）中心计算机室还应符合国家环境保护信息化系统建设的相关规范要求。

4.3.3　设备配置

4.3.3.1　硬件配置

a）中心计算机室应配备两台以上服务器，一台作为数据库服务器，一台作为应用服务器，服务器配置应满足数据处理工作需要。

b）采用有线或无线通信方式连接中心计算机室和监测子站，通信网络带宽应满足数据传输要求。

c）硬件配置还应符合国家环境保护信息化系统建设的相关规范要求。

4.3.3.2　软件配置

a）数据采集与监测子站控制软件

能够定时自动和随时手动采集各监测子站的监测数据、校准记录、设备运行状态及子站停电复电等事件记录。

能够定时自动和随时手动控制监测子站监测仪器进行零点校准、跨度校准、多点校准、性能审核，并自动对校准时的监测数据进行状态标注。

b）数据处理和报表输出软件

能够对环境空气质量监测数据和气象参数设置异常值判断条件，并对异常值进行标注。

可生成并存储基本统计报表，如日报表、周报表、月报表、季报表和年报表等，报表的内容和格式应符合 HJ 633 及 HJ 663 的相关要求。

对所采集的监测数据、仪器状态参数和生成的统计报表，能自动存储为通用数据文件并上传。

c）软件配置还应符合国家环境保护信息化系统建设的相关规范要求。

4.4　质量保证实验室

4.4.1　主要功能

对监测仪器和设备进行量值传递、校准和性能审核；对检修后的监测仪器和设备进行校准和性能测试。

4.4.2　基本要求

a）质量保证实验室大小应能保证操作人员正常工作。

b）质量保证实验室应采用密封窗结构，并设置缓冲间，防止灰尘和泥土带入实验室。

c）质量保证实验室应安装温度和湿度控制设备，实验室温度控制在 25℃±5℃，相对湿度控制在 80%以下。

d）质量保证实验室供电电源电压为 220 V，电压波动不能超过±10%。实验室供电系统应配有电源过压、过载和漏电保护装置，实验室要有良好的接地线路，接地电阻≤4 Ω。

e）质量保证实验室应配置良好的通风设备和废气排出口，保持室内空气清洁。

f）质量保证实验室应配置标气钢瓶放置间（柜）并标识。

g）质量保证实验室应配置必要的实验台和存储柜。

h）多个空气质量监测子站可共用 1 个质量保证实验室。

4.4.3 仪器设备配置

质量保证实验室应配备环境空气气态污染物（SO_2、NO_2、O_3、CO）连续自动监测质量保证和质量控制相关的仪器设备，基本仪器设备配置清单见表 1。

表 1 质量保证实验室基本仪器设备配置清单

编号	仪器名称	技术要求	数量	用途
1	与子站监测项目相同的监测分析仪器	与子站监测分析仪器的技术性能指标相同或优于子站监测分析仪器	1 套	量值传递
2	标准气体	国家有证标准物质或标准样品	1 套	量值传递
3	零气发生器	符合 HJ 654 的相关要求	1 套	量值传递
4	动态气体校准仪	符合 HJ 654 的相关要求	1 套	量值传递
5	臭氧校准仪	配置臭氧发生器、臭氧光度计及反馈装置	2 套	量值传递
6	流量计	0～500 ml/min，1 级	2 套	量值传递
7	流量计	0～5 L/min，1 级	2 套	量值传递
8	流量计	0～20 L/min，1 级	2 套	量值传递
9	标准温度计	1 级，分辨率达到±0.1℃	1 个	量值传递
10	压力计	1 级	1 块	气路检查
11	有毒气体泄漏报警器	能够对 SO_2、NO、CO、O_3 等气体开展监测并报警	1 套	实验室安全防护

4.5 系统支持实验室

4.5.1 主要功能

对监测仪器设备进行日常维护、保养；对发生故障的仪器设备进行检修或更换。

4.5.2 基本要求

系统支持实验室应配备电源、温度和湿度控制设备、通风装置及相应工作台、储存柜等。多个空气质量监测子站可共用 1 个系统支持实验室。

4.5.3 仪器设备配置

系统支持实验室应配备仪器测试、维修用设备和工具，还应配备必要的备用监测仪器和零配件，备用监测仪器数量一般不少于在用监测仪器总数的 1/4。

5 日常运行维护要求

5.1 基本要求

环境空气自动监测仪器应全年 365 d（闰年 366 d）连续运行，停运超过 3 d 以上，须报负责该点位管理的主管部门备案，并采取有效措施及时恢复运行。需要主动停运的，须提前报负责该点位管理的主管部门批准。

在日常运行中因仪器故障需要临时使用备用监测仪器开展监测，或因设备报废需要更新监测仪器的，须于仪器更换后 1 周内报负责该点位管理的主管部门备案。仪器更新须执行 HJ 193 的相关要求。

监测仪器主要技术参数应与仪器说明书要求和系统安装验收时的设置值保持一致。如确需对主要技术参数进行调整，应开展参数调整试验和仪器性能测试，记录测试结果并编制参数调整测试报告。主要技术参数调整，须报负责该点位管理的主管部门批准。

监测结果的表示应按 GB 3095 的相关要求执行。

5.2 日常维护

5.2.1 子站日常巡检

应对子站站房及辅助设备定期巡检，每周至少巡检 1 次，巡检工作主要包括：

a）检查站房内温度是否保持在 25℃±5℃，相对湿度保持在 80%以下，在冬、夏季节应注意站房内外温差，应及时调整站房温度或对采样总管采取适当的温控措施，防止因温差造成采样装置出现冷凝水的现象。

b）检查采样总管进气、排气是否正常。

c）检查采样支管是否存在冷凝水，如果存在冷凝水应及时进行清洁干燥处理。

d）检查站房排风排气装置工作是否正常。

e）检查标气钢瓶阀门是否漏气，检查标气消耗情况。

f）检查数据采集、传输与网络通信是否正常。

g）检查各种运维工具、仪器耗材、备件是否完好齐全。

h）检查空调、电源等辅助设备的运行状况是否正常，检查站房空调机的过滤网是否清洁，必要时进行清洗。

i）检查各种消防、安全设施是否完好齐全。

j）对站房周围的杂草和积水应及时清除；对采样或监测光束有影响的树枝应及时进行剪除。

k）检查避雷设施是否正常，子站房屋是否有漏雨现象，气象杆是否损坏。

l）记录巡检情况，记录表格样式可参考表 D.1。

5.2.2 监测仪器设备日常维护

应对监测子站的仪器设备进行定期维护，主要内容包括：

a）每日远程查看仪器工作状态量，发现异常时，应及时对仪器相关部件进行维护或更换。

b）根据仪器说明书的要求，定期检查、清洗仪器内部的滤光片、限流孔、反应室、气路管路等关键部件。重污染天气后应及时检查和清洗。

c）按仪器说明书的要求，定期更换监测仪器中的紫外灯、光电倍增管、制冷装置、转换炉、发射光源（氙灯）和抽气泵膜等关键零部件；更换后应对仪器重新进行校准，并进行仪器性能测试，测试合格后，方可投入使用。

d）仪器配备的干燥剂等应每周进行检查，及时更换。

e）根据仪器说明书的要求，定期更换和清洁仪器设备中的过滤装置。采样支管与监测仪器连接处的颗粒物过滤膜一般情况下每 2 周更换 1 次，颗粒物浓度较高地区或浓度较高季节，应视颗粒物过滤膜实际污染情况加大更换频次。

f）采样总管每年至少清洁 1 次，每次清洁后，应进行检漏测试。

注：采样总管检漏测试方法为将总管上的一个支路接头接上压力计，并将其他支路接头和采样口封死，然后抽真空至大约 1.25 hPa，将抽气口密封，使整个采样系统不与外界相通，15 min 内真空度不应有变化。

g）采样支管每半年至少清洁 1 次，必要时更换。

h）每月按仪器说明书的要求对采样支管和仪器气路进行气密性检查。

i）开放光程监测仪器每周至少进行 1 次系统自动检查、光路检查、氙灯风扇和光强检查，若发现光强明显偏低，应立即查明原因并及时排除故障。发射/接收端的前窗玻璃窗镜至少每 3 个月清洁 1 次，清洁时应避免损坏镜头表面的镀膜。一般情况下氙灯每 6 个月更换 1 次，最长更换周期不得超过 1 年。

5.2.3 中心计算机室日常检查

中心计算机室日常检查内容包括：

a）各子站监测数据与本地中心计算机室以及各级数据中心的传输情况。

b）各子站计算机的时钟和日历设置。

c）监测数据存储情况，每季度对监测数据备份 1 次。

d）计算机系统的安全性。

e）空调、稳压电源等辅助设备运行状态。

5.2.4 质量保证实验室日常检查

质量保证实验室日常检查内容包括：

a）质量保证实验室环境条件。

b）校准仪器设备工作状态。

c）标准物质有效期。

d）监测仪器计量检定证书、校准报告、检定校准计划。

e）空调、稳压电源等辅助设备运行状态。

5.2.5 系统支持实验室日常检查

系统支持实验室日常检查内容包括：

a）系统支持实验室环境条件。

b）监测仪器设备定期维护保养、检修记录和计划。

c）备用监测仪器的工作状态。

d）耗材、备件使用情况。

e）维修用仪器设备的工作状态。

f）空调、稳压电源等辅助设备的运行状态。

5.3 故障检修

对出现故障的仪器设备应进行针对性的检查和维修。

a）根据仪器制造商提供的维修手册要求，开展故障判断和检修。

b）对于在现场能够诊断明确，并且可以通过简单更换备件解决的故障，如电磁阀控制失灵、抽气泵泵膜破损、气路堵塞和灯源老化等，应及时检修并尽快恢复正常运行。

c）对于不能在现场完成故障检修的仪器，应送至系统支持实验室进行检查和维修，并及时采用备用仪器开展监测。

d）对泵膜、散热风扇、气路接头或接插件等普通易损件维修后，应进行零/跨校准。对机械部件、光学部件、检测部件和信号处理部件等关键部件维修后，应进行校准和仪器性能测试，测试合格后，方可投入使用。

e）每次故障检修完成后，应对检修、校准和测试情况进行记录并存档。

6 质量保证和质量控制

6.1 量值溯源和传递

6.1.1 量值溯源和传递要求

a）用于量值传递的计量器具，如流量计、气压表、压力计、真空表、温度计等，应按计量检定规程的要求进行周期性检定。

b）用于工作标准的臭氧校准仪，如配备光度计，至少每半年使用传递标准进行 1 次量值传递，如未配备光度计，至少每 3 个月使用传递标准进行 1 次量值传递。用作传递标准的臭氧校准仪至少每半年送至有资质的标准传递单位进行 1 次量值溯源。

c）作为工作标准的标气应为国家有证标准物质或标准样品，并在有效期内使用。

6.1.2 量值溯源和传递方法

6.1.2.1 臭氧校准设备

臭氧校准设备（臭氧发生器、光度计、臭氧校准仪等）的量值溯源和传递方法见附录A。

6.1.2.2 标准气体

a）标气钢瓶应放置在温度和湿度适宜的地方，并用钢瓶柜或钢瓶架固定，以防碰倒或剧烈震动。

b）标气钢瓶每次装上减压调节阀，连接到气路后，应检查气路是否漏气。

c）应经常检查并记录标气消耗情况，若气体压力低于要求值，应及时更换。

6.1.2.3 零气发生器

a）应定期检查零气发生器的温度控制和压力是否正常，气路是否漏气。

b）温度控制器出现故障报警或维修更换后，必须用工作标准进行校准。

c）应定期检查并排空空气压缩机储气瓶中的积水。

d）按仪器说明书的要求，对零气发生器中的分子筛、氧化剂、活性炭等气体净化材料进行定期更换，净化材料每 6 个月至少更换 1 次。若发现各项目的监测误差和零点漂移明显增大，应查明原因，必要时更换净化材料。

6.1.2.4 动态校准仪

对动态校准仪中的质量流量控制器，应至少每季度使用标准流量计进行 1 次单点检查，流量误差应≤1%，否则应及时进行校准。

6.2 监测仪器的校准

6.2.1 校准的周期和要求

6.2.1.1 点式监测仪器

a）具备自动校准条件的，每天进行 1 次零点检查；不具备自动校准条件的，至少每周进行 1 次零点检查。当发现零点漂移超过仪器调节控制限时，及时对仪器进行校准。

b）具备自动校准条件的，每天进行 1 次跨度检查，不具备自动校准条件的，至少每周进行 1 次跨度检查。跨度检查所用标气浓度一般为仪器 80%量程对应的浓度，也可根据不同地区、不同季节环境中污染物实际浓度水平来确定，但应高于上一年污染物小时浓度的最高值。当发现跨度漂移超过仪器调节控制限时，应及时对仪器进行校准。

c）O_3 监测仪器的零点检查（或校准）、跨度检查（或校准）操作应避免在每日 12 时至 18 时臭氧浓度较高的时段内进行，若必须在该时段进行，检查（或校准）时间不应超过 1 个小时。对 SO_2、NO_2、CO 等监测仪器的零点检查（或校准）、跨度检查（或校准）操作也应根据实际情况尽可能避开污染物浓度较高时段。

d）至少每半年进行 1 次多点校准（又称线性检查）。

e）对于采用化学发光法的 NO_2 监测仪器，至少每半年检查 1 次二氧化氮转换炉的转换效率，转换效率应≥96%，否则应进行维修或更换。

f）对于监测仪器的采样流量，至少每月进行 1 次检查，当流量误差超过±10%时，应及时进行校准。

6.2.1.2 开放光程监测仪器

a）至少每季度进行 1 次光波长的校准。

b）至少每半年进行 1 次跨度检查，当发现跨度漂移超过仪器调节控制限时，须及时校准仪器。

c）至少每年进行 1 次多点校准。

d）按照仪器说明书的要求定期对标准参考光谱进行校准。

6.2.2 校准方法

监测仪器的校准方法详见附录 B。

6.3 监测仪器的性能审核

6.3.1 精密度审核

a）精密度审核的方法见附录 C。

b）在精密度审核之前，不能改动监测仪器的任何设置参数，如果精密度审核连同仪器零/跨调节一起进行时，精密度审核必须在零/跨调节之前进行。

c）精密度审核时，仪器示值相对标准偏差应≤5%。

d）每台监测仪器至少每季度进行 1 次精密度审核。

e）精密度审核用于对环境空气连续自动监测系统进行外部质量控制，审核人员不从事所审核仪器的日常操作和维护。用于精密度审核的标准物质和相关设备不得用于日常的质量控制。

6.3.2 准确度审核

a）准确度审核的方法见附录 C。

b）在准确度审核之前，不能改动监测仪器的任何设置参数，若准确度审核连同仪器零/跨调节一起进行时，则要求准确度审核必须在零/跨调节之前进行。

c）准确度审核时，仪器示值的平均相对误差应≤5%。

d）准确度审核也可按照附录 B 中规定的最小二乘法步骤作出多点校准曲线，用斜率、截距和相关系数对仪器准确度进行评价。对所获校准曲线的检验指标应符合以下要求：

1）相关系数（r）＞0.999；

2）0.95≤斜率（a）≤1.05；

3）截距（b）在满量程的±1%范围内。

e）每台监测仪器至少每年进行 1 次准确度审核。

f）准确度审核用于对环境空气连续自动监测系统进行外部质量控制，审核人员不从事所审核仪器的日常操作和维护。用于准确度审核的标准物质和相关设备不得用于日常的质量控制。

7 数据有效性判断

a）监测系统正常运行时的所有监测数据均为有效数据，应全部参与统计。

b）对仪器进行检查、校准、维护保养或仪器出现故障等非正常监测期间的数据为无效数据；仪器启动至仪器预热完成时段内的数据为无效数据。

c）对于每天进行自动检查/校准的仪器，发现仪器零点漂移或跨度漂移超出漂移控制限，从发现超出控制限的时刻算起，到仪器恢复至控制限以下时段内的监测数据为无效数据。

d）对于手工校准的仪器，发现仪器零点漂移或跨度漂移超出漂移控制限，从发现超出控制限时刻的前 24 h 算起，到仪器恢复到控制限以下时段内的监测数据为无效数据。

e）在监测仪器零点漂移控制限内的零值或负值，应采用修正后的值参与统计。修正规则为：SO_2 修正值为 3 μg/m^3、NO_2 修正值为 2 μg/m^3、CO 修正值为 0.3 mg/m^3、O_3 修正值为 2 μg/m^3。在仪器故障、运行不稳定或其他监测质量不受控情况下出现的零值或负值为无效数据，不参与统计。

f）对于缺失和判断为无效的数据均应注明原因，并保留原始记录。

附 录 A
（规范性附录）
臭氧校准设备的量值溯源和传递方法

对臭氧校准设备的量值溯源和传递，可选用内置紫外光度计和反馈控制装置的臭氧发生器作为传递标准，对现场校准设备（如气体动态校准仪中的工作标准臭氧发生器）进行量值传递。传递标准一般配置两台以上，一台作为实验室控制标准，不用于日常量值传递；其余传递标准用于日常量值传递，必要时和实验室控制标准进行比对，确保传递标准的准确性。量值传递方法如下：

a）用传递标准对臭氧监测仪进行多点校准，绘制校准曲线，确保臭氧监测仪具有良好的线性。

b）如工作标准与传递标准臭氧发生器不含有零气发生器，应使用同一个零气发生器按图 A.1 连接至气路中。选用的零气发生器的稀释零气量要超过臭氧监测仪的气体需要量。使用前应检查零气发生器中的干燥剂、氧化剂和洗涤材料，确保提供的零气为干燥不含臭氧和干扰物质的空气。仪器连接后，应进行气路检查，严防漏气。对排空口排出的气体，应通过管线连接至室外或在排空口加装臭氧过滤器去除臭氧。

c）在保证稀释零气流量恒定的前提下，调节工作标准臭氧发生器的臭氧发生控制装置，向臭氧监测仪输出仪器响应满量程的 0、10%、20%、40%、60%、80%浓度的臭氧气体。

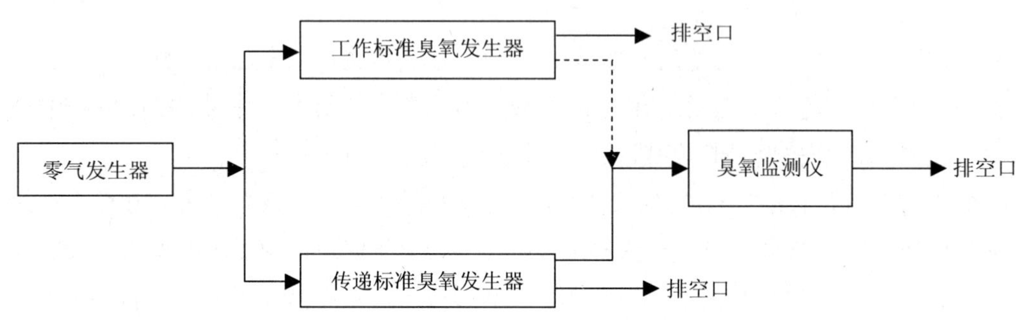

图 A.1　臭氧发生器标准传递图

d）通过传递标准臭氧发生器与臭氧监测仪的校准曲线，计算工作标准臭氧发生器向臭氧监测仪输出臭氧时，臭氧监测仪示值对应的臭氧标准值，并与工作标准臭氧发生器的臭氧浓度示值或设置值一起记录。

e）绘制工作标准臭氧发生器臭氧浓度示值或设置值与传递用臭氧监测分析仪示值对应的臭氧标准值之间的校准曲线，所获校准曲线的检验指标应符合以下要求：

——相关系数（r）＞0.999；

——0.97≤斜率（a）≤1.03；

——截距（b）在满量程的±1%范围内。

附　录　B
（规范性附录）
环境空气自动监测仪器校准方法

B.1　单点校准

a）向监测仪器通入零气，待稳定后，记录仪器响应值 ZD，即零点漂移量。

b）向监测仪器通入满量程 80%浓度的标气（标气浓度也可以根据不同地区、不同季节环境中污染物实际浓度水平来确定，但应高于相应污染物小时浓度的最高值。对于开放光程仪器采用相应的等效浓度），用式（B.1）计算跨度漂移量。

$$SD = (S' - ZD - S) / S \times 100\% \tag{B.1}$$

式中：SD —— 跨度漂移量，%；

S' —— 监测分析仪不做零调节对该标气的响应值，nmol/mol 或μmol/mol；

ZD —— 零点漂移量，nmol/mol 或μmol/mol；

S —— 通入标气的浓度值，nmol/mol 或μmol/mol。

c）当监测仪器零点漂移超过调节控制限，需要对仪器进行重新调零时，调零后的跨度漂移计算公式可以简化为式（B.2）。

$$SD = (S' - S) / S \times 100\% \tag{B.2}$$

式中：SD —— 跨度漂移量，%；

S' —— 监测仪器对标气的响应值，nmol/mol 或μmol/mol；

S —— 规定检查用标气的浓度值，nmol/mol 或μmol/mol。

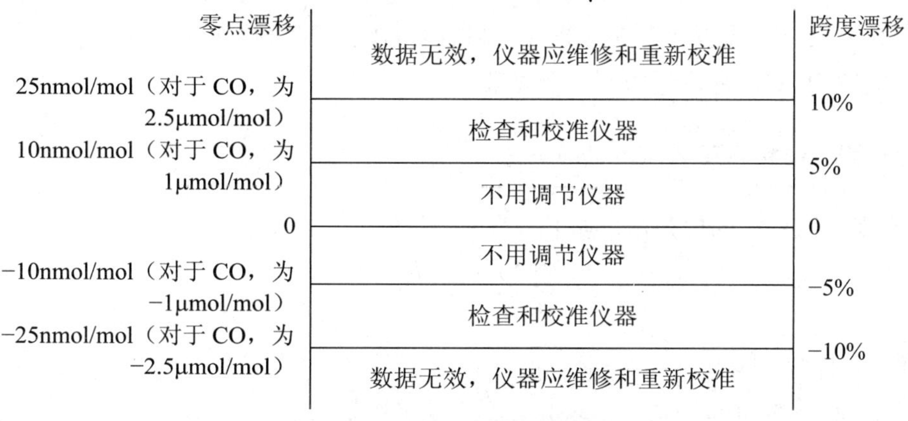

图 B.1 质量控制图

d）按图 B.1 质量控制要求，当零点漂移或跨度漂移超出仪器调节控制限时，对仪器进行校准（必要时应对仪器进行维修），直至零点漂移或跨度漂移小于仪器调节控制限。

B.2 多点校准

a）在确保气体动态校准仪经检验仪器性能完全符合要求的情况下，向监测仪器分别通入该仪器满量程 0、10%、20%、40%、60%和 80%浓度的标气（对于开放光程仪器采用相应的等效浓度），待各点读数稳定后分别记录各点的响应值。

b）用最小二乘法绘制仪器校准曲线，最小二乘法的计算公式见表 B.1。

表 B.1 最小二乘法计算公式 $(Y = aX + b)$

$\overline{X} = (\sum X)/N$	$r = aS_X / S_Y$
$\overline{Y} = (\sum Y)/N$	$S_Y = [(\sum Y^2 / N - \overline{Y}^2)/(N-1)]^{1/2}$
$a = [\sum XY - (\sum X \sum Y)/N]/[\sum X^2 - (\sum X)^2 / N]$	$S_X = [(\sum X^2 / N - \overline{X}^2)/(N-1)]^{1/2}$
$b = \overline{Y} - a\overline{X}$	
式中：$\overline{X}$ 为 X 变量的平均值；$\overline{Y}$ 为 Y 变量的平均值；S_Y 为 Y 变量的标准偏差；S_X 为 X 变量的标准偏差；a 为斜率；b 为截距；r 为相关系数。	

c）对所获校准曲线的检验指标应符合以下要求：

——相关系数（r）＞0.999；

——0.95≤斜率（a）≤1.05；

——截距（b）在满量程的±1%范围内。

d）若其中任何一项指标不满足要求，则需对监测仪器进行保养、检修、零跨校准后重新进行多点校准，直至检验指标符合要求。

B.3 开放光程仪器标气等效浓度计算方法

开放光程仪器标气的等效浓度按式（B.3）计算。

$$C_e = C_t \times L_c / L \tag{B.3}$$

式中：C_e —— 标气等效浓度，μmol/mol；

C_t —— 钢瓶标准气浓度，μmol/mol；

L_c —— 检查池长度，m；

L —— 监测光程长度，m。

B.4 NO_2-NO 转换效率测试方法

转换效率测试可采用以下两种方式进行：

a）如果仪器使用 NO_2 标准气体进行校准，待测分析仪器运行稳定后，通入（20%～60%）量程 NO_2 标准气体，读数稳定后记录待测分析仪器显示值 C_{NO_2}。重复测试 3 次，计算平均值 C_{NO_2}，按式（B.4）计算待测分析仪器转换效率 η。

$$\eta = \frac{\overline{C}_{NO_2}}{C_0} \times 100\% \tag{B.4}$$

式中：η —— 待测分析仪器转换效率，%；

$\bar{C}_{NO_2}$ —— NO_2 标准气体 3 次测量平均值，nmol/mol；

C_0 —— NO_2 标准气体浓度值，nmol/mol。

b）如果仪器使用 NO 标准气体进行校准，则转换效率测试过程如下：

1）待测仪器运行稳定后，通入 80%量程 NO 标准气体，分别记录待测分析仪器 NO 和 NO_x 稳定读数；重复操作 3 次，分别计算 NO 和 NO_x 读数的平均值$[NO]_{orig}$和$[NO_x]_{orig}$；

2）启动动态校准仪中的臭氧发生器，产生一定浓度的臭氧，在相同实验条件下通入与 1）中同一浓度的 NO 标准气体，分别记录待测分析仪器 NO 和 NO_x 稳定读数；重复操作 3 次，计算 NO 和 NO_x 读数的平均值$[NO]_{rem}$和$[NO_x]_{rem}$；

生成的 NO_2 气体的标准浓度值$[NO_2]$等于$[NO]_{orig}$与$[NO]_{rem}$的差值，浓度范围应控制在（20%～60%）满量程。

3）待测分析仪器转换效率η按式（B.5）计算。

$$\eta = \frac{\left([NO_x]_{rem} - [NO]_{rem}\right) - \left([NO_x]_{orig} - [NO]_{orig}\right)}{[NO]_{orig} - [NO]_{rem}} \times 100\% \tag{B.5}$$

式中：η ——待测仪器 NO_2-NO 转换效率，%；

$[NO_x]_{rem}$ ——启动臭氧发生器后通入 NO 标准气体 NO_x 测量平均值，nmol/mol；

$[NO]_{rem}$ ——启动臭氧发生器后通入 NO 标准气体 NO 测量平均值，nmol/mol；

$[NO_x]_{orig}$ ——未启动臭氧发生器时通入 NO 标准气体 NO_x 测量平均值，nmol/mol；

$[NO]_{orig}$ ——未启动臭氧发生器时通入 NO 标准气体 NO 测量平均值，nmol/mol。

附　录　C

（规范性附录）

环境空气自动监测仪器性能审核方法

C.1　精密度审核

C.1.1　审核方法

精密度审核采用连续多次向分析仪通入同一浓度的标气，标气浓度为满量程的 20%（也可根据实际情况选择接近环境中污染物实际浓度水平的浓度点，对于开放光程仪器采用相应的等效浓度），每次等待仪器读数稳定后记录仪器示值，根据仪器示值的相对标准偏差，来确定仪器的精密度。

C.1.2　审核流程

a）精密度审核时应先向监测仪器通入零气，待仪器示值达到零点附近时（对于 SO_2、NO_2、O_3 监测仪器示值低于 10 nmol/mol，对于 CO 监测仪器示值低于 1 μmol/mol），向监测仪器通入要求浓度的标气，待仪器读数稳定后，记录仪器示值（Y_i），记录标气值为（X_i），重复上述操作 6 次以上。

b）该仪器示值的相对标准偏差按照式（C.1）、式（C.2）计算。

$$\mathrm{SD}=\sqrt{\frac{\sum_{i=1}^{n}\left(Y_i-\overline{Y}\right)^2}{n-1}} \tag{C.1}$$

式中：SD —— 标准偏差；

Y_i —— 标准气体第 i 次测量值；

$\overline{Y}$ —— 标准气体测量平均值；

n —— 测量次数。

$$\mathrm{RSD}=\frac{\mathrm{SD}}{\overline{Y}}\times 100\% \tag{C.2}$$

式中：RSD —— 相对标准偏差；

SD —— 标准偏差；

$\overline{Y}$ —— 标准气体测量平均值。

c）用相对标准偏差作为该仪器报出的精密度。

C.2 准确度审核

C.2.1 审核方法

准确度审核采用向每台分析仪通入一系列浓度的标气，每次等待仪器读数稳定后记录仪器示值，计算仪器示值与标气浓度的平均相对误差，来确定仪器的准确度。标气浓度要求见表 C.1（对于开放光程仪器采用相应的等效浓度）。准确度审核也可以按附录 B 中规定的最小二乘法步骤做出多点校准曲线，用斜率、截距和相关系数对仪器准确度进行评价。

C.2.2 审核流程

a）每次准确度审核时，依次向监测仪器通入要求浓度的标气，记录仪器响应值（Y_i），记录标气值（X_i）。

b）仪器的平均相对误差按式（C.3）、式（C.4）计算。

$$d_i=\left|Y_i-X_i\right|/X_i\times 100\% \tag{C.3}$$

式中：d_i —— 每个审核点的相对误差；

Y_i —— 仪器响应值，nmol/mol 或μmol/mol；

X_i —— 标气值，nmol/mol 或μmol/mol。

$$\overline{D}=\sum d_i/k \tag{C.4}$$

式中：k —— 审核点数；

d_i —— 每个审核点的相对误差；

D —— 平均相对误差。

c）用平均相对误差作为该仪器报出的准确度。

表 C.1　准确度审核要求提供标气浓度

审核点	标气体积分数（仪器满量程/%）
1	10
2	20
3	40
4	60
5	80
注：对于开放光程仪器采用相应的等效浓度。	

附　录　D

（资料性附录）

运行和质控记录表格

表 D.1　空气监测子站巡检记录表

城市：　　　　　　　　　　　　　　　　站点名称：

时间：　　　年　　　月　　　日			
序号	巡查内容	正常“√”	异常“√”
站房外部及周边			
1	点位周围环境变化情况		
2	点位周围安全隐患		
3	点位周围道路、供电线路、通信线路、给排水设施完好或损坏状况		
4	站房外围的防护栏、隔离带有无损坏情况		
5	视频监控系统是否正常		
6	周围树木是否需要修剪		
7	站房防雷接地是否完好		
8	站房屋顶是否完好，有无漏雨		
站房内部			
1	站房内部的供电、通信是否畅通		
2	站房内部给排水、供暖设施、空调工作状况		
3	各种消防、安全设施是否完好齐全		
4	站房内有无气泵产生的异常声音		
5	站房内有无异常气味		
6	站房温度、湿度是否符合要求		

7	气体采样总管采样风扇工作是否正常		
8	气体采样总管及支管是否由于室外温差产生冷凝水		
9	站房排风扇是否正常运行		
10	稳压电源参数是否正常		
11	各电源插头、线板工作是否正常		
12	颗粒物采样头是否清洁，雨水瓶是否有积水		
13	仪器气泵工作是否正常		
14	干燥剂是否需更换（蓝色部分剩 1/3～1/4 时应及时更换）		
15	钢瓶气减压阀压力指示是否正常		
16	颗粒物分析仪纸带位置是否正常（如长度不足时应提前更换）		
17	振荡天平法仪器气水分离器是否有积水，必要时进行清理		
异常情况及处理说明：			

巡检人： 复核人：

表 D.2 （ ）仪器运行状况检查/校准记录表

仪器名称及编号			校准日期		
标气来源及编号			标气浓度		
使用满量程					
校准点	开始时间	结束时间	标准浓度	显示值 响应浓度	标定值 响应浓度
零点					
满量程的 80%					
零点漂移					
跨度漂移/%					
关键参数列表	检查值	正常范围		处理记录	
备注：					

填表人： 复核人：

表 D.3 （　　　　　）仪器多点校准记录表

仪器名称及编号			校准日期		
标气来源及编号			标气浓度		
通入仪器标气浓度					
仪器响应值					
校准曲线	$(Y = aX + b)$　$a =$　$b =$　$c =$				
校准结果	□ 合格　□ 不合格				

填表人：　　　　　　　　　　　　复核人：

表 D.4 （　　　　　）仪器精密度审核记录表

仪器名称及编号			审核日期		
标气来源及编号			标气浓度		
通入仪器标气浓度					
仪器响应值					
相对标准偏差					
审核结果	□ 合格　□ 不合格				
备注					

填表人：　　　　　　　　　　　　复核人：

表 D.5 （　　　　　）仪器准确度审核记录

仪器名称及编号			审核日期		
标气来源及编号			标气浓度		
通入仪器标气浓度					
仪器响应值					
仪器平均相对误差					
多点校准曲线	$(Y = aX + b)$　$a =$　$b =$　$c =$				
审核结果	□ 合格　□ 不合格				
备注					

填表人：　　　　　　　　　　　　复核人：

表 D.6 氮氧化物分析仪转换效率测试记录表

<table>
<tr><td>仪器名称及编号</td><td colspan="2"></td><td>测试时间</td><td colspan="3"></td></tr>
<tr><td>标气来源及编号</td><td colspan="2"></td><td>标气浓度</td><td colspan="3">NO_2：
NO：</td></tr>
<tr><td rowspan="3">使用 NO_2 标气进行转换效率测试</td><td colspan="2">氮氧化物分析仪读数</td><td>第一次</td><td>第二次</td><td>第三次</td><td>平均值</td></tr>
<tr><td colspan="2">NO_2 读数</td><td></td><td></td><td></td><td></td></tr>
<tr><td colspan="2">转换效率</td><td colspan="4"></td></tr>
<tr><td rowspan="6">使用 NO 标气进行转换效率测试</td><td>校准仪中 O_3（开/关）</td><td>氮氧化物分析仪读数</td><td>第一次</td><td>第二次</td><td>第三次</td><td>平均值</td></tr>
<tr><td rowspan="2">关</td><td>$[NO]_{orig}$</td><td></td><td></td><td></td><td></td></tr>
<tr><td>$[NO_x]_{orig}$</td><td></td><td></td><td></td><td></td></tr>
<tr><td rowspan="2">开</td><td>$[NO]_{rem}$</td><td></td><td></td><td></td><td></td></tr>
<tr><td>$[NO_x]_{rem}$</td><td></td><td></td><td></td><td></td></tr>
<tr><td colspan="2">转换效率</td><td colspan="4"></td></tr>
<tr><td colspan="6">结果评价： □ 合格 □ 不合格</td><td></td></tr>
<tr><td colspan="6">备注：</td><td></td></tr>
</table>

填表人： 复核人：

表 D.7 臭氧校准设备量值传递记录表

<table>
<tr><td>臭氧校准设备（工作标准）型号及编号</td><td colspan="2"></td><td colspan="2">量值传递日期</td><td></td></tr>
<tr><td>臭氧传递标准型号及编号</td><td colspan="2"></td><td colspan="2">传递标准溯源日期</td><td></td></tr>
<tr><td>传递用臭氧监测仪型号及编号</td><td colspan="5"></td></tr>
<tr><td>校准点</td><td>传递标准输出浓度/（nmol/mol）</td><td>传递用监测仪示值/（nmol/mol）</td><td>工作标准输出浓度/（nmol/mol）</td><td>传递用监测仪示值/（nmol/mol）</td><td>传递用监测仪示值对应的标准值/（nmol/mol）</td></tr>
<tr><td>零点</td><td></td><td></td><td></td><td></td><td></td></tr>
<tr><td>满量程的 10%</td><td></td><td></td><td></td><td></td><td></td></tr>
<tr><td>满量程的 20%</td><td></td><td></td><td></td><td></td><td></td></tr>
<tr><td>满量程的 40%</td><td></td><td></td><td></td><td></td><td></td></tr>
<tr><td>满量程的 60%</td><td></td><td></td><td></td><td></td><td></td></tr>
<tr><td>满量程的 80%</td><td></td><td></td><td></td><td></td><td></td></tr>
<tr><td>校准曲线</td><td colspan="2">$(Y=aX+b)$</td><td>$a=$</td><td>$b=$</td><td>$c=$</td></tr>
<tr><td>备注</td><td colspan="5"></td></tr>
</table>

填表人： 复核人：

环境空气 臭氧的测定 紫外光度法

HJ 590—2010 代替 GB/T 15438—1995

2010-10-21 发布　　2011-01-01 实施

警告：本方法需要使用有毒的气体臭氧，实验室内臭氧的极限质量浓度为 200 μg/m³。过剩的臭氧应该排入活性炭洗涤器或室外并远离采样入口。

1 适用范围

本标准规定了测定环境空气中臭氧的紫外光度法。

本标准适用于环境空气中臭氧的瞬时测定，也适用于环境空气中臭氧的连续自动监测。

本标准适用于测定环境空气中臭氧的浓度范围是 0.003～2 mg/m³。

2 术语和定义

下列术语和定义适用于本标准。

2.1 零空气 zero air

指不含臭氧、氮氧化物、碳氢化合物及任何能使臭氧分析仪产生紫外吸收的其他物质的空气。零空气质量的确认方法和验收标准见附录 A。

2.2 传递标准 transfer standard

指经过臭氧标准参考光度计（SRP）或紫外校准光度计（6.2.1）校准后，可用来向现场的环境臭氧分析仪传递准确度的工作标准。作为臭氧的传递标准每 6 个月应至少用标准参考光度计或紫外校准光度计校准一次。

3 方法原理

当样品空气以恒定的流速通过除湿器和颗粒物过滤器进入仪器的气路系统时分成两路，一路为样品空气，一路通过选择性臭氧洗涤器成为零空气，样品空气和零空气在电磁阀的控制下交替进入样品吸收池（或分别进入样品吸收池和参比池），臭氧对 253.7 nm 波长的紫外光有特征吸收。设零空气通过吸收池时检测的光强度为 I_0，样品空气通过吸收池时检测的光强度为 I，则 I/I_0 为透光率。仪器的微处理系统根据朗伯-比尔定律公式（1），由透光率计算臭氧浓度。

$$\ln（I/I_0）=-a\rho d \quad （1）$$

式中：I/I_0——样品的透光率，即样品空气和零空气的光强度之比；

ρ——采样温度压力条件下臭氧的质量浓度，μg/m^3；

d——吸收池的光程，m；

a——臭氧在 253.7 nm 处的吸收系数，a=1.44×10^{-5} m^2/μg。

4 干扰及消除

一般环境空气中常见的质量浓度低于 0.2 mg/m^3 的污染物不会干扰臭氧的测定。但当空气中二氧化氮和二氧化硫的质量浓度分别为 0.94 mg/m^3 和 1.3 mg/m^3 时，对臭氧的测定分别产生约为 2 μg/m^3 和 8 μg/m^3 的正干扰。

空气中的颗粒物如果未被去除，可能会在采样管路中累积破坏臭氧，使得测定结果偏低，加颗粒物过滤器可去除。

样品空气在采样管线中停留期间，其中的一氧化氮与臭氧会发生某种程度的反应，关于这种影响的校正见本标准附录 B。

其他一些化合物对紫外臭氧测定仪的干扰见本标准附录 C。

5 试剂和材料

5.1 采样管线

采样管线须采用玻璃、聚四氟乙烯等不与臭氧起化学反应的惰性材料。

注：为了缩短样品空气在管线中的停留时间，应尽量采用短的采样管线。实验证明，如果样品空气在管线中停留时间少于 5 s，臭氧损失小于 1%。

5.2 颗粒物过滤器

过滤器由滤膜及其支架组成，其材质应选用聚四氟乙烯等不与臭氧起化学反应的惰性材料。

注：①滤膜的材质为聚四氟乙烯，孔径为 5 μm。②一般新滤膜需要经过环境空气平衡一段时间才能获得稳定的读数。③应根据环境中颗粒物浓度和采样体积定期更换滤膜，一片滤膜最长使用时间不得超过 14 d。当发现在 5～15 min 内臭氧含量递减 5%～10%时，应立即更换滤膜。

5.3 零空气

符合分析校准程序要求的零空气，可以由零气发生装置产生，也可以由零气钢瓶提供。如果使用合成空气，其中氧的含量应为合成空气的 20.9%±2%。

注：来源不同的零空气可能含有不同的残余物质从而产生不同的紫外吸收。因此，向紫外光度计提供的零空气必须与校准臭氧浓度时臭氧发生器所用的零空气为同一来源。

6 仪器和设备

6.1 环境臭氧分析仪

环境臭氧分析仪主要由以下几部分组成。典型的紫外光度臭氧测量系统组成见图 1。

（1）紫外吸收池

紫外吸收池应由不与臭氧起化学反应的惰性材料制成，并具有良好的机械稳定性，以致光学校准不受环境温度变化的影响。吸收池温度控制精度为±0.5℃，吸收池中样品空气压力控制精度为±0.2 kPa。

（2）紫外光源灯

例如低压汞灯，其发射的紫外单色光集中在 253.7 nm，而 185 nm 的光（照射氧产生臭氧）通过石英窗屏蔽去除。光源灯发出的紫外辐射应足够稳定，能够满足分析要求（参数见本标准附录 D）。

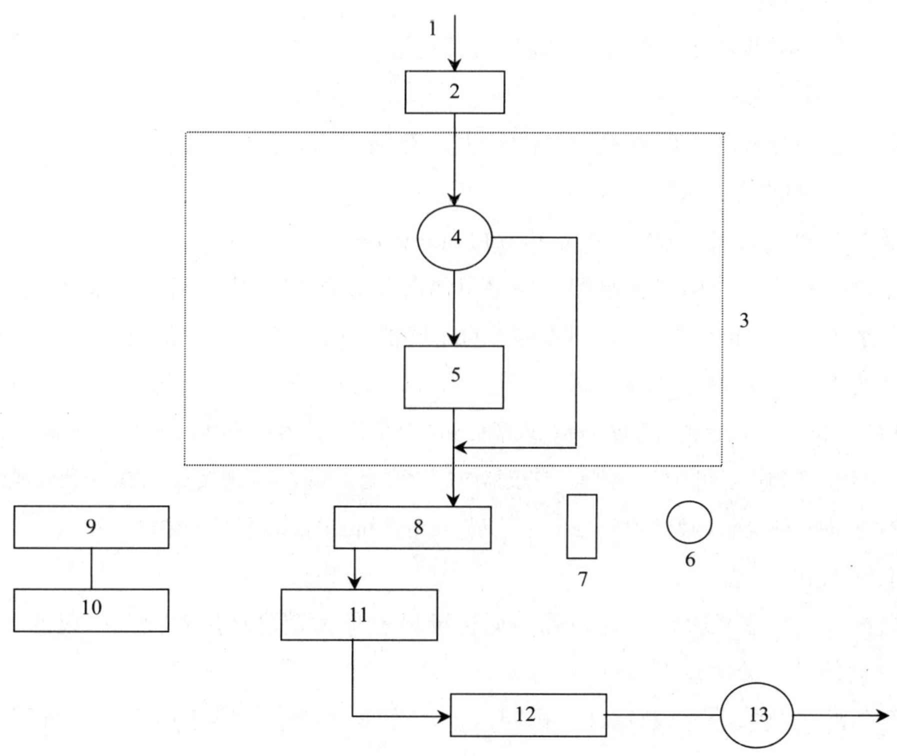

1．空气输入；2．颗粒物过滤器和除湿器；3．环境臭氧分析仪；4．旁路阀；5．涤气器；6．紫外光源灯；7．光学镜片；8．UV 吸收池；9．UV 检测器；10．信号处理器；11．空气流量计；12．流量控制器；13．泵。

图 1 典型的紫外光度臭氧测量系统示意图

（3）紫外检测器

能定量接收波长 253.7 nm 处辐射的 99.5%。其电子组件和传感器的响应稳定，能满足分析要求。

（4）带旁路阀的涤气器

其活性组分能在环境空气样品流中选择性地去除臭氧。

（5）采样泵

采样泵安装在气路的末端（见图 1），抽吸空气流过臭氧分析仪，能保持流量在 1～2 L/min。

（6）流量控制器

紧接在采样泵的前面，可适当调节流过臭氧分析仪的空气流量。

（7）空气流量计

安装在紫外吸收池的后面（见图 1），流量范围为 1～2 L/min。

（8）温度指示器

能测量紫外吸收池中样品空气的温度，准确度为±0.5℃。

（9）压力指示器

能测量紫外吸收池内的样品空气的压力，准确度为±0.2 kPa。

6.2 校准用主要设备

6.2.1 紫外校准光度计（UV Calibration Photometer）

紫外校准光度计的构造和原理与环境臭氧分析仪相似，其准确度优于±0.5%，重复性相对偏差小于±1%。但没有内置去除臭氧的涤气器。因此提供给校准仪的零空气必须与臭氧发生器的零空气为同一来源。

注 1：该仪器用于校准臭氧的传递标准或环境臭氧分析仪，只允许使用洁净的经过除湿过滤的校准气体，不得用于测定环境空气。该仪器应每年用臭氧标准参考光度计（SRP）比对或校准一次。

注 2：有的紫外校准光度计内置零气源、臭氧发生器和准确的流量稀释装置。

6.2.2 传递标准

可根据本实验室条件，选择下列传递标准之一作为校准环境臭氧分析仪的工作标准。

6.2.2.1 紫外臭氧分析仪

构造与环境臭氧分析仪（6.1）相同。但作为臭氧传递标准使用时，不可同时用于测定环境空气。

6.2.2.2 带配气装置的臭氧发生器

与零气源连接后，能够产生稳定的接近系统上限浓度的臭氧（0.5 μmol/mol 或 1.0 μmol/mol），能够准确控制进入臭氧发生器的零空气的流量，至少可以对发生的初始臭氧浓度进行 4 级稀释，发生的臭氧浓度用紫外校准光度计或经过上一级溯源的紫外臭氧分析仪测量。该仪器用于对环境臭氧分析仪进行多点校准和单点校准。

6.2.3 输出多支管

输出管线的材质应采用不与臭氧发生化学反应的惰性材料，如硅硼玻璃、聚四氟乙烯等。为保证管线内外的压力相同，管线应有足够的直径和排气口。为防止空气倒流，排气口在不使用时应封闭。

典型的紫外光度计校准系统示意图见图 2。

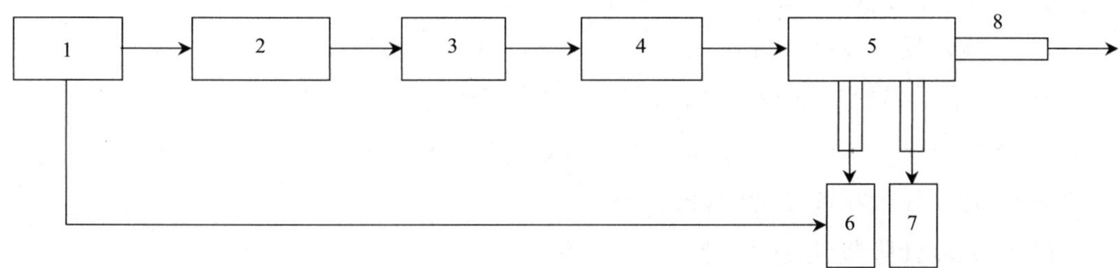

1．零空气；2．流量控制器；3．流量计；4．臭氧发生器；5．输出多支管；6．紫外校准光度计仪接口；7．环境臭氧分析仪或其他传递标准接口；8．排气口。

图 2 典型的臭氧校准系统气路示意图

7 分析步骤

7.1 臭氧分析仪的校准

7.1.1 用紫外校准光度计校准传递标准

7.1.1.1 用紫外校准光度计校准臭氧发生器类型的传递标准

按图 2 连接零空气、臭氧发生器和紫外校准光度计，调节进入臭氧发生器的零空气流量使产生不同浓度的臭氧，用紫外校准光度计测量其质量浓度值。输入到输出多支管的空气流量应超过仪器需要总量的 20%，并适当超过排气口的大气压力。

严格按仪器说明书操作各仪器，待仪器充分预热后，运行下列校准步骤：

（1）零点调整

引导零空气进入输出多支管，直至获得稳定的响应值（零空气需稳定输出 15 min）。必要时，调节臭氧发生器的零点电位器使读数等于零或进行零补偿。记录紫外校准光度计的输出值（I_0）。

（2）跨度调节

调节臭氧发生器，使产生所需要的最高摩尔分数的臭氧（0.5 μmol/mol 或 1.0 μmol/mol），稳定后，记录紫外校准光度计的输出值（I）。按式（2）计算相应的臭氧浓度。必要时，调节臭氧发生器的跨度电位器，使其指示的输出读数接近或等于计算的浓度值。

如果跨度调节和零点调节相互关联，则应重复步骤（1）～（2），再检查零点和跨度，直至不做任何调节，仪器的响应值均符合要求为止。

使用紫外校准光度计的测量参数，按式（2）计算标准状态下（273.15 K，101.325 kPa）输出多支管中臭氧的质量浓度：

$$\rho_0 = \frac{101.25}{p} \times \frac{T + 273.15}{273.15} \times \frac{-\ln(I / I_0)}{1.44 \times 10^{-5}} \times \frac{1}{d} \tag{2}$$

式中：ρ_0——标准状态下臭氧的质量浓度，μg/m³；

d——紫外臭氧校准光度计吸收池的光程，m；

I/I_0——含臭氧空气的透光率，即样气和零空气的光强度之比；

1.44×10^{-5}——臭氧在 253.7 nm 处的吸收系数，m²/μg；

p——光度计吸收池压力，kPa；

T——光度计吸收池温度，℃；

注：有的紫外臭氧校准仪直接输出臭氧的浓度值，可省略上述计算步骤。

（3）多点校准

调节进入臭氧发生器的零空气流量，在仪器的满量程范围内，至少发生 4 个浓度点的臭氧（不包括零浓度点和满量程点），对每个浓度点分别测定、记录并计算其稳定的输出值（ρ_i）。

以紫外校准光度计的输出值对应臭氧浓度的稀释率绘图。按式（3）计算多点校准的线性误差：

$$E_i = \frac{\rho_0 - \rho_i / R}{A_0} \times 100\% \tag{3}$$

式中：E_i——各浓度点的线性误差，%；

ρ_0——初始臭氧质量浓度或摩尔分数，mg/m³ 或μmol/mol；

ρ_i——稀释后测定的臭氧质量浓度或摩尔分数，mg/m³ 或μmol/mol；

R——稀释率，等于初始浓度流量除以总流量。

注 1：为评估校准的精密度重复该校准步骤。

注 2：各浓度点的线性误差必须小于±3%，否则，检查流量稀释的准确度。

7.1.1.2 用紫外校准光度计校准臭氧分析仪类型的传递标准

按图 2 连接零空气、臭氧发生器、紫外校准光度计和紫外臭氧分析仪，按与 7.1.1.1 相同的步骤，进行零点调节、跨度调节和多点校准，并分别记录、计算紫外校准光度计的输出值和臭氧分析仪的响应值。以紫外校准光度计的测量值对应臭氧分析仪的响应值绘制校准曲线。校准曲线的斜率应在 0.97～1.03 之间，截距应小于满量程的±1%，相关系数应大于 0.999。

7.1.2 用传递标准校准环境臭氧分析仪

按图 2 连接零空气、臭氧发生器、环境臭氧分析仪和经过上一级溯源的紫外臭氧分析仪或其他传递标准，按与 7.1.1.1 相同的步骤，进行零点调节、跨度调节和多点校准，并分别记录环境臭氧分析仪的输出值。以传递标准的参考值对应臭氧分析仪的响应值绘制校准曲线。校准曲线的斜率应在 0.95～1.05 之间，截距应小于满量程的±1%，相关系数应大于 0.999。

7.2 环境空气中臭氧的测定

在有温度控制的实验室安装臭氧分析仪，以减少任何温度变化对仪器的影响；按生产厂家的操作说明正确设置各种参数，包括 UV 光源灯的灵敏度、采样流速；激活电子温度和压力补偿功能等；向仪器中导入零空气和样气，检查零点和跨度，用合适的记录装置记录臭氧浓度。

8 结果计算

大多数臭氧分析仪能够测量吸收池内样品空气的温度和压力，并根据测得的数据，自动将采样状态下臭氧的质量浓度换算为标准状态下的质量浓度。否则，须按式（4）计算：

$$\rho_0 = \rho \times \frac{101.325}{p} \times \frac{t + 273.15}{273.15} \tag{4}$$

式中：ρ_0——标准状态下臭氧的质量浓度，mg/m^3；

ρ——仪器读数，采样温度、压力条件下臭氧的质量浓度，mg/m^3；

p——光度计吸收池压力，kPa；

t——光度计吸收池温度，℃；

9 精密度和准确度

9.1 精密度

置信水平为 95%时，方法的重复性精密度在±5%之内。

注：测定环境空气中臭氧的重复性精密度在±3.5%之内（包括校准分析和环境分析的重复性）。

9.2 准确度

方法的准确度优于测量质量浓度的±4%。

10 质量保证与质量控制

10.1 对校准的要求

10.1.1 零点和跨度检查

环境臭氧分析仪每次运行之前应检查一次零点、跨度和操作参数。在仪器连续运行期间，每两周检查一次零点和跨度（或 80%满量程点）。零点漂移不应超过 2%，跨度漂移应不超过满量程的±15%，否则，调节分析仪，执行多点校准。

10.1.2　传递标准的校准

用于校准环境臭氧分析仪的传递标准，至少每 6 个月用紫外校准光度计校准一次，各质量浓度点的线性误差必须小于±3%。否则，检查流量稀释的准确度或重新进行校准。

10.1.3　多点校准

环境臭氧分析仪应每隔 6 个月运行一次多点校准。各质量浓度点的线性误差应小于±5%，相关系数应大于 0.999，截距应小于满量程的±1%。否则，检查流量稀释的准确度或对仪器进行校准。

10.1.4　紫外校准光度计的校准

至少每年用臭氧标准参考光度计（SRP）校准一次。各质量浓度点的线性误差应小于±1%，截距应小于 3 nmol/mol。否则，检查流量稀释的准确度或对仪器进行修理。

10.2　更换涤气器

每隔 6 个月更换一次零气发生装置的涤气器。更换涤气器后，应运行多点校准。

10.3　流量校准

10.3.1　环境臭氧分析仪的流量控制装置，至少每半年用工作标准（指经国家有关部门传递过的质量流量计、电子皂膜流量计）标定一次，其流量准确度应为标称流量的±10%。

10.3.2　用作臭氧传递标准（带配气装置的臭氧发生器）的流量控制装置，至少每年送有资质的部门进行质量检验和标准传递 1 次，其流量准确度应为标称流量的±1%。

附　录　A
（规范性附录）
零空气质量的确认和验收标准

A.1　零空气质量的确认

A.1.1　设备

1 瓶超高纯零气（钢瓶）；一台空气压缩机；一台或多台零气发生装置；一台多种气体校准仪；一氧化碳、一氧化氮、二氧化氮、臭氧、二氧化硫分析仪，各一台；记录仪。

A.1.2　确认步骤

A.1.2.1　检查零气发生装置的涤气器。如有必要，将其更换，并进行泄漏检查。预留足够的时间预热分析仪、校准仪和零气发生装置，使其稳定。

A.1.2.2　将超高纯零气连接到多种气体校准仪的输入口。

A.1.2.3 按仪器说明书操作各种仪器设备，确保其处于正常运行状态。确保分析仪对一氧化氮（NO）、二氧化氮（NO_2）、臭氧（O_3）和二氧化硫的零点响应的绝对值小于±5 nmol/mol；对一氧化碳（CO）的零点响应值小于 0.25 μmol/mol。记录稳定的仪器响应值。

A.1.2.4 将零气发生装置连接到多种气体校准仪的输入口。按 A.1.2.3 步骤操作，记录稳定的仪器响应值。

A.1.2.5 重复上述步骤 A.1.2.2～A.1.2.4，直至所有确认工作完成。

A.2 验收标准

零气发生装置的平均分析响应值与超高纯零气的平均分析响应值之差，应该符合如下标准：

一氧化碳（CO）≤0.14 μmol/mol；一氧化氮（NO）、二氧化氮（NO_2）以及氮氧化物（NO_x）≤2.2 nmol/mol；臭氧（O_3）≤2.2 nmol/mol；二氧化硫≤1.4 nmol/mol。

如果其中的任何一项指标不满足上述验收标准要求，那么需要更换零气发生装置的涤气器，并确保在更换之后不发生泄漏。

附 录 B

（规范性附录）

环境空气中一氧化氮的校正

为校正采样管线中环境空气中臭氧与一氧化氮反应的影响，采样管线入口环境臭氧的浓度按式（B.1）计算：

$$x = \frac{bx(O_3)}{x(O_3) - x(NO)\exp(bkt)} \tag{B.1}$$

式中：x——采样管线中臭氧的摩尔分数，μmol/mol；

t——氧气在采样管线中停留的时间，s；

k——$0.443\times10^6\ S^{-1}$，25℃时 O_3 与 NO 反应的平衡常数；

x（O_3），x（NO）——样气在采样管线中停留 t 秒后，测得的臭氧和一氧化氮的摩尔分数，μmol/mol；

b——x（O_3）$-x$（NO），$b\neq0$。

附 录 C

（资料性附录）

某些化合物对紫外臭氧测定仪的干扰

表 C.1 对紫外臭氧测定仪产生干扰的某些化合物及其响应值

干扰化合物 1 μmol/mol	响应值（以%摩尔分数计）
苯乙烯 styrene	20
反式-甲基苯乙烯 Trans-*β*-methylstyrene	＞100
苯甲醛 benzaldehyde	5
邻-甲酚 *o*-cresol	12
硝基甲酚 Nitrocresol	100
甲苯 toluene	10

注：下列化合物在空气中的摩尔分数达到 1 μmol/mol 时不会干扰臭氧的测定：过氧乙酰硝酸酯、丁二酮、过氧苯酰硝酸酯、硝酸甲酯、硝酸正丙酯、硝酸正丁酯、甲硫醇、硫酸甲酯和硫酸乙酯。甲苯在空气中的摩尔分数为 1 μmol/mol 时，在仪器上相当于臭氧的响应约为其摩尔分数的 10%。

附 录 D

（资料性附录）

典型的紫外臭氧分析仪性能参数

——动态范围：0.002～2 mg/m^3

——检测限：0.002 mg/m^3

——延迟时间：15 s

——响应时间：15 s

——零点漂移：每周 0.5%

——跨度漂移：每周 0.5%

——重复性精密度：±0.002 mg/m^3

——无人照管操作周期：7 d

——采样流速：1～2 L/min

——操作的极限条件：0～45℃

——预热时间：2 h

环境空气颗粒物（PM_{10} 和 $PM_{2.5}$）连续自动监测系统运行和质控技术规范

HJ 817—2018　部分代替 HJ/T 193—2005

2018-08-13 发布　　2018-09-01 实施

1　适用范围

本标准规定了环境空气颗粒物（PM_{10} 和 $PM_{2.5}$）连续自动监测系统的构成、日常运行维护要求、质量保证和质量控制以及数据有效性判断等技术要求。

本标准适用于各级环境监测站（中心）及其他环境监测机构（含社会环境监测机构）采用连续自动监测系统对环境空气颗粒物（PM_{10} 和 $PM_{2.5}$）进行监测时的运行管理与质量控制。

2　规范性引用文件

本标准引用了下列文件或其中的条款。凡是未注明日期的引用文件，其最新版本适用于本标准。

GB 3095　环境空气质量标准

HJ 93　环境空气颗粒物（PM_{10} 和 $PM_{2.5}$）采样器技术要求及检测方法

HJ 618　环境空气　PM_{10} 和 $PM_{2.5}$ 的测定　重量法

HJ 655　环境空气颗粒物（PM_{10} 和 $PM_{2.5}$）连续自动监测系统安装和验收技术规范

3　术语和定义

下列术语和定义适用于本标准。

3.1　环境空气质量连续自动监测 automated ambient air quality monitoring

指采用连续自动监测仪器对环境空气进行连续的样品采集、处理、分析的过程。

3.2　颗粒物（粒径小于等于 10 μm）particulate matter（PM_{10}）

指环境空气中空气动力学当量直径小于等于 10 μm 的颗粒物，也称可吸入颗粒物。

3.3　颗粒物（粒径小于等于 2.5 μm）particulate matter（$PM_{2.5}$）

指环境空气中空气动力学当量直径小于等于 2.5 μm 的颗粒物，也称细颗粒物。

3.4 切割器 particle separate device

具有将不同粒径颗粒物粒子分离功能的装置。

3.5 审核采样器 audit sampler

携带至现场对环境空气颗粒物自动监测仪器进行比对的手工颗粒物采样器。

3.6 数据质量目标 data quality objectives

通过数据质量目标规划程序获得的对数据定性和定量的描述，该程序阐明研究目的、确定最适合的数据收集类型和收集条件，明确潜在判定误差的可接受水平。

4 环境空气颗粒物连续自动监测系统构成与要求

4.1 系统构成

环境空气颗粒物连续自动监测系统由空气质量监测子站、质量保证实验室和系统支持实验室构成。

4.2 空气质量监测子站

4.2.1 功能和组成

对环境空气质量和气象状况（包括气温、气压、湿度、风向、风速等）进行连续自动监测，采集、处理和存储监测数据，定时向中心计算机传输监测数据和设备工作状态信息。

空气质量监测子站主要由子站站房、采样装置、监测仪器、校准设备、数据采集与传输设备、辅助设备等组成。

监测子站站房及周边环境应满足 HJ 655 相关要求。

4.2.2 仪器设备配置

颗粒物连续自动监测系统由采样头、采样管、采样泵和仪器主机组成，配备温度、湿度、压力检测器，其中 β 射线法颗粒物监测仪器应包括动态加热系统（dynamic heating system），振荡天平法颗粒物监测仪器应包括滤膜动态测量系统（filtration membrane dynamic measurement system）。

4.3 质量保证实验室

4.3.1 主要功能

对监测仪器和设备进行量值传递、校准和性能审核，并对检修后的监测仪器和设备进行校准和性能测试。

4.3.2 基本要求

a）质量保证实验室大小应能保证操作人员正常工作。

b）应采用密封窗结构，并设置缓冲间，防止灰尘和泥土带入实验室。

c）应安装温度和湿度控制设备，使实验室温度控制在 25℃±5℃范围内，相对湿度控制在 80%以下。

d）供电电源电压为 220 V，电压波动不能超过±10%。实验室供电系统应配有电源过压、过载和漏电保护装置，实验室要有良好的接地线路，接地电阻≤4 Ω。

e）应配置良好的通风设备和废气排出口，保持室内空气清洁。

f）如需放置精密天平，应设置独立天平间，其环境条件应符合有关要求。

g）应设置可进行颗粒物采样器比对测试的室外实验平台。

h）应配置必要的实验台和存储柜。

i）多个空气质量监测子站可共用一个质量保证实验室。

4.3.3 仪器设备配置

质量保证实验室应配备环境空气颗粒物连续自动监测质量保证质量控制相关的仪器设备，基本仪器设备配置清单见表 1。

表 1 质量保证实验室基本仪器设备配置清单

编号	仪器名称	技术要求	数量	用途
1	分析天平	检定分度值≤0.01 mg	1 台	颗粒物与标准滤膜称重
2	流量计	0～5 L/min，1 级	1 套	实验室流量基准
3	流量计	0～5 L/min，1 级	1 套	流量传递
4	流量计	0～20 L/min，1 级	1 套	实验室流量基准
5	流量计	0～20 L/min，1 级	1 套	流量传递
6	高精度秒表	误差 0.01 s	1 块	流量传递
7	压力表	0.5 级，分辨率≤0.1 kPa	1 块	气压传递
8	真空表	1 级	1 个	气路检查
9	湿度计	1 级	1 个	湿度传递
10	温度计	1 级，分辨率 0.1℃	1 个	温度传递
11	万用表	1 级	1 台	电压传递
12	PM_{10} 手工采样器	满足 HJ 93 要求	3 台	准确度审核
13	$PM_{2.5}$ 手工采样器	满足 HJ 93 要求	3 台	准确度审核

4.4 系统支持实验室

4.4.1 主要功能

对监测仪器设备进行日常维护、保养，并对发生故障的仪器设备进行检修或更换。

4.4.2 基本要求

系统支持实验室应配备电源、温度和湿度控制设备、通风装置及相应工作台、储存柜等。多个空气质量监测子站可共用一个系统支持实验室。

4.4.3 仪器设备配置

系统支持实验室应配备仪器测试、维修用设备和工具，还应配备必要的备用监测仪器和零配件，备用监测仪器的数量一般不少于在用监测仪器总数的 1/4。

5 系统日常运行维护要求

5.1 基本要求

环境空气自动监测仪器应全年 365 d（闰年 366 d）连续运行，停运超过 3 d 以上，须报负责该点位管理的主管部门备案，并采取有效措施及时恢复运行。需要主动停运的，须提前报负责该点位管理的主管部门批准。

在日常运行中因仪器故障需要临时使用备用监测仪器开展监测，或因设备报废需要更新监测仪器的，须于仪器更换后 1 周内报负责该点位管理的主管部门备案。仪器更新须执行 HJ 655 的相关要求。

监测仪器主要技术参数（包括斜率/K 值、K_0 值、截距、灵敏度等）应与仪器说明书要求和系统安装验收时的设置值保持一致。如确需对主要技术参数进行调整，应开展参数调整试验和仪器性能测试，记录测试结果并编制参数调整测试报告。主要技术参数调整须报负责该点位管理的主管部门批准。

监测结果的表示应按 GB 3095 的相关要求执行。

5.2 日常维护

5.2.1 监测站房及辅助设备日常巡检

应对子站站房及辅助设备定期巡检，每周至少巡检 1 次，巡检工作主要包括：

a）检查站房内温度是否保持在 25℃±5℃范围内，相对湿度保持在 80%以下，在冬、夏季节应注意站房内外温差，应及时调整站房温度或对采样管采取适当的温控措施，防止因温差造成采样装置出现冷凝水的现象。

b）检查站房排风排气装置工作是否正常。

c）检查采样头、采样管的完好性，及时对缓冲瓶内积水进行清理。

d）各监测仪器工作参数和运行状态是否正常。振荡天平法仪器还应检查仪器测量噪声、振荡频率等指标是否在说明书规定的范围内。

e）检查数据采集、传输与网络通信是否正常。

f）检查各种运维工具、仪器耗材、备件是否完好齐全。

g）检查空调、电源等辅助设备的运行状况是否正常，检查站房空调机的过滤网是否清洁，必要时进行清洗。

h）检查各种消防、安全设施是否完好齐全。

i）对站房周围的杂草和积水应及时清除。

j）检查避雷设施是否正常，子站房屋是否有漏雨现象，气象杆是否损坏。

k）记录巡检情况，巡检记录表参见表 B.1。

5.2.2 监测仪器设备日常维护

5.2.2.1 采样系统

每月至少清洁一次采样头。若遇到重污染过程或沙尘天气，还应在污染过程结束后及时清洁采样头；在受到植物飞絮、飞虫影响的季节，应增加采样头的检查和清洁频次。清洁时，应完全拆开采样头和 $PM_{2.5}$ 切割器，用蒸馏水或者无水乙醇清洁，完全晾干或用风机吹干后重新组装，组装时应检查密封圈的密封情况。

每年对采样管路至少进行一次清洁，污染较重地区可增加清洁频次。采样管清洁后必须进行气密性检查，并进行采样流量校准。

5.2.2.2 监测仪器

a）β射线法仪器

1）每周按仪器使用说明书检查监测仪器的运行状况和状态参数是否正常。

2）每周检查纸带：检查纸带位置是否正常，采样斑点是否圆滑、均匀、完整；检查纸带剩余长度，如长度不足应提前更换。

3）每月清洁一次β射线仪器的压头及纸带下的垫块，在污染较重的季节或连续污染天气后应增加清洁频次；应使用棉签棒蘸无水乙醇进行清洁。

4）每月检查颗粒物监测仪器的加热装置是否正常工作，加热温度是否正常。

5）每月对β射线仪器的时钟进行检查；如仪器与数据采集仪连接，应同时检查数据采集仪的时钟。

6）仪器说明书规定的其他维护内容。

7）每次巡检维护均要有记录，并定期存档。

b）振荡天平法仪器

1）每周按仪器使用说明书检查监测仪器的运行状况和状态参数是否正常。

2）至少每月更换一次采样滤膜，如滤膜使用未到 1 个月而负载达到 80%时也应更换，在高湿度条件下可适当提前更换；更换滤膜应严格依照操作步骤，轻轻按压，避免损坏锥形振荡器。

3）在更换采样滤膜时更换冷凝器中的清洁空气滤膜，每月至少更换一次清洁空气滤膜。

4）每半年更换一次主路过滤器滤芯、旁路过滤器滤芯和气水分离器滤芯，污染较重时应及时更换滤芯。

5）对于加装滤膜动态测量系统的仪器，每年清洁一次基态/参比态气路切换阀；每年更换一次样品气体干燥器；当除湿性能下降，如当样品气体露点温度高于冷凝器设定值，或与冷凝器设定的温差持续小于 2℃，应及时更换样品气体干燥器。

6）每月对振荡天平法仪器的时钟进行检查；如仪器与数据采集仪连接，应同时检查数据采集仪的时钟。

7）仪器说明书规定的其他维护内容。

8）每次巡检维护均要有记录，并定期存档。

5.3 故障检修

对出现故障的仪器设备应进行针对性的检查和维修。

a）根据仪器厂商提供的维修手册要求，开展故障判断和检修。

b）对于在现场能够诊断明确，并且可以通过简单更换备件解决的仪器故障，应及时检修并尽快恢复正常运行。

c）对于不能在现场完成故障检修的仪器，应送至系统支持实验室进行检查和维修，并及时采用备用仪器开展监测。

d）每次故障检修完成后，应对仪器进行校准。

e）每次故障检修完成后，应对检修、校准和测试情况进行记录并存档。

6 质量保证和质量控制

6.1 基本要求

6.1.1 β射线法仪器

a）气路检漏。依据仪器说明书酌情进行流量检漏，每月一次；对仪器进行流量检查前应进行检漏，更换纸带或者清洁垫块也应检漏。检漏时仪器示值流量≤1.0 L/min，通过检查；当示值流量＞1.0 L/min 时，表明存在泄漏，需排查并解决泄漏问题，直至通过检查。

b）流量检查。每月用标准流量计对仪器的流量进行检查，实测流量与设定流量的误差应在±5%范围内，且示值流量与实测流量的误差应在±2%范围内。当实测流量与设定流量的误差超过±5%，或示值流量与实测流量的误差超过±2%时，须对流量进行校准，校准后流量误差不超过设定流量的±2%。校准方法见附录 A。

c）气温测量结果检查。每季度对仪器测量的气温进行检查，仪器显示温度与实测温度的误差应在±2℃范围内，当仪器显示温度与实测温度的误差超过±2℃时，应对温度进行校准。

d）气压测量结果检查。每季度对仪器测量的气压进行检查，仪器显示气压与实测气压的误差应在±1 kPa 范围内，当仪器显示气压与实测气压的误差超过±1 kPa 时，应对气压进行校准。

e）配备外置校准膜的β射线法仪器每半年进行一次标准膜检查，标准膜的检查可选在更换纸带时进行。检查结果与标准膜的标称值误差应在±2%范围内。

f）仪器内部的气体湿度传感器应每半年检查一次，仪器读数与标准湿度计读数的误差应在±4%范围内，超过±4%时应进行校准。

g）数据一致性检查。每半年应对仪器进行一次数据一致性检查。数据采集仪记录数据和仪器显示或存储监测结果应一致。当存在明显差别时，应检查仪器和数据采集仪参数设置是否正常。若使用模拟信号输出，两者相差应在±1 μg/m^3 范围内。模拟输出数据应与时间、量程范围相匹配。每次更换仪器后均应进行数据一致性检查。

h）仪器说明书规定的其他质控内容。

i）记录质控情况。质控工作记录表参见表 B.2。

6.1.2 振荡天平法仪器

a）气路检漏。每月应对振荡天平法仪器进行流量检漏，检漏应在对仪器进行流量检查前进行。检漏时仪器主流量应小于 0.15 L/min，旁路流量应小于 0.6 L/min，否则表明存在泄漏，需排查和解决泄漏问题，并重新开始新一轮流量检漏直至通过检查。

b）流量检查。每月用标准流量计对仪器的总流量、主流量和旁路流量进行检查，实测总流量、主流量和旁路流量与设定流量的误差均应在±5%范围内，且示值流量与实测流量的误差应在±2%范围内。当实测流量与设定流量的误差超过±5%，或示值流量与实测流量的误差超过±2%时，须对流量进行校准，校准后流量误差应不超过设定流量的±2%。校准方法见附录 A。

c）气温测量结果检查。每季度对仪器测量的气温进行检查，仪器显示温度与实测温度的误差应在±2℃范围内，当仪器显示温度与实测温度的误差超过±2℃时，应对温度进行校准。

d）气压测量结果检查。每季度对仪器测量的气压进行检查，仪器显示气压与实测气压的误差应在±1 kPa 范围内，当仪器显示气压与实测气压的误差超过±1 kPa 时，应对气压进行校准。

e）校准常数（K_0）检查。每半年用标准膜对振荡天平进行检查。实测的校准常数与仪器出厂的校准常数（K_0）的误差应在±2.5%范围内。

f）仪器内部的湿度传感器应每半年检查一次，仪器读数与标准湿度计读数的误差应在±4%范围内，超过±4%时应进行校准。

g）数据一致性检查。每半年应对仪器进行一次数据一致性检查。数据采集仪记录数据和仪器显示或存储监测结果应一致。当存在明显差别时，应检查仪器和数据采集仪设置参数是否正常。若使用模拟信号输出，两者相差应在±1 μg/m^3 范围内。模拟输出数据应与时间、量程范围相匹配。每次更换仪器后均应进行数据一致性检查。

h）仪器说明书规定的其他质控内容。

i）记录质控情况。质控工作记录表参见表 B.3。

6.2 准确度审核

准确度审核用于对环境空气连续自动监测系统进行外部质量控制，审核人员不从事所审核仪器的日常操作和维护。用于准确度审核的流量计、温度计、气压计等不得用于日常的质量控制。

a）流量审核。实测流量与设定流量的误差应在±5%范围内，与示值流量误差在±2%范围内。每年进行一次。

b）气温审核。仪器显示温度与实测温度的误差应在±2℃范围内。每年进行一次。

c）气压审核。仪器显示气压与实测气压的误差应在±1 kPa 范围内。每年进行一次。

d）湿度审核。仪器显示湿度与实测湿度的误差应在±4%范围内。每年进行一次。

e）环境空气颗粒物自动监测仪器准确度审核。以 HJ 618 为参比方法，采用审核采样器进行准确度审核。每年至少进行一次准确度审核，每次有效数据不少于 5 个日均值（每日有效采样时间不少于 20 h），手工监测采样滤膜所负载颗粒物质量不少于电子天平检定分度值的 100 倍。将自动监测数据与手工监测数据的日均值进行比较分析，以数据质量目标作为评价依据，每日自动监测数据与手工监测数据的相对偏差均应达到数据质量目标。偏离要求时，应对颗粒物连续自动监测系统进行检查与维修，重新与参比方法比对，直到满足准确度审核指标。

6.3 量值溯源和传递要求

用于量值传递的计量器具，如流量计、气压表、压力计、真空表、温度计、湿度计等，应按计量检定规程的要求进行周期性检定。

7 数据有效性判断

a）监测系统正常运行时的所有监测数据均为有效数据，应全部参与统计。

b）对仪器进行检查、校准、维护保养或仪器出现故障等非正常监测期间的数据为无效数据；仪器启动至仪器预热完成时段内的数据为无效数据。

c）低浓度环境条件下监测仪器技术性能范围内的零值或负值为有效数据，应采用修正后的值 2 μg/m^3 参加统计。在仪器故障、运行不稳定或其他监测质量不受控情况下出现的零值或负值为无效数据，不参加统计。

d）对于缺失和判断为无效的数据均应注明原因，并保留原始记录。

附 录 A

（规范性附录）

颗粒物自动监测仪器流量校准方法

流量检查发现流量误差超过±5%时应进行校准。校准使用经检定合格的流量计，要求流量计在 16.7 L/min 的流量下精度在±1%之内，并且压力损失小于 7 kPa。校准前应确保仪器无泄漏。校准方法如下：

a）当仪器处于采样状态，或手动调节使仪器处于抽气状态，进行采样流量校准。

b）取下 PM_{10} 或 $PM_{2.5}$ 采样头，从进气口处连接校准流量计，β射线法仪器直接测定采样管流量，振荡天平法仪器从流量分配器分接口处测定仪器的主流量和旁路流量。

c）记录校准时的温度和大气压。

d）读取校准流量计的测量结果，连续多次测量，记录测量结果。

e）计算平均流量。如果使用质量流量计，则必须根据当前的温度和压力将读数转化为测定流量。

f）根据计算出的平均流量，对仪器进行校准。校准后流量误差应在设定流量的±2%范围内。

附 录 B

（资料性附录）

运行和质控记录表格

表 B.1 空气监测子站巡检记录表

城市：　　　　　　　　　　　　空气监测子站名称：

时间：　　年　　月　　日			
序号	巡查内容	正常“√”	异常“√”
站房外部及周边			
1	点位周围环境变化情况		
2	点位周围安全隐患		
3	点位周围道路、供电线路、通信线路、给排水设施完好或损坏状况		
4	站房外围的防护栏、隔离带有无损坏情况		
5	视频监控系统是否正常		
6	周围树木是否需要修剪		
7	站房防雷接地是否完好		
8	站房屋顶是否完好，有无漏雨		
站房内部			
1	站房内部的供电、通信是否畅通		
2	站房内部给排水、供暖设施、空调工作状况		
3	各种消防、安全设施是否完好齐全		
4	站房内有无气泵产生的异常声音		
5	站房内有无异常气味		
6	站房温度、湿度是否符合要求		
7	气体采样总管风扇工作是否正常		
8	气体采样总管及支管是否由于室外温差产生冷凝水		

9	站房排风扇是否正常运行		
10	稳压电源参数是否正常		
11	各电源插头、线板工作是否正常		
12	颗粒物采样头是否清洁，雨水瓶是否有积水		
13	仪器气泵工作是否正常		
14	干燥剂是否需更换（蓝色部分剩 1/3～1/4 时应及时更换）		
15	钢瓶气减压阀压力指示是否正常		
16	颗粒物分析仪纸带位置是否正常（如长度不足时应提前更换）		
17	振荡天平法仪器气水分离器是否有积水，必要时进行清理		
异常情况及处理说明：			

巡检人： 复核人：

表 B.2 β射线法仪器质控工作记录表

子站名称			资产编号		
仪器型号			出厂编号		
环境条件	温度/℃：		湿度/%：		其他：
质控设备信息	设备名称	型号		资产编号	检定日期
	流量计				
	温度计				
	气压计				

温度、气压检查					
温度检查	仪器显示温度		气压检查	仪器显示读数	
	标准温度计读数			标准气压计读数	
	是否合格			是否合格	

检漏				
	泵关	泵开	净读数	是否合格
流量读数/（L/min）				

流量检查/（L/min）						
仪器设定值	仪器示值流量	标准流量计		设定流量误差	显示流量误差	是否合格
		修正前读数	修正后读数			

温度、气压校准		
参考标准读数	校准前	校准后

标准温度计		仪器显示温度		仪器显示温度	
标准气压计		仪器显示气压		仪器显示气压	

流量校准/（L/min）						
仪器设定流量	校准前			校准后		
	仪器显示流量	标准流量计		仪器显示流量	标准流量计	
		修正前读数	修正后读数		修正前读数	修正后读数

标准膜检查/校准				
读数	标准膜片量值	误差/%	是否合格	是否校准

操作人：　　　　　　　　复核人：　　　　　　　　日期：　　年　　月　　日

表 B.3　振荡天平法仪器质控工作记录表

子站名称		资产编号		
仪器型号		出厂编号		
环境条件	温度/℃：	湿度/%：		其他：
质控设备信息	设备名称	型号	资产编号	检定日期
	流量计			
	温度计			
	气压计			

温度、气压检查					
温度检查	仪器显示温度		气压检查	仪器显示读数	
	标准温度计读数			标准气压计读数	
	是否合格			是否合格	

检漏		
	泄漏量/（L/min）	是否合格
主路		
旁路		

流量检查/（L/min）						
仪器设定值	仪器示值流量	标准流量计		设定流量误差	显示流量误差	是否合格
		修正前读数	修正后读数			
主流量						
旁路流量						
总流量						

温度、气压校准				
参考标准读数		校准前		校准后	
标准温度计		仪器显示温度		仪器显示温度	

标准气压计		仪器显示气压		仪器显示气压	
流量校准/（L/min）					
仪器设定流量		校准前标准流量计读数		校准后标准流量计读数	
		修正前	修正后	修正前	修正后
主流量					
旁路流量					
K_0 常数检查（标准滤膜质量：　　）					
显示 K_0	校准常数 K_0	误差/%	是否合格		

操作人：　　　　　　　　复核人：　　　　　　　　检查日期：　　年　　月　　日

环境空气质量自动监测技术规范

HJ/T 193—2005

2005-11-09 发布 2006-01-01 实施

1 范围

本标准规定了环境空气质量自动监测的技术要求，适用于各级环境监测站及其他环境监测机构采用自动监测系统对环境空气质量进行监测的活动。

2 引用标准

以下标准和规范所含条文，在本规范中被引用即构成本规范的条文，与本规范同效。

GB 3095—1996 环境空气质量标准

当上述标准和规范被修订时，应使用其最新版本。

3 名词术语

3.1 环境空气质量自动监测 automated methods for air quality monitoring

在监测点位采用连续自动监测仪器对环境空气质量进行连续的样品采集、处理、分析的过程。

3.2 环境空气质量手工监测 manual methods for air quality monitoring

在监测点位用采样装置采集一定时段的环境空气样品，将采集的样品在实验室用分析仪器分析、处理的过程。

3.3 点式监测仪器 point analyzers

在固定点上通过采样系统将环境空气采入并测定空气污染物浓度的监测分析仪器。

3.4 开放光程监测仪器 open path analyzers

采用从发射端发射光束经开放环境到接收端的方法测定该光束光程上平均空气污染物浓度的仪器。

3.5 自动监测仪器性能审核 analyzers performance audit

对自动监测仪器进行精密度和准确度的审核过程。

4 环境空气质量自动监测系统

4.1 系统的构成

环境空气质量自动监测系统是由监测子站、中心计算机室、质量保证实验室和系统支持实验室 4 部分组成（见图 4-1）。

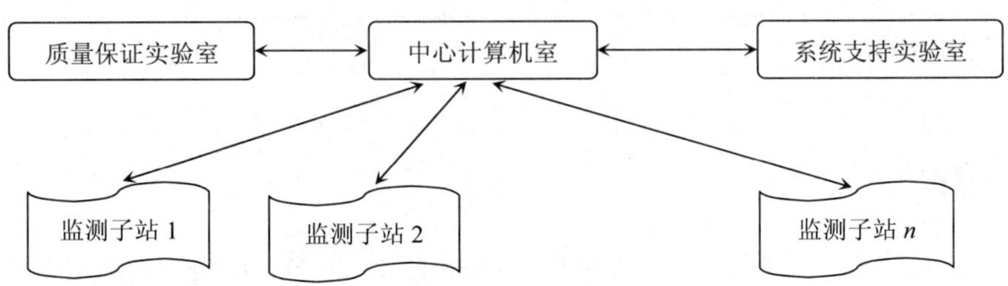

图 4-1 环境空气质量自动监测系统基本构成框图

监测子站的主要任务：对环境空气质量和气象状况进行连续自动监测；采集、处理和存储监测数据；按中心计算机指令定时或随时向中心计算机传输监测数据和设备工作状态信息。

中心计算机室的主要任务：通过有线或无线通信设备收集各子站的监测数据和设备工作状态信息，并对所收取的监测数据进行判别、检查和存储；对采集的监测数据进行统计处理、分析；对监测子站的监测仪器进行远程诊断和校准。

质量保证实验室的主要任务：对系统所用监测设备进行标定、校准和审核；对检修后的仪器设备进行校准和主要技术指标的运行考核；制定和落实系统有关监测质量控制的措施。

系统支持实验室的主要任务：根据仪器设备的运行要求，对系统仪器设备进行日常保养、维护；及时对发生故障的仪器设备进行检修、更换。

4.2 多支路集中采样装置

在使用多台点式监测仪器的监测子站中，除 PM_{10} 监测仪器单独采样外，其他多台仪器可共用一套多支路集中采样装置进行样品采集。多支路集中采样装置有两种组成形式：垂直层流式采样总管（见图 4-2）和竹节式采样总管（见图 4-3 和图 4-4）。

4.2.1 采样头

采样头设置在总管户外的采样气体入口端，防止雨水和粗大的颗粒物落入总管，同时避免鸟类、小动物和大型昆虫进入总管。采样头的设计应保证采样气流不受风向影响，稳定进入总管。

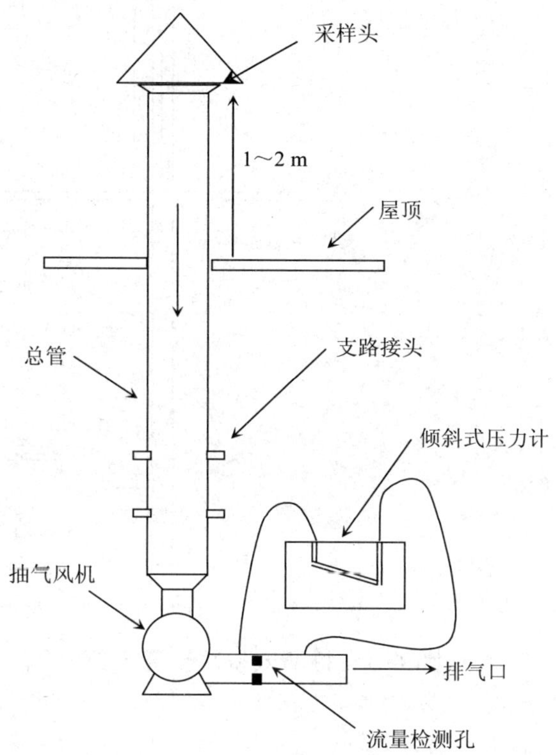

图 4-2 垂直层流多路支管系统

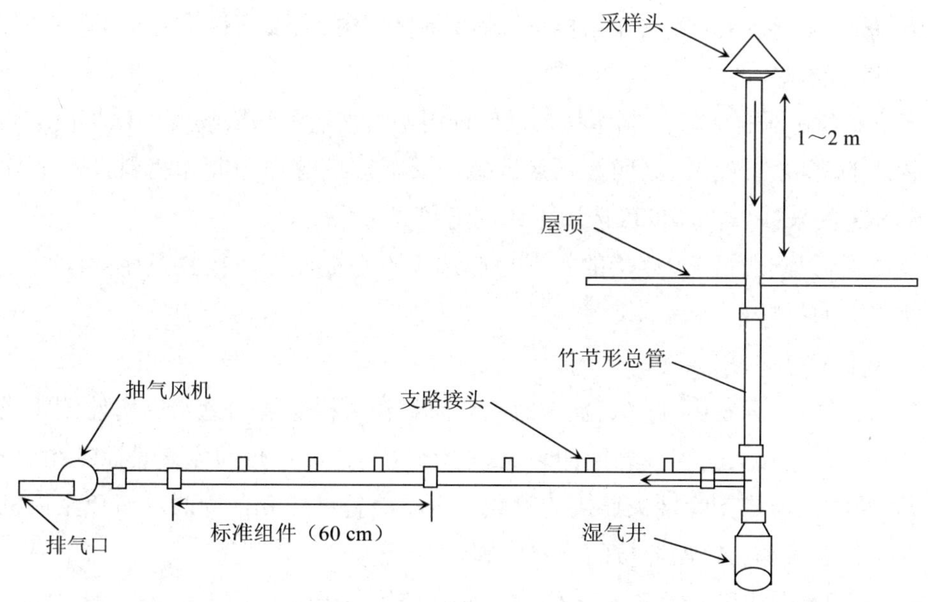

图 4-3 竹节式多路支管系统（1）

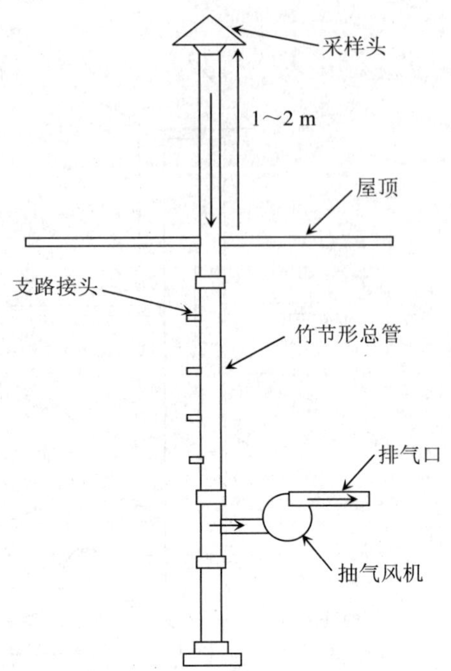

图 4-4　竹节式多路支管系统（2）

4.2.2　采样总管

总管内径选择在 1.5～15 cm，采样总管内的气流应保持层流状态，采样气体在总管内的滞留时间应小于 20 s。总管进口至抽气风机出口之间的压降要小，所采集气体样品的压力应接近大气压。支管接头应设置于采样总管的层流区域内，各支管接头之间间隔距离大于 8 cm。

4.2.3　制作材料

多支路集中采样装置的制作材料，应选用不与被监测污染物发生化学反应和不释放有干扰物质的材料。一般以聚四氟乙烯或硼硅酸盐玻璃等作为制作材料；对于只用于监测 SO_2 和 NO_x 的采样总管，也可选用不锈钢材料。

监测仪器与支管接头连接的管线也应选用不与被监测污染物发生化学反应和不释放有干扰物质的材料。

4.2.4　其他技术要求

1）为了防止因室内外空气温度的差异而致使采样总管内壁结露对监测物质吸附，需要对总管和影响较大的管线外壁加装保温套或加热器，加热温度一般控制在 30～50℃。

2）监测仪器与支管接头连接的管线长度不能超过 3 m，同时应避免空调机的出风直接吹向采样总管和与仪器连接的支管线路。

3）为防止灰尘落入监测分析仪器，应在监测仪器的采样入口与支管气路的结合部之间，安装孔径不大于 5 μm 聚四氟乙烯过滤膜。

4）在监测仪器管线与支管接头连接时，为防止结露水流和管壁气流波动的影响，应将管线与支管连接端伸向总管接近中心的位置，然后再做固定。

5）在不使用采样总管时，可直接用管线采样，但是采样管线应选用不与被监测污染物发生化学反应和不释放有干扰物质的材料，采样气体滞留在采样管线内的时间应小于 20 s。

6）在监测子站中，虽然 PM_{10} 单独采样，但为防止颗粒物沉积于采样管管壁，采样管应垂直，并尽量缩短采样管长度；为防止采样管内冷凝结露，可采取加温措施，加热温度一般控制在 30～50℃。

4.3 子站站房

监测点站房（子站房）的建设和内部设计应满足以下要求：

1）子站站房用面积应以保证操作人员方便地操作和维修仪器为原则，一般不少于 10 m2。

2）站房为无窗或双层密封窗结构，墙体应有较好的保温性能。有条件时，门与仪器房之间可设有缓冲间，以保持站房内温湿度恒定和防止灰尘和泥土带入站房内。

3）站房内应安装温湿度控制设备，使站房室内温度在 25℃±5℃，相对湿度控制在 80%以下。

4）站房应有防水、防潮措施，一般站房地层应离地面（或房顶）有 25 cm 的距离。

5）采样装置抽气风机排气口和监测仪器排气口的位置，应设置在靠近站房下部的墙壁上，排气口离站房内地面的距离应保持在 20 cm 以上。

6）在站房顶上设置用于固定气象传感器的气象杆或气象塔时，气象杆、塔与站房顶的垂直高度应大于 2 m，并且气象杆、塔和子站房的建筑结构应能经受 10 级以上的风力（南方沿海地区应能经受 12 级以上的风力）。

7）站房供电建议采用三相供电，分相使用；站房监测仪器供电线路应独立走线。

8）子站站房供电系统应配有电源过压、过载和漏电保护装置，电源电压波动不超过 220V±10%。

9）站房应有防雷电和防电磁波干扰的措施。站房应有良好的接地线路，接地电阻＜4 Ω。

10）在已有建筑物屋顶上建立站房时，若站房重量经正规建筑设计部门核实超过屋顶承重，在建站房前应先对建筑物屋顶进行加固。

11）开放光程监测仪器的发射光源和监测光束接收端应固定安装在基座上。基座不能建在金属构件上，应建在受环境变化影响不大的建筑物主承重混凝土结构上。基座应采用实心砖平台结构或混凝土水泥桩结构，建议离地高度为 0.6～1.2 m，长度和宽度尺寸应按发射光源和接收端底座四个边缘多加 15 cm 计算。

12）开放光程监测系统的固定发射和接收端的基座位置应远离振动源，并且基座应设置在便于安全操作的地方。

4.4 中心计算机室

1）中心站计算机房的大小应能保证操作人员正常工作，使用面积一般不少于 15 m^2。

2）计算机房应采用密封窗结构。有条件时，门与机房间可设有缓冲间，保持温度和湿度的恒定、防止灰尘和泥土带入机房。

3）机房内应安装温湿度控制设备，使机房温度能控制在 25℃±5℃，相对湿度控制在 80%以下。

4）机房供电电源电压波动不能超过 220V±10%。机房供电系统应配有电源过压、过载和漏电保护装置，机房要有良好的接地线路，接地电阻＜4 Ω。有条件时，配备 UPS 电源。

5）中心站计算机室应配备专用通信线路，有条件的地方建议至少配备两条以上的程控电话线路。

4.5 质量保证实验室

1）质量保证实验室大小应能保证操作人员正常工作，使用面积一般不少于 25 m^2。

2）实验室应设有缓冲间，保持温度和湿度的恒定、防止灰尘和泥土带入实验室。

3）实验室内应安装温湿度控制设备，使实验室温度能控制在 25℃±5℃，相对湿度控制在 80%以下。

4）实验室供电电源电压波动不能超过 220V±10%。实验室供电系统应配有电源过压、过载和漏电保护装置，实验室要有良好的接地线路，接地电阻＜4 Ω。

5）实验室应配置良好的通风设备和废气排出口，保持室内空气清洁。

6）应设置标气钢瓶放置间（柜）安全放置标准传递用标气钢瓶。在没有条件设置标气钢瓶放置间（柜）时，应在固定位置放置标气钢瓶并将其固定。

7）当使用渗透管校准设备时，应配备冷冻柜存放标准传递用渗透管。

8）酌情设置用于清洗器皿和物品的清洗池，清洗池安装位置应远离干燥操作的工作台。

9）质量保证用精密天平应放置在独立的天平间中。天平间应有恒温、恒湿和防震措施。

10）实验室应配置一定数量的实验台和存储柜，实验台应有充足的采光。建议每个分析人员在实验台的工作范围不少于 1.8 m。

4.6 系统支持实验室

一般实验室使用面积不小于 30 m^2，同时，应配备适当的电源、温湿度控制设备、通风装置及相应工作台、储存柜等。

4.7 仪器设备配置和技术要求

4.7.1 监测子站

监测子站主要是由采样装置、监测分析仪、校准设备、气象仪器、数据传输设备、子站计算机或数据采集仪以及站房环境条件保证设施（空调、除湿设备、稳压电源等）等组成。图 4-5 为监测子站仪器设备配置示意图。

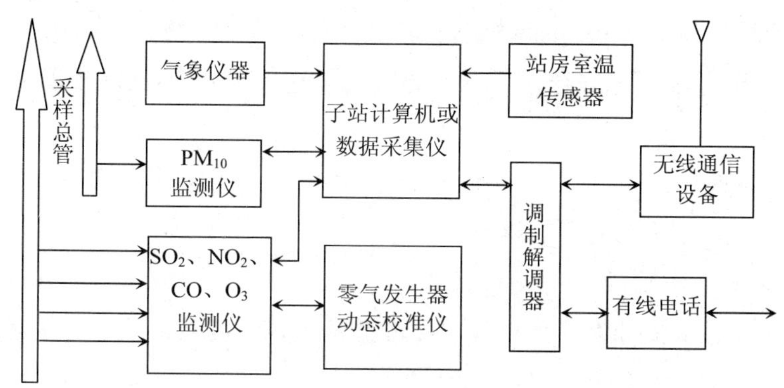

图 4-5 监测子站仪器设备配置示意图

在选择环境空气质量监测设备时，应考虑如下原则：

1）选购的仪器设备所用的分析方法、测量范围和各项技术指标应符合附录 A 的有关要求。

2）应具有数据采集及传输设备，用于对子站分析仪的控制、数据记录及向中心站传输数据。

3）根据各分析仪的特点，系统应配备相应的校准设备。

4）结构牢固可靠，便于搬运和安装。

5）应便于保养维护、故障诊断和零部件更换及维修。

6）长期运行安全可靠，故障率低。

7）仪器设备厂家应有良好的售后服务，能及时向客户提供所需的备品备件、易损易耗件和技术支持。

环境空气质量自动监测系统所配置监测仪器的分析方法见表 4-1。

表 4-1 监测仪器推荐选择的分析方法

监测项目	点式监测仪器	开放光程监测仪器
NO_2	化学发光法	差分吸收光谱分析法（DOAS）
SO_2	紫外荧光法	差分吸收光谱分析法（DOAS）
O_3	紫外光度法	差分吸收光谱分析法（DOAS）
CO	气体滤波相关红外吸收法、非分散红外吸收法	—
PM_{10}	微量振荡天平法（TEOM）、β射线法	—

4.7.2 中心计算机室

4.7.2.1 设备配置

1）中心计算机室一般应配备 2 台能满足系统软件工作要求的计算机，一台作为主机，一台作为辅机。

2）应配置打印机、UPS 不间断电源。

3）系统采用有线或无线通信方式。数据传输速率应在 2 400 b/s 以上，误码率为 10^{-6} 以下。

4.7.2.2 系统软件

系统软件应具有以下主要功能：

1）数据采集与子站控制功能

- 定时自动和随时手动采集各子站的监测数据、校准记录、设备工作状态及子站停电复电等事件记录。
- 定时自动和随时手动控制子站监测仪器进行校零、校标。

2）数据处理和报表输出

- 对各时段的环境空气污染监测数据和气象参数能设置异常值判断条件(异常值包括：不满足本规定中数据有效性规定的数据、子站监测分析仪器停机时产生的随机值、子站断电复位后在仪器预热时产生的随机值等)，并对异常值用特殊符号进行标注。
- 可生成并存储基本统计报表：日报表、周报表、月报表、季报表和年报表。
- 对所采集的监测数据，应能自动生成并储存为通用数据文件。

3）生成统一格式的日报上报数据

系统软件应能将系统采集到的监测数据自动转换成统一格式的日报上报数据。日报上报数据的统一格式见表 4-2。

表 4-2 重点城市空气质量日报数据格式（示例）*

STCODE	STNAME	YY	MM	DD	DWCODE	DWNAME	SO_2	NO_2	PM_{10}	O_3	CO
C6	C8	C4	C2	C2	N3	C10	N6.3	N6.3	N6.3	N6.3	N6.3
320100	南京	2000	06	05	51	玄武湖	0.150	0.101	0.214	0.214	–1
320100	南京	2000	06	05	52	瑞金路	0.103	0.098	0.190	0.190	–1
320100	南京	2000	06	05	10	中山陵	0.060	0.040	0.098	0.098	0.098

* 表中 STCODE 为城市代码，STNAME 为城市名称，YY、MM 和 DD 分别表示年份、月份和日期，YY 为 4 位数字、MM 和 DD 为 2 位数字，不足 2 位时，前面补 0。

DWCODE 和 DWNAME 分别为监测点位的代码和点位名称。不参与全市均值统计的清洁对照点的代码用小于 50 的数字表示，参与全市均值统计的清洁对照点和其他监测点位的代码用 51～999 之间的数字表示。

SO_2、NO_2、PM_{10}、O_3、CO 分别代表二氧化硫、二氧化氮、可吸入颗粒物（PM_{10}）、臭氧和一氧化碳，其质量浓度单位为 mg/m^3，数据缺测时填写“–1”。

4.7.3 质量保证实验室

质量保证实验室应配备以下设备，对各种监测仪器设备进行校准和标准传递。

1）各种流量标准传递设备，用于校准本系统中所有监测仪器和校准仪器的流量。

2）经过国家认证的各种基准标准气体或渗透管，用于标定或传递监测仪器和各种工作标准气体。

3）质量保证专用仪器，用来传递基准标准至工作标准或校验工作标准。

4）便携式审核校准仪器，用于各子站的现场定期审核和校准。

5）质量保证实验室配置基本设备推荐清单见表 4-3。

表 4-3　质量保证实验室基本设备推荐清单

编号	仪器名称	技术要求	数量	用途
1	与子站监测项目相同的监测分析仪器	与子站监测分析仪器的技术性能指标相同	1 套	标准传递 性能审核
2	基准标准气体和渗透管	由中国环境监测总站或国家计量部门认可	1 套	标准传递
3	多气体动态校准仪 （包括零气发生器）	见附录 C	1 套	标准传递
4	分析天平	称重量 100～200 g 精密度±0.05 g 最小可读刻度 0.1 mg	1 台	渗透管标准称重
5	标定用流量计	0～1 L/min，1 级	1 套	流量传递
6	标定用流量计	1～20 L/min，1 级	1 套	流量传递
7	高精度秒表	误差 0.01 s	1 个	流量传递
8	质量流量计或电子皂膜流量计（选购）	准确度±2%以内	1 套	现场流量校准
9	标准温度计	测量范围 0～60℃，分辨率达到±0.1℃，可溯源到国家标准	1 套	渗透管恒温装置温度传递
10	恒温水浴	水温 0～60℃范围，控温精度±0.1℃	1 套	渗透管恒温装置温度传递
11	精密电阻箱	阻值在 0.1～99 999 kΩ，最小变化阻值为 0.1 Ω	1 台	渗透管恒温装置温度传递
12	压力表	1 级，可溯源到国家标准	1 个	气路检查
13	真空表	1 级，可溯源到国家标准	1 个	气路检查

4.7.4 系统支持实验室

系统支持实验室应配备通用及专用测试、调整和维修用电子仪器和工具（如：双踪示波器，数字万用表、数字频率计、逻辑测试笔和维修用稳压电源等），用于系统各种仪器设备的日常维护、定期检查和故障排除等工作。系统支持实验室还应配备一定数量的备用监测分析仪器设备，用于及时排除故障和预防性检修。备用仪器的数量一般不少于监测分析仪器总数的1/4。

4.7.5 系统验收

系统验收详见附录B。

5 数据采集频率与有效值规定

5.1 异常值取舍

1）对于低浓度未检出结果和在监测分析仪器零点漂移技术指标范围内的负值，取监测仪器最低检出限的1/2数值，作为监测结果参加统计。

2）有子站自动校准装置的系统，仪器在校准零/跨度期间，发现仪器零点漂移或跨度漂移超出漂移控制限，应从发现超出控制限的时刻算起，到仪器恢复到调节控制限以下这段时间内的监测数据作为无效数据，不参加统计，但对该数据进行标注，作为参考数据保留。

3）对手工校准的系统，仪器在校准零/跨度期间，发现仪器零点漂移或跨度漂移超出漂移控制限，应从发现超出控制限时刻的前一天算起，到仪器恢复到调节控制限以下这段时间内的监测数据作为无效数据，不参加统计，但对该数据进行标注，作为参考数据保留。

4）在仪器校准零/跨度期间的数据作为无效数据，不参加统计，但应对该数据进行标注，作为仪器检查的依据予以保留。

5）如子站临时停电或断电，则从停电或断电时起，至恢复供电后仪器完成预热为止时段内的任何数据都为无效数据，不参加统计。恢复供电后仪器完成预热一般需要0.5～1 h。

5.2 数据采集频率与有效性

采用环境空气质量自动监测系统对各监测项目进行监测时，其数据采集频率和时间按以下要求进行：

1）环境空气质量自动监测系统采集的连续监测数据应能满足每小时的算术平均值计算。在每小时中采集到监测分析仪器正常输出一次值的75%以上时，本小时的监测结果有效，用本小时内所有正常输出一次值计算的算术平均值作为该小时平均值。

2）每日气态污染物有不少于18个有效小时平均值，可吸入颗粒物有不少于12个有效小时平均值的算术平均值为有效日均值，日均值的统计时间段为北京时间前日12：00至当日12：00。

3）每月不少于21个有效日均值的算术平均值为有效月均值。

4）每年不少于12个有效月均值的算术平均值为有效年均值。

6 系统的维护管理

6.1 系统日常维护

6.1.1 监测子站巡检

对监测子站应定期进行巡检，每次对监测子站巡检时应做到：

1）检查子站的接地线路是否可靠，排风排气装置工作是否正常，标准气钢瓶阀门是否漏气，标准气的消耗情况。

2）检查采样和排气管路是否有漏气或堵塞现象，各分析仪器采样流量是否正常。

3）检查监测仪器的运行状况和工作状态参数是否正常。

4）对子站房周围的杂草和积水应及时清除，当周围树木生长超过规范规定的控制限时，对采样或监测光束有影响的树枝应及时进行剪除。

5）在经常出现强风暴雨的地区，应经常检查避雷设施是否可靠，子站房屋是否有漏雨现象，气象杆和天线是否被刮坏，站房外围的其他设施是否有损坏或被水淹，如遇到以上问题应及时处理，保证系统能安全运行。

6）在冬、夏季节应注意子站房室内外温差，若温差较大使采样装置出现冷凝水，应及时改变站房温度或对采样总管采取适当的控制措施，防止冷凝现象。

7）检查监测仪器的采样入口与采样支路管线结合部之间安装的过滤膜的污染情况，若发现过滤膜明显污染应及时更换。

8）记录巡检情况。

6.1.2 中心计算机室检查

中心计算机室每日的检查工作应包括：

1）检查中心计算机室与各子站的数据传输情况是否正常。

2）每日应对各子站至少调取一次数据，若发现某子站数据不能调取，应立即查明原因并及时排除故障。

3）对于开放光程监测仪器的系统，每天应至少检查一次各子站发射光源的亮度情况，若发现某子站发射光源的亮度明显偏低，应立即查明原因并及时排除故障。

4）中心站每次调取数据时，应对各子站计算机的时钟和日历设置进行检查，若发现时钟和日历错误应及时调整。

5）如系统具有远程诊断功能时，应远程检查各子站仪器的运行状况是否异常。

6.1.3 系统仪器设备的定期维护

1）对于垂直层流式采样总管每年至少清洗一次，竹节式采样总管每 6 个月至少清洗一次。每次采样总管清洗完后，都应做检漏测试确保采样总管工作正常。采样总管系统检漏测试方法为：将总管上的一个支路接头接上真空表或压力计，而将其他支路接头和采样口封死，然后抽真空至大约 1.25 hPa，将抽气口封死，使整个采样系统不与外界相通，15 min 内真空度不应有变化。采样总管内的真空度≤0.64 hPa。

2）对从总管到监测仪器采样口之间的气路管线每年至少清洗一次。

3）PM_{10}采样头至少每 2 个月清洗 1 次。

4）对监测仪器设备中的过滤装置，按仪器设备使用手册规定的更换和清洗周期，定期进行更换和清洗。

5）使用开放光程监测仪器的系统，应每半年对发射/接收端的前窗玻璃窗镜至少进行一次清洁，擦洗时注意避免损坏镜头表面的镀膜。

6）子站房空调机的过滤网每 1 个月至少清洗 1 次，防止尘土阻塞空调机过滤网影响运行效率。

7）定期备份系统的监测数据。

6.2 系统检修

6.2.1 预防性检修

预防性检修是在规定的时间对系统正在运行的仪器设备进行预防故障发生的检修。在有备用仪器的保障条件时，应用备用仪器将监测子站中正在运行的监测分析仪器设备替换下来，送往实验室进行预防性检修。预防性检修计划应根据系统仪器设备的配置情况和设备使用手册的要求制定。

1）监测子站的监测仪器设备每年至少进行 1 次预防性检修。

2）按厂家提供的使用和维修手册规定的要求，根据使用寿命，更换监测仪器中的紫外灯、光电倍增管、制冷装置、转换炉、发射光源（氙灯）和抽气泵膜等关键零部件。

3）对仪器电路各测试点进行测试与调整。

4）对仪器进行气路检漏和流量检查；对光路、气路、电路板和各种接头及插座等进行检查和清洁处理。

5）对仪器的输出零点和满量程进行检查和校准，并检查仪器的输出线性。

6）在每次全面预防性检修完成后，或更换了仪器中的紫外灯、光电倍增管、制冷装置、转换炉、和发射光源（氙灯）等关键零部件后，应对仪器重新进行多点校准和检查，并记录检修及标定和校准情况。

7）对完成预防性检修的仪器，应进行连续 24 h 的仪器运行考核，在确认仪器工作正常后，仪器方可投入使用。

6.2.2 针对性检修

针对性检修是指对出现故障的仪器设备进行针对性检查和维修。针对性检修应做到：

1）应根据所使用的仪器结构特点和厂商提供的维修手册的要求，制定常见故障的判断和检修的方法及程序。

2）对于在现场能够诊断明确，并且可由简单更换备件解决的问题，如电磁阀控制失灵、抽气泵泵膜破损、气路堵塞和灯源老化等问题，可在现场进行检修。

3）对于其他不易诊断和检修的故障，应将发生故障的仪器送实验室进行检查和维修。并在现场用备用仪器替代发生故障的仪器。

4）在每次针对性检修完成后，根据检修内容和更换部件情况，对仪器进行校准。对于普通易损件的维修（如更换泵膜、散热风扇、气路接头或接插件等）只做零/跨校准。对于关键部件的维修（如对运动的机械部件、光学部件、检测部件和信号处理部件的维修），应按仪器使用手册的要求进行多点校准和检查，并记录检修及标定和校准情况。

7 质量保证和质量控制

7.1 标准传递

7.1.1 仪器设备的传递和标定

7.1.1.1 传递和标定周期

1）对用于传递的分析天平、皂膜流量计、湿式流量计、活塞式流量计、标准气压表、压力计、真空表、温度计、精密电阻箱和标准万用表每年至少 1 次送国家有关部门进行质量检验和标准传递。

2）对标准气象传感器每年至少 1 次送往国家有关部门进行质量检验和标准传递。

3）对用于工作标准的质量流量计、电子皂膜流量计、气压表、压力计和真空表，用经国家有关部门传递过的标准每半年进行 1 次间接传递。

4）对于现场仪器设备中使用的温度显示及控制装置、流量显示及控制装置、气压检测装置和压力检测装置，用工作标准每半年至少进行一次标定。

5）对于用于传递标准的臭氧发生器每两年必须送至国家环保总局或国际权威组织认可的标准传递单位进行至少一次的质量检验和标准传递。对用于监测现场的工作标准臭氧发生器必须每年用传递标准进行至少一次的标准传递。

7.1.1.2 传递和标定方法

1）流量传递参见附录 C 中第 C.1.1 节。

2）渗透管恒温装置温度传递参见附录 C 第 C.1.2 节。

3）臭氧发生器标准传递参见附录 C 第 C.1.3 节。

7.1.1.3 其他要求

1）对于与前面提到校准设备结构不同的内置校准单元，可参考附录 C 所述的标准传递方法，根据仪器设备的使用手册或质量保证手册提出的技术指标及操作要求进行标定或校准。

2）按仪器使用手册和质量保证手册的技术要求，如需使用上述未提到标准传递方法，也可以采用国内外权威机构认可的标准传递方法，但在操作记录中应注明方法出处。

7.1.2 标准物质的传递

7.1.2.1 零气发生器

零气发生器的性能要求见附录 A。

为使零气发生器能充分发挥作用，需要对零气发生器做经常性维护和保养，要求如下：

1）对零气发生器中的温度控制器在出现报警、对其维修和更换热敏及温控器件后必须用工作标准做一次标定。

2）应定期检查零气发生器的温度控制和压力是否正常，气路是否漏气。

3）若零气发生器内的空气压缩机不带自动滤水装置，应根据情况及时排空空气压缩机储气瓶中的积水。定期观察滤水阀中的积水是否已到警戒线，若接近警戒线应立即将积水排干。如果使用变色干燥剂，应经常观察干燥剂的变色情况，根据观察变色经验确定是否更换干燥剂。

4）按厂商提供的使用手册和根据使用情况，对零气源中的洗涤剂进行定期更换或再生。

5）由于洗涤剂在各地使用频次和受污染程度不同，除按厂家提供的使用手册和质量保证手册规定要求更换洗涤剂外，应观察低浓度监测时各项目的监测误差和零点漂移是否普遍增大，查明原因确定是否需要更换。

7.1.2.2 渗透管

对渗透管的标准传递和标定，可参见附录 C 所述的标准传递方法。对渗透管的要求如下：

1）渗透管从购买到运输的过程中，必须放置在带有干燥剂密封严密的干燥容器内，勿使暴露在高于 35℃的气温和潮湿的空气中。

2）渗透管在使用前或临时使用后，应放置在带有干燥剂密封严密的干燥容器中，储存在温度较低的地方如冰箱的最底层（不推荐冷冻储存），以降低渗透率，延长渗透管的使用。

3）渗透管从冰箱中取出必须放置在恒温装置中，按规定的温度和气流均衡至少 48 h 以上，才用于标定和校准。

4）作为工作标准的渗透管在有效期内可以不做标准传递。若超过有效期，在 6 个月内必须进行至少 1 次标准传递或再鉴定（包括存储未用的渗透管）。

7.1.2.3 钢瓶标准气传递

钢瓶标准气的标准传递和标定，可参见附录 C 所述的标准传递方法。对钢瓶标准气的要求如下：

1）钢瓶标准气应放置在温度和湿度都适宜的地方，并用钢瓶柜或钢瓶架固定（子站可用固定装置靠墙捆绑），以防碰倒或剧烈震动。

2）每次钢瓶标准气装上减压调节阀，连接到气路后，应检查气路是否漏气。

3）对子站使用的钢瓶标准气应经常检查并记录标气消耗情况，若气体钢瓶的压力低于要求值，应及时更换钢瓶。

4）作为工作标准的钢瓶标准气在有效期内可以不做标准传递。若超过有效期，在 6 个月内必须进行至少 1 次标准传递或再鉴定（包括存储未用的钢瓶标准气）。

7.2 监测仪器设备的校准

7.2.1 校准的要求和周期

1）根据工作需要，对监测仪器的性能和工作状态进行检查和了解时，应做零/跨校准。

2）监测仪器设备安装调试期间，应对监测仪器做零/跨和多点校准，检验仪器的准确度和精密度是否符合要求。

3）对运行中的监测仪器每半年至少进行一次多点校准。

4）对于不具有自动校零/校跨的系统，一般每 5～7 d 进行 1 次零/跨漂检查。将不含待测及干扰物质的零气和浓度为仪器测量满量程 75%～90%的标气通入仪器进行零/跨漂检查，并按要求进行对仪器进行零/跨漂调节。如仪器的性能状况已变差，应视情况缩短检查或调节周期。

5）对于用β射线法和 TEOM 法（微量振荡天平法）监测 PM_{10} 项目的监测分析仪器，每 6 个月应进行一次流量校准。每次换滤膜后，应检查仪器的采样流量。在有条件时，可同时用标准膜进行标定。

6）对于使用开放光程监测分析仪器，应每 3 个月进行 1 次单点检查（选择 1 个项目用等效浓度为满量程 10%～20%的标气），每年进行 1 次多点校准（等效浓度）。

7.2.2 校准方法

环境空气自动监测仪器设备的校准方法按附录 D 的要求实施。

7.3 空气质量自动监测仪器的性能审核

空气质量自动监测仪器的性能审核分为精密度审核和准确度审核两种。

7.3.1 精密度审核

1）对于 SO_2、NO_2、O_3 和 CO 监测仪器，精密度审核采用向每台分析仪通入一定体积分数的标气，标气体积分数要求见表 7-1（对于开放光程仪器采用相应的等效体积分数），将仪器读数与标气实际体积分数比较，来确定仪器的精密度。精密度审核的计算方法见附录 E。

2）对于 PM_{10} 监测仪器，精密度审核采用标准流量计测定监测仪器的工作流量，将流量测定值与监测仪器的设定值比较，来确定仪器的精密度。精密度审核的计算方法见附录 E。

3）在精密度审核之前，不能改动监测仪器的任何设置参数，若精密度审核与仪器零/跨调节一起进行时，则要求精密度审核必须在零/跨调节之前进行。

4）每 3 个月进行至少一次对每台监测仪器的精密度审核，每年每台监测仪器的精密度审核次数不能少于 4 次。

表 7-1 精密度审核要求提供标气体积分数

监测项目	SO_2、NO_2、O_3	CO
体积分数值	0.08×10^{-6}～0.10×10^{-6}	8×10^{-6}～10×10^{-6}

7.3.2 准确度审核

1）对于 SO_2、NO_2、O_3 和 CO 监测仪器，准确度审核采用向每台分析仪通入一系列体积分数的标气，标气体积分数要求见表 7-2（对于开放光程仪器采用相应的等效体积分数），将仪器读数与标气实际体积分数比较，来确定仪器的准确度。准确度审核的计算方法见附录 E。

2）对于 PM_{10} 监测仪器，准确度审核可采用标准滤膜检测，或与经典的重量法比对方式进行。

3）在准确度审核之前，不能改动监测仪器的任何设置参数，若准确度审核连同仪器零/跨调节一起进行时，则要求准确度审核必须在零/跨调节之前进行。

4）每年对每台监测仪器的准确度审核至少 1 次。

表 7-2 准确度审核要求提供标气体积分数值

审核点	审核体积分数范围（仪器测量满量程）/%
1	0
2	3～8
3	15～20
4	40～45
5	80～90

附 录 A

（规范性附录）

环境空气自动监测系统仪器性能指标

表 A.1 环境空气自动监测仪器技术性能指标

项目	NO_2	SO_2	O_3	CO
分析方法	化学发光法，差分吸收光谱法（DOAS 法）	紫外荧光法，差分吸收光谱法（DOAS 法）	紫外吸收法，差分吸收光谱法（DOAS 法）	相关滤光红外吸收法，非分散红外吸收法
测量范围（体积分数）	0～0.5×10^{-6} 0～1.0×10^{-6}	0～0.5×10^{-6} 0～1.0×10^{-6}	0～0.5×10^{-6} 0～1.0×10^{-6}	0～50×10^{-6}

项目	NO_2	SO_2	O_3	CO
最低检测限（体积分数）	2×10^{-9}	2×10^{-9}	2×10^{-9}	1×10^{-6}
零点漂移（体积分数）	$\pm5\times10^{-9}$/24 h	$\pm5\times10^{-9}$/24 h	$\pm5\times10^{-9}$/24 h	$\pm1\times10^{-6}$/24 h
20%跨度漂移（体积分数）	$\pm5\times10^{-9}$/24 h	$\pm5\times10^{-9}$/24 h	$\pm5\times10^{-9}$/24 h	$\pm1\times10^{-6}$/24 h
80%跨度漂移（体积分数）	$\pm10\times10^{-9}$/24 h	$\pm10\times10^{-9}$/24 h	$\pm10\times10^{-9}$/24 h	$\pm1\times10^{-6}$/24 h
流量	标称的±10%	标称的±10%	标称的±10%	标称的±10%
噪声（体积分数）	1×10^{-9}	1×10^{-9}	1×10^{-9}	0.5×10^{-6}
响应时间（从零到90%的标气体积分数值*）	5 min	5 min	5 min	4 min
20%跨度精密度（体积分数）	$\pm5\times10^{-9}$	$\pm5\times10^{-9}$	$\pm5\times10^{-9}$	0.5×10^{-6}
80%跨度精密度（体积分数）	$\pm10\times10^{-9}$	$\pm10\times10^{-9}$	$\pm10\times10^{-9}$	0.5×10^{-6}
转换效率	＞96%			
输出	模拟信号或数字信号	模拟信号或数字信号	模拟信号或数字信号	模拟信号或数字信号
工作电压	AC 220V±10% 50 Hz	AC 220V±10% 50 Hz	AC 220V±10% 50 Hz	AC 220V±10% 50 Hz
工作环境温度	0～40℃	0～40℃	0～40℃	0～40℃
* 测定响应时间的标气体积分数应为满量程的 80%以上。				

表 A.2 空气质量可吸入颗粒物自动监测仪技术性能指标

项目		指标
测量范围		0～1 mg/m³ 或 0～10 mg/m³（可选）
50%切割粒径		10 μm±1 μm 空气动力学直径
最小显示单位		0.001 mg/m³
采样流量偏差		≤±5%设定流量/24 h
仪器平行性		≤±7%或 5 μg/m³
校准膜重现性		≤±2%标准值
与参比方法比较	斜率	1±0.1
	截距	0±5 μg/m³
	相关系数	≥0.95
输出信号		模拟信号或数字信号
工作电压		AC 220V±10% 50Hz
工作环境温度		0～40℃

表 A.3 气象设备技术性能指标

测量项目	测量范围	测量精度	输出信号
风速	1～50 m/s	±1 m/s	模拟信号或数字信号
风向	0～360°；或 16 个方位	±7°	
温度	−50～50℃	±0.5℃	
湿度	0～100%	±10%	
气压	600～1 100 hPa	±1 hPa	

表 A.4　子站自动校准设备技术性能指标

设备名称	性能指标	技术要求	备注
多气体校准装置	稀释比率	1/100～1/1 000	1．要求所有的稀释源使用含氧量为 20.9%±0.2%的无干扰物干燥气体； 2．渗透室温度为渗透室中渗透管周围的温度
	流量计准确度	±1%	
	渗透室温度准确度	±0.1℃	
	臭氧发生准确度	±2%	
	工作环境	0～40℃	
零气发生器	用于 SO_2 监测分析仪	SO_2 体积分数＜0.5×10^{-9}	
	用于 NO_2 监测分析仪	NO_x 体积分数＜0.5×10^{-9}	
	用于 O_3 监测分析仪	O_3 体积分数＜0.5×10^{-9}	
	用于 CO 监测分析仪	NO_x＜5×10^{-9}	
		O_3 体积分数＜1×10^{-9}	
		不含 HC	
		CO 体积分数＜10×10^{-9}	

附　录　B

（规范性附录）

环境空气自动监测系统仪器验收办法

B.1　仪器设备与备件验收

对每台仪器设备、中心站计算机、中心站软件、数据采集器软件的合同所列仪器设备及零配件物品清点，并列表记录存档（表格式样参见表 B.1）。

表 B.1　仪器设备及零配件清点和外观情况汇总表

编号	仪器设备零件及说明书名称*	合同订购数量	装箱单所列数量	实收数量	外观		备注
					无损	受损	
1							
2							
注：说明书应包括仪器安装使用说明书、软件使用说明书、仪器维护手册等。							

B.2　单机调试

B.2.1　测试程序

单机测试主要是针对本规范中规定的仪器性能指标进行测试。测试主要内容包括：仪器流量测定和气路检查、零漂检查、多点校准和响应时间检查等。单机调试的基本程序和要求如下：

1）按仪器设备说明书的要求进行仪器设备安装，仪器设备安装完毕后，应首先检查供电系统是否正常和仪器设备安装是否正确，在检查无误的情况下进行通电试验和仪器设备预热，并对安装过程和出现问题做记录。

2）在通电试验和仪器设备预热无误的情况下，按说明书要求进行仪器设备初始化设置。

3）在设置无误的情况下进行单机测试。

4）详细记录单机调试的结果，并与本标准中附录 A 的相应的仪器性能指标比较。

B.2.2 主要测试方法

单机测试具体方法如下：

1）进行 SO_2、NO_2、O_3 和 CO 分析仪的零点漂移测试，仪器开机后将零点校为零，仪器连续通零气工作 24 h，用数据记录仪记录其零漂数值，将最大值与考核指标比较。

2）进行 SO_2、NO_2、O_3 和 CO 分析仪的跨度漂移测试，零漂移测试完成后仪器进行一次满量程 80%的跨度校准，然后仪器连续通满量程 80%以上体积分数的标气工作 24 h，用数据记录仪记录其跨度漂移数值，与跨度漂移附录 A 中的相应指标比较。

3）进行 SO_2、NO_2、O_3 和 CO 分析仪的精密度测试，通仪器满量程 80%以上体积分数的标气，重复 5 次标气检查，将 5 次试验的最大偏差值和附录 A 中的相应指标比较。

4）进行 SO_2、NO_2、O_3 和 CO 分析仪的响应时间检查测试，通仪器满量程 80%以上体积分数的标气，记录从仪器读数开始响应到仪器响应值达到标气体积分数值的 90%时的所用时间，将其与附录 A 中的相应指标比较。

5）进行 PM_{10} 监测仪的流量检查，用标准流量计检查 PM_{10} 监测仪的采样流量，记录标准流量计读数，与附录 A 中的相应指标比较。

6）进行多元气体校准仪的流量精度测试，用标准流量计校准多元气体校准仪的流量，记录标准流量计读数与多元气体校准仪流量计读数的差值，与附录 A 中的相应指标比较。

7）单机测试中的各台仪器符合技术指标的要求，然后进行系统联机，开始运行考核。

B.3 运行考核

在单机测试通过的情况下进行系统调试，系统调试主要进行数据传输和中心站控制调试，软件性能指标是否达到规范及技术合同要求的检验，运行考核的技术要求如下：

1）安装调试完毕后，仪器设备连续运行至少 60 d 以上，考核仪器设备运行、数据传输和中心站控制是否正常，性能指标是否达到设计和选型（或技术说明书）要求。并对运行考核情况做记录。

2）在运行考核期间，必须每天做一次零点检查和零漂记录，7 d 做一次跨漂检查和跨漂记录，在运行考核结束时做一次多点校准。

3）在运行考核结束时，系统有效数据获取率不能小于 90%，获取率按式（B.1）计算：

$$有效数据获取率（\%）=（有效运行时数 \div 运行考核总时数）\times 100\% \quad (B.1)$$

$$有效运行时数 = 运行考核总时数 - 无效数据时数 \quad (B.2)$$

在式（B.1）中有效运行时数为系统所有仪器设备运行正常，其监测数据有效的时数总和。仪器设备预热、停电、通标气零/跨检查、校准和公共通信线路故障等引起的无效数据时数不计入运行考核总时数和无效数据时数中。

表 B.2 多元气体校准仪测试结果汇总表

编号	仪器名称型号	仪器出厂编号	校准仪稀释气流量计达标		校准仪标气流量计达标		备注
			是	否	是	否	
1							
2							

表 B.3 $SO_2/NO_x/O_3/CO$ 分析仪测试结果汇总表

编号	仪器名称型号	仪器出厂编号	24 h 零漂达标		标漂达标		响应时间达标		流量范围达标		备注
			是	否	是	否	是	否	是	否	
1											
2											

表 B.4 PM_{10} 分析仪测试结果汇总表

编号	仪器名称型号	仪器出厂编号	各台仪器间的平行性		采样流量		备注
			是	否	是	否	
1							
2							

B.4 系统验收

B.4.1 验收的基本条件

自动监测仪器和系统验收必须具备以下基本条件：

1）仪器设备及零配件按合同清单核查无误，外观无损；

2）完成单机测试，单机测试结果符合技术合同所列各项技术指标要求；

3）完成空气质量自动监测系统联机调试；

4）完成空气质量自动监测系统试连续运行 60 d 考核；

5）建立完整的空气质量自动监测系统技术档案（应有完整的监测记录）；

6）完成空气质量自动监测系统自检工作总结报告。

B.4.2 验收准备

系统经过 60 d 运行考核后若系统运行正常，应及时对有关技术资料、说明书、安装调试和运行考核原始数据及现场记录进行收集、整理并编写验收报告。验收报告应包括以下内容：

1）子站设置情况（包括：子站位置、采样高度、子站周围情况和执行规范情况说明）。

2）仪器设备选型报告或选型说明。

3）系统仪器设备开箱检验情况（包括：合同仪器设备清单、到货装箱清单和开箱检验清单）。

4）仪器设备安装调试情况（包括：合同确定的技术性能指标、仪器设备通电试验结果、单机测试结果和现场记录、联机调试结果和现场记录）。

5）子站仪器设备运行考核情况（包括：运行考核结果、运行考核期间仪器设备通标气检查和校准现场记录）。

6）子站和中心站计算机软件运行情况（包括：合同要求提供的软件功能、软件测试和运行结果及记录）。

7）子站与中心站的数据传输情况。

8）系统仪器设备故障情况和故障次数统计。

9）有效数据获取率。

B.4.3 专家审核

组织专家对系统进行审核验收，审核内容除包括 B.4.2 节的内容外，还应审查表 B.5 所列的检查内容。

表 B.5 空气质量自动监测系统验收检查表

项　　目	能/是	否
一、校准系统		
• 零气源		
1）在压力为 0.2 MPa 时，零气发生器的流量能否达到最大值 10 L/min		
• 多元气体校准仪		
2）校准仪能否正常校准 NO_2		
3）校准仪可否既能手动又能自动生成一定体积分数的标气		
4）校准仪能否把它在校准时的信息反馈给数据采集器		
5）当校准仪的零气和标气入口的压力为 0.1～0.2 MPa 时，校准仪内零气和标气的流量是否稳定		
6）能否对校准时钟的频率进行手动调整		
二、数据采集系统		
• 数据采集器		
7）数据采集器能否与气象设备相连接		

项　　目	能/是	否
8)数据采集器能否储存 15 d 以上的小时平均值数据，同时保存相应时期发生的有关校准、事件记录		
9）数据采集器能否生成校零、校标和多点校准的数据报告		
10）数据采集器能否正确显示分析仪测定的数据		
11）数据采集器的时钟能否与中心站对时		
12）数据采集器能否对每非正常监测数据（如校准数据、异常数据等）作标志		
13）数据采集器显示的 PM_{10} 监测数据对应的监测时间应与 PM_{10} 监测仪显示的时间一致		
• 中心站软件		
14）中心站软件应具有完整的备份安装软件		
15）中心站软件将原始监测数据自动生成可在其他通用软件上使用的基础数据文件		
16）中心站通过子站数据采集器下载的监测数据中应带有相应的数据标志（如校准数据、异常数据等）		
17）中心站自动下载并储存子站的校准记录、校准设置及停电复电等事件记录		
18）中心站软件能否手动和自动呼叫所有的子站来获取数据		
19）中心站软件能否允许操作人员设置密码进行保护		
20）中心站软件能否允许操作人员打印校零和校标报告		
21）中心站软件能否让操作人员根据原始数据生成空气质量日报		
三、分析仪系统		
• 二氧化硫分析仪		
22）二氧化硫分析仪的流量范围是否为 0.3～0.8 L/min		
23）停电复电后，分析仪能否恢复到原来的工作状态		
• 氮氧化物分析		
24）流量是否在 0.2 L/min 以上		
25）停电复电后，分析仪能否恢复到原来的工作状态		
• PM_{10} 分析仪		
26）是否带有流量控制装置，并可调节流量		
27）在仪器记录到错误信息时，仪器监测的不正常数据应带有相应的标志		
28）停电复电后，分析仪能否恢复到原来的工作状态		
29）能否对校准时钟的频率进行手动调整		
• 一氧化碳分析仪		
30）停电复电后，分析仪能否恢复到原来的工作状态		
• 臭氧分析仪		
31）停电复电后，臭氧分析仪能否恢复到原来的工作状态		
四、采样装置		
32）样品空气通过采样管路的滞留时间是否小于 20 s		
五、气象系统		
33）气象传感器应在出厂前已被校准，并带有校准证书		
六、其他		
34）是否提供多元气体校准仪到标气钢瓶间的必要连接管线		
35）分析仪器是否有外排排气管路		

附 录 C

（规范性附录）

环境空气自动监测仪器设备标准传递方法

C.1 仪器设备的传递和标定

C.1.1 流量传递

C.1.1.1 流量标准的间接传递

流量标准间接传递是一种两级方式的传递过程。第一级传递系指经国家计量部门质量检验和标准传递过的一级标准流量测定装置，如皂膜流量计、湿式流量计和活塞式流量计对用于现场校准和标定的转递标准，如质量流量计或电子皂膜流量计等流量测定装置进行流量校准和标定。第二级传递系指用经过一级标准标定过的传递标准对用于现场流量测定的工作标准，如质量流量控制器等流量测定装置进行校准和标定。以下为标准传递的具体方法和步骤：

C.1.1.1.1 质量流量计校准（第一级传递）

校准设备安装和气路连接及质量流量计校准和标定过程如下：

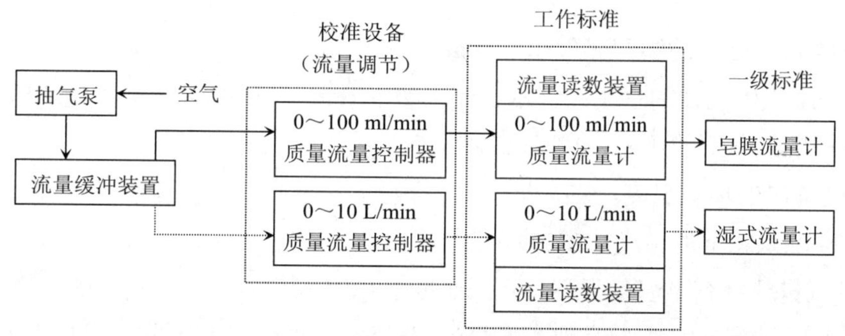

图 C.1 流量传递和校正仪器连接图

1）按图 C.1 连接所有进行流量传递和校准的设备，在连接过程中要检查气路，严防泄漏。

2）在确保整个气路无气流通过的情况下，观察质量流量控制器的读数（RC）和质量流量计流量显示读数（RM），如不为零，调节质量流量控制器和质量流量计流量显示读数的零电位器，使 RC、RM 和一级标准流量测定装置的流量读数为零。

3）启动抽气泵，设置质量流量控制器读数（RC）于满量程的 100%，待读数稳定后，在皂膜流量计上产生皂膜，用秒表记录皂膜通过玻璃管上 100 ml 体积刻度时所需时间；或观察湿式流量计面板流量指针通过面板刻度盘上一定体积刻度所需的时间，以上过程至少重复 3 次，对 3 次进行算术平均，平均结果记为（$\bar{t}$）。如是活塞式流量计，可直接从流量计直接读取流量值。

4）测定校准现场环境温度和压力参数。温度、压力测试设备应经国家计量部门检验标定，并在有效使用期限内。将一级标准流量测定装置的实测流量按公式 C.1 修正至标准状态下的质量流量（Q_S）；如使用活塞式流量计，可直接将读数乘以由温度和压力计算出的修正系数。然后观察质量流量计读数（RM）与质量流量（Q_S）是否相符，如不符，调节质量流量计内部电位器，使读数（RM）与质量流量（Q_S）相符。

$$Q_S = V_S / \bar{t} = V_m / \bar{t} \times \{[(P_B - P_T) - P_V + \Delta P_m] / P_S \times T_S / T\} \tag{C.1}$$

式中：Q_S——标准状态下的质量流量，ml/min 或 L/min；

V_S——标准状态下的体积，ml 或 L；

V_m——皂膜通过玻璃管上不同刻度线间的体积（ml）或流量指针通过面板刻度盘上不同刻度的体积，L；

$\bar{t}$——3 次测定时间的平均值，min；

P_B——校准时环境大气压；

P_T——温度对压力计读数的修正值（kPa，该修正值可查阅压力计厂家提供的使用手册）；

P_V——给定温度下的饱和蒸气压，kPa；

ΔP_m——湿式流量计的水压计上水压差读数（kPa，皂膜流量计不考虑此值）；

P_S——标准状态下的压力，101.325 kPa；

T——校准时的环境温度，K；

T_S——标准状态下的温度，273 K。

5）如质量流量计具有半满量程调节点，则重复 3）、4），设定质量流量控制器读数（RC）在满量程的 50%，待读数稳定后，观察质量流量计流量读数（RM）与一级标准流量测定装置测得的质量流量（Q_S）是否相符，如不符，调节质量流量计内部电位器使读数（RM）与一级标准流量测定装置测得的质量流量（Q_S）相符。

6）重复步骤 2）、3）、4）和 5），直至不用调节质量流量计内部电位器，使质量流量计读数（RM）与一级标准流量测定装置测得的质量流量（Q_S）相符，且保持稳定，并分别记录读数（RM）和（Q_S）。

7）分别设置质量流量控制器读数（RC）在满量程的 20%、40%、60%和 80%，并观察和记录相应的质量流量计读数（RM）、一级标准流量测定装置的实测流量和质量流量（Q_S）。

8）绘制校准曲线和检验指标

根据最小二乘法计算得到质量流量（Q_S）和质量流量计读数（RM）之间的校准曲线，

两者之间呈线性关系，其校准曲线应满足以下校准方程：

$$Q_S = b_1 \times \mathrm{RM} + a_1 \quad (C.2)$$

式中：Q_S——质量流量值；

RM——质量流量计流量读数；

b_1——校准曲线斜率；

a_1——校准曲线截距。

为确保对质量流量计进行流量标准传递的准确度在±1%范围内，对所获校准曲线的检验指标应符合以下要求：

相关系数（r）＞0.999 9；

0.99≤斜率（b_1）≤1.01；

截距（a_1）＜满量程±1%。

若其中任何一项不满足指标要求，则需对质量流量计重新进行调整。

9）注意事项

- 皂膜流量计或湿式流量计在使用前，应先将工作台调节至水平，检查设备连接是否漏气和漏水。
- 测定体积流量时，为减少操作误差和测量误差，一般规定皂膜通过玻璃管不同体积刻度或流量指针通过面板刻度所需的最短时间应大于 30 s，3 次测定结果的误差应在±1%范围内。

C.1.1.1.2　质量流量控制器校准（第二级传递）

校准设备安装和气路连接及质量流量控制器校准和标定过程如下：

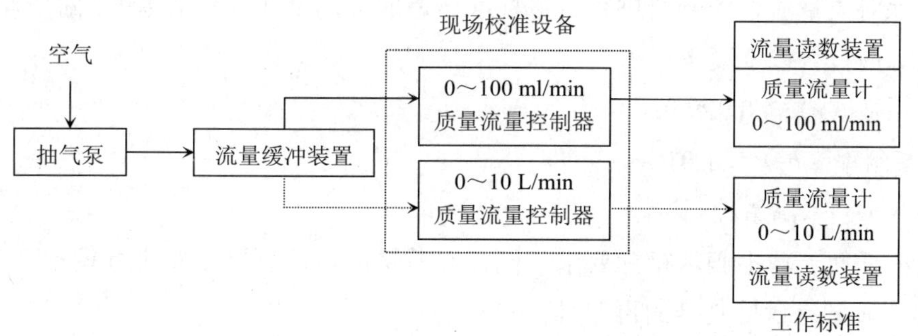

图 C.2　质量流量控制器标定图

1）按图 C.2 连接所有进行流量传递和校准的设备，在连接过程中要检查气路，严防泄漏。

2）在确保整个气路无气流通过的情况下，观察质量流量控制器读数（RC），如不为零，调节流量控制器零电位器，使读数（RC）和质量流量计读数（RM）为零。

3）启动抽气泵，设置质量流量控制器读数（RC）于满量程的100%，待读数稳定后，观察质量流量控制器读数（RC）与质量流量计读数（RM）是否相符，如不符，调节质量流量控制器内部电位器，使其读数（RC）与质量流量计读数（RM）相符。

4）如质量流量控制器具有半满量程调节点，则设置质量流量控制器于满量程的50%，待读数（RC）稳定后，观察质量流量控制器读数（RC）与质量流量计读数（RM）是否相符，如不符，调节质量流量控制器内部电位器，使读数（RC）与读数（RM）相符。

5）重复步骤2）、3）、4），直至不用调节质量流量控制器内部电位器，使读数（RC）与读数（RM）相符，且保持稳定，并分别记录读数（RC）和（RM）。

6）分别设置质量流量控制器读数（RC）在满量程的20%、40%、60%和80%，并观察和记录相应的质量流量控制器读数（RC）和质量流量计读数（RM）。

7）根据第一级传递所得的质量流量（Q_S）和质量流量控制器读数（RC）之间的校准方程，将各个质量流量计读数（RM）换算成相应的质量流量（Q_S）。

8）绘制校准曲线和检验指标

根据最小二乘法计算得到质量流量（Q_S）和质量流量控制器读数（RC）之间的校准曲线，两者之间呈线性关系，其校准曲线应满足以下校准方程：

$$Q_S = b_2 \times \mathrm{RC} + a_2 \tag{C.3}$$

式中：Q_S——质量流量值；

RC——质量流量控制器流量读数；

b_2——校准曲线斜率；

a_2——校准曲线截距。

为确保对质量流量控制器进行流量标准传递的准确度在±1%范围内，对所获校准曲线的检验指标应符合以下要求：

相关系数（r）＞0.999 9；

0.99≤斜率（b_2）≤1.01；

截距（a_2）＜满量程±1%。

若其中任何一项不满足指标要求，则需对质量流量控制器重新进行调整。

C.1.1.1.3 质量流量控制器的再校准

对经过校准的质量流量控制器重复 C.1.1.1.2 中的步骤进行再校准，再校准后的校准曲线应满足 C.1.1.1.2 8）中的指标要求。若其中有一项不满足指标要求，则应反复进行校准，直至全面满足指标要求为止。

C.1.1.2 流量标准的直接传递

流量标准直接传递是指经国家计量部门质量检验或标准传递的一级标准流量测量装

置直接对用于现场校准的工作标准，如质量流量控制器进行流量校准和标定。

C.1.1.2.1 设备安装和气路连接

按图 C.3 连接所有进行流量转递和校准得设备，在连接过程中要检查气路，严防泄漏。

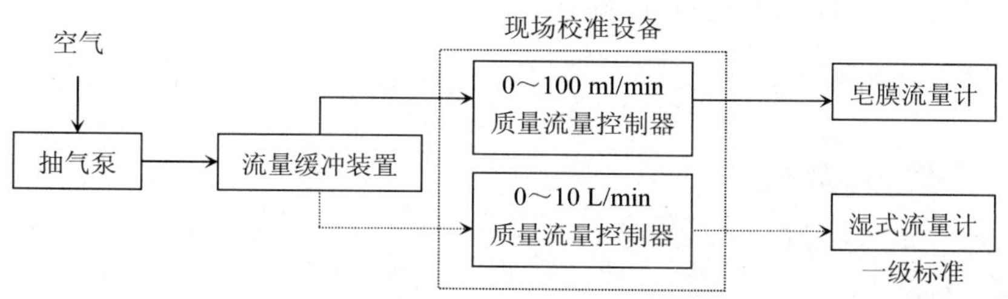

图 C.3 流量传递与校正系统图

C.1.1.2.2 质量流量控制器校准

1）在确保整个气路无气流通过的情况下，观察质量流量控制器的读数（RC），如不为零，调节质量流量控制器零电位器，使读数（RC）和一级标准流量测定装置的流量读数为零。

2）启动抽气泵，设置质量流量控制器读数（RC）于满量程的 100%，待读数稳定后，在皂膜流量计上产生皂膜，用秒表记录皂膜通过玻璃管上 100 ml 体积刻度时所需时间；或观察湿式流量计面板流量指针通过面板刻度盘上一定体积刻度所需的时间，以上过程至少重复 3 次，对 3 次进行算术平均，平均结果记为（$\bar{t}$）。如是活塞式流量计，可直接从流量计直接读取流量值。

3）测定校准现场环境温度和压力等参数。温度、压力测试设备应经国家计量部门检验标定，并在有效使用期限内。将一级标准流量测定装置的实测流量按公式 C.1 修正至标准状态下的质量流量（Q_S）；如使用活塞式流量计，可直接将读数乘以由温度和压力计算出的修正系数。然后观察质量流量控制器读数（RC）与质量流量（Q_S）是否相符，如不符，调节质量流量控制器内部电位器，使读数（RC）与质量流量（Q_S）相符。

4）如质量流量控制器具有半满量程调节点，则重复 2）和 3），设定质量流量控制器读数（RC）在满量程的 50%，待读数稳定后，读数（RC）与一级标准流量测定装置测得的质量流量（Q_S）是否相符，如不符，调节质量流量控制器内部电位器使读数（RC）与一级标准流量测定装置测得的质量流量（Q_S）相符。

5）重复步骤 2）、3）和 4），直至不用调节质量流量控制器内部电位器，使质量流量控制器读数（RC）与一级标准流量测定装置测得的质量流量（Q_S）相符，且保持稳定，并分别记录读数（RC）和（Q_S）。

6）分别设置质量流量控制器读数（RC）在满量程的 20%、40%、60%和 80%，并观察和记录相应的一级标准流量测定装置的实测流量和质量流量（Q_S）。

7）绘制校准曲线和检验指标

根据最小二乘法计算得到质量流量（Q_S）和质量流量控制器读数（RC）之间的校准曲线，两者之间呈线性关系，其校准曲线应满足以下校准方程：

$$Q_S = b \times \mathrm{RC} + a \tag{C.4}$$

式中：Q_S——质量流量值；

RC——质量流量控制器读数；

b——校准曲线斜率；

a——校准曲线截距。

为确保对质量流量控制器进行流量标准传递的准确度在±1%范围内，对所获校准曲线的检验指标应符合以下要求：

相关系数（r）＞0.999 9；

0.99≤斜率（b）≤1.01；

截距（a）＜满量程±1%。

若其中任何一项不满足指标要求，则需对质量流量计重新进行调整。

C.1.1.2.3 质量流量控制器的再校准

步骤和方法同 C.1.1.1.3。

C.1.1.3 质量流量控制器校准的其他方法

由于不同厂家制造的质量流量控制器内部结构可能有所不同，对质量流量控制器的校准可以产品说明书或使用手册中所提供的校准步骤和方法为准，但校准曲线必须满足检验指标的要求。

C.1.2 渗透管恒温装置温度传递

SO_2 和 NO_2 渗透管的渗透率是随周围温度变化而变化的，渗透率的自然对数与温度呈线性关系。在一定的范围内，温度每变化 0.1℃将导致渗透率 1%的测定误差，因此放置渗透管的恒温装置温度必须恒定，规定温度波动必须控制在±0.1℃（工作标准为±0.2℃）范围内。为达到以上要求必须对渗透管恒温装置的温度读数进行质量传递，传递的方法如下。

C.1.2.1 直接传递（恒温水浴法）

1）将渗透管恒温装置的测温热敏电阻取出，与标准温度计捆在一起置于恒温水浴的适当部位。

2）调节和控制恒温水浴的温度，使标准温度计准确指示于规定的温度值。调节恒温装置的控制调节部件，使恒温装置的温度准确指示到所规定的温度值。

3）调节和控制恒温水浴的温度，使标准温度计准确指示低于规定温度 0.1℃。调节恒温装置的控制调节部件，使恒温装置的温度准确指示到低于所规定温度 0.1℃的温度值。

4）重复 2）和 3）步骤，反复调节直到恒温装置指示的温度值与标准温度计指示的温度值相吻合为止，传递过程完成。

5）将标准温度计和测温热敏电阻从恒温水浴中取出，干燥后将测温热敏电阻重新放回渗透管恒温装置中。

C.1.2.2 间接传递（电阻模拟法）

电阻模拟法是用精密电阻箱模拟测温热敏电阻在规定温度下的阻值，以对恒温装置的温度指示部件读数进行标定的方法，标定读数可精确到±0.1℃。对配有渗透管恒温装置的系统子站，用电阻模拟法标定渗透管恒温装置的温度要比用恒温水浴法方便，且可保持渗透管的渗透率测量误差在±2%范围内。间接传递的方法步骤如下：

1）采用经过国家计量部门质量检验和标准传递过精密电阻箱进行传递。

2）从渗透管恒温装置的温控电路板上断开测温热敏电阻，在断开的位置连接精密电阻箱取代测温热敏电阻。

3）调节精密电阻箱的电阻设置，使设置的电阻与渗透管所规定温度相应的测温热敏电阻值相符（例如：对应 30℃的阻值为 8.057 kΩ，对应 35℃的阻值为 6.530 kΩ）。调节恒温装置的控制调节部件，使恒温装置的温度准确指示到所规定的温度值。

4）调节精密电阻箱的电阻设置，使设置的电阻为低于渗透管所规定温度 0.1℃相应的测温热敏电阻值（例如：对应 29.9℃的阻值为 8.092 kΩ，对应 34.9℃的阻值为 6.558 kΩ）。调节恒温装置的控制调节部件，使恒温装置的温度准确指示到低于所规定温度 0.1℃的温度值。

5）重复 3）和 4）步骤，反复调节直到恒温装置指示的温度值与精密电阻箱设置阻值相对应的温度值相吻合为止，传递过程完成。

6）从温控电路上取下精密电阻箱，将测温热敏电阻按原位连接。

7）向渗透管恒温装置接通适量的零气，等待温度指示读数稳定。如果读数超出所规定温度±0.1℃的范围，调节温度控制部件，使温度指示在规定的波动范围。

C.1.3 臭氧发生器标准传递

对臭氧发生器的标准传递，最好选用内含紫外光计和反馈控制装置的臭氧发生器。在不具有一级标准臭氧发生器的情况下，对臭氧发生器的标准传递和标定，可直接采用国家计量部门提供的臭氧发生器作为传递标准，也可用经中国环境监测总站或省、市、自治区环境监测中心站指定进行质量检验和标准传递过的臭氧发生器作为二级标准，对现场校准设备（如多气体校准仪）中的工作标准臭氧发生器进行标准传递和标定。标准传递和标定方法如下：

1）用传递标准或二级标准对传递用臭氧监测分析仪进行多点校准，确保传递用监测分析仪具有很好的线性性能。

2）如臭氧发生器不含有零气发生装置，可按图 C.1.4 连接气路。但不管使用共用零气源，还是独立零气源，零气发生器中的干燥、氧化和洗涤材料应全部更新，确保提供的零气为干燥不含臭氧和干扰物质的空气。仪器连接好后，应进行气路检查，严防漏气。对排空口排出的气体，应通过管线连接到室外或在排空口加装臭氧过滤器去除排出的臭氧。

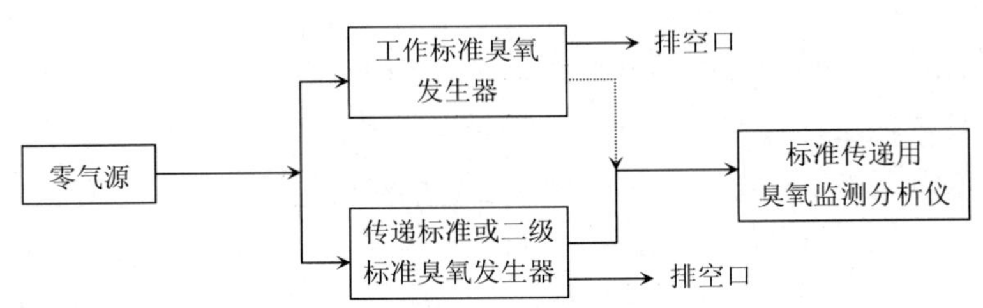

图 C.4 臭氧发生器标准传递图

3）臭氧发生器与传递标准或工作标准最好使用同一个零气源。选用的零气源的稀释零气量一定要超过臭氧标准传递用臭氧监测分析仪的气体需要量。

4）在保证稀释零气流量恒定的前提下，通过调节臭氧发生器的臭氧发生控制装置，向标准传递用臭氧监测分析仪给出仪器响应满刻度值 0、15%、30%、45%、60%、75%和90%浓度的臭氧输出。

5）通过传递标准或二级标准臭氧发生器的标准工作曲线，计算臭氧监测分析仪响应所对应的标准工作曲线的浓度值，并与工作标准臭氧发生器臭氧浓度读数或刻度设置值和稀释零气量一起做记录。

6）按照步骤 5）的结果，绘制工作标准臭氧发生器臭氧浓度读数或刻度设置值和稀释零气量与传递标准或二级标准臭氧发生器对应浓度值之间的校准曲线（注意：该曲线不一定呈线性）。至此完成了工作标准臭氧发生器的标准传递和标定。

C.2 标准物质的传递

气体标准物质是用于环境空气质量监测的计量标准，空气质量的分析方法和监测仪器设备的浓度监测范围及读数刻度是用气体标准物质进行标定和校准。在环境空气自动监测系统中，通常采用逐级传递下来的工作标准级气体标准物质，进行监测仪器设备的标定和校准。

C.2.1 渗透管的标准传递

由于渗透管体积小、重量轻、便于携带和运输，在空气质量自动监测系统中作为标准气源被广泛使用，对渗透管的标准传递有两种方法被使用，方法如下：

C.2.1.1 仪器校准法

1）用国家计量部门提供的或中国环境监测总站统一发放的一级标准渗透管作为传递标准，用批量购进的渗透管作为工作标准。选用工作正常，且性能指标符合规定的要求，具有很好线性性能的监测分析仪作为传递用监测分析仪（主要是 NO_2 或 SO_2 监测分析仪器）。

2）按图 C.5 连接气路。要求图中零气源的干燥器、氧化池和洗涤池中的填料全部为新换填料，确保提供的零气为干燥不含待测组分的空气。仪器连接好后，应进行气路检查，严防漏气。对排空口排出的气体，应通过管线连接到室外。

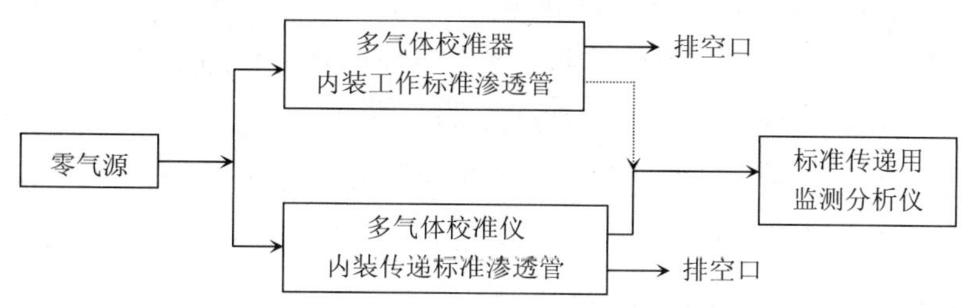

图 C.5 传递仪器校准图

3）工作标准渗透管的渗透率可比传递标准的渗透率高或低，通过改变多气体校准仪稀释零气的流量，在传递用监测分析仪器的被校量程范围内产生所需的浓度。

4）进行标准传递前，应将工作标准渗透管和传递标准渗透管分别放置在两个多气体校准仪的渗透管恒温装置中，恒温装置的温度控制在渗透管规定温度±0.1℃的范围内。渗透管周围应有 50～500 ml/min 的零气或氮气通过，均衡 48 h 后开始进行标准传递。

5）检查传递用监测分析仪以前所做的多点校准是否有效。先向监测分析仪器通零气进行零点校准，然后用传递标准通过公式（C.5）分别产生两个浓度的标气（满量程值的 50%和 90%）。观察仪器响应，如果两个标气响应值中的任何一个与传递标准曲线对应的值之间偏差＞2%，则在进行下一个步骤前，必须对监测分析仪重新进行多点校准。

$$\varphi(SO_2) = (P_r \times 0.350)/(F_C + F_D) = (P_r \times 0.350)/F_T \tag{C.5}$$

式中：φ（SO_2）——以 SO_2 渗透管为例拟配置的 SO_2 标准体积分数，$\times10^{-6}$；

P_r——渗透管的真实渗透率（在此为传递标准的真实渗透率），μg/min；

F_C——流经渗透管恒温装置的载气流量，L/min；

F_D——稀释空气的流量，L/min；

F_T——多气体校准仪输出气体流量，L/min。

6）通过改变稀释零气的流量，使工作标准渗透管在监测分析仪器满量程 60%～85% 范围内产生 1～2 个浓度值，记录零气流量值、监测分析仪器响应值和相应的传递标准值。

7）再次改变稀释零气的流量，使工作标准渗透管在监测分析仪器满量程 20%～50%范围内产生 1～2 个浓度值，记录零气流量值、监测分析仪器响应值和相应的传递标准值。

8）工作标准渗透管的真实渗透率定值，可通过公式（C.6）计算。

$$P_r = (C \times M \times F_Z)/G \qquad (C.6)$$

式中：P_r——渗透管的真实渗透率，μg/min；

C——来自传递用监测分析仪器实际响应值相应传递标准校准曲线的浓度，$\times 10^{-6}$；

M——渗透管中气体摩尔分子量，g/mol；

F_Z——稀释空气的流量，L/min；

G——气体体积常数，在标准状态下为 22.4 L/mol。

对于 SO_2 渗透管，在标准状态时，公式（C.6）可简化为公式（C.7）

$$P_r = (C \times F_Z)/0.350 \qquad (C.7)$$

9）通过计算得到渗透管的两组真实渗透率值应符合在 4%范围内，对它们取平均值完成对工作标准渗透管的标准传递工作。如果两组真实渗透率超出以上范围，应重新检查传递用监测分析仪器的线性度和稀释零气流量值。

C.2.1.2　称重法

在不具备高一级传递标准的情况下，可从待测的工作标准渗透管中任选 1～2 支，用经典的称重法确定渗透率，以此作为整个系统用渗透管的传递标准（主要是 SO_2 和 NO_2 工作标准），然后用上述的传递仪器校准法，对工作标准进行传递。称重法的传递过程及方法如下：

1）应确保渗透管恒温装置的温度指示读数已经校准，且恒温装置的温度控制在渗透管规定温度的±0.1℃范围内。

2）小心将渗透管放入恒温装置中，渗透管周围应保持 50～500 ml/min 的零气流量，均衡 48 h 左右开始进行标准传递。

3）从恒温装置中小心取出渗透管，用万分之一感量的精密天平进行称重。渗透管恒温装置应尽量靠近天平，渗透管恒温装置的排气口应用管线连接室外。称重操作要求迅速准确，尽量减少渗透管从恒温装置中取出因温度急剧变化给渗透管带来的测量误差，要求在 5 min 之内完成称重。称重时不可直接接触渗透管管壁，以免渗透管被沾污，引起称重误差。记录称重时间和渗透管重量，然后把渗透管重新放入恒温装置中。

4）经过一定时间 48 h 以上，重复步骤 3）的称重工作。两次称重之差（即渗透管失重）为该渗透管的称重渗透率（P_r），可用公式（C.8）计算。

$$P_r = (W_1 - W_2)/(T_1 - T_2) \times 10^6 \qquad (C.8)$$

式中：P_r——工作标准渗透管的称重渗透率，μg/min；

W_1——T_1 时间的渗透管重量，g；

W_2——T_2 时间的渗透管重量，g。

5）重复步骤 3）和 4）连续至少 5 次以上并记录，作为一次称重周期。将称重周期内每次称重所得的称重渗透率用公式（C.8）进行平均，则得到作为传递标准渗透管的渗透率，到此完成了对传递标准渗透管的定值工作。要求各次测定的称重渗透率与平均结果之间相差＜2%，才可将称重的渗透管作为传递标准。

C.2.2 钢瓶标准气的标准传递

在空气质量自动监测系统中钢瓶标准气作为标准气源被广泛使用，对钢瓶标准气的标准传递有两种方法被使用，方法如下：

C.2.2.1 钢瓶标准气传递法

1）用国家计量部门提供的或中国环境监测总站统一发放的一级标准钢瓶气作为传递标准，用批量购进的钢瓶标准气作为工作标准。钢瓶标准气的压力应符合要求，并且充足。钢瓶标准气所用的减压阀和压力表必须经过国家计量部门质量检验和标定，在有效期内使用。

2）选用工作正常，且性能指标符合规定要求的监测分析仪作为传递用监测分析仪。用工作标准钢瓶标准气对传递用监测分析仪进行多点校准，确保监测分析仪器具有很好线性性能。

3）按图 C.6 连接气路。要求图中零气源的干燥器、氧化池和洗涤池中的填料全部为新换填料，确保提供零气为干燥不含待测组分的空气。仪器连接好后，应进行气路检查，严防漏气。对排气口排出的气体，应通过管线连接到室外。

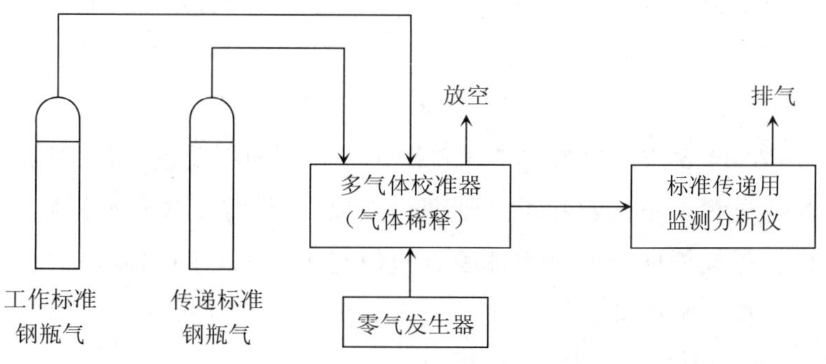

图 C.6 钢瓶标准气传递法图

4）向传递用监测分析仪器通零气，检查和设置零点。按工作标准钢瓶气的标牌体积分数值用公式（C.9）产生监测分析仪器满量程 90%浓度的标气，待监测分析仪器读数稳定，记录仪器响应值（V_0）。

$$c（GAS）= F_G/（F_Z + F_G）\times c（CYL） \quad （C.9）$$

式中：c（GAS）——通过多气体校准系统配制的所需气体体积分数，10^{-6}；

F_G——工作标准钢瓶气的流量，ml/min；

F_Z——工作标准钢瓶气的稀释零气流量，L/min；

c（CYL）——工作标准钢瓶气的标牌体积分数，10^{-6}。

5）按公式（C.10）用传递标准钢瓶气的标牌体积分数值计算产生监测分析仪器满量程 90%的体积分数值所需设置传递标准钢瓶气的流量。进行流量设置，向监测分析仪器输出该体积分数的标气。待监测分析仪器读数稳定，记录仪器响应值（V_1）。

$$F_G =（F_Z \times c（GAS））/（c（CRM）- c（GAS））\qquad（C.10）$$

式中：F_G——传递标准钢瓶气的流量，ml/min；

F_Z——传递标准钢瓶气的稀释零气流量，L/min；

c（CRM）——传递标准钢瓶气的标准体积分数，10^{-6}。

6）用公式（C.11）计算被传递后工作标准钢瓶气的真实浓度值。

$$c = K \times c（CYL）= V_0/V_1 \times c（CYL）\qquad（C.11）$$

式中：c——工作标准钢瓶气的真实体积分数，10^{-6}；

K——修正系数；

c（CYL）——工作标准钢瓶气的标牌体积分数，10^{-6}。

7）为了进行检查和核实，按公式（C.11）求得工作标准钢瓶气的真实体积分数值代入公式（C.9），确定产生满量程 90%的体积分数值所需设置的工作标准钢瓶气流量，按计算结果设置多气体校准器的流量，向传递用监测分析仪器输出标气，待监测分析仪器读数稳定，记录仪器响应值（V_2），响应值 V_2 与 V_1 之间的百分偏差（σ）应在±1.5%的范围之内。

$$\sigma（\%）=（V_2 - V_1）/V_1 \times 100 \qquad（C.12）$$

8）重复步骤 4）到 7）的测定过程 3 次（在此期间不要调节传递用监测分析仪器，以暴露仪器在响应过程中不确定和不规则变化现象），计算工作标准钢瓶气 3 组真实体积分数值的平均值。如果任何一次真实体积分数值与平均值之间的偏差大于 1.5%，应检查原因，重做一组合格的数据取代它。

C.2.2.2　渗透管传递法

1）用国家计量部门提供的或中国环境监测总站统一发放的一级标准渗透管作为传递标准，用批量购进的钢瓶标准气作为工作标准。注意所选用作为传递标准渗透管的渗透率和作为工作标准钢瓶标准气的标牌体积分数值，都应在所配制标气体积分数适用于传递用监测分析仪器的量程范围内。钢瓶标准气的压力应符合要求，并且充足。钢瓶标准气所用的减压阀和压力表必须经过国家计量部门质量检验和标定，在有效期内使用。

2）选用工作正常，且性能指标符合规定要求的监测分析仪作为传递用监测分析仪。用传递标准渗透管对传递用监测分析仪进行多点校准，确保监测分析仪器具有很好的线性性能。

3）按图 C.7 连接气路。要求图中零气源的干燥器、氧化池和洗涤池中的填料全部为新换填料，确保提供零气为干燥不含待测组分的空气。仪器连接好后，应进行气路检查，严防漏气。对排气口排出的气体，应通过管线连接到室外。

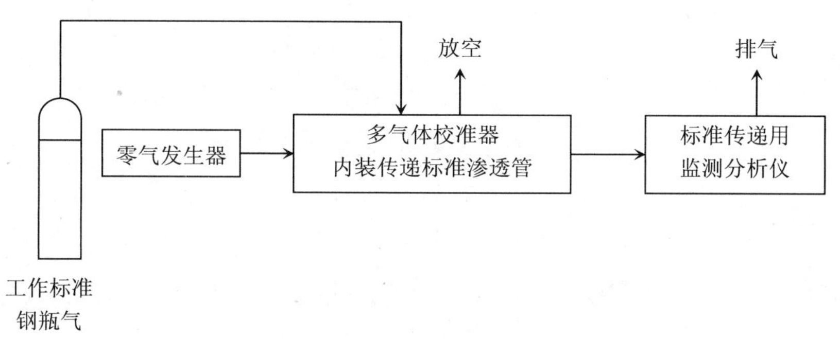

图 C.7　渗透管传递图

4）向传递用监测分析仪器通零气，检查和设置零点。按公式（C.13）用传递标准渗透管的标准渗透率值产生监测分析仪器满量程 90%体积分数的标气，待监测分析仪器读数稳定，记录仪器响应值（V_0'）。

$$c(SO_2) = 0.350P_r/F_Z' \tag{C.13}$$

式中：$c(SO_2)$——以 SO_2 为例通过多气体校准器配制的所需标准气体体积分数，10^{-6}；

P_r——一级标准渗透管的标准渗透率，μg/min；

F_Z'——渗透管的稀释气流量，L/min。

5）按公式（C.9）用工作标准钢瓶气的标牌体积分数值计算出校准监测分析仪器满量程 90%体积分数值的标气。待监测分析仪器读数稳定，记录仪器响应值（V_1'）。

6）用公式（C.14）计算被传递后工作标准钢瓶气的真实体积分数值。

$$c = K \times c(CYL) = V_1'/V_0' \times c(CYL) \tag{C.14}$$

式中：c——工作标准钢瓶气的真实体积分数，10^{-6}；

K——修正系数；

$c(CYL)$——工作标准钢瓶气的标牌体积分数，10^{-6}。

7）为了进行检查和核实，按公式（C.14）求得工作标准钢瓶气的真实体积分数值代入公式（C.9），确定产生满量程 90%的体积分数值所需设置的工作标准钢瓶气流量，按计算结果设置多气体校准器的流量，向传递用监测分析仪器输出标气，待监测分析仪器读数稳定，记录仪器响应值（V_2'），响应值 V_2'与 V_0'之间的百分偏差应在±2%的范围之内。

$$\sigma(\%) = (V_2' - V_0')/V_0' \times 100 \tag{C.15}$$

8）重复步骤 4）到 7）的测定过程 3 次（在此期间不要调节传递用监测分析仪器，以暴露仪器在响应过程中不确定和不规则变化现象），计算工作标准钢瓶气 3 组真实浓度值的平均值。如果任何一次真实浓度值与平均值之间的偏差大于 2%，应检查原因，重做一组合格的数据取代它。

附　录　D

（规范性附录）

环境空气自动监测仪器校准

D.1　单点校准

1）向监测分析仪器通零气，记录响应值，用公式（D.1）计算零点漂移。

$$ZD\ (\%) = ZD'/URL \times 100 = (Z' - Z)/URL \times 100 \quad (D.1)$$

式中：ZD——零点漂移量，%；

ZD'——零点偏移量，10^{-6}；

URL——仪器使用量程的上限，10^{-6}；

Z——规定检查用零气的体积分数值，10^{-6}；

Z'——监测分析仪不做零调节对该零气的响应值，10^{-6}。

2）向监测分析仪器通满量程 75%～90%体积分数值范围内的标气，用公式（D.2）计算跨度漂移。

$$SD\ (\%) = SD'/S \times 100 = (S' - ZD' - S)/S \times 100 \quad (D.2)$$

式中：SD——跨度漂移量，%；

SD'——跨度偏移量，10^{-6}；

S——规定检查用标气的体积分数值，10^{-6}；

ZD'——零气偏移量；

S'——监测分析仪不做零调节对该标气的响应值，10^{-6}。

3）按图 D.1 质量控制图，确定仪器是否进行调整或维修。

4）当监测分析仪器零点漂移达到调节控制限范围内，需要对仪器进行重新调零时，调节后的跨度漂移计算公式可以简化为公式（D.3）。

$$SD\ (\%) = SD'/S \times 100 = (S' - S)/S \times 100 \quad (D.3)$$

式中：SD——跨度漂移量，%；

SD'——跨度偏移量，10^{-6}；

S——规定检查用标气的体积分数值，10^{-6}；

S'——监测分析仪不做零调节对该标气的响应值，10^{-6}。

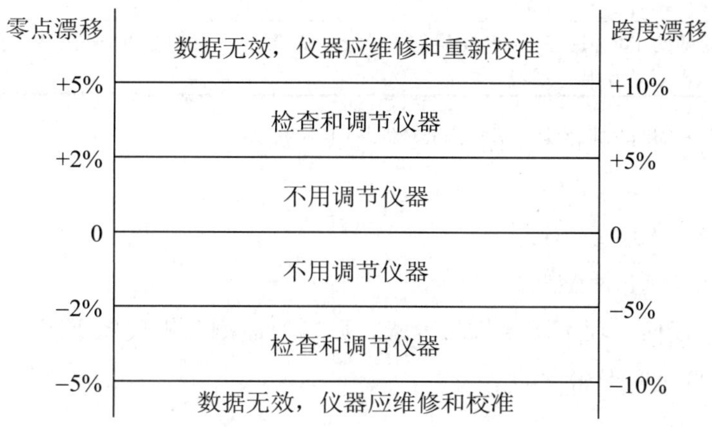

图 D.1 质量控制图

5）对于子站计算机具有修正功能的系统，可根据监测仪器当日或近期的零点和跨度校准值，对漂移控制限内的仪器零点和跨度漂移进行修正，以保证获得监测数据的准确性，修正公式如下：

$$c = (S - Z) \times (c_0 - Z' + Z) / [S' - (Z' - Z)] \tag{D.4}$$

式中：c——被修正了的监测分析仪器的浓度值，10^{-6}；

S——规定检查用标气的体积分数值，10^{-6}；

Z——规定检查用零气的体积分数值，10^{-6}；

S'——监测分析仪不做零调节对该标气的响应值，10^{-6}；

Z'——监测分析仪不做零调节对该零气的响应值，10^{-6}；

c_0——监测仪器实际响应的体积分数值，10^{-6}。

D.2 多点校准

1）在确保多气体校准仪经检验仪器性能完全符合要求（质量流量控制器准确度在±1%，渗透室温度在±0.1℃，臭氧发生器准确度在±2%）的情况下，向监测分析仪器分别通该仪器满量程 0、10%、30%、50%、70%和 90%体积分数值的标气，待各点读数稳定后分别记录各点的响应值。

2）用最小二乘法绘制仪器校准曲线，最小二乘法的计算公式见表 D.1。

表 D.1 最小二乘法计算公式（$Y = aX + b$）

$\overline{X} = (\sum X)/N$	$r = aS_X/S_Y$
$\overline{Y} = (\sum Y)/N$	$S_Y = [(\sum Y^2/N - \overline{Y}^2)/(N-1)]^{1/2}$
$a = [\sum XY - (\sum X \sum Y)/N]/[\sum X^2 - (\sum X)^2/N]$	$S_X = [(\sum X^2/N - \overline{X}^2)/(N-1)]^{1/2}$

$b=\overline{Y}-a\overline{X}$	
式中：$\overline{X}$ 为 X 变量的平均值；$\overline{Y}$ 为 Y 变量的平均值；S_Y 为 Y 变量的标准偏差；S_X 为 X 变量的标准偏差，a 为斜率；b 为截距，r 为相关系数。	

3）对所获校准曲线的检验指标应符合以下要求：

相关系数（r）＞0.999；

0.99≤斜率（b）≤1.01；

截距（a）＜满量程±1%。

4）若其中任何一项不满足指标要求，则需对监测分析仪器重新进行调整后，再次进行多点校准，直至取得满意的结果。

附　录　E

（规范性附录）

环境空气自动监测仪器性能审核方法

E.1　点式自动监测仪器

E.1.1　精密度审核

点式自动监测仪器的精密度审核方法要求如下：

1）每次精密度审核时应向监测仪器输入规范中要求的标气，记录仪器响应值（Y_i），记录已知标气值为（X_i）（对于 PM_{10} 监测仪器，应将相应公式中的测定体积分数代之为测定流量，标气体积分数代之为设定流量）。

2）用公式（E.1）计算该仪器的百分误差。

$$d_i=(Y_i-X_i)/X_i\times 100 \quad \text{(E.1)}$$

3）用公式（E.2）和（E.3）计算每季度或全年总的标准差，作为该仪器报出的精密度。

$$\overline{d}_j=\frac{\sum_{i=1}^{n}d_i}{n} \quad \text{(E.2)}$$

式中：n——一个季度或一年所做的该仪器的精密度审核的次数。

$$S_j=\{[\sum d_i^2-(\sum d_i)^2/n]/(n-1)\}^{1/2} \quad \text{(E.3)}$$

4）用公式（E.4）和（E.5）计算每季度或全年总的标准差，作为该子站或全系统报出的精密度。

$$\overline{D}=\frac{1}{K}\sum_{j=1}^{K}d_j \quad \text{(E.4)}$$

式中：$\overline{D}$——某子站或全系统计算的一个季度或一年的总平均百分差；

K——一个季度或一年所做精密度审核该子站的监测项目数或该系统的子站数。

$$S_a = \sqrt{\frac{1}{K}\sum_{j=1}^{K} S_j^2} \qquad (E.5)$$

5）在公式（E.4）和（E.5）中是假设每台仪器审核的次数是相同的，如果不相同，则使用公式（D.6）和（D.7）计算，得到加权平均值和加权标准差。

$$\overline{D} = \frac{n_1 d_1 + n_2 d_2 + \cdots + n_j d_j + \cdots + n_K d_K}{n_1 + n_2 + \cdots + n_j + \cdots + n_K} \qquad (E.6)$$

$$S_a = \sqrt{\frac{(n_1 - 1)S_1^2 + (n_2 - 1)S_2^2 + \cdots + (n_j - 1)S_j^2 + \cdots + (n_K - 1)S_K^2}{n_1 + n_2 + \cdots + n_j + \cdots + n_K}} \qquad (E.7)$$

6）用公式（E.8）和（E.9）计算报出数据精密度95%的可信度区间。

$$\text{报出数据精密度可信度区间上限} = \overline{D} + 1.96S_a \qquad (E.8)$$

$$\text{报出数据精密度可信度区间下限} = \overline{D} - 1.96S_a \qquad (E.9)$$

7）作为一个目标，精密度95%的可信度区间（$\overline{D} \pm 1.96S_a$）≤±15%。

E.1.2 准确度审核

1）每次准确度审核时应向监测仪器输入规定要求的标气，记录仪器响应值（Y_i），记录已知标气值为（X_i）。

2）用公式（E.1）计算该仪器的百分误差（d_i）。

3）用公式（E.10）和公式（D.11）计算该仪器报出的准确度。

$$\overline{D} = \sum d_i / k \qquad (E.10)$$

式中：k——审核点数。

d_i——每个审核点的百分误差。

$$S_a = \{1/(k-1) \times [\sum d_i^2 - (\sum d_i)^2/k]\}^{1/2} \qquad (E.11)$$

4）按最小二乘法步骤做出多点校准曲线，用斜率、截距和相关系数对仪器进行评价和分析。

5）用公式（E.4）和（E.5）计算该子站或全系统报出的准确度。

6）用公式（E.8）和（E.9）计算报出数据准确度95%的可信度区间。

7）作为一个目标，准确度95%的可信度区间（$\overline{D} \pm 1.96S_a$）≤±20%。

E.2 开放光程监测仪器

由于开放光程监测仪器的采样监测部位全部暴露在几百米的环境空间中，因此，对该仪器的校准，不能用上面提到的单点或多点的校准方法直接通标气进行校准。通常采用在监测光束中插入检查池，用等效的方法进行校准。

E.2.1 精密度检查

1）分析仪精密度检查必须在没有气象因数干扰（大雾、下雨、下雪和颗粒物浓度较高等因素干扰）的情况下进行。

2）用公式（E.12）选择钢瓶标准气浓度。

$$c_t = c_m \times L/2L_C \quad \text{（E.12）}$$

式中：c_t——钢瓶标准气浓度，$\mu g/m^3$；

c_m——仪器设定最大量程，$\mu g/m^3$；

L——监测光程长度，m；

L_C——加入监测光束中检查池长度，m。

3）用公式（E.13）确定等效浓度。

$$c_e = c_t \times L_C/L \quad \text{（E.13）}$$

式中：c_e——等效浓度，$\mu g/m^3$；

c_t——钢瓶标准气浓度，$\mu g/m^3$；

L——监测光程长度，m；

L_C——加入监测光束中检查池长度，m。

4）向检查池通标气，按图 E.1（t_1，t_2，t_3，按各仪器的要求确定的时间间隔）记录分析仪器响应值。

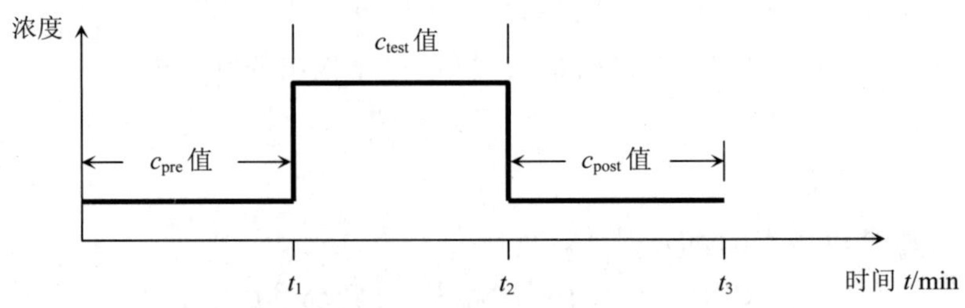

图 E.1 时间记录仪响应曲线

5）按公式（E.14）计算基线差。要求基线差不能超过 20%，否则检查结果无效。由于环境背景受气象或污染空气瞬间变化等因素干扰，使检测背景波动引起基线差变大。因此，在做仪器准确度检查时，要求环境背景相对稳定，最好选在气象或污染空气瞬间变化相对稳定的时段进行。

$$\Delta = |c_{pre} - c_{post}| / c_e \times 100 \quad \text{（E.14）}$$

式中：Δ——基线差，%；

c_{pre}——进行准确度检查前的环境监测值，μg/m^3，取该时段中最后时刻的读数；

c_{post}——加入标气测试完毕后监测的环境监测值，μg/m^3，取该时段中最后时刻的读数；

c_e——等效浓度，μg/m^3。

6）按公式（E.15）计算修正浓度值（扣除背景的实测值）。

$$c_c = c_{test} - (c_{pre} + c_{post})/2 \quad \text{(E.15)}$$

式中：c_c——修正浓度值，μg/m^3；

c_{test}——加标气到检查池后，仪器响应值，μg/m^3。

7）按公式（E.16）分析仪读数的误差。

$$d = (c_c - c_e)/c_e \times 100 \quad \text{(E.16)}$$

式中：d——分析仪读数误差，%；

c_c——修正浓度，μg/m^3；

c_e——等效浓度，μg/m^3。

8）按 E.1 步骤 3）到步骤 7）的方法进行精密度检查。

E.2.2　准确度检查

1）用上述精密度检查步骤 2）到步骤 6）的方法，通过采用改变钢瓶标准气的浓度或选用厂家提供的专用校准装置通过改变检查池的长度，得到满量程范围 3%～8%、15%～20%、35%～45%和 80%～90%等测点的等效浓度值 c_e，向分析仪器检查池分别注入标气，记录各测点相应的响应值 c_{test}。

2）分别计算各测点的修正浓度值，按 E.2 步骤 3）到步骤 7）的方法进行准确度检查。